U0240983

凤凰出版传媒集团
PHOENIX PUBLISHING & MEDIA GROUP

设计理论研究系列

主　　编　李砚祖
　　　　　张　黎
项目总监　方立松
项目执行　韩　冰

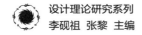
设计理论研究系列

李砚祖　张黎　主编

Paul Betts

The Authority of Everyday Objects

A Cultural History of West German Industrial Design

［英国］保罗·贝茨　著

赵成清　杨扬　译

日常之物的权威

西德工业设计文化史

江苏凤凰美术出版社

图书在版编目(CIP)数据

日常之物的权威:西德工业设计文化史/(英)保罗·贝茨著;赵成清,杨扬译. -- 南京:江苏凤凰美术出版社,2025.1. -- (设计理论研究系列/李砚祖,张黎主编). -- ISBN 978 - 7 - 5741 - 2157 - 7

Ⅰ. TB47 - 095.16

中国国家版本馆 CIP 数据核字第 20247QR472 号

The Authority of Everyday Objects:A Cultural History of West German Industrial Design,by Paul Betts
© 2005 The Regents of the University of California
Published by arrangement with University of California Press via Gending Rights Agency
著作权合同登记号:图字 10 - 2023 - 331 号

策 划 编 辑	韩	冰
责 任 编 辑	韩	冰
项 目 执 行	高家融	
责 任 校 对	唐 凡	
责 任 监 印	唐 虎	
责任设计编辑	赵	秘

丛 书 名 设计理论研究系列
丛 书 主 编 李砚祖 张 黎
书 名 日常之物的权威:西德工业设计文化史
著 者 [英国]保罗·贝茨
译 者 赵成清 杨 扬
出 版 发 行 江苏凤凰美术出版社(南京市湖南路 1 号 邮编:210009)
制 版 江苏凤凰制版有限公司
印 刷 苏州市越洋印刷有限公司
开 本 652 mm×960 mm 1/16
字 数 240 千字
印 张 25.25
版 次 2025 年 1 月第 1 版
印 次 2025 年 1 月第 1 次印刷
标准书号 ISBN 978 - 7 - 5741 - 2157 - 7
定 价 118.00 元

营销部电话 025 - 68155675 营销部地址 南京市湖南路 1 号
江苏凤凰美术出版社图书凡印装错误可向承印厂调换

中文版序言

拙著《日常之物的权威：西德工业设计文化史》被译成中文，我感到非常荣幸。当我在 20 世纪 90 年代初着手撰写这本书时，从研究日常消费品的大规模生产、设计风格和大众感知的角度撰写国别史，于当时的历史学家而言，还是一个很新颖的思路（在本书中，研究的是早期西德）。当然，尽管自 70 年代起，在西方国家，尤其是在英国与美国，设计史已经成为一个成熟的研究领域，但长期以来，这个领域主要由艺术史家与设计史家所主导。相比之下，文化史家在研究历史时，很少将日常之物纳入他们的研究视野。

近 30 年来，情况有了很大变化。历史学家们开始愈发关注物质文化史的各个方面。不仅是工业设计，还包括建筑、广告、时尚、城市规划、公园，以及各种自然景观——即如今学者们所谓的"人造环境"（built environment），都成了值得历史学研究的课题。在过去的 30 年里，诸多研究探讨了社会之希冀、幻想与担忧，是如何以各种方式体现在日常家居用品的美学造型与流通当中的。最近，许多评论家开始倡导关注这些消费史的阴暗面，比如过度生产、浪费以及工业进程对环境的影响。

在本书中，我试图打破人们对西德工业设计只是方形和质量可靠的简单刻板印象。相反，我希望展现的是，为什么精心设计的家居用品之外观，以及对其的拥有，对于许多人来说如此重要。在很大程度上，这与复兴两次世界大战期间包豪斯现代主义的遗产，并将其作为西德独有的文化底蕴有关。这一做法使其成了一种将西德的战后时期与纳粹的历史、当下的美国（被看作是粗糙的商业设计代表），以及在铁幕东边的东德这个潜在的对手区分开来的方式。

从这个角度重新书写德国现代主义的历史,并非像初看起来那么容易。因为尽管有不同的意识形态目标,但无论是纳粹时期还是东德的设计师,都同样是从魏玛时期的现代设计传统中寻找灵感和指导。这意味着这些设计之物必须从文化上撇清与不受欢迎的政治性隐喻的关联,然后重新塑造成西德自由主义、国际现代主义和文化进步的象征。

回顾这个旨在构建一个新的、可行的西德身份的探索,揭示了一些令人意外的结果。最引人注目的是,对于一个在过去的一个世纪里,每一代人都经历了巨大政治变革的国家——从 1900 年到 1950 年,先后经历了君主立宪制、民主社会主义、法西斯主义、西方式自由主义等阶段的国家,德国工业设计却保持了惊人的一致性。包豪斯现代主义一直是、现在仍然是德国设计的基石。真正发生变化的——同时也是本书的主题——是人们对这些物品的感知、描述和认同。这些物品是西德在冷战时期独特身份的象征,而这一身份,是构建在一段对变革与延续进行了精心塑造的历史之上的。出于种种原因,工业设计在西德文化中扮演了特殊的角色,成为传播西德经济复苏和后纳粹时代文化新生的重要渠道,讲述了一个个积极向上的故事。

虽然这是一本关于欧洲历史的书,但我希望它对中国读者也有意义,因为中国也正在经济与文化的双重轴线上塑造自己的国家身份。就像在欧洲及其他地方一样,在中国,大规模生产的日常物品被设计成既要体现出传统,又要表现出现代性;既反映历史,又展望未来。而且随着国家的发展,这一平衡还将继续不断变化。日常之物如何反映国族认同、地方史与代际身份的变革,无论是从历史还是从当代的角度,应该也是中国学者所感兴趣的命题。我真诚地希望,本书能为世界各地关于物质文化的不同历史意义的探讨,贡献一些新的见解。从 2002 年到 2012 年,我负责了萨塞克斯大学与北京大学和南京大学之间的研究生和教师交流项目,这些年来,从遇到的中国学生和同事那里,我学到了很多。我很感激有这样一个机会,能与中国读者分享我的研究,我也希望借此提供一些关于二战后西德设计文化的有启发性的历史见解,来回报诸位的盛情。

保罗·贝茨
2024 年

致谢 ————————————————————————————

我感到非常荣幸,向为这本书的成书做出贡献的人们表达我的感激。首先,我要感谢那些慷慨支持我进行这一研究的机构和基金会。1991 年,弗里德里希·艾伯特基金会(Friedrich-Ebert-Stiftung)给予我一笔前期资助,让我能在柏林进行初步研究。1991 年至 1992 年,社会科学研究理事会西欧分会(Social Science Research Council/Western Europe)授予我一个研究奖学金,给了我完成本书所需的时间和资金。我也非常感激梅隆基金会(Mellon Foundation)在 1993 年到 1994 年提供的一笔重要研究资助,使我能在之后的一年完成我的论文。来自北卡罗来纳大学夏洛特分校和南方教育地区委员会(Southern Education Regional Board)的额外帮助也十分宝贵,它们资助了我在 1997 年和 1998 年的几次夏季研究考察,有助于本书叙事视角的扩大。第三章首次发表于《德国历史》(German History)期刊(2001 年春季),第 19 卷第 2 期:第 185—217 页,而第四章的简略版首次发表于《设计问题》(Design Issues)期刊(1998 年夏季),第 14 卷第 2 期:第 67—82 页。感谢这两本期刊允许我在此重新出版。

作为芝加哥大学的一名研究生,1995 年我在那里完成了我的博士论文,从答辩委员会成员迈克尔·盖尔(Michael Geyer)、约翰·博耶(John Boyer)、莱奥拉·奥斯兰德(Leora Auslander)和简·戈德斯坦(Jan Goldstein)中,我获得了坚定的鼓励和支持。多年来,我的导师迈克尔·盖尔积极参与其中,并给予我极大的帮助。在本书构思的早期,卡罗尔·谢勒(Carol Scherer)起到了关键作用,而在我们长时间停留芝加哥和巴黎期间,丹·史密斯(Dan Smith)

帮我完善了本书初稿的前几章。尼克·马赫(Nick Maher)在这期间也始终是一个很好的朋友。

我在德国的两年半时间里，许多人给予我帮助。首先，我要特别感谢阿德尔海德·冯·萨尔登(Adelheid von Saldern)，因为她给予我许多宝贵的知识、支持和建议。我还要感谢维尔纳·杜尔特(Werner Durth)、乌尔里希·欧文曼(Ulrich Oevermann)和沃尔夫冈·鲁珀特(Wolfgang Ruppert)提出的建设性批评。有关这一"设计文化"之愿景与倡议的珍贵一手文献，我要感谢：《工作与时间》(*Werk und Zeit*)杂志的前编辑和慕尼黑新收藏博物馆(Die Neue Sammlung museum)馆长温德·费舍尔(Wend Fischer)，乌尔姆设计学院(Ulm Institute of Design)的联合创始人英格尔·绍尔(Inge Scholl)，乌尔姆设计学院前院长托马斯·马尔多纳多(Tomás Maldonado)，博朗公司的 C. C. 科巴格(C. C. Cobarg)，建筑师、德国制造同盟主席汉斯·施威佩特(Hans Schwippert)的遗孀格尔达玛丽亚·施威佩特(Gerdamaria Schwippert)，达姆施塔特新技术形式研究所(Institut für neue technische Form)联合所长施耐德夫人(Mrs. Gotthold Schneider)，以及位于布拉姆施的拉施壁纸公司(Rasch-Tapeten)的 J. C. 迈肯(J. C. Meilchen)。我还要感谢埃里希·斯兰尼(Erich Slany)、伯恩德·默雷尔(Bernd Meurer)、彼得·弗兰克(Peter Frank)、迪特·拉姆斯(Dieter Rams)、洛尔·克雷默(Lore Kramer)、格特·塞勒(Gert Selle)、海因茨·普凡德(Heinz Pfaender)、玛格达莱纳·德罗斯特(Magdalene Droste)、彼得·哈恩(Peter Hahn)、H. T. 鲍曼(H. T. Baumann)和圭·博西彭(Gui

Bonsiepe)给予的慷慨与关注。

在德国的档案馆里,我遇到了很多友好且乐于助人的工作人员。没有法兰克福德国设计委员会(German Design Council)档案管理员海尔格·阿斯莫尼特(Helge Aszmoneit)的协助,我不可能完成我的研究。在我的长期停留期间,她帮我在海量资料中找到方向,提供了关键的书目参考、罕见的档案材料以及宝贵的个人联系信息。同时,在德国设计委员会期间,我还得到了克劳斯·托马斯·埃德尔曼(Klaus-Thomas Edelmann)的帮助,他向我提供了有关德国设计各方面的有用知识。在我拜访期间,乌尔姆设计学院档案馆的克里斯蒂安娜·瓦克斯曼(Christiane Wachsmann)也给予了极大的帮助和很多有用的信息。另外,我还要感谢博朗公司、罗伯特·博世有限公司(Robert Bosch GmbH)、约瑟夫·内克曼邮购公司(Josef Neckermann Versandhaus)和拉施壁纸公司的员工,他们使我对德国商界的初次了解十分愉快且有意义。在公共档案馆方面,法兰克福的德国制造同盟图书馆、柏林制造同盟档案馆(Werkbund-Archiv)、斯图加特城市档案馆、柏林国际设计中心(Internationales Design Zentrum)、柏林包豪斯档案馆(Bauhaus Archive)以及科布伦茨和波茨坦的联邦档案馆(Federal Archives)的员工展现了出色的能力。我还要特别感谢安德烈亚斯·汉瑟特(Andreas Hansert)、马库斯·贝克(Markus Becker)、塞巴斯蒂安·斯特罗斯海因(Sebastian Stroschein)、苏珊娜·塞德尔(Susannah Seidel)、珍妮娜·费德勒(Jeannine Fiedler)和玛丽昂·戈道(Marion Godau),通过无数次交流,他们在不知不觉中帮助我构思了本书。

在北卡罗来纳大学夏洛特分校度过的三年半里，我得益于一个既友好又激励人心的环境。我特别感激莱曼·约翰逊（Lyman Johnson）、唐娜·加巴西亚（Donna Gabaccia）、大卫·戈德菲尔德（David Goldfield）、希瑟·汤普森（Heather Thompson），尤其是约翰·弗洛尔（John Flower）和帕姆·伦纳德（Pam Leonard）向我提供的帮助和支持。在萨塞克斯大学的新英格兰环境中，我再次感到幸运，因为我找到了很好的同事们。特别是索尔·杜博（Saul Dubow）和罗德·凯德沃德（Rod Kedward）的帮助让一切变得与众不同。其他同事，以及该领域的朋友们也友好地分享了他们的专业知识和宝贵建议。我特别要感谢阿隆·康菲诺（Alon Confino）、达格玛·赫佐格（Dagmar Herzog）、格雷格·埃希吉安（Greg Eghigian）、彼得·弗里茨谢（Peter Fritzsche）、理查德·贝塞尔（Richard Bessel）、吉塞拉·博克（Gisela Bock）和凯瑟琳·彭斯（Katherine Pence）。我还要感谢加州大学出版社的艾德·迪门伯格（Ed Dimendberg）和莫妮卡·麦科米克（Monica McCormick）给予的帮助和指导，以及艾伦·F. 史密斯（Ellen F. Smith）精湛的编辑工作。

我的父母查尔斯·贝茨（Charles Betts）和佩特拉·贝茨（Petra Betts）始终给予我不懈的鼓励和支持。我对德国历史的兴趣在很大程度上受到了我母亲那充满危险的童年经历与记忆的影响。从一开始，我的姐姐沙伦（Sharon）就给我提供了关键的灵感与视角。我在情感与智识上对她都十分感激。我也要向我的姐夫大卫·莱文（David Leven）表达谢意，他对设计的兴趣和丰富知识给予我很大帮助。

　　我的两个女儿露西（Lucie）和安娜（Anna），出生于我在完成这本书的期间，她们的到来让我的生活变得更加美好且不一样。对于她们，我已经亏欠了太多。

　　这本书献给给予我最多帮助的西尔维·赞尼尔·贝茨（Sylvie Zannier-Betts）。

目录

引言　设计、冷战与西德文化

"哪怕是最寻常的人造物,也是某个特定文明的代表,也是其所属文化的传达者。"

——托马斯·斯特尔那斯·艾略特(T. S. Eliot),《关于文化的定义的札记》(*Notes Toward the Definition of Culture*)

1978年,世界著名设计公司罗森塔尔(Rosenthal AG)的长任总监、时任德国设计委员会(German Design Council)主席的菲利普·罗森塔尔(Philip Rosenthal)在一次采访中,对西德工业设计的文化重要性作出了如下评述:"考虑到包豪斯的成就,以及博朗公司的设计策略对德国国际形象的重塑——即从'可鄙的德国人'(追求战争和经济权力的形象)到'高尚的德国人'的转变,我们应当投入更多的资金和人力继续推行这种文化对外政策,尤其是在歌德和莫扎特等伟大文化人物已广为人知的情况下。"[1]无需介意莫扎特的奥地利身份,也不用深究罗森塔尔这些"尽人皆知"的伟大人物的过去。尽管罗森塔尔的看法初听起来似乎只是一个著名企业家和设计倡导者对本国产品的热情宣传,但这段言论真正令人瞩目之处在于,他不经意地假设了工业设计与"高尚的德国人"的印象塑造之间存在着吸引人的关联。这一言论引发了一系列问题:工业设计究竟如何与西德的"文化对外政策"相联系?包豪斯和博朗公司的现代主义风格有何独特之处,使它们具有如此深远的文化影响力?或者更宏观地说,商品风格、文化进步和国家身份之间存在怎样的构想关系?

本书尝试对这些问题作出解答,并试图揭示出工业设计是如何以及为何能够成为代表新西德文化秩序的首要领域的。罗森塔尔

2

并非唯一坚信设计的政治性效益的人。他所处的那一时代的人,尤其是那些致力于在过去的废墟之上建立起全新工业文化的西德人,也持有类似的观点。在"现代设计"几乎成为"新起点"的同义词的背景下,这一事业的目的不仅仅是将设计转化为可观的出口利润。事实上,战后诞生了一种独特的西德"设计文化",它是政府、工业界、建筑师、设计师、消费者、博物馆、教育工作者及妇女组织等不同利益群体形成的广泛网络。它们的共同点在于,都认识到了设计是国家复兴、文化改革乃至道德重塑的重要手段。围绕设计而形成的这种理想主义思潮,主要源于设计本身所具备的"日常性",即设计能够影响所有西德人日常生活的能力。工业设计作为商业与文化、工业与美学、生产与消费的交汇点,成为关于新西德物质文化可能呈现出的无数面貌的理想载体。

需要明确的是,本书内容并不涵盖那个时期的全部工业设计领域,讨论对象不包括城市规划、住宅建筑或汽车设计,同样,也不探讨战后的艺术与工艺品、服饰、广告或平面设计,而是主要聚焦于日常生活中的家居用品——包括灯具、瓷器、玻璃制品、消费电子和家具。但与其他设计类书籍不同,本书不是对其中某个品类的详细专题研究,重点着墨为何这些普遍的商品在20世纪50年代具有如此显著的文化意义。对于许多观察家而言,毋庸讳言,西德与高质量设计产品紧密相连——无论是汽车、视听设备、灯具、玻璃制品、家具,还是厨房电器。但在整个文化史上,这些产品所扮演的角色却鲜为人知[2]。毕竟,西德文化通常是指战后在文学、绘画、电影、建筑、音乐和戏剧等领域的复兴。即使是对1945年后德国文化最粗略的史学研究一瞥,也不难发现与时尚、电视、流行音乐和广告等二级分支学科不同,设计这一领域常常被忽视。直到最近,学者们才开始意识到,如果50年代和60年代正式标志着消费文化的广泛兴起,那么这些所谓的"低级艺术"与此现象则互为因果。这为我们观察战后的生活和社会提供了新的视角。多年来，许多设计史学家和文化评论家努力将战后设计研究融入更广泛的德国文化史研究中[3]。但设计仍未完全被主流学术圈所认同，部分原因是它仍被视为一门引人注目的新兴学科，其成果更适合咖啡桌上闲谈，而不是被正式纳入学术书架。特别是考虑到设计在 1945 年后的德国文化中的重要地位，这一点尤其令人遗憾。在那一时期，除了小说存在一定的争议，西德文化的其他传统分支，都在奋力地试图赢回其战前所获得的国际声誉，但并未成功。相比之下，设计却助力新生德国赢得了"工业现代主义繁荣中心"这一长久美誉。

然而，问题不止是记录战后工业设计的复兴那么简单。因为这一复兴与西德文化中另一个至关重要却经常被忽视的因素密切相关，那就是人与物之间的全新关系。人们对高端设计产品的欣赏、欲求和热衷，在过去几十年间已十分明显，及至 20 世纪 50 年代，这种现象达到了空前的高度。正是在这一时期，设计在文化领域的重要性已完全超越了建筑（建筑在魏玛共和国和纳粹德国时期是最具争议和意识形态意味的文化领域之一），成为那个时代创造神话、构建身份和文化认同焦虑的核心所在[4]。这并不意味着这种转变缺乏政治含义。冷战期间，不同阵营政府的执政合法性大多建立在这样一个承诺上：为曾经饱受战火蹂躏的人民带来物质上的丰富；在战争时期，政府宣传让民众相信，一旦停火，美好的生活便会随之而来。随着时间的推移，这甚至成为国际政治的关键问题。因此，在冷战期间，即使没有什么特别的原因，只是经常被提起，设计仍被赋予了前所未有的政治意涵，常与消费主义一起被用于衡量东西方的差异。著名的"厨房辩论"，即苏联最高领导人尼基塔·赫鲁晓夫和美国副总统理查德·尼克松于 1959 年在莫斯科博览会的美国馆内就高科技美国厨房和消费电器进行的意识形态争论，是标志着冷战时期物质文化被政治化的一个重要时刻[5]。

但现代设计在西德承载了特殊的象征意义。一方面，这与人
们的自身安全、土地和物品在战争期间所遭受的惨重破坏，以及随
之而来的战后"饥荒年代"里的艰苦生存息息相关。因此，不难理
解，在20世纪40年代和50年代，对于许多德国人而言，拥有一个
温暖且安全的居住空间成为最迫切的愿望[6]。关于这个话题已有
诸多讨论，特别是关于1948年货币改革的论述，这一事件象征着
繁荣和新希望的复苏，在西德人的集体记忆中占据着重要位置，因
为它在心理层面标志着第二次世界大战的真正结束[7]。另一方
面，重要的不仅仅是随意获取商品，产品的外观同样至关重要。正
如文化历史学家克劳斯·尤尔根·森巴赫（Klaus-Jurgen Sembach）
最近所指出的，现代设计产品不仅弥补了战争造成的物质损失，还
预示着一个更加光明的未来世界。这些产品象征着德国从纳粹战
时经济和配给制的束缚中解放出来，同时也象征着纳粹那种狭隘
的"血与土"文化魔咒的终结。因此，现代设计产品成了变革和救
赎的象征，森巴赫称之为"向世界'重新赔罪'的可见、可感的表
达"[8]。正是本着这种精神，现代设计产品在50年代的国际展览
会上被高调宣传和展出，如米兰三年展，尤其是1958年布鲁塞尔
世界博览会上的西德馆。尽管森巴赫忽略了许多设计与过去的连
续性，但他所提出的50年代可能是最"物质化"的时代这一观点，
依然有其道理。因为消费市场的偶像现已取代了上一代人的政治
偶像。直到这十年末，经济的起飞才真正对大多数西德人产生深
远影响，但这丝毫未能阻碍——甚至可能还促进了——个人消费
者的热情。将设计文化地位的提升，仅视为"意识形态的终结"、被
压抑的记忆和对物质享乐的狂热追求的副产品，是不准确的。这
些日常之物的样式，实际上标志着阿登纳时期德国复苏及其重建
所取得的成就。

本书主要聚焦于二战后的前20年，探讨西德如何在那些激动人心的年代里谨慎地处理其过去与当下的关系，是关于这一话题日益增长的文献中的一部分。近年来，20世纪50年代引起了学术界的广泛关注，主要是因为这个时期既是一个戏剧性的终点，也是一个崭新的开始。一方面，它终结了自1914年以来一直困扰德国历史和经验的军国主义、经济混乱、政治极端主义和无节制的大规模破坏。另一方面，它也标志着自由民主在德国的成功落地，并见证了这个国家从战争状态向福利国家的全面转变。在这一双重意义下，这个十年打破了前两代德国人所经历的动荡不安的"德国悲剧"，为这个新生的后纳粹国家和社会重返"文明国家"铺平了道路。即使是60年代左翼对阿登纳时代与法西斯历史的大量批评，也未能真正动摇这个十年在其文化基础上的地位。随着时间的流逝，50年代作为"阿登纳复兴"的形象，逐渐被一种强调其激进现代化的形象所取代[9]。到了80年代，这个被称为"黄金50年代"的时期几乎获得了神话般的地位，这一时期不仅被认为给波恩共和国打下了宪政自由主义、文化多元主义以及模范现代化福利国家的坚实基础，而且还创造了欧洲大陆上无与伦比的生活水平。西德对"神话般的50年代"的热爱最明显的证据是：在70年代末和80年代初，不论政治立场如何，日渐年长的婴儿潮一代人都怀着深深的感伤回忆着这一时期，那时的一次流行的回顾性活动甚至将其称为"共和国的青春期"[10]。

自1989年以来，学界对20世纪50年代愈加关注。这一现象并不让人意外，特别是东西德的合并，不可避免地引发了学界对德国冷战时期的身份和差异之历史根源的探讨。近年来，学者们通过敏锐考察50年代如何作为一个独特熔炉，锻造了新的信念、价值观和忠诚，从而剥离了长年累积的政治宣传和对冷战的陈旧看法，深入探讨了东德和西德两个对立政权的文化背景。对德国"苏联化"

5

或"美国化"的老生常谈已让位给更细致的分析,即这两个超级大国的政策如何与民族遗产、官方历史和个人身份相互作用。而更有密切关联的是,1989 年的事件促使人们重新认真思考消费主义作为一种强大的政治力量的意义。在东德的例子中,消费欲望被视为导致德意志民主共和国突然崩溃的主要政治动因之一,党派不断给工人承诺繁荣前景,却最终引发了反对派集结抗议,谴责国家的政治失当、伪善和非法行为[11]。消费主义对西德产生了同样强大——但却是相反的——影响。如前所述,70 年代和 80 年代进行的开创性口述史研究,不仅揭示了消费主义的复兴标志着西德人心中战争真正结束的时刻(而非 1945 年停火,也非 1949 年建国),还展现了战后幸福和快乐如何通过日益丰盛的物质表现出来[12]。最新研究为这一主题提供了新视角,揭示了 50 年代的消费文化和行为如何成为充满政治和道德争议的话题。消遣活动如电影、美食、家庭生活、性、旅游、青少年文化和购物本身已从次要的社会结构地位中脱离,上升为西德现代性史学研究的核心议题[13]。有观察家甚至提出了一种有力的说法,即物质富足和消费享乐是西德自由主义背后的主要稳定力量[14]。因此,尽管消费主义在瓦解东德政权方面发挥了一定作用,但在维持西德国家的社会凝聚力方面,发挥了更为关键的作用。

随着冷战结束,人们对历史的阐释出现了新的视角。文化史学家们在这方面尤其活跃,精心地展现了德国现代主义遗产在东西两德微妙的、不同的被对待方式,甚至包括其遭受的抵制[15]。鉴于物质文化在柏林墙两侧都占据着重要地位,预计它将成为历史研究中的一个富有成果的新领域。过去 15 年间,国际研究领域的大趋势对此也产生了同样显著的影响。众多学者做出了大量努力,试图将设计史构建为社会史、文化研究和大众文化交叉的独立学科[16]。跨大西洋学术界出现了所谓的"视觉转向"(visual turn),意味着越来越多的学者开始关注物质文化与传统学科的融合。虽然一开始是创新的艺术史家、社会学家和人类学家引领了日常之物的研究，但文化史学家越来越注意这些日常之物的外观[17]。这在近年来的德国史研究中尤为明显，其中消费主义和物质文化已经成为阿隆·康菲诺（Alon Confino）和鲁迪·科沙尔（Rudy Koshar）所称的"20世纪德国史的新叙事"[18]。

不过，我们必须注意，不能把设计和消费主义混为一谈。虽然这两者通常紧密相关，但有时也会相互对立。在经济危机时期尤其如此。以大萧条为例，西方消费体制的崩溃并未导致欧美设计的衰落；恰恰相反，20世纪30年代正是现代工业设计在西方世界繁荣发展的时期，促使一些文化史学家将原本黯淡无光的30年代誉为现代设计无冕的黄金时代[19]。这个时期见证了设计的真正繁荣，众多先锋设计师作为新兴的社会工程师，致力于重新塑造跨大西洋地区的物质生活形态和风格[20]。这一趋势在美国尤为明显，但这种"大萧条现代性"在整个西欧和中欧也有所体现[21]。在这种情况下，风格是经济衰退的直接产物，因此，30年代的奢华设计风格常被讽刺为"镀铬的悲惨"（chromed misery）。对许多产品进行的"样貌提升"改造，显然是为了刺激大萧条后低迷不振的消费。设计师们在这个过程中还创造了一种持久的、代表速度和进步的美学。这种迷人的光滑、流线型的未来主义造型，在展现一个超越当下困境的璀璨世界方面起到了不小的作用。在第二次世界大战期间，设计师营造的这种梦幻世界变得更加重要，设计越来越频繁地被用作政治宣传。现代消费品常作为战后理想生活的承诺，悬在疲惫不堪的民众眼前，这在西方盟国中尤为明显，而在纳粹德国也有所体现[22]。我们将在第一章中看到，备受关注的大众汽车和高速公路项目只是其中最著名的例子。纳粹政权深知消费低迷曾导致第一次世界大战末期的动乱和革命，因此纳粹不断塑造战后消费繁荣的

7

景象,旨在平息国内的不满情绪,并将公民与国家更紧密地绑定在一起[23]。1945年以后,东德的高端设计与经济困难之间的关联同样明显,现代设计美学常被视为社会现代性和全体工人未来繁荣生活的象征[24]。然而,在50年代的西德,现代设计被频繁宣传为文化断裂与重生的证据。虽然当时大量的现代设计产品明显超出了大多数西德人的购买力(1955年的博朗唱机售价为600德国马克),但这并未削弱现代设计产品作为新的希望、欲求之物和回归常态的象征的文化价值。因此,设计产品本身蕴含的理想主义和物质主义密不可分。

这一切都强调了风格的重要性。20世纪50年代设计的历史尤其突出了这一点:战后的消费主义不应仅简单地被理解为"更多即更好"(more is better)的观念。正如迈克尔·维尔特(Michael Wildt)在他对战后汉堡居民日常饮食习惯和消费偏好的研究中所指出的,消费主义总是带有特定的倾向性[25]。在定义什么是"优良设计"(good design)时,西德的设计文化也是相当讲究的。他们理想中的设计风格是理性的、带有"启蒙"精神的功能主义,旨在有益于(甚至塑造)战后理性的、启蒙的公民。支撑这种设计哲学的,无疑是自19世纪末以来一直激励着现代德国设计的那个古老的普遍主义梦想(old universalist dream)。尽管如此,"新功能主义"仍然在战后的特殊环境中找到了其道德根基。在一个因战争破坏而迫切需要各种商品和原料的国家里,对简洁、实用、耐久设计的追求被视为战后新道德经济的表现,这种观念既不浪费宝贵资源,也不必忍受黑市劣质的产品,向其屈服。因此,战前德国制造同盟和包豪斯"形式的道德观"与"材料真实性"的设计语言,自然而然地成为50年代设计运动的思想基础,而被重新采纳。然而,把这种新功能主义仅视为包豪斯的复兴是不恰当的,因为两次世界大战期间,将产品严格简化为只有功能属性的激进设计运动在50年代并没有引起太多共鸣。相反,50年代的高端设计文化圈更加重视将设计实践与人文主义相结合。设计作品被重新界定为一种特殊的"文化物品",不仅具有伦理品质,甚至还包含精神内涵。这正是广受赞誉的"优良形式"背后的理念,因为它象征着伦理与美学的结合。这并不意味着这些设计师和宣传人员在"优良形式"究竟是什么、应该如何呈现上达成了共识。例如,重新成立的德国制造同盟、德国设计委员会和乌尔姆设计学院在这个问题上经常存在严重分歧。他们对于如何恰当地"传播设计作品"也没有统一看法,提出的策略从更多的政府干预、版权法改革、更严格的职业标准,到不同的展览展示方法和新颖的设计教育倡议,众说纷纭。不过,他们都一致认为,设计产品不应任由市场随意摆布,而是需要干预。因此,在50年代"食物狂潮"(food binge)时期的疯狂物质主义中,西德新物质文化的推动者们共同展现了一种明显的反自由主义倾向。

工业设计在西德文化中的独特性和重要性可以归为四个因素,而其中最主要的是经济因素。1948年的货币改革一旦发挥作用,西德的经济复苏显然依赖于迅速增加的出口收入。对于许多观察家来说,20世纪50年代初国外对博世冰箱和博朗搅拌机等产品的需求增加而带来的意外收入表明,德国近期的经济增长主要依托消费品的工业生产。这一观点的最热情支持者是西德的传奇经济部长路德维希·艾哈德(Ludwig Erhard)。尽管众所周知,他的"社会市场经济"理念是基于消费者满意度、社会福利和政治稳定的三位一体,但人们经常忽略了工业设计在他的经济哲学中也占据了核心地位。例如,在1952年对德国工业联合会(Bundesverband der deutschen Industrie, BDI)的一次演讲中,艾哈德强调了新工业设计在重拾德国在该领域的历史优势中所起的关键作用,这一优势被"进一步发展了我们以前的成就"的外国人夺

9

取了。为了缩小这一"设计差距",并促进新兴经济的增长,西德必须生产"设计精美的制造设备"[26]。随着朝鲜战争的爆发,西德在塑料和电子产品制造上的快速增长,进一步凸显了设计在迅速扩张的资本货物领域中的重要性[27]。在 20 世纪 50 年代,为了巩固工业设计在西德经济快速发展时的地位,西德成立了众多工业组织和设计中心。设计的重要性在 1951 年达到高峰,当时西德政府在波恩经济部内部成立了德国设计委员会,专门负责在国内外推广西德工业设计。

第二,设计的重要性还与战后的文化理想主义有关。如同其他战后改革者一样,这种新兴设计文化是受到一个想法的启发——把过去的废墟转变为后法西斯时代的全新世界。在战后初期,重新成立的德国制造同盟在这场广泛的改革运动中扮演了重要角色,其在杜塞尔多夫、德累斯顿和东西柏林的分支机构都极为活跃。制造同盟最初于 1907 年成立,是由艺术家和工业家组成的先进组织,致力于通过现代化德国的建筑和设计来推动经济和文化改革,在 20 世纪 20 年代和 30 年代初,它在引领工业现代化的改革运动中取得了显著成功[28]。尽管许多主要成员在 1933 年后离开了德国,但 1945 年仍留在德国的制造同盟成员坚信,推广大批量制造的高质量、价格合理的住房和日用品比以往任何时候都更加迫切。在他们看来,国家所经历的巨大物理破坏和道德崩溃带来了一个历史性的机会,去实现他们的梦想——即通过设计实现根本性的改革。对于他们来说,真正的去纳粹化不是坚持抽象的自由主义或者被强加的"再教育",而是应该从对日常物品的设计和对环境的塑造开始。尽管将社会形态的重建与公民的文化"再教育"相联系是德国现代史上一个长久以来的主题,甚至可以追溯到威廉时代,但纳粹造成的大规模死亡和破坏为这一理念增添了更强烈的道德紧迫感和历史可能性。

这种观点之所以格外重要，是因为在德国的文化领域中，设计几乎是唯一一个没有受到超级大国控制的领域。在这里，工业设计显得尤为独特。不像大多数西德文化领域——尤其是绘画、电影、教育和流行音乐，这些领域都受到了美国的深刻影响——西德设计师明确拒绝了美国的流线型风格[29]。虽然像查尔斯·伊姆斯（Charles Eames）和弗洛伦斯·诺尔（Florence Knoll）这样的美国设计师的确一直广受赞扬，但是，这并没有减少西德对美国产品普遍的流线型设计哲学的抨击，他们认为这种只为了促进销售的设计理念既不诚实也不负责任。他们通常认为美国的"底特律式巴洛克"（Detroit Baroque）风格本质上是大萧条时期的产物，那时企业聘请设计师帮助重振 1929 年经济崩溃后的消费主义[30]。这种美国流线型设计因其浪费、不诚实，甚至存在过度的军国主义倾向而受到批评，类似对 19 世纪欧洲历史复古风格的反感。1952 年，法裔美国人、流线型风格的重要推广者雷蒙德·罗维（Raymond Loewy）的自传《绝不满足于现状》（*Never Leave Well Enough Alone*）的德译本出版，成为列举美国文化腐蚀性、文化影响力的常用案例[31]。因此，与其他文化领域不同，这种美国式现代主义风格既没有被作为进步和现代性的灯塔而受到赞赏，也没有被模仿。西德用来描述设计的词汇本身就具有深刻意义。西德设计文化始终保留了"形式赋予"这一传统德国概念，用以对抗英美混淆设计与造型样式的做法[32]。此外，纳粹曾公开将 20 世纪 30 年代美国的流线型美学作为他们"未来主义"政治宣传的一部分，因而有助于保持纳粹历史和美国所需的文化间隔[33]。通过批评纳粹的军国主义美学和美国的商业主义，西德设计师为复兴他们 1933 年之前的现代主义传统创造了政治空间。

　　尽管工业设计被用来展示反法西斯文化和后纳粹时代新进步新形象，但它与历史的联系是不可否认的。主要的问题在于纳粹曾

11

与现代主义设计有所关联。众所周知，意大利法西斯主义曾利用前卫艺术作为宣传工具；而不太为人所知的是，纳粹同样热情地采纳了现代主义设计风格。除了广为人知的"斯佩尔式"（Speer-esque）宏伟建筑、日耳曼式廉价艺术品（Teutonic Kitsch）和田园浪漫主义（pastoral romanticism）之外，纳粹对汽车、飞机和大众媒体的迷恋也非常普遍。这并不意味着纳粹臭名昭著的"血与土"意识形态是虚假的或无效的，纳粹政权曾暴力清除了许多德国文化。只不过这种反动的纳粹文化政策主要针对的是绘画、雕塑、手工艺和代表性建筑领域[34]，工业设计从未像这些领域一样"被协调"，甚至在纳粹统治期间保持了相当的独立性。这不可避免地带来了一些棘手的问题：即工业设计受到了纳粹的影响并继承于纳粹。讽刺的是，那些在 1945 年后被挑选为"文化去纳粹化"象征并被重点展出的设计作品，往往正是几年前纳粹设计展中的同一件作品。然而，认为 20 世纪 50 年代的设计仅仅是纳粹现代主义的无耻复活显然是错误的。关键在于，纳粹在设计创新方面几乎没有贡献，而是将其精力用于重新包装经典的魏玛现代主义以服务于自己的目的。事实上，从 1925 年到 1965 年，无论是在西德还是东德，德国工业设计的整体并没有太大变化。当然，真正发生变化的是设计的象征含义和文化意义（这也是本书的主题），即相同的设计作品如何被不同的政权用作视觉象征，服务于不同的特定政治目的。西德设计文化的核心关注点是如何清除掉这些现代主义产品中残留的法西斯遗毒。首先，需要去除纳粹所有关于设计是"种族天赋"的有害言论，这与纳粹之前消除魏玛时期的设计风格的做法类似。但这还不够。还需要创造一种新的、积极的现代设计语言，尤其是因为大多数设计作品的范本（至少在 50 年代中期之前）本质上是相同的。这就是为什么西德设计文化坚持要将设计建立在人本主义道德之上，因为这正是纳粹所鄙视和践踏的一种意识形态。作为回应，西德设计

12

师和宣传人员努力在造物道德观的基础上建立新的工业文化,即"优良形式"。

工业设计之所以重要的第三个因素是它作为外交手段的价值。利用设计展示正面的国家形象并非战后的新创意,这种将设计与国家结合的传统最早可追溯到 1851 年的伦敦水晶宫博览会。然而,在西德的重建过程中,设计承担了特殊的政治意义。这在很大程度上源于战后西德在构建一个合适的身份时所面临的挑战。1945 年后,复兴德国的反法西斯文化一直面临一个难题:几乎所有的文化领域,包括建筑、绘画、电影、音乐、哲学、文学和历史写作,都因与法西斯主义的紧密关联而深受其遗毒影响[35]。战后对歌德、席勒以及流亡海外的人物如托马斯·曼(Thomas Mann)和法兰克福学派成员的重视,间接反映出西德缺乏能够满足冷战时期政治表达需求的文化英雄或传统。

从这个角度来看,包豪斯为政治提供了恰好的用处。事实上,包豪斯的故事在西德将魏玛现代主义重新定位为西德真正文化遗产的过程中,发挥了重要作用。包豪斯在战后的复兴既与被纳粹迫害的历史有关,也与其在 20 世纪 20 年代作为前卫文化中心的声誉相关。包豪斯被纳粹媒体不断攻击为"文化堕落"的典型代表,在希特勒掌权后几周就被关闭,在 1937 年慕尼黑臭名昭著的"堕落艺术"展览中受到嘲讽,这些都极大地奠定了包豪斯在 1945 年后作为"和平、进步、反法西斯和民主"象征的地位[36]。到 50 年代中期,包豪斯的遗产日益与西德联系在一起。在 50 年代,东德政府将包豪斯现代主义谴责为邪恶的资产阶级形式主义和美国文化帝国主义,进一步让西德将包豪斯的传统视为自己的传统[37]。包豪斯历史中的左翼元素——以及它在纳粹文化政治中的奇异经历——在西德对包豪斯的重新诠释中有效淡化,塑造为国际自由主义风格的典范[38]。对保罗·克利(Paul Klee)和瓦西里·康丁斯基(Wassily

13

Kandinsky)等包豪斯大师画作的高度赞誉、对包豪斯教育方案在战后艺术和设计院校的推广以及包豪斯风格在中产阶级生活中的流行(如室内设计、家具风格和平面设计),都凸显了包豪斯在冷战期间的意义,帮助塑造了后纳粹时期的西德文化[39]。尽管"国际风格"(International Style)在50年代和60年代并未主导西德建筑,但它在西德的一些代表性建筑中扮演了关键角色,如波恩的联邦议院大楼(Bonn Bundeshaus)、华盛顿特区的西德大使馆和著名的柏林国际建筑展(Berlin interbau showcase project)。包豪斯的遗产并非一成不变和统一的。例如,50年代大胆的有机设计风格通常被称为"肾形桌文化"(Nierentisch culture)。这种风格得名于当时流行的一种小巧的三脚肾形桌,并以其为风格标志,这是一种在设计院校和官方展览之外流行的百货商店式的设计风格,它显然没有功能主义那么单调枯燥,明确表现出充满活力的造型、鲜艳的颜色和不对称的形状[40]。这种风格试图复兴包豪斯另一种不同的遗产。与德国制造同盟、乌尔姆设计学院和德国设计委员会所倡导的更严肃的功能主义、包豪斯现代主义不同,这种50年代的设计文化看到了克利和康丁斯基的活泼个性和绘画创新,并将其视为包豪斯真正的传承[41]。正如第三章所讨论的,这两种战后前卫艺术之间的拉锯战凸显了包豪斯在塑造战后进步文化方面的文化权威。

也许最关键的一步,是冷战时期包豪斯遗产在美国的成功转译。包豪斯的领军人物(仅列举最出名的几个)如沃尔特·格罗皮乌斯(Walter Gropius)、密斯·凡德罗(Mies van der Rohe)、约瑟夫·阿尔伯斯(Josef Albers)和安妮·阿尔伯斯(Josef Anni Albers)、马谢·布鲁尔(Marcel Breuer)和赫伯特·拜耶(Herbert Bayer)等人移居美国,为这一传奇故事增添了独特的转折,给德国现代主义历史与美国现代主义当下的关联赋予了额外的优势。没有什么比 1955 年以"新包豪斯"名义成立的乌尔姆设计学院更能明显展示包豪斯在冷战中的蓝筹股地位了。乌尔姆设计学院最初由英格尔·绍尔(Inge Scholl)发起,她为了纪念被纳粹杀害的弟弟和妹妹[他们曾是反法西斯抵抗组织"白玫瑰"(White Rose)的成员],决定创建这所新的民主教育学校。乌尔姆设计学院的成立凸显了反法西斯、现代设计和社会改革之间的紧密关联。美国驻德国高级委员会和西德政府共同资助了该项目,显示了包豪斯精神在冷战外交中的重要性。学院的开幕典礼成了展示西德改革后面貌的大型活动,许多知名人士纷纷出席,包括亨利·凡·德·威尔德(Henry van de Velde)、阿尔伯特·爱因斯坦(Albert Einstein)、卡尔·楚克迈尔(Carl Zuckmayer)、特奥多尔·豪斯(Theodor Heuss),甚至路德维希·艾哈德等名流都给予了支持。记者们引用一位观察家的话大力赞扬,称这是"包豪斯的理念回归家园",对西德的文化启蒙大有裨益[42]。鉴于西德努力摆脱其法西斯历史,以及与美国建立更紧密的文化联系,乌尔姆设计学院反纳粹和包豪斯现代主义的独特身份,为这一目标提供了有力的证明。一位西德文化史学家甚至讽刺性地将乌尔姆设计学院称为"在美国的帮助下解决历史遗留问题"[43]。如此一来,包豪斯遗产不仅将魏玛共和国和西德联系起来,还与美国建立了新的跨大西洋文化伙伴关系。

第四点是,设计在战后被赋予极高的文化价值,这与法西斯对文化的广泛影响密切相关。部分原因在于,那些前法西斯国家——如西德、东德、意大利和日本,在 1945 年之后成为无可争议的工业设计强国[44]。虽然设计底蕴和出口需求能在一定程度上解释这一现象,但不可忽视的是法西斯主义自身独特的文化遗产。为了更好地理解这一点,我们可以回顾沃尔特·本雅明(Walter Benjamin)对法西斯主义"政治美学化"的见解。他指的是法西斯主义众所周知的手段,如大型政治集会、纪念性建筑、电影宣传和领袖崇拜。本雅明认为，法西斯分子对这些手段的运用，加强了人民对政府的认同感，他们通过对国家统一目标和民族使命的美学景观化，来达到消除政治异己、文化差异、（德国的）种族差异之目的[45]。本雅明这一分析中尤有见地之处是，他避开了寻找任何特定的"法西斯风格"的无趣讨论，而是直接关注了更宏大的问题，即法西斯主义下美学爆炸性增长的问题。尽管城市居民文化在第一次世界大战后显著改变了欧洲的日常生活，但关键的区别在于法西斯主义将政权与美学相融合[46]。某种程度上，希特勒在这一点上与墨索里尼将文化、媒体和艺术协调一致，以支持新的民族主义意识形态的做法类似；这种趋势同样体现在法西斯主义对政治视觉化和壮观化的迷恋中。历史游行、民族节日、军事游行、电影宣传、艺术展览、死亡崇拜和宏伟建筑等，均展示了法西斯主义渴望建立神话般的帝国历史和未来的愿景。同时，这些也是使民众对即将到来的战争充满激情的手段[47]。在政治视觉化方面，纳粹主义表现得更为极端。他们谴责对政治自由条约（如《凡尔赛条约》和《魏玛宪法》）的遵守，转而支持基于致命的美学标准（如美丽对丑陋、健康对堕落、德国人对犹太人）的果断政治行动[48]。撇开法西斯主义的具体动机和政策不论，所有这些政治视觉媒介最终都成为法西斯文化的永久符号。

因此，法西斯遗产在 1945 年之后被严格禁止并非偶然。以西德和意大利为例，反法西斯主义文化的构建，在很大程度上是从将政权与美学分离开始的。但这种分离远不止停留在战争结束后拆除法西斯的视觉符号上。销毁法西斯时期大量生产的民族主义廉价艺术品、领袖崇拜纪念品、反对纪念性建筑、去军事化工业设计，以及对后法西斯时代政治领导文化的祛魅，都象征着与法西斯政治美学的彻底决裂[49]。更重要的是，西德和意大利对于把城市广场和街道变成政治示威场所的做法不感兴趣，特别是在西德，大多数重要的国家仪式通常在面积较小、观众较少的室内举行（更不用说领导人被拍摄的方式了），都显示了有意识地远离法西斯对社会空间仪式化的做法[50]。西德在宪法上对国家、教育和文化进行的去中心化运动，是后法西斯敏感性的部分体现。如城市大型空间、工作场所和"劳动社区"等美化理想主义的场所，在战后几乎完全消失，这也是公共生活去纳粹化的一个重要组成部分。因此，尽管人们可能对 20 世纪 40 年代至 50 年代的文化连续性表示关注，但显然，法西斯试图美化统治者与被统治者之间关系的做法，已经被西德的自由化措施有效地摧毁了。

尽管 1945 年之后法西斯的一系列特定文化被清除，但"社会美学"并未随之消失，而是呈现出新的形态。随着政权中心的崩溃、文化的去政治化以及民族主义等团结社会的感情语言的瓦解，市场成为战后身份构建的核心领域，而且这些并不完全是去纳粹化的措施。实际上，法西斯时期美化人与人之间关系的运动，在后法西斯时代转变成了美化人与物之间关系的趋势[51]。换言之，战后美学的重心已从公共领域和壮观领域（如政治集会和宏伟建筑）转向了日常领域和私人领域（如家居装饰和消费品），从强调民族团结转变为培养个性化消费和不同的生活方式。在这个大背景下，工业设计成为后法西斯时代推动日常生活美学化的关键。

西德将家庭和小家庭生活作为战后反纳粹道德和美学浪漫化的重要领域，并非偶然。的确，20 世纪 60 年代西德社会政策的核心原则是，将家和一家人作为建立新自由国家的双重支柱。然而，通常被忽略的是，设计在这一冷战时期的战略中扮演了关键角色。强化家庭的运动，与广泛的战后德国家庭现代化的运动相辅相成，后者旨在将家庭作为去纳粹化和文化进步的象征。正是家庭与现代设计产品的结合，赋予冷战时期西德现代性的独特韵味。美国商业主义再次成为一个主要威胁。就像西德的设计文化曾批评雷蒙德·罗维和美国流线型设计既不诚实又具有文化腐蚀性一样，这些改革者也担心受到美国化的商业自我主义的不良文化影响。然而，最终流行的不是家庭与市场之间的意识形态分离，而是一种新的论调，一种致力于调和个人消费主义和家庭责任观的论调。艾哈德本人就是这场运动的领头人。在他众多的演讲和著作中，他坚持认为这种结合有助于对抗美式文化自由主义的潜在陷阱[52]。其他人也加入了这一行列，对于坚信家庭、现代商品和进步文化之间存在必要联系的西德"小现代化主义者"而言，家庭本身成为新的战场。因此，50 年代见证了室内装饰杂志、家居参考杂志和生活方式杂志的蓬勃发展，这些出版物致力于战后私人生活和商品文化的现代化，刊登了大量理想化的、被现代设计产品和最新消费电器所环绕的西德中产阶级家庭形象[53]。正如第六章所讨论的，这种新的西德家庭文化建立在基于家庭的物质主义理想之上，旨在保护西德现代性，使其免受过去的纳粹与当下的美国的潜在威胁。

然而，在几个关键方面，西德的设计师和教育家与这些小现代主义者有着明显区别。首先，推动"优良形式"设计运动的主要机构，例如德国制造同盟、乌尔姆设计学院和德国设计委员会，均避免了将设计与家庭或性别直接联系起来。他们的主要目标是推广适合现代消费者、性别中性的实用产品。对于产品造型的"女性化"或将新功能主义视为一种"男性美学"的讨论几乎是微乎其微的。总的来说，高端设计界普遍赞同《马格南》(*Magnum*)杂志编辑卡尔·帕韦克(Karl Pawek)的看法，他曾指出："既然我们大家——不论男女——都在日常生活用品的造型中找到了个人表达的空间，因此无论是对于缝纫机、厨房电器、吸尘器、收音机还是咖啡杯的优良设计，男女皆有共同的兴趣。这些领域不再是女性化的专属。实际上，每个人都对产品的造型感到着迷。"[54]在这方面，从德国制造同盟开始的、蕴含于德国现代设计的普适主义观念，在战后得到了新的展示。

    同样重要的是,与其他文化领域相比,西德精英设计界对东德同行的敌意显得相对较小。尽管西德的家居设计杂志花费了大量篇幅来强调两国设计上的差异,但两国的设计学院、期刊和政府机构之间实际展现出的敌意却出乎意料的少。其中一个原因是,战后初期双方普遍认同包豪斯遗产是共享的现代主义财富。在冷战期间的分裂背景下,包豪斯早已被视为迫切需要的文化指南针[55]。前包豪斯的教师和学生很快在西德和东德的艺术与设计院校中发挥了重要作用,而那些留在德国的包豪斯设计师在 1945 年后也迅速恢复了他们的工作。即使形式主义辩论后,在短暂而松散的反西方宣传中,这一点也未曾改变。而且,如果西德设计杂志对东德的设计进行正面报道,东德方面也会对西德作出同样正面的报道。东德的设计期刊高度评价了西德的设计以及其鲜明的反美主义立场。此外,前包豪斯学生、战后杰出设计师威廉·华根菲尔德(Wilhelm Wagenfeld)的职业生涯是这一点的最佳证明,他在东西两德都被公认为设计品质正直的典范。他于 1948 年出版的设计论文集《本质与形式》(Essence and Form)在东西两德设计界均被视为权威作品,他的设计作品经常出现在 20 世纪 50 年代和 60 年代两德的展览目录中。尤其值得一提的是,在 1961 年柏林墙建成之前,华根菲尔德一直在西德和东德的设计公司[如阿茨贝格瓷器(Arzberg Porcelain)、WMF 和耶拿玻璃厂(Jena Glassworks)]之间自由穿梭,在其他文化领域很难找到这种东德与西德之间的交流和友好关系。

    鉴于冷战时期西德与东德在设计策略上的差异,我最初打算撰写一本关于两德工业设计的宏观对比研究。我的目标是突破冷战研究中的陈旧话题,探讨两德是如何利用 20 世纪 20 年代德国现代主义遗产——即德国功能主义——来在工业层面和文化层面构建各自独特的文化身份。从 50 年代初期开始,东西德都给予各自的设计文化显著的经济重视和文化重视,并且都积极向全面工业化迈进。他们甚至发展出了类似的设计机构和功能主义设计产品,而且基本未受苏联或美国设计的影响。然而,某些因素阻碍了这一系统性比较研究的进行。主要难题是,东德的官方工业设计机构——"工业造型设计局"在东西德统一后被关闭,其档案直到1995年夏天才在库尔特酿酒厂作为新成立的"东柏林产品设计研究所"的一部分重新公开。但那时,经过深入研究,我的视角已经发生了变化,我意识到东西德双方的设计文化是多么的不同[56]。尽管我在第二章和第六章中详细探讨了东德设计和美学的某些方面,并且在书中其他部分也有简要提及,但这些都只是粗略的勾勒[57]。要全面分析这些复杂、矛盾且不协调的冷战设计文化,将会使这本已经篇幅颇长的书籍体量翻倍。

在撰写这本关于西德设计史的书时,我参考了众多资料和文件。其中包括政府经济机构和文化机构的文件、设计院校档案、展览目录、设计与文化杂志、设计公司档案、州和地区的档案资料、文化评论、家居指南杂志、广告、产品摄影以及私人收藏和个人访谈。然而,这个研究过程远非看上去那样简单直接。任何涉足此类物质文化研究的学者都必须面对一个矛盾:大批量生产的东西往往消失得最快。这些日常消费品的快速生产和大规模制造,在很大程度上阻碍了对它们文化的保存和回顾。文学、建筑和绘画等领域的文化作品被精心分类并保存,作为珍贵的文化遗产留给后代,还常以高价进行交易;与这些领域不同,工业设计却很少受到同等级的档案保存重视。这正是所谓的"高"文化和"低"文化的区别,因为经济价值通常转化为文化价值。此外,这些日常消费品在被设计和生产之初,很少被视为可能长期留存的文化遗产,这使得记录它们的历史变得挑战重重。设计师(如果知道他们是谁)通常很少留下有关风格设计思考的记录;商业公司(如果它们还存在)早

已丢弃了他们的文件;购买者(如果能找到)通常只能提供模糊的
消费回忆。为什么消费者选择某类产品而非其他,以及他们如何
理解和使用这些产品的问题,不仅仅是市场营销部门会面临的难
题;事实上,对于所有物质文化史学家而言,也是一个严峻的认识
论限制。

考虑到以上问题,以历时性的方式组织本书似乎显得不太合
理。这在很大程度上是因为设计作为一种新的社会和文化现象,在
20世纪50年代经历了极大的发展。在魏玛共和国时期,现代设计
运动主要肇始于一些设计院校、公司、期刊和组织;在纳粹德国时
期,设计与政权紧密关联,因而可以通过国家档案和官方文化机构
追溯;但到了50年代,设计领域在各个类别上都有了爆炸性的增
长,不再只是从几个能明确界定的中心扩散开来。这与西德消费主
义的迅速蔓延和对一切进行重新设计的广泛愿景密切相关。因此,
为了防止这本历史书变成对50年代"大众文化"杂乱无章的论述,
我选择围绕一些具体的机构历程和多样化的主题来组织这本书,作
为支撑整个叙述的坚实框架。

第一章探讨了工业设计在纳粹德国中的地位,以及1933年之
后,日常设计之物所扮演的角色及其意义的嬗变。本章是对三个重
要设计组织的个案研究——德国制造同盟、阿尔伯特·施佩尔
(Albert Speer)的"劳动之美局"和长期被忽视的"艺术服务"组织,
并考察了在纳粹文化中,日常之物是如何被广泛且深刻地"再赋魅"
的。第二章则转向分析著名的制造同盟在1945年之后的发展。
1947年制造同盟的重新成立不仅标志着魏玛现代主义的某种复
兴,也因它是唯一一个拥有战前历史的西德设计机构而显得尤为重
要。它在战后的发展历程,生动地揭示了重审1945年后德国工业
现代主义受损遗产所面临的特殊问题。第三章专注于"肾形桌"的
设计世界,探讨了它何以成为那个十年主导的设计潮流。这一点能

从它在 50 年代日常生活中的显著存在感，以及给后来一代西德人的记忆留下的深刻印象中得以证实。这一 50 年代"另类"的设计为西德现代主义带来了新活力，尤其是因为它所引发的关于进步的、后纳粹商品文化样式的深入讨论。第四章考察了乌尔姆设计学院的发展历程，该学院在 1955 年被广泛宣传为"新包豪斯"。特别值得关注的是该学院努力将包豪斯的人文主义遗产"现代化"，并重新思考了现代工业社会中美学和设计之物的社会意义。第五章叙述了德国设计委员会的历史，并探讨了在人们看来，自由主义、国家与现代设计之间在冷战背景下的互动关系。本章重点介绍了德国设计委员会如何助力构建面向国际的新文化身份，以及委员会如何通过版权改革和提升专业水平等创新手段，将文化与商业结合起来。第六章探讨了设计在西德文化中的其他方面，特别是那些"小现代主义者"所感兴趣的，将现代设计与现代家庭生活相结合的做法。这一章特别关注在过去的十年中，家居空间如何被重构，以及如何与 1945 年后大范围的"社会美学"重组相协调。工业设计如何以及为何成为后纳粹时代政治美学与个人利益之间冲突的核心，是本章主要讨论的重点。最后，结论部分探讨了这一设计文化的衰落，并讨论了自那时以来，50 年代的设计在西德文化记忆中的地位。

在追溯战后设计文化的兴衰过程中，我试图揭示一个长期被遗忘的领域，即在新兴的西德文化中，记忆和遗忘是如何被协调和塑造的。在技术与文化、教育与消费主义、惨痛的历史与不确定当下的交汇点上，工业设计成为激发文化论争的焦点。这是因为工业设计关乎的是西德现代性的本质与意义。实际上，界定一个恰当的"西德制造"的设计风格探索，与一个更宏大的愿景是分不开的：即创造出后纳粹时代"工业文化"的典范。在这个意义上，20 世纪 50 年代的西德设计远不只有产品造型几何状和质量可靠的特点，这些日常之物背后的历史,实际上反映了对德国现代主义本身的复杂改造。对这一段历史的论述,揭示了西德文化自由主义的内在矛盾,如何深刻地内化于日常之物的形式之中。

第一章　商品的再赋魅：
　　　重审纳粹现代主义

当代学术文化中一个非常引人注目的现象是,近来对所谓的"法西斯现代主义"的关注日益增加。如今,国际上对这一主题的关注似乎无穷无尽,而就在一代人之前,这一主题还常被视为是轻率的,甚至是令人厌恶的,更像是在重复第三国际主义,而非正统的学术研究[1]。这在冷战时期的西欧和美国尤其如此,在这些地方,法西斯与现代主义通常被认为在本质上就相互对立,且在道德上也是不相容的。然而,自1989年的事件以来,非常明显的是,这些观念在很大程度上是冷战的产物。在文化要求往往与政治要求紧密相关的西德,这种情况尤为明显。因为20世纪40年代末和50年代初的首要任务是,尽可能快地将西德这个新的后法西斯政体融入自由西方的魅力圈,因而战后很快发起了一场独特的跨大西洋运动,目的是清除纳粹有毒的文化遗产。通常这意味着在现代主义胜利的救赎叙事中,将法西斯文化重新描绘为一段"倒退的插曲"[2]。尽管从60年代开始,出现了越来越多的异议,质疑自由主义、进步和现代主义之间所谓的天然亲和关系,但直到冷战结束,才真正出现一种新的、对现代主义之阴影部分的好奇心[3]。远不止德国和意大利出现了这种兴趣,奥地利、法国和西班牙也出现了这种兴趣,凸显了其日益广阔的吸引力[4]。

虽然并不令人意外的是,纳粹德国仍是这一广泛重估的主要焦点,但值得注意的是,对纳粹文化的新研究已经超越了旧冷战时期所划定的界限。关于纳粹主义是由阶级决定的、实行"多元统治"的政权,还是属于现代主义的政权,这些曾经的核心问题,现在已经转向了更加客观、少受意识形态影响的重新考察。以前描述的那种全能精英控制着一切、大众被操纵的故事，现在已经被更详细、更有深度的文化史所替代，这类文化史主要探讨的是纳粹思想、制度和日常生活的实践[5]。一些学者进一步扩展了这个观点，他们认为纳粹那恶名昭著的政权文化，实际上是 20 世纪现代主义的一个阴暗面。在这些文献中，纳粹文化被视为一则当代寓言，展示了对艺术的极端工具化、对前卫艺术的扫荡，或者是将暴力、神话和美学紧密结合的做法[6]。在这些案例中，工业设计史在揭露彼得·赖歇尔（Peter Reichel）讽刺性声称的纳粹现代主义的"美丽幻想"方面发挥了重要作用。实际上，这些历史研究通过回顾纳粹对汽车、飞机以及现代消费工业品的广泛热衷，最先反驳了冷战期间一些流行的观点，即认为纳粹文化本质上是一种日耳曼田园主义、斯佩尔式纪念碑主义以及"血与土"主义[7]。通过这种方式，设计研究超越了单纯的"温馨家园"的概念，拓宽了我们对纳粹物质文化的理解，同时也揭示了它与 20 年代及 50 年代令人意外的延续性[8]。这在很大程度上是因为，与纳粹其他文化领域相比，设计领域几乎未受到纳粹"统一化"或协调政策的影响。从一开始，其设计语言和风格上就还保留着最初的、独特的前现代特征。因此，设计成为大规模推广德国"法西斯现代主义"的重要领域。

然而，探讨纳粹的设计是一件敏感的事情。这个问题的关键在于设计在纳粹德国中无处不在。这一看似不经意的问题经过仔细思考后会变得非常严肃：在纳粹德国，有什么是最终不被视为工业美学呢？显然，大型政治集会、纪念碑式建筑、政治宣传电影、事物剧场、街头游行和广播都被普遍认为是纳粹文化工具和技术的一部分。但我们是否也可以合理地认为，黄色星形标记、哥特式字体、铁十字勋章、优生学、集中营建筑、V-2 火箭、官僚组织大规模杀戮的"死亡语言"乃至"最终解决方案"本身，也是纳粹意识形态的工业设计？如果是这样，这就带来了棘手的方法论问题。说所有美学都具有政治性是一回事,但要在每个展览橱窗中辨认出军靴、警报和坦克的声音又是另外一回事。换句话说,工业设计与纳粹政权之间的确切关系是什么? 本章尝试回答这个问题。在这里,我并不是想要孤立地探究"法西斯美学"的具体特征,也不止是记述纳粹文化中魏玛现代主义的存在。相反,我的目标是探讨在 1933 年之后,日常设计产品所扮演的、不断变化的角色及其意义的嬗变。为此,我以三个重要设计组织作为揭示性个案进行研究,来展示纳粹德国如何将政治美学化:德国制造同盟、阿尔伯特·斯佩尔(Albert Speer)的"劳动之美局",以及长久以来被遗忘的"艺术服务"组织。本章不只是抽象地论述这些小型机构的历史,还探索了在纳粹文化中,对商品进行"再赋魅"的广泛倡议,为什么存在如此大的影响力与重要性。

· **"德国每一天的日常生活都应该是美丽的"**

要深入理解现代设计在纳粹时期的复杂发展历程,最好从纳粹掌权前夕的德国制造同盟开始讲起。这一点尤其重要,因为制造同盟作为 20 世纪现代主义的主要推动者之一,其地位非常突出。制造同盟最初成立于 1907 年,是一个由艺术家和工业家组成的先锋组织,旨在通过重新设计日常家居物品来推动文化改革,是德国推动现代功能主义建筑和设计最重要的文化机构之一。没有制造同盟,就难以想象著名包豪斯构想的诞生,因为包豪斯的主要人物和理念基本源自制造同盟。从威廉时代的初期到魏玛共和国的全盛时期,赫尔曼·穆特修斯(Hermann Muthesius)、亨利·凡·德·威尔德(Henry van de Velde)、沃尔特·格罗皮乌斯(Walter Gropius)、汉斯·普尔齐格(Hans Poelzig)、马丁·瓦格纳(Martin Wagner)、威廉姆·华根菲尔德(Wilhelm Wagenfeld)和密斯·凡德罗(Mies

25

van der Rohe)等人对制造同盟历史的书写,证明了它在宏观的欧洲先锋文化史中不容置疑的重要地位。但这并不是说制造同盟在发展过程中没有经历过变革。例如,在魏玛时期的转向,与之前在威廉时代的转向相比,就有很大的不同。在 1914 年之前,制造同盟强调日常之物的道德价值和教育价值,而 1918 年之后,转变为对设计更广泛和更激进之理念的关注。公共住房和城市规划成为魏玛时期制造同盟的重点关注领域,"新建筑"(Neues Bauen)风格的建筑师成为制造同盟的主要代表人物。直至 20 世纪 20 年代末,制造同盟一直处于国际建筑和住宅设计的前沿。这一点在 1927 年斯图加特里程碑式的魏森霍夫住宅区展中表现得尤为明显,在展览上,汇聚了众多欧洲的顶尖现代主义建筑师,共同参加了制造同盟这场展示创新性住宅原型的高调展览[9]。

然而,大萧条的到来改变了这一切。建筑施工几乎停止,很多委托被取消,项目被搁置[10]。在这一经济困难的时期,由于政治家和银行家不再热衷于资助建筑实验,来自国家和市政府的支持几乎都消失了[11]。危机不只是资金减少,同样重要的是,大萧条严重削弱了德国对构建工业文明美好新世界的信心。20 世纪 20 年代德国人对理性化、福特主义和美国式现代主义的热爱也受到了严重冲击[12]。由于制造同盟与这一工业主义的愿景密切相关,此刻尝到了苦果。在短短几年内,制造同盟突然发现自己陷入了孤立无援和财政困难的境地,失去了先前的赞助以及对未来的期许。一些更为保守的制造同盟成员迅速指出,这些问题出现的主要原因是组织过于依赖左翼建筑师的政治理念[13]。更糟糕的是,制造同盟成为德国主流文化中的一个敏感的政治议题。在魏玛共和国时期,制造同盟激怒了一些文化保守派。传统建筑师(特别是与"Der Ring"组织相关的人)在他们的期刊和出版物当中,猛烈抨击制造同盟的"捕鼠器式现代主义",指责它以"国际主义"和外来设计原则的名义对优秀的传统建筑造成了破坏。其他一些公众人物和文化批评家，则谴责它对德国的手工艺和民族文化构成了危险的侵犯。臭名昭著的纳粹组织——阿尔弗雷德·罗森伯格（Alfred Rosenberg）的德国文化战斗联盟，致力于对抗"马克思主义-犹太人"现代性，企图恢复更"和谐"的德国文化，也将制造同盟视为魏玛之文化堕落的一个特别危险的表现[14]。此外，制造同盟还受到激进左翼的攻击。到了 30 年代初，曾经来自工会组织的坚定支持也消失了，曾经备受推崇的制造同盟甚至被贬为"无用的美学家"，被认为其不仅忽视了大众的真正需求，也忽视了无产阶级革命更伟大的事业[15]。1930 年以后，建筑领域愈演愈烈的政治化，使得制造同盟先前的文化权威和共识精神都受到了严重削弱。

27

为了应对这一困境，制造同盟开始努力改善它被围攻的公众形象。最初，他们希望通过一系列和解的举措来减轻右翼的攻击。例如，在 1932 年维也纳举行的制造同盟展览上，他们放弃了长期推广的功能主义工人住房模型，转而支持更符合中产阶级品位的郊区住宅。第二年，他们策划了一个名为"德国木材"的展览，目的是回应那些提倡他们使用玻璃和钢铁等"非德国"材料的抱怨[16]。然而，这些举措的效果都比较有限，因为制造同盟的财务困境在加剧。在最后关头，为了避免机构解散，制造同盟决定转向右翼。还有部分原因是他们认为纳粹在 1933 年选举中的获胜是不可避免的，因而与新政权建立良好关系是最佳的生存策略[17]。纳粹在上台执政后不久就关闭包豪斯的残酷举动，恰恰说明了不妥协的代价。1933 年初，制造同盟致信德国文化战斗联盟的保罗·舒尔策·瑙姆堡（Paul Schultze-Naumburg），提出合并制造同盟和文化战斗联盟的可能性。虽然向其意识形态的死对头伸出橄榄枝的行为，初看起来有些难以理解，但当我们回想到许多战斗联盟的关键成员——包括舒尔策·瑙姆堡和保罗·施密特纳（Paul Schmitthenner）——在第一次世界大战之前是制造同盟的成员时,这个行为就变得可以理解了。尽管这两人后来退出了,但制造同盟的领导层仍然认为有可能与这些前同事修复关系。

这个冒险的尝试给制造同盟带来了沉重的代价。最初,他们的提议被忽视了,因为舒尔策·瑙姆堡傲慢地回复说,永远不会与这个"魏玛堕落的最恶劣的寄生虫"有任何瓜葛[18]。但在制造同盟执行秘书恩斯特·雅克(Ernst Jäckh)成功安排了与罗森伯格和希特勒的会面,并探讨了制造同盟提出的合作事宜后,情况发生了戏剧性的变化。经过几个小时的谈判,他们达成了妥协:制造同盟被允许继续保持存在,但条件是,必须将最终控制权交给文化战斗联盟的执行委员会。这个新规定需要制造同盟的批准才能生效。1933 年 6 月 10 日,制造同盟的 30 名执行委员会成员在维尔茨堡召开紧急会议,讨论该协议。经过简短的辩论,新协议几乎被全体一致通过;只有沃尔特·格罗皮乌斯、马丁·瓦格纳和威廉姆·华根菲尔德投了反对票[19]。瓦格纳的暗黑预言,即纳粹不妥协的态度,以及制造同盟的轻信,不久后就成为现实。首先,制造同盟的地区分支管理结构被迫服从于领袖原则;随后,新协议要求立即开除所有犹太人和马克思主义者的严厉条款,迅速得到执行[20]。尽管由于这些变化,制造同盟的会员人数的确从 1928 年的大约 3 000 人减少到 1934 年的不到 1 500 人,但这并未改变它长期所珍视的机构独立性被轻率地交给纳粹帝国的事实。因此,制造同盟的屈服,经常被描述为德国现代主义者屈服于更无情的新秩序的一则悲伤寓言[21]。

但将制造同盟的历史描绘为一出现代主义的悲剧,则忽略了一些关键问题。首先,这忽视了一个微妙的事实:在当时,纳粹主义和现代主义并不被认为是天然对立的。诚然,考虑到罗森伯格文化战斗联盟的著名反现代主义言论、包豪斯的高调关闭,以及 1937 年臭名昭著的"退化艺术"展,这可能会使很多读者感到奇怪。这些事件尽管重要,但反现代主义并非一致的或者说普遍存在的。更准确地说,特别是在纳粹掌权的最初几年里,纳粹文化实际上是新旧观念的大杂烩,既有农业意识形态又有现代主义工业文化。1933年至1934年间,罗森伯格和戈培尔之间关于纳粹文化本质的权力斗争表明,现代主义在1933年之后并未过时。虽然罗森伯格将纳粹的胜利,等同于德国生活的"去工业化"以及恢复失落的前现代德国民族文化,但是,戈培尔致力的是打造一个独特的纳粹技术文化[22]。实际上,戈培尔非常努力地塑造了一个具有创造性和现代化的纳粹文化形象,而不是保守和反动的形象[23]。1933年秋,他主管的普鲁士文化部将一系列现代绘画和设计作品送到1933年芝加哥进步世纪展览上,作为纳粹德国对当代前卫文化感兴趣的见证[24]。纳粹对现代主义的支持也体现在电影、摄影、广告、室内装饰和工业建筑等领域[25],甚至现代绘画一直到1937年的"退化艺术"展之前都受到国家的大力支持[26]。尽管有的人会说,这些举措是为了寻求国内外的怀疑者的支持而做出的精明算计,但毕竟这些都是对现代文化的国家级支持行为。

这就是为什么许多现代主义者真诚相信,尽管有其早期的宣传,纳粹主义实际上对现代建筑和设计持以开放态度。有许多证据支持这一点。如果不是的话,那为什么现代工业设计师几乎没有受到纳粹的同一化政策的影响?为什么新政权会积极招募包豪斯的平面设计师来为纳粹展览增添更多的现代主义精神[27]?为什么格罗皮乌斯和密斯·凡·德·罗在1934年和1935年向纳粹展览提交的设计提案中,认为纳粹主义和现代主义兼容呢?为什么格罗皮乌斯和密斯的学生在1933年后几乎没有受到歧视(除非他们是犹太人),还能稳定地找到工作[28]?而且,直到1937年前后,纳粹的家庭装饰书籍中还在自豪地展示着现代设计产品,其中包括马谢·布鲁尔的钢管椅和包豪斯的茶壶与挂毯,它们还被视为"德国优秀室内装饰"的象征[29]。从这个角度来看,命运多舛的制造同盟的"绥靖"政策,并不是那么的不合常理,因为它是基于当时普遍的看法,即现代主义和纳粹主义并不是完全不相容的怪异组合。重点并不是要为制造同盟开脱,也不是要将纳粹文化描绘成纳粹官僚和魏玛激进分子的欢快聚会。纳粹政权对成千上万的魏玛现代主义者进行排挤、流放和谋杀的悲惨证据,是纳粹文化政策残酷性的沉重见证。然而,问题在于要记住,由于其多种意识形态矛盾和个人恩怨,纳粹文化从来不像纳粹宣传(或者冷战时期的描述)所展现出来的那样单一和统一。

工业设计领域在这方面特别有启发性。重要的是要记住,在大萧条之后的几年里,设计产品经历了根本性的变化。这很大程度上与德国文化中"新客观性"的大获成功有关。许多研究已经记述了大萧条之后德国绘画、摄影和文学风格的变化,尤其是,它们都赞颂了再现的精确性和后表现主义的主观性脱离、工业比例,以及对社会关系的逃避[30]。更不为人知的是,德国的现代设计在这一时期也发生了转变。总的来说,它放弃了20世纪20年代初期的浪漫主义,转而追求大胆的新机械美学。在30年代,铬成为设计材料的首选,将日常物品改造成来自未来、闪亮都市梦幻世界里的光滑物品。边缘被打磨平滑,形体变得圆润,表面被抛光,这是30年代的流行文化对速度与进步的浪漫追求的一部分[31]。正如克劳斯·尤尔根·森巴赫所说,这个时代的设计追求"没有气氛的精确性,冷静的柔和色彩,严酷的金属光泽和优雅的轮廓……即使是曲线也以充满感情的形式再现。总的来说,完全没有非精确性或模糊性"[32]。但这并不意味着德国设计是在粗鲁地模仿美国式的大萧条现代风格[33]。在德国,这个时代的主导设计风格反而是一种柔和的包豪斯现代主义。事实上,正是在这些艰难的岁月里,"制造同盟-包豪斯设计原则"首次在商业文化中取得了真正的突破。不仅其制作精良、耐用的产品设计哲学在经济危机时期尤为受到欢迎，而且它那无装饰的标准化造型，通常也能使其以低廉的价格进行制造。当时，无论是在那个时代的百货商店目录和广告中，还是在顶尖的魏玛室内装饰杂志《内部装饰》(*Innendekoration*)、《新时代住宅》(*Wohnung der Neuzeit*)和《艺术与德国家庭》(*Die Kunst und das deutsche Heim*)中，或者在更商业化的德国零售期刊《展示柜》(*Die Schaulade*)和《橱窗》(*Schaufenster*)中，几乎到处都能看到这些产品的存在。因此，尽管在大萧条和不断加剧的意识形态面前，德国现代建筑陷入了停滞，但现代设计却在 1929 年后取得了意外的成功。

然而，现代设计的胜利也付出了一定代价。因为伴随着现代设计的成功，其以往的改革理想主义消失了。功能主义曾经的强大政治感染力，已经转变为与任何真实社会愿景都脱钩的、严肃的"新客观性"[34]。大萧条不仅把左翼"从汤勺到城市"这一重新构建一切的社会工程梦想破灭了，也把另一个试图将现代设计与社会正义联系起来的理念，在两次世界大战之间瓦解了。现代设计产品现在被重塑为大萧条时代中一个令人垂涎的文化资本和社会精英主义的新符号。诚然，在两次世界大战期间，现代设计一直存在强烈的精英主义色彩，但这通常与面向所有阶层的宏大社会改善计划相关联。社会（主义）的维度突然从这一图景中消失了。具有讽刺意味的是，正是经济自由主义的危机，带来了现代设计的"自由化"（在这个例子中，指的是现代设计的社会去激进化）[35]。正是那些"未被媒介化"的文化产品的前景——即被市场力量所影响——尤其让制造同盟感到担忧。这种反自由主义并不罕见，许多其他文化组织也呼吁采用"新企业主义家"解决方案，来缓解无限制的资本主义对德国美术及应用艺术的影响[36]。这也就是为什么像制造同盟这样的团体，对失

31

去国家和政府的资助会感到如此苦恼,而为什么纳粹所承诺的反自由经济和文化秩序又是如此吸引人。正如艾伦·斯坦韦斯(Alan Steinweis)所言,政府通过提供一种"既非自由,也非马克思主义模式的第三种选择",成功地利用了德国艺术界的新企业主义愿望[37]。对于制造同盟来说,只有一个强大的政府才能充分纠正所谓的设计文化危机[38]。

但讽刺的是,如果说是现代设计的商业化让制造同盟与纳粹走得更近,那么,现代设计的商业化也吸引了纳粹对制造同盟的关注。事实上,现代设计产品地位的变化,正是为什么纳粹热切地将制造同盟的现代主义融入其官方形象的原因。毕竟,如果现代设计在公众(不仅是在文化战斗联盟的狂热分子中)心目中仍与马克思主义政治联系在一起,戈培尔是不可能接受的。但现在情况已经变了。这也导致了现代设计与现代建筑走向了不同的道路。考虑到这些设计产品在1929年后成为工业进步和消费繁荣的极具吸引力的象征,纳粹领导层迅速意识到现代产品风格的潜在政治价值。纳粹对美国流线型设计风格的公开挪用(最明显的例子可能是大众汽车的设计),凸显了纳粹政权对制造业赢得成就,以及塑造繁荣文化自我形象的极大兴趣[39]。到了1933年夏,制造同盟被划归戈培尔的国家视觉艺术室,随后又被划归新的国家文化室的领导之下。那些尚未移民的激进分子很快被解职,且被禁止再获得工作[40]。魏玛现代主义可能带来的任何潜在的意识形态问题,都被"德国"式的救赎魔咒轻描淡写地掩盖了。现在,新制造同盟的任务是支持"所有领域的创造性工作,从精心设计的大规模制造产品的工业生产,到当下建筑、绘画、雕塑和民间艺术的宏大项目"[41]。

值得注意的是,制造同盟最初的任务是帮助清除德国国民生活中的那些"危险"的低俗商品。当然,纳粹所谓的抵制低俗商品的斗争,也是纳粹文化政策中最著名的部分之一。几乎所有人都知道,

32

纳粹组织了象征性的焚书活动,销毁了一切被认为与他们理想中的善良和美好相悖的文献。然而鲜为人知的是,他们还组织了大规模的村庄篝火,烧毁了那些被认为是与堕落往昔相关、不再需要的家具和个人用品。一位记者这样描述哥廷根的这次清理行动:这场针对过度装饰、充满俗气装饰的晚期威廉时代室内设计的运动,是对发展真正"德国民族生活文化"的一种侵犯。被认为是"不必要的、品位低俗的、毫无意义的"物品被当地市政府收集起来,并在"庆祝活动中焚烧"[42]。然而,制造同盟反对低俗商品的运动完全是另一回事。它与嘲讽现代文化几乎无关,也不是为了颂扬民族艺术和手工艺。令人意外的是,该运动实际上针对的是 1933 年后德国日常生活中突然泛滥起来的纳粹低俗商品。当时,一些德国商人希望借助希特勒掌权所带来的热潮,兜售各式各样的纳粹纪念商品和煽动性纪念品来牟利。其中最受欢迎的包括普鲁士鹰雕像、希特勒半身像、带有口号的笔、盘子和牌匾、德国工人党(NSDAP)领带和别针、"卐"字形的椒盐卷饼以及各种啤酒馆纪念品。从一开始,这一纳粹文化产业就被批评家和观察家嘲笑为纳粹庸俗的顶点,被视为全面贬低了真正德国文化的明证,因为它混淆了政治、流行文化和消费主义之间的界限。制造同盟的故事之所以如此独特,因为它是唯一一个以维持更有尊严的德国物质文化的名义,明确负责清除这种民族主义俗气品的组织。

33

一个最好的例证是,1933 年在科隆举办的名为"摒弃国家低俗商品"的展览。该展览的明确目标是,在希特勒掌权后阻止纳粹符号和徽章的大规模商品化,据报道,该展览吸引了超过一万名观众。如图 1 和图 2 所示,展览将两个房间作为典型:一个是"沙龙",充斥着各种纳粹物品,从纳粹徽章和带"卐"字图案的挂毯,到希特勒的图像;另一个是充满了"良好、简约生活文化范例"的现代公寓[43]。《形式》(Form)杂志的相关文章明确指出,新政权不会容忍这种"国家低俗

34

图1　1933年德国制造同盟举办的"摒弃国家低俗商品"展览的展厅。第一个展厅的目的是展示国家文化生活中需要被清除的元素。展出内容包括19世纪"精致客厅"的装饰、各种纳粹的手工艺品、纳粹党纪念品和希特勒的肖像画。来源：恩斯特·霍普曼，《摒弃国家低俗商品！》，《形式》杂志，1933年8月，第8卷第8号，第255页。图片由柏林普鲁士文化遗产提供。

图2　1933年德国制造同盟举办的"摒弃国家低俗商品"展览中展示的现代客厅典范。与第一张图片中的房间形成对比，这个理想的客厅采用了更贴近20世纪20年代现代主义的简洁设计风格。来源：恩斯特·霍普曼，《摒弃国家低俗商品！》，《形式》杂志，1933年8月，第8卷第8号，第255页。图片由柏林普鲁士文化遗产提供。

商品"，因为所有的低俗商品都会"对文化造成破坏"。尤为有趣的是，在尝试保留文中所谓的"形式精神"时，被选作德国"生活文化"正确典范的，正是典型的制造同盟现代主义风格[44]。（同样的形象也作为典范室内设计的例子，出现在有关家具篝火的文章中。）的确，这是对两次世界大战期间更激进的设计派别的柔和化，是包豪斯和"新法兰克福"运动所主张的、锋利边缘实用主义的柔和版。然而，关键在于它与"血与土"的田园主义风格大相径庭。

这个选择之所以特别引人注目，是因为它恰逢 1933 年 5 月 19 日通过的《保护国家符号法》（*Protection of National Symbols Law*）。这项法律严格禁止将纳粹徽章和历史人物用于商业目的的传播。根据该法案，这种大规模复制品必须被禁止，因为它被认为会损害公众"对这些符号尊严的敏感性"[45]。新法案还附加了一个包含 49 种指定低俗商品的"低俗商品清单"，包括半身像、标语牌、歌曲以及装饰有"卐"字的毛衣、吊带和明信片。从某种程度上看，这一反低俗商品的运动，反映了纳粹的强烈欲望，即通过坚持其政治符号不被商业化玷污的做法，来摆脱他们所谓的"魏玛物质主义"。这表明，在将政治美学化的整个计划中，纳粹比人们通常认为的更为谨慎，保护他们重视的政治符号不会变为空洞的商标而被淡化。即使这个法案并不总是被执行，但它也凸显了纳粹想要掌控其视觉符号的愿望。纳粹反低俗商品的运动也表明，纳粹非常乐意借鉴他们意识形态对手的设计原则，来推进自己的事业。通过将现代主义原则服务于自己，纳粹将其含义从魏玛时期的激进主义，转变为一种某学者所称的"高端"的纳粹现代主义[46]。如果说这件事说明了什么，那就是 1933 年并不是全面的"血与土"民族主义文化的开端，而是正如阿尔伯特·斯佩尔一直认为的那样，充满了关于纳粹文化形式的强烈矛盾[47]。

但这一现代主义使命并不仅限于反对民族主义低俗商品。这一点在阿尔伯特·斯佩尔的"劳动之美局"中体现得尤为明显。这个机构最初于1933年11月27日成立,是纳粹德国关注工人休闲的组织"通过愉悦获得力量"的一个分支,而这个机构又是罗伯特·莱伊(Robert Ley)领导的庞大的德国劳工阵线的一部分。"劳动之美"的想法源于莱伊本人,他想要按照他在1933年访问的荷兰矿山的卫生标准,来重塑德国的工业工厂[48]。"劳动之美局"的创建旨在帮助"美化德国的日常生活"——在这一语境中,日常生活指的是工业工厂和工作设施(图3)[49]。正如斯佩尔所说的,这一"将春天带入德国工作场所"的运动,不仅限于清洁工厂地板[50]。它更重要的任务是,恢复现代工业生活中所缺失的"劳动尊严"和"工作乐趣"。它旨在通过将工作场所从一个黑暗、肮脏、异化的劳动环境,转变为一个明亮、干净、激发灵感的现代工人团体,为德国工业劳动注入精神[51]。通过这种方式,该机构将最终帮助德国工业关系"去无产阶级化",从而终结所谓的自由主义和犹太人对德国劳工及其工作的贬低[52]。该机构组织的众多展览,包括"良好的光线-良好的工作"(Good Light-Good Work,1935),"干净的人在干净的工厂"(Clean People in Clean Plants,1937)和"工厂的热食"(Hot Food in the Plant,1938),都被视为一个整体,帮助德国工业文化"再赋魅",从而达到希特勒所喜欢的形式。

　　同时,"劳动之美局"向管理层保证,通过这种方式改善工厂条件,能够提振工人士气和工业生产力,同时避免潜在的劳工冲突。为了帮助德国工业界了解工厂现代化的好处,该机构制作了大量的书籍、电影甚至卡通片;为了说服那些仍保持怀疑态度的人,还采用了税收优惠、延长信贷的政策,有时甚至使用强制手段[53]。没过多久,该运动很快开始展现出显著的成果。仅一年后,该机构耗资约1亿里希马克,推动了数千个德国工作场所的翻新工程;到了1938年,这个数字超过了2亿里希马克。尽管"劳动之美局"的活动在战

图 3 "劳动之美"工厂内部。这里展示的是一家现代化飞机制造厂的装配车间。来源：阿纳托尔·冯·胡本内特，《劳动之美手册》(1936)，未分页。转引自彼得·赖歇尔《第三帝国的美丽幻象：法西斯主义的魅力与暴力》(*Der schöne Schein des Dritten Reiches：Faszination und Gewalt des Faschismus*)(慕尼黑，1991)，第 395 页。图片由慕尼黑卡尔·汉瑟出版社提供。

争爆发后基本上结束了，但在 6 年时间里，它成功地推动了超过 12 000 个德国工厂的改善[54]。

也许更值得关注的是，这场清洁运动在德国工业生活中引发了一场美学爆炸。这似乎并不令人意外，因为以新德国"民族共同体"为名，使政治变得可见、壮观正是纳粹政治文化的特点。然而，"劳动之美局"不足以被分类为纳粹所谓的政治美学化的又一个实

37

日常之物的权威：西德工业设计文化史

例。首先，斯佩尔经常描述的、给德国工作场所"一个新面貌"的宏伟项目，远远超过了对工作场所的美化。它还包括了对工厂建筑、家具和食堂餐具的重新设计，以及对工人游泳池、住宅、运动场和花园的大规模建造。尽管在很多方面，这些举措借鉴了世纪之交的"花园城市运动"，以及19世纪末以来德国大公司的家长式做法，但在国家层面上如此有组织地将劳动和美学结合在一起的做法是前所未有的。其特点在于，它不是通过改革资本主义生产方式，而是通过美化生产的场所和参与者的方式，来试图克服19世纪工业化（劳动异化、阶级冲突、美学与生产的分离）的破坏性影响。一个典型例子是纳粹如何不懈地将德国劳工和劳动美化为艺术家和艺术作品，不断使用"艺术设计""德国质量的工作"和"工作之美"来描述工业劳动[55]。在此期间，设计师（原义为形式赋予者）被普遍称为"工业领域的艺术家"。1934年，当"通过愉悦获得力量"组织成立了一个特别的视觉艺术部门，旨在帮助建立"艺术家与工人之间的桥梁"时，文化与劳动之间的关联就被具象化了。到1935年，德国工厂已经策划了120多个艺术展[56]。在工厂的接待区增加了花卉和绘画，并在工厂内播放古典音乐来伴随工人工作，这进一步凸显了政府希望将工业与文化生产结合起来的愿望。毫无疑问，其中一些与"劳动之美局"和戈培尔的国家视觉艺术室之间的协议有关，后者赞助了艺术家绘制马赛克和装饰工厂接待室[57]。然而，重点在于，通过将工厂劳动从工业文明转移到德国文化的范畴，"劳动之美局"有效地消解了文化和工业之间长期存在的社会学区隔。

在这种充满意识形态张力的环境中，"劳动之美局"采纳了魏玛时期工业现代主义的核心理念，这一点非常重要。就像在这些新的工作场所中引入了玻璃、光线、通风和开放式布局一样，制造同盟的室内建筑理性化和食堂家具标准化方案也在这些重建项目中被广泛应用。如图4所示,这些设计也被视为培养"工作乐趣"和提升德国工人尊严的重要媒介。制造同盟的成员被号召积极参与帮助执行这个任务[58]。随之而来的是一系列机构和个人之间的重叠。1934年,制造同盟的杂志《形式》的最后一期(印刷了13 000份)不仅被专门用来赞扬斯佩尔的计划,而且其编辑威廉·洛茨(Wilhelm Lotz)还担任了"劳动之美局"新杂志《劳动之美》(*Schönheit der Arbeit*)的编辑总监。该杂志大力赞扬了纳粹的现代主义项目,如德

图4 "劳动之美"宣传海报。海报上的文字是"通过美好的工作餐厅获得工作乐趣"。图片由柏林普鲁士文化遗产提供。

意志试验航空研究所(1936—1937)和位于法勒斯勒本附近的大众汽车工厂。同样令人惊讶的是,该杂志还对彼得·贝伦斯和沃尔特·格罗皮乌斯等著名现代主义者表示了毫无保留的赞扬[59]。阿尔伯特·斯佩尔本人后来也承认了这些关联。在 1978 年的一次著名访谈中,他承认广受诟病的制造同盟实际上是"劳动之美局"的模仿对象。他补充说,他、希特勒和戈培尔一直不喜欢罗森伯格、舒尔策·瑙姆堡和文化战斗联盟的文化政策,私下批评他们在建筑物和物品上大量使用"卐"字的"老式和小资产阶级"观念,是一种令人尴尬的"不雅行为"[60]。最后,斯佩尔描述他的"劳动之美局"是将"制造同盟"原则(连同包豪斯的工业模式)明确应用于纳粹的工业设计政策[61]。

纳粹对前卫设计的挪用,并不意味着德国工业现代主义有着一个简单的延续性故事。尽管纳粹采纳了现代设计的形式,但其所服务的目的已经完全改变了。20 世纪 20 年代的新客观性(在 1927 年制造同盟的魏森霍夫建筑展中有着最好的体现)将功能主义视为一种解放工人的方式,一种建立在拒绝基于阶级的建筑风格、改善工人物质生活质量的方式,然而,纳粹却将这些原则用于完全相反的目的[62]。最重要的是,"劳动之美局"的目标是使工人适应压迫性的工厂劳动条件和管理层的严酷要求。尤其是 1936 年纳粹德国实施的"四年计划"需要提高劳动强度后,这一点更为明显。扩大工人福利(如游泳池、相邻的公园和工厂之间的体育联赛),以及"通过愉悦获得力量"机构为工人组织休闲活动的努力,不仅仅是出于经济上的考虑[63]。它们还试图通过塑造新的、对理想化和繁荣的"民族共同体"的新忠诚,清除任何残留的魏玛工人抵抗文化[64]。结果是,纳粹关于提升德国劳动尊严的言论,与劳动政治权利的消解同时进行。

图 5　来自"劳动之美局"的设计物品原型,约 1936 年。这张照片展现了纳粹设计通常是如何将旧与新杂糅在一起的。产品设计本身明显继承了 20 世纪 20 年代的风格,而其装饰性和照片的风格则更多地为新客观主义增添了一种特有的温馨感。来源:"劳动之美局"办公室的原型:第 4 集:新的食堂餐具,日期不详,宣传册,NS 5 VI, 6263,柏林联邦档案馆。图片由柏林联邦档案馆提供。

"劳动之美局"的性别政策也是如此。由于战争期间生产需求的增加,越来越多的女性进入弹药工厂工作。为了吸引更多的中产阶级德国女性进厂工作,"劳动之美局"迅速开始宣传工厂中的"工作乐趣",以及工作条件的改善,这些意味着工作不会干扰女性工人履行她们的"自然的未来任务(即做母亲)"。不仅建造了新的日托设施来减轻女性工人的"双重负担",还越来越强调工厂设计中的装饰性和家庭氛围[65]。正是借助这一语境,"劳动之美局"努力"帮助女性适应工厂环境"[66]。该局在对工厂的设计中强调,纳粹文化政策远比简单的、煽动性的"血与土"更为复杂,相反,其反映了一种高度自觉的尝试,即将工业生活与传统德国的家园感和居住文化结合起来[67]。最终,这些被重新包装的制造同盟现代主义原则(其核心理念源自非异化的"工作乐趣"和劳工解放的自由神学),只是看似与其原本的意图一致[68]。

纳粹设计政策的主导原则是将工业现代主义与德国传统家居理念相结合。这在"劳动之美局"的工厂中表现得最为明显。除了引入花卉、音乐和"鼓舞人心"的艺术品作为翻新工厂的常见装饰外，民族主义和中世纪标志也经常用于装饰工厂的大门和入口[69]。然而，把工厂变成"第二个家"、工人成为"大家庭"的成员，以此消除工作和休闲之间的界限，并将其描述为罗森伯格的报复行为，是具有误导性的[70]。以食堂家具和餐具的设计为例，它们并不是要回归前现代生产技术，而是揭示了，纳粹设计实际上是在20世纪20年代的功能主义基础上，再增添了一层亲切感而已[71]。如图5所示，咖啡壶模型上使用大量自由的装饰性点缀，以及对木质食堂家具的批量生产，揭示了纳粹尝试将工业现代性与一些宣传者所谓的"新家居文化"中的"德国灵魂"结合起来，在这种文化中，"干净、得体和诚实的工作价值观"象征着对"过去时代特有的垃圾物品的决定性胜利"[72]。

工业现代主义家居化的趋势也体现在对日常用品的摄影展示上。对比一下1935年"劳动之美局"食堂的照片（图6）和1932年制造同盟的"生活需求展"的照片（图7）。1932年的这张照片捕捉到了先锋展览意识形态的核心原则：拒绝珍贵物品及其光环般的展览空间，因为它们不符合民主和大众文化的时代。在一个以工业化和大规模生产为特征的时代，认同包豪斯、制造同盟和"新法兰克福"理念的人士出现了这样一种激进趋势，即通过在非精英的环境下展示非精英物品，来将博物馆空间彻底现代化。通常情况下，小型巡回展是首选的展示方式，因为这种方式被认为能够与展出的匿名、无阶级区别的商品相得益彰[73]。同样，展览与贸易博览会之间的界限也被有意模糊。家用产品在展出时通常附有价格标签，而展览工作人员经常在现场展示商品的实用性。主要的理念是，商品的使用价值应根据它们所能节省的劳动价值来评判，而不是根据阶级品位、美学消费的抽象文化标准来评判[74]。因此,美应该建立在实用性的基础之上,产品的使用价值(功能)和交换价值(价格)应成为关注点。虽然在20世纪20年代,也并非没有试图将工业现代主义与更传统的德国家庭环境结合起来的做法,而且这一点在魏玛家居指南文献中体现得尤为明显。但是,这种保守的意识形态很少在展览政治中出现[75]。正如从1932年的这张照片所看到的,这些产品首先是供日常使用和购买的工业制造品,展览并没有试图掩饰这一点。这些展览之所以引人注目,是因为被展出的物品既没有被孤立出来,也没有被放置于任何光环般的环境中;它们所被陈列的方式,是为了赞颂它们作为民主工业文化的代表,其背后无名工厂的来源。

　　相比之下,纳粹的工业设计摄影有意淡化了工业产品的大规模制造背景。图6中,对食堂桌子具有亲密感的摄影方式恰好反映了

图6 "劳动之美"办公室的设计产品原型,约1935年。来源:"劳动之美局"原型:系列9:瓷器餐具,无日期,NS 5 VI, 6265,柏林联邦档案馆。图片由柏林联邦档案馆提供。

图 7　1932 年"生活需求"展览的摄影作品。来源：《1932 年制造同盟,〈生活需求〉展览》,《形式》杂志,1932 年,第 7 卷第 7 号,第 226 页。图片由柏林普鲁士文化遗产提供。

这种倾向。但是,尽管纳粹不断抨击 20 世纪 20 年代的大规模制造商品是"文化布尔什维克主义"和(犹太)自由资本主义的堕落象征,但纳粹从未完全摒弃这些商品。他们反而试图通过赋予产品非异化的劳动价值和种族救赎的象征价值,将这些工厂产品重塑为高贵的"文化商品"[76]。比如,在 20 年代的纳粹设计展中,试图将文化对象降低到彻底物质性的使用价值和交换价值、消解其神秘感的激进做法,被替换为强调物品超凡的,甚至精神品质的做法[77]。在其他方面,纳粹德国的反商业主义思想也有类似体现。例如,不仅"劳动之美局"坚持从工厂内部移除所有消费广告,而且 1936 年后德国广播中的产品广告也被禁止[78],甚至与美国高速公路的"消费空间"相对比,帝国高速公路也被禁止在沿途设置任何广告牌,以确保"没有任何东西干扰驾驶者体验德国风景"[79]。因为魏玛共和国被指控把德国的"文化财富"和家变成了"批量生产的商品"和"生活机器",所以纳粹致力于让这些工业产品沐浴在一种充满舒适感的柔和形而上学光环之中。正如那张拍摄食堂的照片所示,纳粹并不是想完全摒弃 20 年代的功能性产品(特别是那些如果能够以低廉价格进行生产的产品),而是更倾向于用条顿文化和国家身份的额外价值来将这些物品"重新德国化"[80]。

图 8　1935 年推广"国民收音机"的宣传海报。海报上的文字是"全德国都在用国民收音机听元首讲话!"收音机设计师:沃尔特·克斯廷(Walter Kersting)。来源:海报 3/22/25 号,"全德国都在听元首讲话。"图片由科布伦茨的联邦档案馆提供。

同样的设计逻辑，也体现在纳粹最著名的产品之一——"国民收音机"上。纳粹通过大规模制造价格合理的收音机供所有德国人使用，政治性地利用了德国人在两次世界大战期间对广播的热情（图8）。众所周知，纳粹在政治上的成功，很大程度上得益于他们对大众视听媒体的精明利用。提供廉价收音机，有助于扩大他们的政治信息在德国公共和私人生活各个领域的影响力。毫无疑问，通过消除传统的地理和政治距离——比如城镇与乡村、听众与演讲者、党与人民之间的距离，收音机成为塑造新的"民族共同体"的核心媒介。实际上，它成为纳粹将德国时间和空间同一化的关键维度[81]。但"国民收音机"实际的物理造型却讲述了不同的故事。其沉重深色木质外壳的设计具有一种亲和感，成为家庭中一件不引人注目，但又让人感到熟悉的家具，与许多德国人在20世纪30年代早期青睐的小资产阶级"盖尔森基兴巴洛克"家具风格十分搭配[82]。VE301型号的"国民收音机"的外壳（该型号纪念的是1月30日纳粹的掌权之日），最终掩盖了它在德国政治和通信工业化中所扮演的角色。尽管收音机被纳粹用作将集体激进化和加速社会现代化的工具，但其外壳却被设计成了社会稳定和个人愉悦的熟悉象征。就像"劳动之美局"瓷器上的点缀一样，"国民收音机"的外形设计，其目的是要把纳粹现代性中的激进社会计划，真正融入家庭生活中去。

希特勒时期，德国高速公路的建设也是一个类似的故事。就像"国民收音机"一样，高速公路标志着德国乡村现代化的重要一步。它不仅让数百万德国人（后来还包括外国的强制性劳工）参与国家高速公路项目中，从而减少了失业，在这个过程中还赢得了许多工人成为纳粹政权支持者。此外，也使德国的城镇和城市通过高效的道路和高速公路网络连接起来[83]。尽管这些高速公路通常因其所谓的军事应用而被讨论，但实际上它们象征性的美学吸引力更为重要[84]。这些高速公路几乎立即成为大众文化所渴求的对象，因为这些公路让他们成为所谓的"无空的民族"。高速公路代表了德国人日常生活中旅行、休闲和冒险的梦想（特别是与1937年大肆宣传的大众汽车，或者说"国民汽车"的发明相结合时）。对1919年后感到屈辱和束缚的一代德国人（根据《凡尔赛条约》的规定，他们失去了阿尔萨斯·洛林和东普鲁士，以及在非洲的海外殖民地），机动移动性的梦想极具吸引力[85]。同样值得注意的是，高速公路建设在媒体口中被合理化的方式，体现了德国对时间和空间的激进重构，完美地表达了德国自然与技术的高尚和谐统一[86]。围绕雄心勃勃的"托特行动"[Operation Todt，以负责监督高速公路项目的工程师弗里茨·托特（Fritz Todt）命名]无数的文化图像清楚地表明了这一点。一遍又一遍地，这些所谓的"希特勒之路"被反复拍摄和录制为田野与道路的视觉共生体，显得高速公路不是城市对德国景观的侵入，而是对其文化的完善[87]。在大量照片纪录和电影镜头中频繁出现的"德国"形容词（如德国景观、德国高速公路、德国桥梁等），被用来柔和高速公路和家园之间存有的任何文化矛盾性。纳粹高速公路有时被称为"第三帝国的金字塔"，这并非没有道理，因为它把对土地、旅行和征服的帝国式渴望，转化成了文化成就和显赫的命运。

同样的逻辑也渗透到了纳粹日常生活中不那么引人注目的领域。一个明显的证据来自德国零售商品杂志《展示窗：德国品质和艺术工作》（*Die Schaulade：Deutsche Wert-und Kunstarbeit*）。该杂志由 J. A. 迈森巴赫（J. A. Meisenbach）于1924年创立，最初是为给售卖德国家庭用品的买家和卖家提供专业的资讯，发表关于设计、营销和展示技术新趋势的文章和建议。因此，它提供了一个珍贵的视角，可以一窥当时处于宣言及博物馆展示柜之外的、德国设计的日常商业世界。期刊里印刷的是在魏玛共和国全盛时期，德国商店和商场中出售的商品（如餐具、瓷器和玻璃器皿）。最明显的是，20世纪20年代的德国室内设计本质上是新旧混合、传统与现代并存的。包豪斯风格的设计在德国零售业中确实占有一席之地，但远未占主导地位。该杂志还揭示了，商业设计到了30年代初，正在经历重大变革，新客观性设计开始成为消费者的首选风格。但值得注意的是，纳粹的掌权几乎没有影响到设计产品的制造和分销。尽管民族艺术和手工艺也有展示和讨论，但直到1943年，这份杂志通常一直展示的都是现代主义的代表人物。罗森塔尔和迈斯纳（Meissner）瓷器，阿茨伯格（Arzberg）和波特（Pott）等家居用品经常被重点关注。事实上，设计从1930年到1940年几乎没有什么真正的变化，这也正是这本杂志最显著的特点。

然而，即使这些设计之物本身基本保持了不变，但其背后的意识形态却发生了巨大变化。其中一个显著的趋势是将日常商品提升为"文化物品"的共同努力，以及强调设计与某位观察家所称的"民族生活表达"之间的联系[88]。这里隐含的是1933年后的一场运动，一场将这些物品国家化的运动，即把国际主义设计风格"授洗"于德国文化和精神的神秘色彩之中。通过这种方式，德国商业界的步调，与工业和文化的趋势保持了一致。这些变化特别容易觉察的地方是，在展示物品时采用了新策略。虽然这些展示并不是突然或者彻底改变的，但总体趋势很明显。以1929年两个获奖的橱窗展示为例（图9），它们都在第二届帝国瓷器周（Second Annual Reich Porcelain Week）上因其卓越的品质而获奖。在这两个案例中，20世纪20年代对赞颂这些家庭用品的标准化和大规模生产的偏好都非常明显。对于评委而言，决定性因素显然在于这些摆设中横向和纵向线条的排列，给这些艺术品带来了一种运动感和活动感的想象。它们的新颖之处在于类似剧院歌舞团或电影般的布景设计，一种更像歌舞剧布景而非传统的百货商店式布局。与此形成对比的是

47

1935 年在"德国莱比锡德国陶器比赛"（German earthenware competition in Leipzig）中获奖的一个作品（图 10）。请注意，正如前景中堆叠的标准化杯子所展示的，现代产品并未被传统的手工艺品所取代，也没有试图掩盖物品的工业色彩。纳粹这一时期工业产品展示方式与众不同的地方在于，商品被放置在了模拟房屋旁和临时

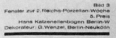

Die Schaufenster der 2. Reichs-Porzellan-Woche

J. A. Meisenbach

Über die Verteilung der Preise an jene Bildeinsender, deren Schaufenster aus Anlaß der 2. Reichs-Porzellan-Woche vom Preisgericht als prämierungswürdig erachtet wurden, haben wir bereits kurz in Heft 2 der „Schaulade" 1929 Seite 89 berichtet. Inzwischen haben uns die 253 Schaufensterfotos vorgelegen, die am Wettbewerb beteiligt waren. Wir haben daraus die hier gezeigten

19 Bilder (siehe auch das Bild auf dem Umschlag dieses Heftes) zur Veröffentlichung ausgewählt.

Es befinden sich unter den veröffentlichten Bildern nicht alle Preise, sondern nur der 1., 2., 4., 7., 9. und 12. Preis. Das soll keinesfalls Kritik an der Auswahl bedeuten, wie sie durch das Preisgericht getroffen wurde. Es drückt sich hierin nur aus, daß wir unsere

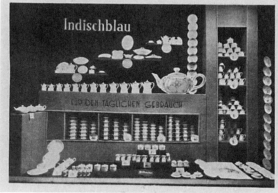

图 9　1929 年第二届全国瓷器周获奖橱窗展示。来源：《第二届全国瓷器周的展示橱窗》，《橱窗展示》（Die Schaulade）杂志，1929 年，第 5 卷第 5 期，第 249 页。图片由柏林普鲁士文化遗产提供。

日常之物的权威：西德工业设计文化史

图 10　1935 年的获奖橱窗展示。背景的横幅上写着"每户人家都有的餐具"。来源:《一次成功的推广》,《橱窗展示》杂志,1935 年,第 11 卷第 14B 期,第 679 页。图片由柏林普鲁士文化遗产提供。

搭建的草坪背景上,象征了德国家庭的富裕。20 年代城市自由商品的戏剧化布景设计已不复存在。更多目的是给魏玛时期的大规模制造商品,注入家庭和家园的舒适感[89]。

纳粹对工业产品的呈现不仅限于"血与土"的形而上学。随着时间的推移,日常物品的风格变得更加军事化。尽管产品本身几乎保持不变,但陈列方式发生了变化。尤其引人注目的是 1938 年入选莱比锡举办的德国陶器全国竞赛(national competition of German earthenware)的一些作品。正如图 11 所示,1938 年的这个橱窗特意将物品以一种僵硬并且极具攻击性的方式进行陈列,组成一个庞大整体。1929 年的那个橱窗所呈现的个体和孤立的构图,以及 1935 年的那个橱窗的温馨背景,都被坚决放弃,取而代之的是一种明显不同的、注重秩序和一致性的全新陈列方式。无论是莱妮·里芬斯塔尔(Leni Riefenstahl)的"群体装饰"行军式还是保罗·特罗斯特(Paul Troost)的新古典主义建筑,商品的这个看似天真的世

图 11　1938 年德国餐具竞赛中的获奖橱窗展示。标牌上写的是"德国的餐具和生活用品"。来源:《橱窗展示》杂志,1938 年,第 14 卷第 11B 期,第 408 页。图片由柏林普鲁士文化遗产提供。

界,如今也被纳粹文化中追求视觉统一性、重复性和秩序的精神所渗透。家居用品的军事化呈现,在设计摄影中也很明显。可能最好的例子之一,要数阿道夫·拉齐(Adolf Lazi)拍摄的制造同盟设计师赫尔曼·格雷奇(Hermann Gretsch)创作的瓷器花瓶照片(图12)。在这里,值得指出的是,拉齐是一个忠诚的现代主义者,不应被视为纳粹党的傀儡。在他的职业生涯中,一直与纳粹党保持距离。但就像阿尔伯特·伦格·帕奇(Albert Renger-Patzsch)等其他一些现代摄影师一样,他的风格在 1933 年后的纳粹现代主义者中颇受欢迎。在这个案例中,这张特定的图片有效地通过一种独特的氛围感,软化了新客观主义美学的锐利边缘。无边无际的黑色背景、花瓶的悬浮效果和强调光都赋予了这个图像一种新颖感和奇特感。不像新客观性产品摄影那样关注产品物理特性或使用价值,也不考察产品的材料构成[90];相反,拉齐似乎更关注赋予这些普通花瓶一种独特的、坚实的、不可渗透的甚至是挑衅的特质,类似纳粹雕塑或法西斯装甲的形态。有位观察者把这张照片比作对纳粹德国

49

图 12 产品摄影，阿道夫·拉齐。设计对象：赫尔曼·格雷奇的花瓶。来源：乌特·埃斯基尔森，《德国的广告摄影》（埃森，1987 年），第 43 页。图片由阿道夫·拉齐档案馆——A. 因戈·拉齐（A. Ingo Lazi），斯图加特/埃斯林根提供，www. Lazi. de。

士兵站岗执勤的描绘，并非毫无理由[91]。然而，问题并不在于这些商品的陈列，反映的是法西斯德国对文化更广泛的关注（当然这本身并不奇怪）；真正的问题是，商品——尽管在设计上几乎没有变化——成为纳粹新神话和新幻想的主要载体。

在这个意义上，"劳动之美局"致力于"让德国日常生活更加美好"的项目，在很大程度上象征着纳粹更广泛的愿景：恢复德国人与他们周遭环境的联系。将工业世界重塑成德国"文化"的延伸，是纳粹形而上学的一个基本方面。无数历史庆典、民族节日、死亡崇拜和复兴的异教传说都是构建德国神话时间的文化实例，而生活空间理论、高速公路甚至大众汽车则揭示了纳粹对德国神话空间的理念。然而，长期被忽视的是，纳粹政权同样努力赋予德国的物品世界以新的价值。实际上，纳粹通过视听图像展现出的集体性、将德国人团结起来的愿景，也隐秘地涵盖了物品世界。就像纳粹组织壮观的集体场面，是为了在希特勒统治下的德国，消弭人与人之间的差异一样，"劳动之美局"也致力于克服德国人与他们的物品——尤其是与机器、工具和家庭用品之间存在的疏离。简而言之，这一愿景是通过将物品转化为某种自主的主体，来达到对物品去客观化的目的。在纳粹时期，无数自然之物和工业产品上经常出现的"德国""德国文化"和"德国精神"的标签，以及关于"技术的精神化"的广泛话语，再加上希特勒著名言论——纳粹建筑是"会说话的石头"，都展示了这种将沉默的物理对象转化为具有政权主观特性的一种冲动。这里值得指出的是，1933 年后，德国人在描述设计之物时很少使用德语单词"Gegenstand"（其字面意思是指与主体相对立的事物）。取而代之的是使用更少疏离感、包含更多情感意味的词语，如"物品""文化商品"和"德国工作价值"。纳粹的摄影能为此提供视觉佐证。大批量复制的纪实照片［比如在《街道》（*Die Strasse*）中刊行的大量高速公路建设的照片］，总是在呈现一种让人能感知到的、快乐的德国工人，与闪亮的工业设备之间的联系。同样，更高端的"新客观主义"摄影也表现出一种趋势，那就是让工业产品看起来更"自然"，并赞颂德国人与物质之间的和谐共生关系。托马斯·曼准确地将纳粹主义描述为"高度技术化的浪漫主义"，这不仅是指纳粹德国对机械的迷恋，或者是纳粹试图将技术与传统结合起来的努力，更深层次的是，意指纳粹有一种将工业的主体性和客体性融合起来的奇怪冲动[92]。

确实，在很多层面上，这种融合本就是法西斯的幻想。这一幻想的起源可以追溯到意大利的未来主义宣言，菲利波·托马索·马

51

52

里内蒂(Filippo Tommaso Marinetti)及其同伴们在宣言中对机器、速度进行了无所顾忌的赞颂,尤其是将战争看作"清洁世界的唯一方式"。他们对暴力的公然崇拜从一开始就引发了诸多的丑闻和反感,在很大程度上又因为马里内蒂对墨索里尼法西斯政策的公开支持,而变得更加严重。但通常被忽略的是,在很大程度上,法西斯这一幻想世界的关键,在于主体与客体之间差别的消解。例如,在马里内蒂的《未来主义文学的技术宣言》(*Technical Manifesto for Futurist Literature*)中,他声称,只有那些能够"解放自己语言"的、真正的煽动性诗人,"才能深入物质的本质,并破坏那种使物品与我们隔离的无声对立"。对他而言,想要实现人与物质融合的愿望,必须首先满足一个条件,那就是以"对物质的诗意迷恋"为名,消除人文主义的主观性(这种主体性总是假设个体与世界之间有着一条无法弥合的鸿沟)[93]。在未来主义的其他作品和绘画中,正是对工业主体与客体结合的渴望,推动了他们对现代更新和机器救赎的梦想,马里内蒂在第一份未来主义宣言中对汽车的歌颂就是一个现成的例子。1914 年后,德国未来主义幻想的变体层出不穷。在恩斯特·冯·萨洛蒙(Ernst von Salomon),尤其是恩斯特·尤因格(Ernst Jünger)的《技术是我们的制服》(*Technology is Our Uniform*)中,通过对第一次世界大战期间人与机器之间在前线英勇协同作战的神话般歌颂,探讨了这些主题。在克劳斯·泰维莱特(Klaus Theweleit)对魏玛共和国时期的自由军团小说(Freikorps novels)进行的著名研究中,也发现了德国退伍军人中的一个相似愿望:他们都希望把自己的身体变成一台军事工业机器,用来防御他们想象中的危害性力量的威胁[94]。

当然,这些关于身体机械化的幻想并不是极端右翼所独有的;在魏玛共和国时期,弗里茨·朗(Fritz Lang)的电影《大都会》(*Metropolis*)、格奥尔格·格罗斯(Georg Grosz)的绘画、包豪斯剧院乃至工厂的泰勒主义都是对身体机械化的著名文化探索[95]。但在法西斯文化中,工业主体与客体的融合达到了巅峰。乍一看,这似乎与纳粹文化"血与土"的反现代主义观念相矛盾,但更深入的分析表明,它们实际上是相容的。毕竟,纳粹意识形态的核心之一是克服德国主客体之间的疏离。尽管一开始,纳粹通过承诺一种更传统的方式实现这一目标,即让德国人与他们神秘的民族土地重新联结起来,这一点在纳粹的绘画中得到了最好的体现,但随后纳粹的焦点逐渐转移到了工业界。这与1936年纳粹在引入四年计划后的意识形态转向保持了一致,"血与土"的神秘主义大部分被抛弃,转而更加直截了当地追求工业化。但是,这并不意味着法西斯想要融合主体和客体的愿望突然消失了。相反,这种愿望实际上从前工业化时代的浪漫主义(即人与自然的协调),转向了机器劳动和工业美学的现代世界。

然而,尽管颇具吸引力,我们还是不应仅将这些视为纯粹的意识形态表象。在这方面,阿尔夫·吕特克(Alf Lüdtke)对威廉时代至纳粹时期德国工人文化的开创性研究非常有启发性。吕特克不赞同纳粹是通过压迫和恐惧摧毁劳动力的常见论点,而是探究了纳粹意识形态如何在德国工人的日常理解与行为中,发挥了关键作用。他主要关注的是,研究纳粹的政治"美学化"如何在日常的象征性实践中体现。通过这种方式,他展示了纳粹利用"德国优质工作""工作价值"和"工作的乐趣"等传统浪漫观念,比如,通过激发他们对工作和设备的心理认同和感性认同(如对工具的"爱"和机器"灵魂"的认同),在吸引工人支持纳粹政权方面是多么的有效[96]。

"劳动之美局"在这里起到了关键作用。正如吕特克所指出的,工厂的美化并非吸引德国工人的决定性因素,因为工人们非常清楚,这只意味着要提高工作要求。关键要素是文化补偿,这在很大程度上与纳粹要提升"德国品质工作"和"劳工尊严"的工业劳工地位的言论有关。事实上,"劳动之美局"成功地将德国工厂现代化,使得许多工人相信纳粹德国在改善所谓的民族共同体生活方面是认真的。现代化食堂、游泳池和新的住房设施进一步培养了工人对政权的忠诚,甚至失业者也对纳粹党对工人幸福的承诺印象深刻[97]。同样,作为这种新工业劳动道德观的成果,高质量的设计产品有助于在自豪感与生产、工作与文化之间建立重要联系。正如吕特克所观察到的,在"品质工作"生产中所进行的心理投入,有助于"以产品完美的形式展现出个体的价值",从而能够感性地体验到"对'美好生活'的希冀,并感觉这是合理的"[98]。而这些产品在所有新工厂的食堂中又成为工人日常使用的标准用品,从而进一步加强了这种联系。最终,正是吕特克所说的纳粹意识形态与"日常联系"的实践,促使许多工人支持纳粹的工业政策[99]。

　　然而,其中还包含了种族因素,这在"劳动之美局"中体现得极为明显。纳粹试图将德国人与他们"再赋魅"的物品世界"重新结合"的时候,正好是犹太人和其他刚被界定为"非德国人"的群体被彻底排除在外的时候,因而这一做法绝非巧合。在这方面,视觉艺术完美地再现了1935年的纽伦堡法律政策。因此,这种在表现上作出的区分,远超纳粹德国将犹太人描绘为空洞眼神的老人、衰落种族的神秘符号、面目模糊的敌人等陈词滥调的惯常做法[100]。这一点在材料使用上也很明显。德国人通常被"永恒"的材料所描绘,如青铜、大理石、石头和油画颜料,而犹太人则被限制在粗糙的报纸照片和季节性宣传海报中。此外,他们也从未出现在同一个表现空间中,因为犹太人,以及其他"不受欢迎的人"都被排除在理想化的德国时间、空间和命运的文化形象之外[101]。部分原因是,纳粹对敌人的视觉贬低,是由于纳粹政权倾向于将所有形而上学和超越性问题都简化为种族问题,这实际上是将差异"生物化",以便进行消灭[102]。虽然对于那些被国家标记为危险分子的人来说的确如此,但这只是展现了纳粹恶劣的种族辩证法中的一半。而更隐晦的另一半则展现在,纳粹将主体性特征转移到无生命的物品之上。正是犹太人被物化的同时,物体被转变为主体——其后果是,这种对设计进行的"种族化"处理,为这些工业产品增添了额外的价值,即从受害者那里剥夺了家园感和德国身份感。因此,"劳动之美局"旨在美化德国人与他们日常环境(工作空间、机器和日常物品)之间关系的做法,与纳粹更广泛的、试图构建一个以种族卫生和净化了的视觉文化为标志的"民族共同体"的运动紧密相关。

上述关系是互为补充的。回想一下,"劳动之美局"不仅聚焦于美化德国的工作,还聚焦于美化德国工人本身。将工人身体作为新军事化民族共同体的一部分进行美化的尝试,既体现在"劳工士兵"意识形态中,也体现在对体育和身体健康的强调上。在"劳动之美局"的展览,如"干净的人在干净的工厂"中可以看到,为德国工人"恢复尊严"的说法与种族清洗紧密相关。正是在这里,纳粹将工业的劳动场所、设备、物品以及工人,转变为独特的德国"文化"新主体(把德国工作视为艺术,把德国工人视为艺术家)的行为,揭示了其致命的一面。如果这些行为只是停留在家具篝火和反低俗商品运动的层面上,那么没有人会受到伤害。但是,当"文化"本身变成了一个具体的物质和生物学概念,当"民族共同体"等同于所谓的"国家政体"的概念,那么,(建立某种纯净和污染的)清洁之观念在视觉和医学领域的扩张,就会变得极具政治性。这也就是为什么"劳动之美局"对犹太人、自由主义和污垢的清洗是如此的危险[103]。这不仅仅是因为光亮和清洁被改造成了道德准则。更重要的是,污垢本身从社会生活当中的一个构成性要素(比如城

55

市和车间），变成了一个"反社会"的种族群体[104]。霍克海默和阿多诺在他们的《启蒙辩证法》（*Dialectic of Enlightenment*）一书中，清楚地看到了"劳动之美局"中隐藏的负面因素。在一篇重要的文章中，他们观察到，"如果说清洗车间地板及其相关的所有东西，如大众汽车或体育场，导致了对形而上学的麻木清算，这可能无关紧要；但在社会整体中如果它们自身成为一种形而上学，一种意识形态的幕布，掩盖了真正的邪恶，这就不是无关紧要的了"[105]。因此，物质事物的精神化，正好与被排斥者所遭受不幸的具体化相对立。通过这种方式，工业设计被不可逆性地从有形的物品中"解放"了出来，并被赋予了无限的政治权利和权威。即使随着战争的爆发，工业设计的重要性随之减弱，从而避免了直接与死亡集中营的血迹相关联，但是，"劳动之美局"还是成为早期塑造纳粹工业文化致命视觉修辞的场地。

· "世俗的悲情"

如果说在纳粹日常文化的构建中，"劳动之美局"及其设计产品占据了重要地位，那么纳粹设计的其他方面则不止是清洁美学的范畴。纳粹美学政治的另一个关键维度在于，对超凡世界和抽象理念可视化的着迷。在这方面，最具揭示性的是虽然小但影响力巨大的"艺术服务"组织。不同于"劳动之美局"，这个最初是基督新教组织的"艺术服务"几乎未受到学术界的关注。考虑到其在纳粹设计政治中的核心地位，这一点非常遗憾。在战争期间，许多顶尖的设计师、建筑师和摄影师——包括威廉·华根菲尔德、赫尔曼·格雷奇、奥托·巴特宁、沃尔夫冈·冯·韦尔辛（Wolfgang von Wersin）、阿尔伯特·伦格尔·帕奇（Albert Renger-Patzsch），甚至西奥多·豪斯（Theodor Heuss）——都是"艺术服务"的成员，这表明该组织的作用远不仅限于教堂设计。

从一开始，"艺术服务"就是一个与众不同的设计组织。它是由奥斯卡·拜尔（Oskar Beyer）和戈特霍尔德·施耐德（Gotthold Schneider）于1928年在德累斯顿创立，这个"受新教信息启发的自由联盟"，最初是为了提高宗教艺术的质量而成立的，其目标是帮助艺术与教会重新结合，以此强化对基督信仰的坚定性。正如其1930年在德累斯顿举办的"新教堂之物"展览的目录中所述，"艺术服务"坚信，"在过去的一个世纪里被错误忽视的艺术成就，与宗教情感之间存在着至关重要的共生关系"。该目录进一步指出，"这种忽视导致了宗教艺术的一种瘫痪，这种瘫痪源于对历史形式的模仿，而这种形式不再与任何内心理解相关，而仅仅是出于习惯而进行机械地复制"。为了对抗这种"宗教艺术的瘫痪"，"艺术服务"努力将"艺术的力量投入服务于宗教的需求当中"，因为宗教实践只能从这种"形式的纯粹性"和"艺术材料的平静效果"中受益[106]。然而，"艺术服务"并不隶属于任何特定的宗派。它被设想为一个专门的组织，致力于推广其章程中提到的"信仰的象征性表现"和"在所有艺术门类中真诚的宗教价值"[107]。

"艺术服务"并不是这场运动的唯一参与者。在魏玛共和国时期，许多其他团体——包括天主教和新教团体——都投入了大量精力推广高品质的宗教艺术和手工艺，把它们作为基督教虔诚的一个重要层面。这些团体都认识到，工业现代性已经撕裂了艺术与教堂之间曾经自然的联系，导致教堂艺术（以及它所代表的信仰）面临着变成远离当代文化潮流的过时历史文物的风险[108]。这个境况对新教徒尤其棘手，以至于他们在20世纪20年代出版了一系列新的期刊和书籍，其中《艺术与教堂》（Kunst und Kirche）尤为著名，该书旨在振兴新教宗教艺术[109]。在这些出版物中，热烈讨论了诸如传统宗教艺术和雕塑的文化相关性、表现主义绘画的宗教情感性，以及

57

需要资助新的现代宗教作品等多个问题。但不管具体的观点分歧如何,他们都存在一个共同的愿望:促使基督教信仰和艺术作品跟上不断变化的现代世界。

但"艺术服务"却有所不同。虽然它也热情地倡导"在所有艺术门类中真诚的宗教价值"[110],但是,它对"信仰的象征性表现"的理解,并不仅限于宗教绘画和手工艺品。相反,它把目标定在新教崇拜中所使用的圣礼物品上,并视其为宗教改革的中心。如果这些物品在联结信徒与其信仰中起到了关键作用,那么按照这个逻辑,它们的物质形式自然也是宗教体验中一个重要方面。因此,正如1930年德累斯顿展览目录中所特别提及的"教堂使用物品":灯具、圣餐杯、圣餐碗、十字架、洗礼盆、烛台、祭坛桌和覆盖物、宗教窗帘、花瓶、书籍装帧、礼仪字体,甚至是牧师的礼服等,现在都计划进行重新设计。1929年,拜尔(Beyer)在一篇名为《关于新礼仪问题》(Concerning the Question of a New Paramentic)的文章中对该议题进行了大胆的阐述。所谓"礼仪",指的是在新教教堂仪式中使用的所有圣礼器皿和图像规范。对拜尔来说,探讨艺术和物品的宗教意义并不是一个新话题,他之前已经在几部作品中探讨过[111]。但现在,他坚持要重新设计这些礼拜用品,正是因为所有的"礼仪"都是神圣的。这种说法并不是没有风险,尤其是它与天主教的接近程度可能会带来危险。在这个问题上,拜尔巧妙地反驳说,天主教关于"被圣化物品"的"魔法作用"的教义,仍然是他所不接受的"外来"观念。但这并没有阻止他主张,宗教"行为"仍然"与这些物品的物质存在紧密的联系"。

拜尔继续指出,问题在于现代教堂物品未能履行其神圣职能。他严厉批评了由他所称的粗糙"宗教艺术产业"所批量生产的历史主义教堂用品,这些用品是"对历史或流行形式的平庸运用"的结果。他认为,现代教堂物品的廉价设计性已经很糟糕,更糟的是这些"没有灵魂的工厂产品"阻碍了真正的"信仰意识"。对他来说，宗教体验所需的纯净性被这些不诚实的礼拜用品严重腐蚀。因此，"艺术服务"的任务是，在神圣物品领域发起一场类似新教改革的运动。正如马丁·路德领导的清除教会错误教义形式和随意性做法的斗争，"艺术服务"也同样希望清除教堂文物中的那些无用装饰和历史主义。据拜尔所说，清洁圣言、非字面化圣体礼、圣经的大规模印刷和教堂建筑的"去天主教化"都是新教改革的值得赞扬的措施，旨在改革现有的基督教崇拜。然而，那些与圣言本身一起作为联结上帝和信徒的神圣渠道的物品，即实际的"教堂使用物品"仍未受到改革精神的影响。因此，难怪拜尔会以如此郑重的口吻写道，他认为"一个新的新教历史时期正在我们面前展开"；其宏大计划是最终清除"所有路德未能亲自根除的（天主教）元素残余，因为他仍然太过于根植于中世纪世界"。只有彻底现代化新教服务中使用的物品，路德对基督教信仰的革命才能最终完成[112]。

拜尔对于振兴宗教物质文化的崇高愿景，现在成为"艺术服务"的核心追求。尽管有些读者批评他的理论缺乏根据，甚至带有天主教色彩，但拜尔坚定不移地推进他的改革运动[113]。到了1929年，"艺术服务"已经组织了几场设计展，包括一场关于平面艺术家鲁道夫·科赫（Rudolf Koch）的展览，以及两个关于新教堂建筑和设计的小型展览。但直到1930年在柏林举办的"礼拜与形式"展览，"艺术服务"才吸引到了更广泛的观众。这主要是因为这次展览的范围更广，甚至天主教和犹太组织也参与展出了圣物。展览的副标题"新的新教、天主教和犹太教的圣物"证明了"艺术服务"组织所坚持的信念，即为所有宗教信仰设计更加完善的圣物是有益处的。著名的德国神学家，如马丁·布伯（Martin Buber）和保罗·蒂利希（Paul Tillich），也被邀请为主旨演讲者[114]。通过这次展览，"艺术服务"

成功地关注了物质与精神、事件与神学之间的关系。

更值得关注的是,保罗·蒂利希在他的演讲中提到所谓"世俗的悲情"在审美方面的含义[115]。如果"艺术服务"的主要目标是通过设计优良的礼拜用品促进更直接的宗教体验,那么这些圣礼用品的视觉形式就是一个至关重要的问题。毫无疑问,"艺术服务"坚持了传统的新教观念:即宗教艺术应该是透明和直接的,就像新教教堂中常见的清晰和高贵的玻璃窗那样,欢迎直接的、未经过滤的神之光辉纯净地照射。"艺术服务"最主要的目标是,创造一种直接性的美学,正如它在 1930 年德累斯顿展览"新圣物"(New Sacramental Objects)的前言中指出的那样:"教堂艺术的任务是,以一种能促进对宗教本质的直接感受的形式,来表现神圣。"[116]

那么,这种纯净形式究竟是什么样的? 在这方面,"艺术服务"反对传统圣礼物品的形式,与 20 世纪 20 年代现代建筑师和设计师摆脱 19 世纪所谓的虚伪历史主义、折衷主义的运动完美契合。在这两个案例中,都存在着一种强烈的千禧年愿望,即以追求审美的纯净和诚实的名义,摒弃过去的风格遗产。如图 13 所示,"艺术服务"毫不掩饰地采纳了 20 世纪 20 年代的现代主义设计,作为最适合新教教堂物品的美学风格。但是,只是简单地将"艺术服务"视为包豪斯的宗教版,是具有误导性的。例如,考虑到对词语"实在性"的不同理解,"艺术服务"并不认为这个词语仅仅是"功能主义"或"朴素"的同义词。相反,它认为"实在性"是指最能服务于宗教超越之目的、纯粹的和不引人注目的"物性"(objectness)。换句话说,"艺术服务"主要用这个词语来表达简单与精神性的想象亲和力,即拜尔所称的"信仰的现实主义"[117]。对于蒂利希来说,事物的感染力在于它们的"实在性",这是设计礼拜物品时必须严格遵守的特质,因为只有简单的设计才能释放出物品的"真实和最终的精神力量"[118]。

图 13　艺术服务的宗教仪式物品。来源：《礼拜与形式》(Kult und Form)、《艺术与教会》(*Kunst und Kirche*) 杂志，1931 年，第 8 卷第 1 期，第 6 页。图片由柏林普鲁士文化遗产提供。

　　现代主义与形而上学的结合并没有就此停止。更令人瞩目的是拜尔的信念，他坚信在本质上，教堂物品的宗教力量与技术和工业制造是息息相关的。拜尔再次回溯了路德的思想。正如路德支持圣经的大规模印刷和分发是宗教改革的基础一样，拜尔也认为"纯净、有目的形式"的大规模复制将有助于培养一种"更客观、诚实且适宜的新教态度"。在拜尔的愿景中，教堂物品的标准化至关重要。他认为，只有通过标准化，才能有效地培养宗教信念所需的"集体意识"，在这个基础上，"标准化形态的共同联系将创造出一个新的象征，代表了一种统一的信念，而这在当下尚未更新的教堂中是缺失的"[119]。这就是为什么"艺术服务"转而拥抱现代工业设计、远离传统宗教应用艺术的原因。同样因此,"艺术服务"自称为"新教设计联合会",是因为它认为教堂物品设计的现代化,是创造一个新的、广泛统一的新教团体的必要步骤[120]。

因此,"艺术服务"在 1933 年之前的历史有两个方面值得特别关注。首先,它在一定程度上挑战了有关魏玛现代主义的传统史学观点,这些观点通常认为现代主义与唯物主义、简约与世俗化自然地存在关联。当然,很多魏玛时代的激进人士致力于去除文化中基于阶级的装饰,支持一种新的、更符合现代世俗社会民主的、大规模制造精神的通用性功能主义风格。但是,"艺术服务"旨在以"新客观主义"对新教精神的新视觉语言进行"洗礼"的计划,揭示了一些鲜为人知的、试图将前卫的现代主义与传统文化相结合的尝试。其次,可能更重要的是,"艺术服务"的历史揭示了 20 世纪 20 年代末和 30 年代初期新教经常被忽视的一个方面,即越来越多地将信仰本身美学化的努力。在这一点上,"艺术服务"是新教在魏玛共和国时期更广泛尝试的一部分,旨在尝试将现代艺术表达与宗教信仰相融合。然而,"艺术服务"的特别之处在于,物质对象作为宗教情感的辅助者所具有的潜在宗教力量,现在被放置在了核心位置,而这一点在天主教的圣物和化体说教义中始终存在。同样值得注意的,是"艺术服务"强调视觉符号在团结信徒方面的作用,该组织的写作主旨在于,精神上的主观性(基于个人对圣经的解读)对社会造成的削弱效果,可以通过一个标准化的圣事符号视觉系统来减轻——甚至克服。蒂利希自己不也强调过,需要真正的"宗教仪式用品"——这些用品不仅要与"日常、当下和现实"紧密相关,还要涉及共有的"感知和视觉"吗?拜尔不也认为,"宗教的更新"在一定程度上依赖于"视觉和宣传的生动工具"吗[121]?从这个角度来看,"艺术服务"的运动似乎不仅仅是为了去天主教化的教堂设计,而是为了利用天主教的图像理论来实现新教的目的。这里涉及的不仅仅是"灵性"

与"实在性"的奇异结合。

但是,这个小型组织在引起纳粹的注意后,就彻底改变了。像大多数文化组织一样,"艺术服务"在1933年后很快就被纳入纳粹的控制范围[122]。然而,它随后的发展非常不寻常。首先,它被并入纳粹的联邦教会办公室,即"国家主教"。虽然证据零散,但纳粹对"艺术服务"最初的兴趣似乎来自温弗里德·文德兰(Winfried Wendland),他在纳粹文化机构中是一个次要人物。尽管如此,文德兰在纳粹的设计故事中仍然是一个关键人物,部分原因是他在1934年后成为包豪斯的代理校长,并被任命为中央新教艺术期刊《艺术与教会》的执行秘书。他在1934年的著作《十字架下的艺术:我们时代的新教艺术世界》(*Art under the Sign of the Cross: The Artistic World of Protestantism in Our Time*)中,大力赞扬了"艺术服务"项目,称其提供了纳粹所需的"集体存在的形象",甚至附上了展示"艺术服务"的设计之物的照片[123]。虽然文德兰的支持可能是早期引起纳粹兴趣的原因,但这个组织的潜在文化价值促使纳粹党对其日益关注。1934年,"艺术服务"被置于戈培尔的国家视觉艺术商会的管辖之下,被明确指定负责在国内外推广宗教"艺术与手工艺"展览[124]。

但这并不意味着"艺术服务"支持低俗的纳粹艺术和手工艺品。就像包豪斯的反低俗商品运动一样,"艺术服务"的展览也展示了融合魏玛现代主义精神风格原则的工业设计产品,以至于在1933年之后"艺术服务"的展览和出版物中几乎没有提及纳粹。与"堕落艺术"展相关的煽动性反现代主义在这里并不存在。实际上,"艺术服务"继续了其现代设计运动(尽管脱离了其原始的宗教背景),而且几乎没有受到纳粹政权的过分干预[125]。

纳粹给予"艺术服务"较大的自由度一是出于政治的考量。具体来说,"艺术服务"在帮助传播纳粹现代主义在国外的优良形象方面发挥了重要作用。纳粹执掌政权几个月后，"艺术服务"负责在1933年芝加哥"进步世纪"博览会上策划新德国宗教艺术和设计的展览。其目的不仅是为了证明纳粹德国支持当代视觉艺术的趋势，而且还要说服美国观众，新政权是融合了基督教理想的文化现代主义之家[126]。同样的逻辑也体现在"艺术服务"在1936年柏林奥运会期间展出的现代圣礼物品上。英文纪念册清楚表明，这场展览旨在让来自世界各地的新教徒意识到"他们身处宗教改革之国"，并向他们展示新教灵性与现代设计之间的关联[127]。该组织还展示了一些世俗的设计物品。例如，在1937年和1940年著名的米兰三年展设计展上，著名的现代设计产品被作为纳粹政权的文化成就和青睐现代主义的证据进行了展示。著名的魏玛现代主义者如华根菲尔德、特鲁德·佩特里和奥托·欣迪格（Otto Hindig）如今被誉为纳粹德国的顶尖工业艺术家。这样的公关工作非常有效——仅在1940年的米兰三年展上，德国就获得了200多个设计奖[128]。因此，"艺术服务"在协调信仰与功能主义、新实在主义和纳粹主义方面十分有效果。

"艺术服务"之所以获得如此大的自由度，二是出于经济方面的考虑。到1933年，包括拉施挂毯（Rasch Tapestries）、波特银器（Pott Silverware）、罗森塔尔瓷器（Rosenthal Porcelain）和阿茨贝格瓷器（Arzberg Porcelain）在内的一些德国设计公司已经在全球范围内树立了声誉，并拥有可观的出口市场。纳粹当局不希望危及这一利润丰厚的收入来源和国际声誉，因此在1933年之后，这些公司大多被允许继续像以前一样生产[129]。在罗森塔尔公司，罗森塔尔家族成员的管理职位被迅速撤下，但公司的设计部门继续运营，没有受到对大多数犹太企业施加的"抵制犹太人"运动的影响[130]。无疑，纳粹对魏玛设计的支持也不乏一些讽刺之处。尽管包豪斯在1933年因被看作是"文化布尔什维克主义"的祸害而被戏剧性地关闭,但包豪斯的一些产品,比如玛丽亚·梅(Maria May)设计的包豪斯挂毯,却一直生产到 20 世纪 40 年代初,还印有当时据称是禁忌的包豪斯标志。即使是长期反对包豪斯的、反现代主义民族文化的狂热支持者舒尔茨-瑙姆堡也不得不放下自尊,为 1934 年包豪斯挂毯系列的广告贴上自己的名字和面孔[131]。

这些政策在莱比锡贸易博览会上也得到了体现。莱比锡双年贸易博览会是当时世界上最受欢迎的贸易展之一,也是衡量德国经济优先项和活力的重要晴雨表。在 20 世纪 30 年代,许多经济学家认为提高出口销售是克服大萧条影响的关键,因此德国的设计产品越来越成为国家层面关注的重点[132]。家居装饰用品和日常家庭用品被特别重视,因为它们对于经济的复苏和增长至关重要。国家对现代设计的支持很快取得了令人印象深刻的成果。到 1936 年,德国在成品消费品领域的出口取得了显著成功,其中包括消费电子产品、家居用品、玻璃制品、乐器和玩具。1935 年的一份报告称,莱比锡春季贸易博览会的收入在一年内从 2.504 亿马克增加到 2.914 亿马克[133]。1937 年的一份报告指出,那年的莱比锡春季贸易博览会吸引了 26 多万名游客,总成交额达 4.95 亿马克,其中 6 500 万马克来自家用耐用消费品的出口销售[134]。1936 年推出的四年计划使现代设计在纳粹经济中变得更加重要。由于金属、混凝土和木材日益被用于武器生产和建筑施工,瓷器、玻璃和合成材料行业的消费品部门成为德国经济财力的宝贵来源[135]。的确,正是由于出口价值,以及作为非军事材料的使用,玻璃、陶瓷和瓷器制造商在整个纳粹时期享有不寻常的风格自由度和文化声誉。

1939 年战争的爆发进一步提升了现代设计产品的政治价值和经济价值。一旦盟军封锁生效,把设计作为国家关注的重点的重视程度再次增强了。戈培尔亲自在 1939 年、1940 年和 1941 年莱比锡

64

博览会的开幕式上发表演讲，为提高出口和生产水平敲响了警钟，这些博览会现在被重新命名为"战争博览会"。他和其他人相信，德国的设计公司已建立起来的国际声誉，意味着现代设计可以帮助德国企业在战争期间弥补出口损失[136]。战时报告对此取得的成功大加赞扬。有报告甚至声称，德国的玻璃、瓷器和陶瓷行业在 1938 年至 1940 年的生产量实际上翻了一番。另一份 1939 年的报告声称，该博览会的总收入约为 8.4 亿马克，比前一年提高了 57%。55% 销售家庭用品的商家报告声称，他们的销售额与 1938 年相同或更高[137]。需要指出的是，尽管关于出口统计的精确信息相对稀缺，并且因为宣传的目的而被经常更改，但仍可以肯定地说，现代设计在纳粹德国战时经济的最初几年中发挥了重要作用[138]。

在纳粹德国，现代设计在政治和经济层面最为明显的体现，莫过于 1939 年发布的商品目录《德国商品》（*Warenkunde*）。这是"艺术服务"和戈培尔的国家视觉艺术商会合作的项目[139]。"艺术服务"的两位成员：雨果·库克尔豪斯（Hugo Kükelhaus）和斯蒂芬·希尔泽尔（Stephan Hirzel）编纂了这部 1700 页的目录书，书籍形式类似活页图片式的百科全书，展示了那些最能体现德国设计"精神品质和尊严"的德国工业产品[140]。该书分了 61 个类别，包括餐具、凳子、刀叉、办公和花园家具、挂毯、厨房设备、烤箱、珠宝、手表、乐器，甚至度假纪念品等。每页都有产品图片，以及制造商和设计师的背景信息，还附有关于材料、尺寸和价格的信息。该书由文化部资助，分发给德国的工业家和零售商，作为战争期间的制造指南[141]。同时，它也旨在刺激德国的海外出口销售[142]。《德国商品》中刻意避免政治色彩的语言，显然是为了不冒犯外国买家而精心构思的。1939 年《德国商品》中选择的商品明显受到了魏玛现代主义的影响。其中展示了格雷奇（Gretsch）的陶瓷、冯·韦尔辛（von Wersin）的餐具、包豪斯的灯具、华根菲尔德的玻璃工艺品、托内特

65

（Thonet）的椅子和费迪南德·克拉默（Ferdinand Kramer）的烤箱，以及德国劳工阵线的家具原型，都被骄傲地展示为纳粹德国的官方设计。而纳粹民族主义手工艺品则被放在该书的后面。正如图14所示，"艺术服务"的《商品知识》展再次清晰地表明了这一点。事实上，《商品知识》对制造同盟的设计原则和产品的重新利用非常恰当，特别是考虑到编纂国家商品目录的想法，是在第一次世界大战期间由制造同盟首次提出的。与杜勒联盟一起，提供"大批量制造产品的典范"以满足战时的国内消费需求，制造同盟在1915年出版了《德国商品书》（*Deutsches Warenbuch*）[143]。这本248页的商品目录展示了当时正在生产的、由150个合作分销商存货的精选德国产品。价格表和供应商索引也包括在内[144]。除了其经济价值，还纠正了被认为广泛存在于制造商与消费者之间的隔膜，因而1915年的这本目录还被誉为提升了德国"总体文化"水平的一种方式[145]。

图14　1939年德国"商品知识"展览中的"艺术服务"展区。左侧的文字列出了各种产品的类别，比如灯具、餐具和玩具；而底部的文字则标注了所使用的材料，如陶瓷、瓷器、玻璃、木材等。来源：《艺术服务：工作报告》（*Kunst-Dienst：Ein Ar-beitsbericht*）（1941年宣传册），第21页。图片由柏林普鲁士文化遗产提供。

日常之物的权威：西德工业设计文化史

从这个意义上讲，1939 年的这本商品目录与它早期那个版本有诸多相似之处。

在这个阶段，我们可以合理地认为，纳粹已经将"艺术服务"有效地转变为满足其目的的世俗机构。显然，这不仅体现在对其的政治和经济工具化改造，还体现在更细微的意识形态层面上。有关这些变化，最好的资料莫过于该组织 1941 年出版的小册子《艺术服务：一份任务报告》(*The Kunst-Dienst：A Task Report*)。这份文件中没有提及"艺术服务"在 1933 年之前的历史、它的新教起源或宗教倾向[146]。同样也没有以基督教团体的名义，对宗教超验物品进行美化处理。相反，新的规定强调"艺术服务"将成为一个更宏大计划的一部分。根据报告：

> "艺术服务"致力于探索人类生活与物品形态之间隐藏的联系。但我们不满足于仅根据外观或功能属性来评判这些平凡的物品，而是根据一种涵盖一切的内在文化价值标准来评判，不管是应用于诗歌、绘画和雕塑、建筑、工业或是手工艺设计。[147]

因此，"艺术服务"的使命是赋予那些即使是最"平凡的物品"以"内在的文化价值"，目的是将文化的影响力扩展到日常生活中以往被忽略的角落。这一点被非常认真地对待。在 1941 年的报告中，纠正主体与客体之间关系的迫切性，甚至被比作一场严重的医疗状况：

> 在我们的周围环境中，物品与人之间存在着持续且亲密的关系。但这并不只是指我们在某种程度上服务于这些物品。实际上，这些物品也是我们最亲密的生活伙伴——对于我们所施加的影响，就像我们与其他人的互动一样深远。然而，不幸的是，这一主体与客体之间关系的重要性常常被忽略。如果我

们能充分认识到这种忽视的严重后果，那么我们就应该使用一切可能的治疗手段和预防措施来消除这种精神症状的病因，这与我们对付肺结核或软骨病是一样的。[148]

尽管这段话看起来可能有些夸张，但它确实凸显了人们认为的这种人与物之间关系的重要性。在这种方式下，纳粹德国这场众所周知的、旨在扭转其所谓的魏玛文化贬低了精神和理想主义的文化运动，常常在工业产品这个不起眼的领域中得到体现。

这一点也适用于其他方面。例如，考虑一下纳粹对时间的观念。这里我们需要记住，从礼仪设计之物中严格去除那些过度装饰，这并不仅是为了净化"艺术服务"所认为的通向上帝的关键道路。它还试图创造一种以宗教为导向的新客观性美学，一种植根于这个世界、同时又指向超越这个世界的永恒美学。"永恒形式"，是"艺术服务"在描述这些非历史主义新教对象时所青睐的词汇。1933 年之后，"永恒形式"的理念（这一理念在纳粹夺取政权很久之前就已成为他们所青睐的概念）常被法西斯德国的文化产业所运用，他们不断使用这一理念来颂扬那些被认为是永恒的、德国的伟大性。或许这就是"德国未来主义"与更著名的意大利未来主义之间最大的区别。与意大利未来主义不同，纳粹现代主义（除电影外）很少被表现为爆炸性的动态。相反，它通常更倾向于静态和凝固时间的美学——以至于"永恒形式"的意识形态可以说是将纳粹文化中所有矛盾元素统一起来的一个特征，无论是"血与土"的绘画、新古典主义建筑还是现代设计。同样可比的是"艺术服务"中被要求来描绘死亡本身的方式。当然，它始终专注于那些桥接永恒与历史、灵魂与肉身的形态。但是，对这种界限状态的日益关注，使得"艺术服务"组织的纳粹化过程变得与众不同。例如，墓碑设计是 1936 年"艺术服务"柏林展的一个重要部分；同样值得注意的是，在 1939 年之后，"艺术服务"开始从事墓地设计工作。这个新的设计领域受到了特别的重视，因为墓地被温德兰（Wendland）称为是"基督教会众"在升入"天国"之前的最后一个住所[149]。与更广为人知的纳粹对死亡崇拜一样，"艺术服务"被赋予了一个期望，即帮助那些被选定的"命运共同体"在另一个世界的驿站理想化。因此，"艺术服务"的独特之处在于，它戏剧性地结合了物质对象和精神传达，以及日常私人生活的风格化和非凡共同体的死亡体验。

但是，如果仅将"艺术服务"的变化，归咎于其初衷的被纳粹化，就会忽略几个重要的问题。毕竟，有人可能会反驳说，"艺术服务"实际上代表了制造同盟理念的实现。不仅制造同盟的设计和设计师在他们所有展览中都受到了推崇，而且将政府和工业界联合起来，共同提高出口收入和国家文化质量的想法，从一开始就是制造同盟的理念。事实上，纳粹时期"艺术服务"的世俗化趋势，可能正是制造同盟影响的结果。因为只有在制造同盟于 1934 年正式解散之后，许多制造同盟的成员才首次加入了"艺术服务"。虽然很难说得确定，但可以合理推测，制造同盟的成员在 1934 年之后的活动，至少在一定程度上导致了艺术服务组织从宗教艺术向家居用品设计的转变。与制造同盟最明显的联系，莫过于《德国商品》这个项目本身。尽管我们可以在《商品知识》的序言中看到"艺术服务"的言论，其中提到，"艺术服务"的成就代表了一种"更新和内在的敏感性"，一种对"设计我们直接所处日常环境的新感性，从小的、平凡的、乍看不重要的事物开始"的敏感性，但是，该书的世俗化推动效果是毋庸置疑的[150]。同样，纳粹所谓的"永恒形式"的理念也是魏玛时期制造同盟意识形态遗产的一部分。其中最著名的例子可能是 1931 年，在慕尼黑支持现代主义的新收藏博物馆举办的"永恒形式"展，该展览由制造同盟成员兼设计师沃尔夫冈·冯·韦尔辛（Wolfgang von Wersin）策划。在这个饱受争议的展览中，古代日耳曼、希腊、中国的花瓶和陶器与现代功能主义设计作品一起展出，形成了新旧对比的、引人注目的陈列。其策展动机是，为了表明其植根于传统古典文化，反驳右翼对这一国际风格设计史合理性的批评[151]。甚至现代化墓碑设计的冲动，最初也是在第一次世界大战期间受到了制造同盟的启发。

不管世俗化的制造同盟对"艺术服务"有怎样的具体影响，说宗教元素彻底消失了也是不对的。确实，1933年之后，"艺术服务"公开的宗教使命日益边缘化；宗教对象在《德国商品》中被完全忽略了。同样无可否认的是，该组织在1943年的报告《什么是艺术服务？》中强调的不是宗教服务，而是"参与体验"和"团结感"[152]。但是，这些现代设计仍然可以说是执行了一种类似宗教的功能，就像"艺术服务"中的宗教物品，被期望团结信徒、视觉化新精神，并象征着一个超越当前痛苦和苦难的更好世界一样，这些世俗物品对于许多战时德国人来说也起到了类似的作用。可以说，国家对精英设计的全面支持（在《德国商品》中达到了高潮）与消费配给制度是相辅相成的。

这些设计政策并非只是空洞的意识形态。纳粹政府直接资助了家具和家居用品的制造，使得许多长期被人们所欲求的魏玛现代主义商品价格，第一次变得能负担得起。国家推出的著名的婚姻贷款计划，即帮助年轻夫妇建立自己的家庭的计划，进一步推动了消费[153]。因此，1932年至1938年间家具和家居用品的销售额增长了58%[154]。根据1937年的一项调查，48%的工人家庭已经拥有瓷器餐具，而中下阶级为73%，中产阶级为88%，上层阶级为95%[155]。这种上升趋势持续到战争的最初几年。实际上，纳粹德国在1939年之后的消费品总产量只比战前下降了15%，甚至在1943年暂时回升到1938年的水平[156]。如果将这些结果，与战争初期家用瓷器的国内生产保持相对稳定的事实结合起来，那么可以合理地推断，

69

大多数德国家庭（包括越来越多的工人家庭）可能拥有一些《德国商品》中收录的商品[157]。当然，没有人会愚蠢到将战时德国描绘成一个无忧无虑的消费天堂。但在其他基本消费品，包括住房、食品、服装和鞋子都被严格配给的时候，这些消费品的生产却相对活跃。正是基于这些原因，产品设计成为纳粹物质文化的神话和现实中不可或缺的一部分[158]。《德国商品》提供了有关战时希望和正常生活的珍贵证据，这些都是不懈牺牲所期望得到的成果。因此，将《德国商品》简单地描述为一些人所谓的"礼品店里的盖世太保"并不准确[159]。

战时配给和物资短缺的加剧，只是进一步强化了设计在政治心理上的重要性。就像设计在制造方面起到了稳定作用，它在消费方面也发挥了同样的作用。初听起来这可能让人觉得奇怪。纳粹从未因私人使用而制造过一辆大众汽车，并且建造的"人民之家"比他们厌恶的上一任魏玛政权还要少，这两点常被引用为他们消费政策失败的例子。这确实是事实，但这并不意味着纳粹没有利用现代设计的魔力来制造一种繁荣未来的迷人形象。借助设计，他们能够批量创造新的物质梦想，比如满足感的延迟和战后富足生活的普及（例如大众汽车），这在消费配给制和战时牺牲的背景下显得尤为珍贵。与图9中1929年的展示窗相比，请注意图11中1938年的"展示窗"在展示观众眼中消费者丰裕时所采用的方式。确实，有理由认为，1936年之后对这些设计产品加大宣传力度的行为，直接与这些产品实际能否被大批量制造的可能性变得愈发不明朗有关。一个例子是，《展示窗》（*Die Schaulade*）在战争期间鼓励德国零售商尽管面临商品短缺，也要在橱窗中摆放大量商品，以营造一切正常和战后繁荣的假象；甚至还有关于如何布置展示窗口，以掩盖配给商品可用性减少的建议[160]。或者是，政治象征和对战争的提及被严格避免。在这里，设计产品具有与传奇的大众汽车、"通过愉悦获得力量"的旅游度假、家园情怀小商品和幻想电影类似的地位,通过提供吸引人的转移和超越的形象来稳定政权[161]。在这一背景下,既没有更多的自由时间、物质商品,也没有分配作为对要求的牺牲与服务之回报的权利,这难道不正是如本雅明所明确指出的,美学一直在将法西斯个体和国家结合在一起吗?因此,设计在哈特穆特·贝尔霍夫(Hartmut Berghoff)所谓的纳粹德国的"虚拟现实的想象消费"中发挥了关键作用,给那些超越战争磨难和苦痛的、个人渴望回归正常与繁荣的梦想,赋予了形式[162]。

这并非一个微不足道的巧合,因为它标志着一个讽刺性的逆转。从一开始,希特勒("政治必须像肥皂一样卖给大众")和戈培尔("我们想利用最现代的广告手段推广我们的运动")就大量借鉴了广告技巧来像销售商品一样推广政治——政治与大众市场营销的明确结合,是纳粹情感操纵的特征之一[163]。这当然没有被当时的人所忽视;最著名的批评可能是,乔治·卢卡奇(Georg Lukács)抨击纳粹政治本质上是"德国哲学和美国广告技巧的粗俗混合物"[164]。但这并非随意的组合。《反低俗商品法》清楚地表明,纳粹致力于构建第三帝国一种胜利的企业形象,为此他们非常注意保护他们政治符号的"版权"。政治符号和日常物品都被战略性地大规模制造,成为一种符号学的承诺,或者是一位学者所说的情感"大众传输手段"[165]。但如果政治被商品化,反之也亦然。消费者的幻想(汽车、房屋、假期和日常物品)带来了所谓的群体牺牲的政治支持和忠诚。比如,这就是为什么高速公路项目受到了如此多的拍摄和记录;这也是为什么希特勒在1933年柏林汽车展的著名演讲《向着机械化的意志》(*The Will to Motorization*)中,把备受追捧的汽车视为衡量物质繁荣标尺的原因[166]。战争期间消费商品的配给制只是加速了这一趋势,因为这些欲望对象的梦幻世界在1939年后被更加强烈地推广。"艺术服务"最活跃的阶段出现在战争爆发之后,从

71

1939 年到 1943 年间,在国内和占领地,它组织了至少 25 场展览,这真的只是巧合吗?由于需要向大众市场提供廉价消费品,希特勒公开支持一度被禁的"实用性"一词,鼓励政府和商业组织没有意识形态顾虑地资助现代设计[167]。因此,虽然希特勒和戈培尔曾将政治像商品一样推销,但现在(特别是在 1939 年之后)商品越来越被当作政治来推销。因此,对于 1933 年之后日常物品的准宗教特征,艺术服务组织在一定程度上起到了一个消失的中介角色,它的重要性不仅仅在于出口销售和国家荣誉,还包括了群体的信仰、希望和救赎这些更深层次的属性。

基于本章所述的种种原因,纳粹德国的现代工业设计史促使我们重审纳粹文化。首先,德国工业美学在 1932 年到 1933 年之间并没有明显的分界线。纳粹主义在设计创新方面几乎没有贡献,也并未真正脱离魏玛时期的现代主义。新的地方在于,纳粹政权大力支持工业设计,以满足各种经济和文化的目标。尽管带有种族主义色彩的德国设计言论在 1945 年随着纳粹的战败后消失,但设计的崇高理想主义却存续了下来;战后,将设计之物作为希望、忠诚和超越之象征的意识形态,保留了下来[168]。此外,纳粹对工业产品的浪漫化,恰好体现了霍克海默和阿多诺所说的"启蒙运动的辩证法"的危险。他们关于启蒙运动与神话在西方文明中从根本上致命地紧密相连的论点,在 20 世纪 30 年代功能主义与法西斯神话、理性与种族主义的结合中得到了证明[169]。1939 年不是有一篇文章甚至主张《商品目录》应该成为引导人们走向种族纯净、摆脱外来影响和愚蠢的物质环境的指南,认为这与德国整体的复兴相符,并激励着设计师和制造商创造美观、精良、功能性强的产品吗[170]?这突破了纳粹文化既是资产阶级文化的产物,又是对资产阶级大规模反抗的说法。将设计之物包裹在古老神话和新叙事中的做法,也不仅仅是对家乡情怀的戏剧性表达。相反,设计为我们揭示了纳粹德国如何努力"再赋魅"现代设计之物,使之成为文化重生、社会重建、种族胜利和个人愉悦的鲜活见证者。而战后再次成立的制造同盟又如何处理这一重大遗产,将是下一章的主题。

第二章　国家的良心：德国新制造同盟

对于关注德国现代主义历史的人而言,德国制造同盟一直是一个吸引人的研究对象。尽管战争摧毁了德国制造同盟的大部分原始档案,学者们仍对这个经历丰富的组织蕴含的持久重要性极为关注[1]。正如上一章所述,制造同盟在整个德国现代建筑史和设计史中占据了重要地位。然而,令人惊讶的是,关于制造同盟1945年之后的发展,学界几乎没有什么讨论。即便在一些更详细的编年史中有所提及,但这一时期本身并未受到太多关注[2]。普遍的看法是,战后的制造同盟不过是对辉煌过往的黯淡模仿,或者只是一个与时代脱节的老年文化精英俱乐部。虽然1945年以后的制造同盟从未获得与其战前相似的文化地位或政治声誉,但这并不意味着它应该被如此轻视和忽略。然而,对这一误导性历史形象的纠正只是第一步。更重要的是,制造同盟在1945年后的活动应该被置于更广泛的文化背景中去理解。战后制造同盟的重要性在于,它是唯一一个拥有1945年以前历史的(西)德国设计机构。它在战后的发展,别具一格地揭示了纳粹主义崩溃和战争结束后,重新审视德国现代主义遗产所面临的独特挑战。战后制造同盟的新文化使命是,将日常之物转变为一种精神之物,一种植根于前纳粹时期的人文主义传统的精神之物。本章研究的主要问题是,制造同盟是如何彻底地改造其遗产,使之成为战后文化发展的一个灯塔,并将设计视为德国理想主义最后一个未受玷污的避难所,同时努力保护功能主义的道德向度,使其不受纳粹历史和美国商业主义的威胁的。

74

·"心灵秩序的见证者"

　　1947 年 8 月中旬,近百名来自德国各地的前制造同盟的成员会聚在雷迪特(Rheydt)小镇,参加第二次世界大战后的首次制造同盟大会。虽然在德累斯顿、柏林、慕尼黑和杜塞尔多夫已经重新成立了一些小型的制造同盟组织,但雷迪特的会议是第一次聚集制造同盟 1933 年以前的成员。新组建的制造同盟成员主要是在魏玛共和国期间赢得现代主义声誉的著名建筑师和设计师,比如奥托·巴特宁、汉斯·沙龙(Hans Scharoun)、莉莉·赖希(Lily Reich)和威廉·华根菲尔德。他们中的许多人都曾被第三帝国封杀,在纳粹时期因被指控为"文化布尔什维克主义"而被迫中止设计活动。意料之中的是,他们都把这次期待已久的停火当作一个新的机遇,以恢复他们之前因战争而中断的文化计划——推动工业现代主义。德国在战后被划分为四个占领区,阻碍了跨地区制造同盟的建立(直到 1950 年才成立了一个更大的联邦制造同盟,这个联邦包括除苏联占领的东德区域外的所有地区,总部设在杜塞尔多夫)。1947 年的这次大会是对战争损失的首次评估,制造同盟确立了以满足战后需求为己任的新使命[3]。

　　无须多言,新成立的制造同盟所面临的挑战远超其历史上的任何时期。首先,不同于 1907 年制造同盟最初的成立,其初衷是为了抵制 19 世纪末过度生产和过度装饰的历史主义风格的消费品与家具;1945 年后新成立的制造同盟面对的是物资短缺这一更加严峻的问题[4]。德国遭受的物理破坏令人震惊,被轰炸到几近石器时代的境况。占德国近 40％的住房——约 500 万户家庭——被彻底摧毁或严重损坏,使无数幸存者不得不在废墟中寻找庇护所和日常必需品[5]。这种对人员和财产的巨大破坏,迫使制造同盟相应地扩大了关注范围,并重新界定了设计使命。制造同盟的雷迪特宣言,明确承认缺乏威廉时代(Wilhelmine)的遗产。当时的设计任务不再是对"安稳生活方式"的"艺术提炼",而是必须包含对"当今德国存在的形式与本质"的思考[6]。然而,不同于制造同盟对一战后果的"表现主义风格"式回应,1945 年之后的制造同盟并没有选择支持浪漫主义的手工艺生产方式,而是继续坚持工业化生产[7]。面对战后普遍的物资匮乏,大规模制造具有"启蒙"意义的商品和住房被视作解决这一问题的方法。面对严重的住房短缺和日常生活必需品的缺乏,再加上导致情况进一步恶化的数百万东欧难民的涌入,制造同盟转而专注于满足迫切的住房需求和简单耐用消费品的需求。这一转变旨在帮助实现 1946 年柏林制造同盟成立宣言中的承诺,即为战后幸存者创造"人道的生活"[8]。

为了实现这一目标,制造同盟借鉴了其 1933 年之前的项目。到 1946 年,各地区的制造同盟已经忙于举办众多新活动。其中包括组织了小型巡回展,重新发行了魏玛时期的著名杂志《形式》,并建立了一个收藏战争中被破坏的现代主义建筑和物品照片的幻灯片图书馆,用以满足战后参考和灵感来源。一些成员还努力恢复了《商品知识》的出版,这是一本受到制造同盟启发、收录两次世界大战期间生产的消费品原型的杂志。新制造同盟延续了旧制造同盟的理念,认为精心设计的工业产品是实现文化复兴和经济复苏的关键。基于这一理念,1947 年在雷迪特举行的大会以一项决议的通过作为结束,该决议号召所有制造同盟成员与工业界及其所在地区的政府建立联系,共同致力于在纳粹主义和战争结束后建立一个新的、更好的德国。

因此,制造同盟在 1945 年之后的重新成立,不仅意味着其在 20 世纪 20 年代曾作为现代主义先锋地位的恢复。鉴于制造同盟历史上一直致力于推广性价比高的日用品,以及将理性主义风格的住宅融入德国人的生活，它认为自己特别适合引领战后的改革运动，即将纳粹遗留的废墟转变为一种模范工业文化。在他们看来，重塑战后生活的"形式和本质"是一个重大的历史机遇，可以达成制造同盟长久以来的梦想——彻底的重建。这也是制造同盟成员在描述战后使命时喜好使用宏大语言的原因。例如1946年，著名建筑师兼制造同盟的资深成员奥托·巴特宁在《法兰克福手册》（*Frankfurter Hefte*）上发表了一篇题为《制造同盟时刻》（The Hour of the Werkbund）的文章，充满热情地表达了从头再来的期望：

> 炸弹的力量强大到不仅足以摧毁建筑的奢华外观和装饰，还能摧毁建筑物自身的地基。但毫无疑问，我们会以焕然一新的面貌重建（而不是简单地"复原"）这些建筑，同时摒弃原来的外观。我们要建造的将是简单、经济、实用、功能性的建筑——即诚实的建造。我们对物质的需求可能反而成为一种优点。当然，这并不是什么新颖的想法，但经过战争的祛魅过程，这种需求得到了进一步的重视。自1907年以来，制造同盟一直在宣扬这个理念。这个理念的时代终于到来了吗？……现在我们面临着多么巨大的机遇，不仅需要重建房子、学校、教堂和剧院，而且碗碟、钟表、家具、衣服和工具等也都需要彻底地重新制作！[9]

建筑师，同时也是制造同盟成员的阿方斯·莱特尔（Alfons Leitl）也以十分类似的语言表达了相同的意思。在物资匮乏、黑市交易泛滥和道德观念崩溃的灰暗战后生活背景下，制造同盟被视为一股创新力量，宣告着：

> 将从破坏和废墟中崛起的一个新世界，一个造型高尚且实用的世界，这一诚实和具有工作质量的"造型文化"将从苦难、匮乏和贫穷中崛起。这种新的造型文化涵盖了住房、家具、碗

盘、杯子和其他基本必需品。一个被重新设计过的社会世界将浸润在经济、诚实和优良形式价值观中，见证心灵秩序的重塑。[10]

尽管文章并未具体阐明这个"高尚且实用的世界"将如何重塑新的心灵秩序，但普遍看法是，"优良形式"将成为战后重建与道德重塑之间的最佳桥梁[11]。一位制造同盟成员甚至认为，这种新的设计文化能为遭受了轰炸的幸存者带来"更多快乐"和"面对生活的新勇气"[12]。总而言之，制造同盟的成员视 1945 年为一个几乎是天意般的从头再来的机会，这个机会提供了从战争废墟中创造一个大胆新世界的可能性，能创造一个基于 1933 年以前新客观主义原则（即理性的城市规划、建筑和产品设计）的新世界。如果我们记住，制造同盟长期以来坚持的理念——即社会形态（日常之物和住宅）的重建与国民的文化再教育之间存有内在关联，那么制造同盟"从最小的日常之物到最宏伟的建筑，从烟灰缸到政府大楼"的全面重新设计使命中，蕴含了深远的文化改革愿景[13]。正是这种愿景激发了成员们对期待已久的 1945 年"制造同盟时代"到来的热切期盼。

制造同盟并不是唯一一个梦想着战后文化复兴的组织。无数的建筑师、艺术家、作家和其他团体也在努力构建一个新的反法西斯德国文化，作为对抗过去的有效屏障[14]。1945 年后成立的众多新期刊和文化组织，包括大型的文化综合组织"德国民主更新文化联盟"，都反映了这一战后改革愿景的广泛影响。新成立的评论杂志名称反映了这一普遍的兴奋情绪，对重新开始满怀期待：例如《重建》（*Aufbau*）、《播种》（*Aussaat*）、《相遇》（*Begegnung*）、《弓》（*Bogen*）、《结束与开始》（*Ende und Anfang*）、《清新之风》（*Frischer Wind*）、《当代》（*Gegenwart*）、《精神与行动》（*Geist und Tat*）、《金门》（*Das Goldene Tor*）、《新建》（*Neubau*）、《新欧洲》（*Neues*

Abendland）、《转变》（Die Wandlung）和《时代之变》（Zeitwende）[15]。所有这些都体现了一个共同的愿望：希望战后德国能从残酷的德国民族主义形而上学与实践中解放出来。但这并不意味着历史被完全抛弃。20世纪40年代末到50年代初，伴随着重新开始的势头，一股旨在清除德国文化史中活跃着的纳粹元素的小型文化运动应运而生，目的是恢复那些被抛弃、受威胁，甚至被摧毁的"更好的德国"文化面貌。例如，这一广泛文化运动的代表性文献包括约瑟夫·维奇（Josef Witsch）与马克斯·本泽（Max Bense）的《不可遗忘者年鉴》（Almanach der Unvergessenen，1946）、沃尔特·贝伦特索恩（Walter Berendsohn）的《人文主义阵线》（Die humanistische Front，1946）和理查德·德鲁（Richard Drew）与阿尔弗雷德·坎托罗维茨（Alfred Kantorowicz）的《禁止与焚毁》（Verboten und Verbrannt，1947）。这一文化运动重新树立了一些特定文化人物的地位，其中包括托马斯·曼、沃尔特·格罗皮乌斯（Walter Gropius）、法兰克福学派和恢复了清白的戈特弗里德·本恩（Gottfried Benn），让战后一代可以选择性地与这些人物建立联系。因此，对这些文化英雄的崇尚与一个更广泛的尝试分不开，即把魏玛共和国和西德置于同一个文化自由主义的谱系当中，并将纳粹时期视为德国现代主义优良传统中的一个"暗黑间歇"。

制造同盟的重新成立，是战后广泛恢复德国自由主义传统思潮的重要部分。该组织的改革使命进一步加强了其改革的热情，因为这一使命不同于其他文化倡议，它专注于对战后世界的物质性重建。正如制造同盟成员马克斯·霍恩（Max Hoene）所强调的那样："制造同盟曾经是，现在依旧是追求真实与价值的绝对律令的重要秉持者。没有其他任何组织像制造同盟这样专注于对我们的建筑环境进行全面改善。"[16]然而，在这里我们也可以看到，制造同盟以往的精英主义思想依然根深蒂固。实际上，对许多成员而言，这种精英主义被视为是对抗反动力量的必要条件[17]。巴特宁对这种观点做出了最佳总结,他将制造同盟的使命比喻为立法者的任务:"就如我们通过投票选出政治代表和政府来塑造国家的精神形态一样,我们这些形式赋予者也承担着管理我们世界可见形态的责任。正如我们期望你们这些民选代表为我们创造一个简洁、诚实且高效的国家形态,你们也应该信任我们来创造相应的可见形态。"[18]撇开制造同盟并非由选举产生这一事实不谈,真正的关键在于,对巴特宁和许多其他制造同盟成员来说,他们坚守的"追求真实与价值的绝对命令"与参与式民主的理念并不相容,因为他们认为"文化的创造始于上层的示范"[19]。

那么,制造同盟的道德权威是如何形成的呢?这在很大程度上基于对纳粹历史的特定解读。考虑到制造同盟在纳粹时期的暧昧历史,这是一个非常微妙的说法。毫不意外,战争结束后,在制造同盟的文件中可以感觉到一种明显的紧张感。总的来说,这些文件对于制造同盟在法西斯政权下是被解散了,还是被直接同化了的问题表达得相当含糊[20]。例如,根据1952年制造同盟的会议记录,主席汉斯·施威珀特(Hans Schwippert)指出,制造同盟"被带上了一条投降的寒冷道路。真正发生的事件很难确定。但是,新的制造同盟并不是旧的延续"[21]。会议并未提供更多解释,也没人深究此事。1945年后,制造同盟很少(或者说最多只是间接地)提及其在1933年之后在德国劳工阵线或艺术服务中作为实际上的"地下"制造同盟的角色。尽管与纳粹的其他更严重的罪行相比,设计家具或出口餐具可能不足挂齿,但制造同盟从未正视过其在纳粹时期的历史。最终,战后初期的不确定性被简单地掩盖了。战争结束后,制造同盟的首个出版物写道:"在持续近30年成功推广其高尚事业并建立起国际声誉后,制造同盟被取缔了;而这正是纳粹政权的首批政策之一。"[22]战后,德国制造同盟为了证明自身的道德正当性,把自己描述成历史上与法西斯主义敌对的力量。战后的身份和道德热忱，是由纳粹"清算行动"的神话引发的，因为制造同盟的历史总是被小心翼翼地并入纳粹反现代主义最著名的故事之一——即 1933 年对包豪斯的关闭。

虽然把制造同盟描绘成抵抗法西斯现代主义的不屈象征可能有些夸张，但评判它的过去并非易事。当然，有不少成员曾急切地为纳粹政权服务。然而，也有人并非如此。还有一些人介于两者之间。两位著名设计师的传记就是很好的例子。第一位是威廉·华根菲尔德，他可能是 20 世纪德国最有影响力的工业设计师，他在 60 年的职业生涯中创作了大量设计作品。他求学于包豪斯设计学院，最初因其在那里设计的灯具而成名。多年来，华根菲尔德为耶拿玻璃厂、阿尔茨堡瓷器和 WMF 等知名公司设计了许多产品，包括灯具、玻璃器皿、银器和瓷器。他一生都参与了左翼政治：在纳粹时期，他保持了极大的独立性，是 1933 年德国制造同盟中仅有的三名投票反对与纳粹合作的成员之一。尽管有自己的政治立场，华根菲尔德还是撰写了大量关于设计与社会关系的文章，并在纳粹时期发表了许多批判性文章。1948 年，这些文章在波茨坦被重新编辑成《本质与形态：我们周围的事物》(Wesen und Gestalt : Der Dinge um uns)进行出版。他还是"艺术服务"组织的活跃成员，他的设计作品曾在 20 世纪 30 年代和 40 年代的许多设计展览中展出。他甚至被任命为 1937 年巴黎世界博览会德国馆的组织委员会成员。由于他在纳粹上台时已经获得了国际声誉，因而纳粹基本上不干涉他——华根菲尔德曾讽刺地说，他在纳粹期间享受了前所未有的风格自由[23]。但也正是这种自由让他后来良心不安。尽管在制造同盟的设计师中他拥有可能是最清白的政治记录，但直到 1964 年，华根菲尔德仍写了一封长信给他的前包豪斯同事和老朋友——沃尔特·格罗皮乌斯，坦言他仍然为没有做更多来阻止纳粹主义而感到深深的悲痛和羞愧[24]。

　　第二位人物是赫尔曼·格雷奇,他同样是20世纪最著名的德国设计师之一,引领了20世纪30年代的现代杯碗和餐具的设计。他的许多设计作品在当时因其简洁美观和优雅的风格而成为畅销品,至今仍在生产中。格雷奇同样是制造同盟的资深成员。但他的政治背景与华根菲尔德截然不同。格雷奇在30年代初就是纳粹党的成员,并因其对纳粹党的忠诚被任命为著名斯图加特博物馆的馆长。在纳粹年代,他也是"艺术服务"的成员,并在那一时期投入了大量精力推动德国现代设计。他的许多设计是由第三帝国联邦住房办公室委托的,该办公室是工人住房项目"劳动美化"机构下的一个分支机构[25]。就像华根菲尔德一样,格雷奇在那个时期撰写了大量文章,并编纂了一套5卷本的家居装饰指南《适合我们的家居用品》(Hausrat, der zu uns passt)。这些指南几乎完全不含纳粹风格的廉价商品、标志和意识形态。特别是与当时纳粹媒体大量宣传的内容相比,其偶尔提及的"德国精神"和"本质"都相对温和且无害。这些家居装饰小册子非常的"去政治化",以至于在40年代末和50年代初还被重新出版,作为战后一代的实用指南。在这方面,格雷奇很难被归类为在纳粹政权期间发展的"血与土"事业的傀儡。然而,这依然是纳粹现代主义的一种表现形式。

　　如果说这些设计师的传记不适合简单地进行道德分类,那么他们与其他人创作的设计作品同样也不适合道德分类。正如上一章所指出的,纳粹在工业设计领域实际上并无太大创新。的确,从表面上看,德国设计在1925年到1965年之间几乎没有太大变化;但我的主要论点是,真正改变的是对设计之物的意识形态解读和描述。纳粹时期是这一再解读的极端例子,因为纳粹政权试图将魏玛现代主义重新定义,以服务其目标。但这又引发了关于意义变化和继承性的微妙问题。一个很好的例子来自建筑师和设计师汉斯·

施威珀特，他是战后制造同盟的首任主席。在战争期间，他设计了便携式衣柜和长椅——很难说这是一个污点或者说值得懊悔。但是，如果我们想到，他在1943年所制作的这些简洁木制设计是希姆莱（Himmler）计划的一部分，目的是让那些被隔离在波兰新建工人住房里的波兰人接受"德国化"，那么这些日常之物的意义也就完全不同了[26]。因此，尽管物品及其设计精神在本质上可能没有什么变化，但如果语境发生了巨大变化——那么结果是，"好"设计和"坏"设计之间的界限也就不那么明确了。

无论如何，战后制造同盟并没有打算重审其与纳粹的关系。尽管掩盖了与纳粹的关系，但这并不意味着制造同盟就能轻松恢复其在1933年之前的遗产。主要的难题在于，纳粹挪用了制造同盟的核心设计原则和社会改革的设计语言。在这个过程中，纳粹对制造同盟经典的"质量"概念、功能主义的理想主义乃至"工作乐趣"这些理念进行了重新诠释，使之服务于他们自己的目标。因此，制造同盟设计的使命"去纳粹化"不只是去除其语言中的国家主义色彩那么简单；更大的挑战在于如何为日常之物注入新的文化道德"附加价值"，使之不受纳粹意识形态的荼毒。

为了实现这一目标，新的制造同盟围绕一个未被纳粹征服的领域——道德——重构了自己的身份。实际上，设计与道德的结合是战后制造同盟最突出的特点。西德建筑师、制造同盟资深成员鲁道夫·施瓦茨（Rudolf Schwarz）代表了很多人的观点，他评论说制造同盟希望改革这样一种文化，即"大多数人没有正确地生活，他们制造'不诚实的东西'并被这些东西所包围，是一种不诚实生活的体现"[27]。制造同盟的目标是"从工业设计和手工艺中根除所有不诚实的元素"[28]。结果是，制造同盟长期以来的核心信念（即社会形式会对国民的生活及其价值观产生巨大影响）如今被重新严格界定为道德问题。相反，威廉时代的制造同盟，重视商品的再设计带来的意料之外的文化经济价值,而魏玛时期的制造同盟则强调精心设计的住宅带来的解放性政治效应,而新的制造同盟则致力于通过将人与其所处环境的关系置于积极的人文主义视角中,来清除纳粹主义的沉重遗毒[29]。

这一新理念在特奥多尔·豪斯(Theodor Heuss)1951年在斯图加特的演讲《什么是质量?关于德国制造同盟的历史和任务》(What Is Quality? On the History and Task of the German Werkbund)中表现得尤为明显。一开始看,时任西德总统的这个新国家的代言人竟然参与制造同盟的事务中,这似乎有些奇怪。但需要指出的是,豪斯在20世纪20年代曾是制造同盟的秘书,30年代一直是"艺术服务"的重要成员。在战争期间,豪斯不仅为1940年"艺术服务"举办的华根菲尔德展编写目录,还在《法兰克福报》(Frankfurter Zeitung)发表了一系列文章,努力为现代主义设计的遗产辩护[30]。在盟军轰炸摧毁了大部分未发表的威廉时代制造同盟文献之前,他甚至曾经希望书写一部制造同盟的完整历史[31]。在他的演讲中,豪斯以充满趣闻的方式回顾了制造同盟的历史,支持了对战后制造同盟的形象重塑,强调它必须首先成为战后社会改革的道德灯塔[32]。同样,他还修正了制造同盟对"质量"的传统看法,指出它并不是一个政治概念,而是一个"半道德、半审美"的范畴。诚然,这是一个广义的解释,因为制造同盟提出"质量"概念的初衷是,尝试将模糊的审美特性融入理性化的大规模生产中,从而打破对自律艺术家和珍贵工艺品(例如德国青年风格)的崇拜[33]。从理论上说,这种方法代表了美学与工业的结合,并产生了重要的社会影响。对于第一次世界大战前的许多制造同盟成员来说,"优质工作"被认为是工作乐趣增强、社会和谐、文化提升和出口收入增长的关键[34]。制造同盟的联合创始人、进步党领袖弗里德里希·纳乌曼(Friedrich Naumann)曾总结说:"在生产优质商品的公司里工作的工人,将因此对自己的工作感到更加自豪,从而变得更加高效。能够得到更高工资的德国工人将与资本主义制度和解,成为国家社会优秀的一份子。"[35]在 20 年代,魏玛时期的制造同盟进一步泛化了"质量"的概念,在追求普遍可及的使用价值功能主义的名义下,摒弃了其民族主义色彩[36]。而纳粹则是以另一种方式扭曲了"优质工作"的概念,将其实际上转变成了非异化劳动、德国工业文化和种族天赋的国家象征。

但豪斯并未关注这些。相反,他更专注于将 1945 年后的制造同盟与其威廉时代的初创联系起来,并作为一种"贵族实验"重塑其遗产,致力于恢复日常之物和空间的文化尊严及心灵维度[37]。豪斯承认,"工作的乐趣"、出口市场与"德国优质工作"的原本含义密切相关,但他避开了劳动、商业主义和民族主义这些陈旧概念的负担[38]。取而代之的是,他希望强调制造同盟的道德使命。在演讲的结尾,他引用了他自己在制造同盟的导师汉斯·波尔齐格(Hans Poelzig)的话,将制造同盟对质量的追求首先与"道德正直"相联系[39]。因此,豪斯的演讲,代表了战后制造同盟普遍倾向于将 19 世纪末的"物品世界的精神化"理念视为其真正的遗产[40]。

83　　　制造同盟拒绝接受其在魏玛时期的激进遗产,也是对战后境况的一种反应。严峻的生存难题和黑市经济主导了 1945 年后的世界,而设计本身似乎无能为力。造型本身变得不重要;迫切的实用需求才至关重要。用"急救型功能主义"[41]对战后早期的世界进行描述可能更加准确,在这种情况下,旧的军事设备、可利用的残骸和各种战时物资常被转换成急需的工具和日常必需品[42]。(图 15)实际上,战后初期有大量展览(包括 1947 年在柏林举办的"废墟下的价值:关于回收有价值经济物品的展览"),目的是帮助幸存者识别废墟中的哪些物品可以被回收并改造成实用的个人物品。在这样一种奇怪的命运转折中,曾经,魏玛时期的制造同盟致力于将一切

图 15　1945 年由军用物件改造的临时日用品。来源：E. 西普曼（E. Siepmann）和 A. 蒂科特（A. Thiekötter）编辑的《暗淡的物品》（*Die blasse Dinge*）（柏林，1989 年），第 12 页。图片由柏林制造同盟档案馆提供。

都简化为纯粹的实用价值功能主义，摒弃风格、文化和过度装饰的外在修饰和美学实践，而这一目标最终以一种残酷的方式实现了[43]。战后的困境催生了一种新的"无神论"功能主义，一种剥离了所有超越性社会价值的功能主义。面对这一 20 世纪 20 年代实用价值物质主义的噩梦版本，制造同盟转向了更温和，甚至是"精神化"的现代设计[44]。正如巴特宁所指出的：

> "家具、住房和教堂不仅仅是实用之物，也必须是灵魂的表现；否则，我们分发的就是石头而非面包。形式不仅是可以随意添加或移除的审美元素。我们所说的形式，是指本质的外在显现，尤其是在我们当前所处的贫困中，我们不能制造出任何无法同时滋养灵魂的物品形式。"[45]

功能主义曾经是 20 世纪 20 年代一个激进的标语，宣扬文化的

84

彻底世俗化和美学的终结。然而讽刺的是,功能主义在1945年后却反而作为真理、美和道德的核心象征重返舞台[46]。

制造同盟对设计的道德化与对其遗产的去激进化息息相关。到1950年,制造同盟在埃塔尔重聚开会时,该组织已经放弃了之前的激进政治立场,转而在1947年的"吕策尔巴赫宣言"中寻求广泛共识,支持战后重建,呼吁按照"简单和适当"的现代原则,建设"我们的新生活和工作环境"[47]。但这一次他们走得更远。一位成员意识到了这一新态度,他评论说,制造同盟"不再是超现代主义的先驱、反装饰运动的领导者或一个具有全球视野的组织"[48]。相反,制造同盟认为自己团结在"共同的道德理念"之下,这些理念植根于一些评论家所说的"追求善、真、美和人道主义的实现"[49]。曾经激励过20世纪20年代制造同盟的著名激进精神现在已经被否认。这可以从一个事实中看出:那些已经移民的著名成员,包括沃尔特·格罗皮乌斯、马丁·瓦格纳(Martin Wagner)和密斯·凡德罗等人,从未被邀请回德国重返制造同盟。制造同盟的温和立场也体现在其首任战后主席的选择上。最初,该组织想任命保守派建筑师海因里希·特森诺(Heinrich Tessenow)为主席。尽管他从未加入纳粹党,但他的反城市有机建筑在20年代和30年代受到保守派建筑师,特别是他最著名的学生阿尔伯特·斯佩尔(Albert Speer)的欢迎[50]。然而,特森诺拒绝了主席职位,随后选举了政治观点较为温和的汉斯·施威珀特(一位负责杜塞尔多夫和西德波恩议会大楼战后重建设计工作的制造同盟建筑师),完美体现了制造同盟的政治观点转向。

85 　　制造同盟对新建筑激进主义运动的远离,在其他方面也有所体现。1953年的"施瓦茨争议"就是一个很好的例子,当时科隆建筑师、制造同盟资深成员鲁道夫·施瓦茨发表了一篇文章,指责格罗皮乌斯和包豪斯对德国建筑和设计造成了不可挽回的破坏。在他看来,包豪斯本质上是一种红色威胁,传播的是一种"非德国的、共产国际式的"建筑语言。他更进一步得出结论,认为1933年众所周知的纳粹关闭包豪斯正当且必要,这一说法使其读者大吃一惊[51]。这篇文章的发表引发了一连串的愤怒回应。在西德,一大批支持包豪斯的人士,包括前包豪斯成员和许多民众,都站出来为格罗皮乌斯和包豪斯辩护,反对所谓的"1934年精神"[52]。这场争议在阿登纳时期德国早期文化历史冲突中是一个重要事件[53]。然而,更重要的是,制造同盟内许多其他成员持有与施瓦茨类似的观点。这一点可以从这样以下事实中得到间接确认,即制造同盟没有任何一个成员为包豪斯辩护并反对"1934年精神"。事实上,重塑现代主义的形而上学及其精神层面的行为在整个50年代的制造同盟成员中都很普遍,而这与包豪斯理念相反,以至于许多制造同盟出版物都充斥着新海德格尔式的语言,讨论如何恢复失去的"存在的感觉""家的感觉""根基"和"住所的灵魂"[54]。在这方面,制造同盟在传播设计作为存在的理念方面发挥了重要作用,从而印证了西奥多·阿多诺(Theodor Adorno)尖锐批评的西德新兴的"真实性行话"[55]。

制造同盟与海德格尔的关联并非巧合,也不仅是哲学上的共鸣。毕竟,正是制造同盟最早邀请了这位颇具争议的哲学家在1951年"达姆施塔特的人与空间会议"上发表主旨演讲。在会上,海德格尔首次朗读了他著名的《建筑、居住、思考》(Building Dwelling Thinking)一文,探讨了建筑、居住和存在本质之间的哲学关系。诚然,这次演讲只是他长期思考问题的最新成果,他认为,在现代世界,人类失去了形而上学的归属感。在这里,海德格尔以战后住房危机为喻,描述"无家可归"的战争幸存者们所遭受的精神虚弱状况。由于他认为建筑本身与存在之居所的形而上学密切相关,海德格尔主张,严峻的住房问题不能仅通过加速住房建设和城市规

86

划来解决。在他看来,住房危机首先是一个关于本质的问题:"真正的住房危机在于,人们必须重新寻找居住的本质,人们首先需要学会如何居住。"[56] 在他看来,"居住的本质"远远超出了建筑师的办公室或工程师的准绳所能涉及的范围;"家"始于传统建筑结束的地方,因为"建筑的建造本质,仅用建筑或工程建设的视角来理解是不够的"。在重新定义了家,将其定义为超越其建筑部分之和的东西后,海德格尔直接批评了 20 世纪 20 年代将进步建筑视为一种安抚社会的手段的观点。那么,他用什么来作为对存在之居所的再赋魅的典范呢?虽然他最初提出了一个模糊的概念,将真正的家定义为一种"让居住"的形式,这种形式将人、地球空间和精神存在结合在一起,但他最终还是回归他最喜爱的、对抗"疏离"的现代住房解决方案——即他所深爱的黑森林农舍:"只有我们能够居住,我们才能建造。让我们思考一下,200 年前,黑森林中的一座农舍是怎样由农民的生活方式所建造的。在那里,它独立自主的力量,让大地与天空、神灵与凡人以简单而统一的方式融入事物中,这种力量塑造了这所房子的秩序。"[57] 即使海德格尔承认,这样的森林农舍既不能够,也不应该成为西德住房项目的指导模范,但他仍然将其作为住所之精神潜力的一个闪光案例。

在那时,海德格尔关于存在之无家可归,以及现代建筑之不足的哲思已经广为人知。虽然他的演讲反映了他在 20 世纪 30 年代的哲学观点,但对于"新建筑"破坏了德国家庭的精神品质的广泛批评,在 20 年代的保守派中仍然非常流行[58]。然而,1951 年这个事件令人惊讶的是,从当时详尽的会议记录上看,几乎没有人在会议上质疑海德格尔演讲中所蕴含的政治意义。即使有一位参与者嘲讽他试图将住房"大自然化",忽略"商业和商品的交换法则",但海德格尔的演讲还是得到了与会者和观众的一致好评和热烈掌声[59]。相比之下,前一年在达姆施塔特举行的"我们时代的人类形象"会议上,当一位保守派艺术史家发表关于现代艺术危险性的论文时,整个会议很快演变成嘘声和争吵,这使得海德格尔所受到的好评显得更为重要[60]。然而,当议题转向现代建筑时,情况则截然不同。重点不是重新审视海德格尔的政治历史,也不是暗示参与者有非自由主义的倾向。关键在于,他的"场所之形而上学"的论述没有让在场的人感到不安,甚至在整个 50 年代,他的观点都受到了建筑师,尤其是制造同盟成员的青睐。实际上,海德格尔呼吁在战后建筑中注入新的精神方法,这在那些希望将战后建筑和设计植根于人文主义文化传统的人中间,引发了重要的共鸣[61]。

然而,认为魏玛的激进主义是制造同盟改革的主要目标,这种看法具有误导性。当时,德国制造同盟的建筑师和设计师们最担心的是美国文化的影响。鉴于设计是德国文化领域中几乎未受超级大国控制的少数领域之一,这一点在 20 世纪 50 年代变得尤为重要。正如引言所述,设计在这方面可能是独一无二的。尽管西德文化的大部分领域,尤其是绘画、电影、教育和流行音乐,都受到了美国的深刻影响,但西德倡导"优良形式"的设计师却明确地拒绝了美国的流线型风格。他们一再批评了美国产品以销售曲线为名的流线型设计哲学,认为这一风格既不道德也不负责任[62]。通常情况下,他们将美国的"底特律式巴洛克"风格看作是大萧条时期的产物,当时,企业招募设计师刺激 1929 年大萧条之后衰退的消费主义。美国流线型设计被批评为浪费、具有欺骗性,甚至含有军事意味,是"糟糕形式"的典型代表。制造同盟尤其批评的是法裔美国设计师雷蒙德·罗维。至 50 年代早期,罗维已是世界上最知名的设计师之一,是纽约最大设计公司的负责人,他和他的团队忙于设计各种东西:从克莱斯勒汽车到幸运烟草香烟标志,再到高速列车[63]。1952 年,罗维 1950 年出版的自传《永远不要只满足于现状》(*Never Leave Well Enough Alone*)被翻译为德文版,引起了制造同盟的极大反感[值得一提的是,德文版的标题为《丑陋的东西难以销售》(*Hässlichkeit verkauft sich schlecht*),暗含了一种美国原版标题中原本没有的设计观念]。制造同盟的成员们不仅认为他对家用产品进行的全面流线型美学设计既多余又浪费,而且极度反感他将设计的崇高职责降低为只给产品做"外形改善"的地步。罗维不断被指责为一个自恋自大的江湖骗子,为了时髦的商品包装,践踏了设计的"精神品质"[64]。罗维把设计等同于追逐时髦的商品美学,贬低了设计的价值,这已经足够糟糕了;更糟糕的是,罗维的理念及其百万富翁的形象引领了行业趋势,导致更多人效仿他的做法,将设计和设计师视为新兴服务行业中的商品来利用[65]。

这并不是说所有西德设计师和宣传人员都对美国的工业设计进行了批评。例如,美国设计师如查尔斯·伊姆斯(Charles Eames)、弗洛伦斯·诺尔(Florence Knoll)和赫尔曼·米勒(Hermann Miller)等人一直普遍受到赞扬[66]。西德人对这些设计师的了解,在很大程度上得益于美国政府和纽约现代艺术博物馆的共同推动:20世纪50年代他们在西德举办了一系列设计展览。自30年代末以来,纽约现代艺术博物馆一直是美国现代工业设计的先锋,并在50年代举办了一系列"优良设计"展览,旨在对战后美国人的审美进行某种引导。美国的这一做法甚至被引入西德这一冷战的对抗前沿,如1951年受马歇尔计划资助,在斯图加特举办的"来自美国的家用新产品"展览。就像抽象表现主义被宣传为美国艺术自由和文化进步的象征一样,设计作品[如伊姆斯椅、诺尔家具(Knoll furniture)、艾美国家冰箱(Acme National refrigerators),甚至特百惠(Tupperware)]也因其所展现出的"特别的进步精神"而受到赞扬。值得注意的是,这次展览中完全没有流线型设计。如果说有什么的话,那就是更多地强调了一种更朴素的功能主义风格,斯图加特地区设计办公室的主席对此评论说,这种设计实际上是对两次世界大战期间德国现代主义的微妙重塑[67]。但事实上,两者之间的关联正是该展览的重点——毕竟,这次展览旨在对抗关于美国设计的负面评论,以便这些设计之物所带来的"快乐"能够"在我们之间建立起理解的桥梁"[68]。西德的评论家们一致认同,并对展览给予了充分的恭维和赞扬[69]。然而,即使这些美国设计师及其作品因融合了欧洲手工艺的精巧和工业技术而受到高度评价,流线型设计仍然被广泛批评为无可救药的美国文化弊端。

对罗维和美国的流线型设计的妖魔化不仅是设计哲学上的分歧,实际上更是在二战后重演了早期德国制造同盟对英美文明潜在文化风险的批评。制造同盟在 1914 年前成立,很大程度上是因为意识到了需要保护德国文化免受法英文明的影响,而制造同盟在 1945 年后再次成立,则是由于又一次感觉到了新的威胁。新的敌人已不再是法国的奢靡和英国的物质主义,而变成了粗俗的美国商业主义。制造同盟对罗维及其以商业为导向的流线型美学的持续批评,是 20 世纪 50 年代批评美国文明的受欢迎的方式(因为看起来不含政治意义)[70]。有时,这意味着设计成为某种文化防御。例如,一位成员认为:"我们不能在模仿国际主义风格的形式或者放弃我们自己特色的情况下,被它同化。新材料和新建筑促使世界各地形成了相似的形式语言。德国人习惯于深思熟虑,并坚定地固守他们的形式,无需外来的帮助。"[71]然而在大多数情况下,反对美国化采取的方式是,培养一种新的"更欧洲化、更人文的精神纯洁"的、负责任的功能性设计风格[72]。因此,与其他文化领域形成鲜明对比,美国的这种文化既不值得钦佩也不应该被模仿,不足以视为现代进步性的标杆。纳粹曾公开利用 20 世纪 30 年代美国的流线型设计风格作为其"未来主义"政治宣传的这一事实,有助于拉开制造同盟与纳粹历史和美国当下的文化距离[73]。因此，批评纳粹的军国主义美学和美国的商业主义风格，可以使德国制造同盟有机会清除一些政治障碍，恢复它在1933年之前的现代主义传统。

如果说制造同盟所寻求的西德新功能主义设计，与纳粹的"非理性主义"和美国的商业主义区别开来，那么东德的设计又是怎样的呢？乍一看，东德与西德在设计上似乎没有太多共同点。长期以来的普遍看法是，20世纪50年代的东德设计刻意远离现代主义。这种说法在一定程度上是正确的，但也需要一些补充。以东德对包豪斯遗产的态度为例，在战争结束后，包豪斯立刻就被视为需要保护的重要文化遗产。包豪斯在纳粹手中遭受的种种困境——包括被纳粹媒体不断攻击为"文化布尔什维克主义"和"文化堕落"的最典型表现，以及在希特勒掌权后不久就被关闭，再加上1937年在慕尼黑臭名昭著的"退化艺术"展览中所受到的嘲笑——都有效地确立了其在战后作为各占领区后法西斯文化引领灯塔的地位。借用东德顶尖设计史学家之言，包豪斯被看作是"和平、进步、反法西斯和民主"的象征[74]。尽管重新开办德绍包豪斯和魏玛包豪斯的尝试都失败了，但主流艺术和文化杂志如《重建》(*Aufbau*)和《造型艺术》(*Bildende Kunst*)仍在大力宣扬包豪斯是战后急需的文化指南针[75]。前包豪斯的教师和学生也很容易在西德与东德的艺术与设计学院担任重要职位，而那些战后仍在东德的包豪斯设计师也迅速恢复了他们的工作。然而，这一切在50年代初发生了变化。SED在1952年第三次党代会上的著名形式主义辩论中，正式指责国际现代主义为险恶的西方"形式主义"和无根的"世界主义"。两年前，瓦尔特·乌布里希(Walter Ulbricht)个人谴责了包豪斯，批评这所著名的建筑与设计学院，代表着危险的资产阶级形式主义和美国文化帝国主义[76]。正如此后东德建筑师们将目光转向莫斯科或19世纪的德国古典主义，将其作为文化榜样一样，东德设计师们也开始

"重新发掘"比德迈尔时期的艺术和手工艺，将其作为历史灵感，以塑造真正的民族文化。

但是，如果说东德工业设计完全放弃了20世纪20年代的现代主义，那也是不准确的。技术设计领域（包括机械、吹风机和烤面包机）其实从未完全遵循斯大林主义，部分原因是没有19世纪的相关传统可供借鉴[77]。这在很大程度上是因为自40年代末以来，在东欧的许多现代主义领域都占据主导地位的苏联，未能提供相应的设计指导和可供模仿的范例。尽管东德建筑师可以轻松挪用苏联"婚礼蛋糕式"的建筑风格进行政治宣传，但缺乏任何明确的苏联设计风格使文化输出变得复杂。因此，相较于其他施加在大多数东德文化领域的社会现实主义束缚，工业设计的现代性维度——更不用说工业设计的出口价值了——保持了相对独立[78]。随着"当代风格"在苏联变得越来越受欢迎，"卫星国家"（如东德、捷克斯洛伐克和波兰）开始为整个东欧的设计师定调[79]。因此，像西德一样，东德的设计在苏联强势的影响下也享有不同寻常的自由。在50年代和60年代的意识形态紧张时期，对威廉时代赫勒劳风格与包豪斯风格的家具的恢复，进一步凸显了设计在东德现代主义中扮演的特殊角色。此外，从1955年起，现代设计风格在莱比锡贸易博览会和东德官方年度精选的产品汇编《形式与装饰》（*Form und Dekor*）中占据了核心地位。通过这种方式，在推广工业现代主义新愿景方面，东西两德的设计都享有了前所未有的文化自由。

仍有一点颇为不同寻常的是，东德的功能主义设计在意识形态上也与道德和精神联系在一起。乍看这可能会让人感到困惑，尤其是坚实的功能主义曾被视为与东德社会十分契合。毕竟，功能主义被看作是一种后资产阶级的审美风格，在这种风格中，人们拒绝基于阶级地位的装饰风格，而是追求经济上的合理性和社会实用性。功能主义对朴素、理性和实用价值的强调，都被看作是东德更广泛的、一种完美的美学表现尝试。这种尝试旨在建立一个受管控的消费文化（即"按需分配"），避免落入资本主义的堕落和对商品的盲目崇拜中[80]。在这种背景下，形式的统一、造型的标准化、材料的耐用度和产品的低廉价格被视为早期"启蒙式"（即基于需求）的不同于资本主义的文化标志[81]。尽管关于功能主义产品的情感意义的争论早在 20 世纪 50 年代就已出现，但直到 1961 年柏林墙建造之后，真正的争论才算开始[82]。作为发展一种全新现代性的前提条件，SED 将其与西方社会隔绝开来，并在寻找一种积极的方式，更好地将人民与政府、经济与文化联系起来。1962 年第五届德国艺术展上的讨论清楚地表明，SED 希望将设计纳入东德的社会现代化的运动中。他们认为，设计不就是一种充满"精神品质"的"应用艺术"，能够感动人心并赢得民众的支持吗？于是，设计师们被召集起来，与作家和艺术家一道，为人们提供与国家建立情感认同的新途径。正如东德设计委员会主任马丁·凯尔姆（Martin Kelm）所说，东德的设计师的主要任务是"为崭新的东德式的生活方式和个性发展做出贡献"[83]。因此，在这个意义上，设计在西德和东德的工业文化中都扮演了同样关键的角色。

· "优良形式"与对自由主义的批判

现在，我们来探讨一下制造同盟在战后初期实际上取得了什么成就。如果制造同盟真心要构建一个新的物质世界，它首先需要的是争取到权力。然而，寻找愿意支持的赞助者并不容易。首先，德国被划分为不同的占领区，这使得建立一个全国性的制造同盟变得不可能。因此，各地的制造同盟被迫尽可能与占领政府取得任何形式的联系。

　　尽管西方盟国政府起初对制造同盟的想法并不太感兴趣，但苏联对其观点却相当热衷。制造同盟倡导的标准化大众住房单元、工业产品原型和集中式城市规划，被认为特别符合苏联实用主义的宏大理念[84]。但就在与苏联正式建立关系的前夕，柏林制造同盟突然撤回了。它的撤回动机不是出于与苏联官方联系的恐惧，而是担心失去新获得的组织自由。制造同盟不愿重蹈1934年的"清算"覆辙[85]。到1949年底，西方政府的三个占领区正式认可了一个联邦化的制造同盟，但它保持了相当的独立性。与苏联断绝的联系，是制造同盟最后一次尝试通过与国家建立联系来影响重建政策。取而代之的是，制造同盟的新身份构建在组织的自主性和道德正直之间的虚拟关联之上。为了证明这一点，制造同盟引用了其前任主席汉斯·波尔齐格在1919年的演讲《制造同盟的任务》(Werkbund Tasks)作为其新宗旨的宣言。在那次演讲中，波尔齐格曾强烈批评该组织在第一次世界大战期间对政府和工业的民族主义利益的迎合[86]。波尔齐格认为，制造同盟曾经高尚的理想，必须通过一种"态度净化"来清除所有这类政治关联，从而有效地将组织恢复到其精神的"理想主义基础"，远离道德伪善、沙文主义和商业投机主义。尽管新的制造同盟可能没有过多关注波尔齐格对工业的妖魔化或对手工生产的赞美，但他把制造同盟视为一个非结盟的、"国家良心"的想法，被认为是该组织在战后最珍视的自我形象[87]。

93

　　然而，到20世纪40年代末，制造同盟旨在"精神化物质世界"的宏伟改革项目几乎没有取得多少成就。的确，那些倾向于改革的媒体，一直积极支持制造同盟为建设更好的战后世界所做的努力[88]。但不可否认，制造同盟战后的小型展览和宣传活动只吸引了有限的观众。更糟糕的是，制造同盟很快就面临了其他设计风格的挑战。一方面，40年代末出现了纳粹早期流行家具风格的复兴，即所谓的"盖尔森基兴巴洛克"风格，这个名称出自盖尔森基兴镇生产的笨重深色木质的巴洛克家具组合（图16）。这种风格在30年代是德国小资产阶级的最爱，它在战争中并未消失，又在1945年后作为许多战争幸存者首选的家具风格卷土重来。对于他们而言，盖尔森基兴巴洛克风格代表了他们在战后所失去的稳定和资产阶级的舒适生活[89]。在战后重新兴起的家具行业中，这种30年代风格迅速成为家庭秩序和经济复苏的新标志[90]。它如此受欢迎，以至于1954年的一项民意调查声称，有60％的西德人首选这种具有代表性的家具风格[91]。另一方面，50年代初还见证了一种新有机设计风格突然流行，即所谓的"肾形桌设计"，以其标志性的小型三脚肾形桌为代表。这种风格明确拒绝了严格的新功能主义，转而青睐更有趣的线条、不对称的形状和大胆的颜色（这种有机设计潮流将在第三章中详细讨论）。尽管这些设计风格各不相同，但它们的共同

94

图16 盖尔森基兴风格的巴洛克餐柜。来源：《盖尔森基兴巴洛克》（盖尔森基兴，1991年），S.布拉肯西克（S. Brakensiek）编，第23页。图片由盖尔森基兴市立博物馆提供。

点是,都拒绝了制造同盟禁欲风的"优良设计"原则。就像1907年制造同盟成立之初,旨在平息"历史主义"设计和反理性的青年风格的过度之举一样,战后重新成立的制造同盟发现自己不得不再次面对这些曾经的设计敌人的卷土重来。这些令人头疼的新设计风格非常烦人,以至于一位制造同盟成员甚至尴尬地使用了纳粹术语,将这些"糟糕的形式"斥为"反社会物品",认为它们不值得继续生产[92]。

但是,如果制造同盟真的想要有效抵制这种重新兴起的糟糕设计所带来的问题,它就需要提出相应的修正策略。为了实现这一目标,制造同盟计划在科隆举办其首个全面展览。科隆在制造同盟的历史上占有重要地位:制造同盟在这座城市曾举办过1914年和1924年两次广受赞誉的展览,因而新制造同盟希望在战后的首次展览中利用这种象征性关联。这种与过去的象征性关联,还体现在展览的筹备工作被交给了前"艺术服务"的人士——雨果·库克尔豪斯和汉斯·施威珀特。从一开始,这个名为"新生活"的展览就不打算只策划为一场普通的家具贸易展。它的目标是展示价格合理、设计出色的工业产品原型,这些产品有可能成为行业的制造典范,进而有助于阻止低质量的商品在德国黑市上的泛滥。尽管家具制造商抗议展览更偏向独立设计师的产品,但制造同盟仍然说服了科隆市政府,强调了基于"对生产无污染的态度"的非商业设计,在文化上是多么重要[93]。

那么这个展览究竟是什么样子的呢?尽管制造同盟一直声称重新开始,但科隆展览几乎没有展示出什么真正的创新[94]。除了像维拉·迈耶·瓦尔德克(Vera Meyer Waldeck)设计的有机椅子这类少数例外,展览的展品不可避免地让人回想起旧式制造同盟的现代主义风格(图17)。的确,大多数展出的作品实际上都是1939年《商品知识》中已经包含的旧作品[95]。说这次展览重新利用

图 17　1949 年科隆制造同盟"新生活"展览中的椅子展示区。来源：阿方斯·莱特尔（Alfons Leitl）《批评与自我批评》（*Kritik und Selbstkritik*），《建筑艺术与工作形式》（*Baukunst und Werkform*），1949 年，第 59 页。图片由柏林普鲁士文化遗产提供。

95

了过去的设计，并不意味着是在批评德国制造同盟还抱有某种"不改变"的想法。由于德国制造同盟从 1907 年成立起，一直到纳粹时期，都对日常之物的简洁朴实设计寄予了极高的文化价值，因此它只是将自己的经典现代主义设计重新推出，视为解决战后物资短缺问题的最佳方案。在这种情况下，创新性设计作品的缺席，似乎并不是因为材料和机械的短缺，而是因为德国制造同盟坚信功能主义现代主义具有普适性。在为展览揭幕的演讲中，施维珀特称赞这次展览是德国制造同盟实现其人文主义愿景的关键一步，这个愿景旨在帮助建立一个新世界，一个"让每个人都能过上体面和有尊严的生活"的新世界。他表示，这些愿景以追求真理、美与优良设计为名，是战后"反对丑陋的艰苦战争"的一部分[96]。制造同盟再次塑造了自己作为"德国人民的形式良心"的形象，试图将人与物的关系置于道德（再）教育的范畴之内[97]。同样引人注目的是展览的正式安排。策展人明显试图反对纳粹的做法,即将这些现代设计造型的产品置于舒适的家庭环境中;相反,这些物品被有意安排,以便突出它们作为简洁的工业产品的特点[98]。但尽管寄予厚望,展览并未引起公众的广泛关注。观众对这种刻板的工业造型和说教式的言语并不感兴趣,展览最终吸引的观众几乎只有学生和专家[99]。那些展出的、让人回忆起战争年代的家具原型,并没有在制造商或是在那些渴望生活恢复色彩和舒适的贫困大众中引起多少兴趣。

在失望之余,制造同盟决定强化其使命。在接下来的几年里,它帮助开设了一些新的德国设计学校,专注于传统工艺和工业设计;它还创办了两本建筑与设计期刊,《建筑艺术与工作形式》和《工作与时代》(Werk und Zeit);并在整个西德更加积极地推广"优良设计"的理念[100]。如果我们考虑到德国制造同盟其实并不是,也从未真正成为一个制造商组织(虽然多年来许多建筑师和设计师是其成员),而更多只是一个致力于推广"优良设计"的公关协会,从这个角度看,它实际上已经做得很好了[101]。到了 20 世纪50 年代中期,制造同盟已经取得了一系列成就。首先,它发挥了关键作用,推动在波恩的经济部中设立了一个全国性的德国设计委员会(German Design Council),这在某种程度上充当了一个国家级的制造同盟(详见第五章)[102];随着时间的推移,制造同盟还成功地通过西德的文化和媒体宣传了一系列新的设计项目;出现了许多新的"优良设计"组织,如达姆施塔特的新技术形式研究所、埃森别墅胡格尔的常设工业设计展和慕尼黑设计博物馆"新收藏"策划的数不清的工业设计展,所有这些都致力于现代设计事业。同样,一些设计公司,尤其是博朗(Braun)、博世(Bosch)、WMF、普法夫(Pfaff)和拉施(Rasch)这样的知名公司,正因推动了德国制造同盟所倡导的现代设计原则,而获得了丰厚的回报。尽管制造同盟风格的"优良设计"从未完全压倒盖尔森基兴巴洛克和肾形桌设计

（这些风格在整个 50 年代都很受欢迎），然而，德国制造同盟确实促使精英设计在西德消费者市场中获得了相当大的市场份额。它的建筑理念也取得了一些实际的成就，最著名的莫过于 1958 年在柏林举办的广受讨论的国际建筑展览。在这次展览中，柏林被轰炸的汉萨区成为展示现代生活方式的高调地点，让人想起 1927 年斯图加特的魏森霍夫展览。一个世界级明星建筑师阵容——包括沃尔特·格罗皮乌斯、勒·柯布西耶和奥斯卡·尼迈耶——都在这次柏林展览中提交了他们的现代低廉住房设计方案。因此，这次国际建筑展可以看作是对斯大林大街的西德回应，旨在展示自由西方的现代生活方式。总的来说，这次展览非常成功，吸引了成千上万的游客[103]。

讽刺的是，正是制造同盟这些项目的成功，现在让许多成员感到困扰。简单来说，他们想要改变世界，却只改变了消费品的外观，尽管他们倡导的现代设计风格已经变得广泛流行。而战后最初的愿景——将设计作为文化改革和道德重生的工具——随着时间的推移愈发显得不切实际。战后那激发了极大热情的乌托邦理想，在经济快速发展的热潮中逐渐褪色消失。他们感到最恼火的是设计产品在市场上的脆弱性。尽管制造同盟在 20 世纪 20 年代和 30 年代所享有的国家和市政补贴显然已经没有了，但其仍然觉得 50 年代像是 30 年代初的重演。在这两个时期，现代设计的社会乌托邦主义都被个人进步和社会地位的新梦想所淹没，只不过一个是因为纳粹政权的宣传，而另一个是因为财富的自我放纵（这一主题将在第三章中更详尽地讨论）。因此，他们的目标是寻找新的办法，来保护设计的道德含义不受无节制的市场力量的侵蚀。50 年代中期，施威珀特对这一许多制造同盟成员的普通情绪进行了总结：

"在最早的时候，制造同盟作为一个小团体，与整个世界处于对立状态。它进行了深思，发出了警告，提出了劝告，并为自己的理念而战斗。如果用一个比喻来说，它被迫自己烤面包。而如今，许多人都在烤着制造同盟风格的面包，他们是怀着好意、专注和勤奋的人……因此，制造同盟当前的任务不是建造更多的面包房，而是要分发正确的酵母。"[104]

为了"分发正确的酵母"，制造同盟构思出了一些新颖的策略。他们做的第一件事是设计永久性的家居装饰展示空间，而第一家展示空间就设在了曼海姆。制造同盟与曼海姆市长和市艺术中心合作，于1953年创作了一个永久展示室，目的是使公众意识到设计精美的物品和家具的重要性（图18）。其主要目标是构建一个日常之物的展示空间，与百货商店那种充满商业氛围的布局形成鲜明对比。制造同盟的展示室旨在强调"品位设计"的文化价值，以培养"更准确的审美判断"和"对形式的健康感觉"[105]。重点不

图18　1953年，位于曼海姆的制造同盟展示室。来源：海因里希·科尼希（Heinrich König）《曼海姆的首个住宅咨询中心》（*Die erste Wohnberatungsstelle in Mannheim*），《室内建筑》（*Innenarchitektur*），1953年10月，第35页。图片由柏林普鲁士文化遗产提供。

在于销售产品,而是向消费者提供中立(即非商业性)的正确家居装饰指南,以及高质量设计的资讯[106]。为了帮助消费者,展示室放了一堆家庭装饰指南,同时还有制造同盟的代表在场提供咨询。如果消费者想要购买某样产品,制造同盟的代表会拿出选定的设计公司名片,介绍相关产品的信息。对制造同盟而言,这些教育性质的展示室象征着一种更开明的家居文化,这种文化坚决摒弃了广告和市场的非理性吸引力。展示室还被视为一种对商品过剩的商店和百货公司的补救措施,这些地方只会"混淆和扭曲"消费者的认知[107]。因此,这些展示室成为推动现代设计成为"文化商品"事业的另类社会空间,甚至提供了一种未被异化的消费可能性。作为培养"优良形式"感觉的教育方式,这次展览也部分面向儿童,这进一步凸显了制造同盟的教育精神。这一次,这个倡议在公众中引起了热烈反响。与1949年科隆展览的失败相比,这个制造同盟项目受到了民众的广泛欢迎。曼海姆的展示室在开放的前三周内吸引了超过1 100多名访客,并促使制造同盟在慕尼黑、斯图加特、巴登-巴登和柏林等地建造了其他类似的展示室。

制造同盟的展示室标志着该机构策略的重大转变。首先,它们在一定程度上反映了一种更为现代的观念。与1949年在科隆的展览上重复展出过去的产品不同,这些展示室成功地结合了新旧元素。展出的物品不仅包括20世纪30年代一些最佳的德国设计,还有新的由华根菲尔德设计的WMF餐具、埃冈·艾尔曼(Egon Eiermann)的椅子和博朗的收音机;此外,还展出了来自瑞士、斯堪的纳维亚以及美国的许多设计作品。尽管罗维及其流线型风格一直以来都是某种困扰,制造同盟还是热衷于展示诺尔国际(Knoll International),尤其是查尔斯·伊姆斯(Charles Eames)的美国设计作品[108]。通过这种方式,制造同盟将其"优良形式"的理念融入战后国际现代主义的潮流之中。但并非所有人都认同这种文化善意。例如,德国家具生产商和经销商对这些新展示室的出现并不那么有信心[109]。1956年,莱茵兰-普法尔茨地区的一些家具经销商向当地政府提交了请愿书,指责制造同盟以文化教育的名义进行不自由的商业行为,甚至试图在设计贸易中强加文化统一性和标准化理念[110]。然而,制造同盟巧妙地回应了这一批评,称其展示室并非为了牟利,而是服务于更高层面的"国家经济、社会和文化利益"。

这些精品展示室的发展对制造同盟的战后项目产生了深远影响。部分原因是它们尝试避开展示商品的两个传统场所。其一是博物馆。考虑到战后宣传人员赋予这些日常之物的重要文化价值,这些日常之物在博物馆和各种文化展览会中出现并不奇怪。策展人和精英设计的支持者喜欢将这些物品作为优于普通百货商店商品的例子来展示。但是,赋予这些日常之物以精英文化氛围带来了一些棘手的问题。最主要的是,将日常之物放置于博物馆的展示柜中,剥夺了它作为简单生活用品的原初功能[111]。一旦被放入展示柜,产品的使用价值就被视觉和纯形式价值所取代;其内在的触觉特质也不再是消费者的主要判断依据[112]。也有人表示不满,认为这样的展示手法不经意地凸显了一种观念:这些产品不再是为了满足人们的需求,反而更多地是为了追求工业领域技术完善性的梦想[113]。相比之下,制造同盟的展示室则被视为一个去精英化的空间,在这里,家居用品以及家具的触觉和使用特性占据了主导地位。实际上,在这里,博物馆展示柜的隔离被去除了,让消费者可以在去商业化的环境中,自由地审视形式与功能之间的物质关联。消费者被鼓励去试用和操作被展示的产品,在某种程度上,这一做法反映了制造同盟对其20世纪20年代的激进遗产的部分恢复。

自助式商店是制造同盟对产品的第二种展示方式。这个在西德日常生活中看似不起眼的新奇事物,实际上对人与物之间的关系产生了深远的影响。自助式商店最早源于 20 世纪 30 年代的美国,并于 50 年代初被首次引入西德。这样做,最主要是出于追求速度、便利性和个人自由的目的。但这些新兴的自助式商店产生的一个影响是,它们不经意间削弱了顾客与商家之间的联系,传统的口头交流很快被一种更为沉默、独立和个性化的选择和评价商品的过程所替代。更重要的是,这种购物方式的转变也带来了塑料包装的大量使用,一方面是为了保护商品,另一方面也用于吸引顾客。因此,正如在博物馆里一样,设计之物的触觉特性完全被视觉吸引力所取代。在这方面,迈克尔·维尔特(Michael Wildt)的观点无疑是正确的。他指出,这场零售业的革命把商品所具有的"实用价值",由"商家的推销技巧转变为商品美学的符号力量"[114]。无疑,这样的展示非常有效地激发了人们的欲求。有观点甚至认为,在 50 年代西德的主流文化里,产品广告中日益增加的性感化意味,是对设计产品展示"去感性化"的补偿性反应[115]。关键在于,无论是高端文化还是主流文化,消费者与商品之间都出现了非常明显的新的触感隔阂。制造同盟的展示室旨在通过让潜在用户直接亲手接触这些设计产品,来逆转这一趋势。

制造同盟还更新了一些早期的教育活动,以帮助传播其理念。首先,他们发布了德国工业设计目录《德国商品知识》的新版。这本目录明确地参考了 1915 年的《商品书》和 1939 年"艺术服务"组织的版本,但这个新版本是制造同盟与新成立的德国设计委员会共同合作的成果[116]。该书是由两位在纳粹时期仍然忠于工业现代主义事业的前制造同盟成员——赫尔曼·格雷奇和布鲁诺·莫德尔(Bruno Mauder)制作的。负责了 1939 年版本的斯蒂芬·希尔泽尔,以及新任命的设计委员会执行秘书米亚·西格尔(Mia Seeger)共同编辑了这本 350 页的活页目录[117]。该书分为 55 个类别,包括玻璃、陶瓷、玩具和合成材料,所有产品都进行了单独拍摄,并附有制造商名称、材料描述和市场价。与以前的目录一样,1955年的《商品知识》延续了制造同盟所熟悉的主题。向德国工业界提供设计精良的工业产品作为范例,以非营利的方式提供中立的产品信息给所有相关方,以及把优秀的设计作为文化提升的一种普遍认可,这些文化价值都在这本书中体现出来了[118]。尽管不再服务于国家,制造同盟仍然相信该书能为制造商和消费者提供一种文化指南。与制造同盟的展示室一样,该书也融合了新旧设计,不仅展示了格雷奇1931年的"1382"瓷器套装和特鲁德·佩特里(Trude Petri)1935年的"乌尔比诺"餐具等旧设计,还展示了博世洗衣机、博朗收音机和普法夫缝纫机等新产品。为了抵消1939年《商品知识》中民族主义言论的负面影响,该书还收录了来自国外(特别是斯堪的纳维亚和意大利)的设计作品。

然而奇怪的是,制造同盟的这个项目在某种程度上并未跟上时代,尤其是当我们想到,其实该书的前两个版本都是为了应对战时境况而编纂的。与此相比,1955年的版本既没有社会经济的迫切需求,也没有国家的支持。当时也并没有严峻的情况,实际上,1955年版本的《商品知识》是在经济自由主义全面恢复的高峰期出版的。西德工业界基本上忽视了这本书——当然,那些借用了该书进行免费宣传的公司除外。但对于制造同盟来说,其商业相关性并不是很重要。因为这一新版的《商品知识》主要被视为西德日益增长的经济的文化指南,是一种不受市场短视动机影响的、"优良形式"之设计成果典范的展示。从这个角度来看,1955年的《商品知识》被看作是一本启蒙工业的文化指南,它由"艺术服务"组织传统的理想主义和教育理念所驱动。

这一做法与新制造同盟想要恢复与工业界联系的意愿密切相关。受设计展示室成功的鼓舞,制造同盟开始质疑自己与工业和商业界保持距离的策略是否明智。它所珍视的旁观者的身份显然让它在文化影响力上付出了代价。制造同盟 1952 年在杜塞尔多夫举行的会议正是围绕这个问题展开讨论的。经过长时间的辩论，制造同盟得出结论：组织的未来，在很大程度上依赖于能否恢复制造同盟在工业界和消费者之间的联络者的角色。于是他们制定了一个新计划。这次他们不是邀请主要制造商来讨论如何应用其理念，也不只是任命工业界领袖为制造同盟的执行委员会成员，而是决定派遣代表直接去工厂与一些关键的制造商会面。1954年制造同盟去塞尔布的任务准确实践了这一新想法（塞尔布是罗森塔尔水晶与瓷器公司的所在地）。这一选择可能起初看起来有些奇怪，这是因为在威廉时代和魏玛时期，罗森塔尔奢华的水晶与瓷器一直让制造同盟感到烦扰。然而，公司创始人的儿子菲利普·罗森塔尔在 1945 年后成为公司总监，给公司的设计政策带来了巨大变化。20 世纪 50 年代初，罗森塔尔聘请了几位制造同盟的设计师为公司设计新产品线。但令人困惑的是，罗森塔尔也同时聘请了制造同盟的死对头——雷蒙德·罗维设计了一套餐具。制造同盟担心制造商的设计实践缺乏明确的方向，并想确保罗森塔尔明白其中的高风险，即"优良形式"首先是一个"道德问题而非美学问题"[119]。制造同盟相信，如果能让有巨大影响力的罗森塔尔公司认识到其高尚文化愿景的价值，那么将会为进步的设计文化做出巨大贡献。

但制造同盟最终失望了。罗森塔尔向制造同盟的代表们（由华根菲尔德带领）明确表示，生产简洁无装饰的白色瓷器并非公司的主流审美，而只是其设计调色板中的众多风格之一，但在制造同盟看来，这是简单和诚实设计的代表。罗森塔尔认为，风格多样化和装饰对于销量和满足消费者品位至关重要。总而言之，是市场需求，而非高尚的伦理道德引导了他的设计策略[120]。但不管制造同盟代表团怎样反驳他对消费者品位的看法——指出这主要是一些狡猾且思想狭隘的商人捏造的,罗森塔尔都未被说服去按照制造同盟的道德观念调整他的设计方针。更糟糕的是,罗森塔尔无意中证实了制造同盟所坚决反对的观点——"优良形式"本身并不具有救赎功能的伦理内涵,而最终只是另一种设计风格而已。在这之后,制造同盟停止了继续担当工厂的顾问。制造同盟抱怨称,战后的新一代制造商缺乏像罗伯特·博世(Robert Bosch)、彼得·布鲁克曼(Peter Bruckmann)和埃米尔·拉施(Emil Rasch)等老一辈制造同盟赞助者的文化格局[121]。对罗森塔尔的访问没有为制造同盟与工业界的关系改善开启新阶段,反而加剧了战后制造同盟与生产领域的疏离。

最后一个策略在很大程度上是对之前失败尝试的反应。在放弃了通过与工业界的直接交流来实现变革的希望之后,制造同盟很快将目标转向了一个新的群体:儿童。但如果只是将这一举措简单视为一种讨好儿童作为潜在消费者的策略,是不准确的。和往常一样,制造同盟的目标更加宏大。他们主要的想法是利用现代设计产品教育儿童认识"优良形式"的美德。具体来说,制造同盟希望通过介绍特别设计的"制造同盟箱子"(图 19),来对儿童进行美育。这些箱子在 20 世纪 50 年代末被介绍到一些西德学校,其中包含了各种现代设计物品和手工艺品,例如格雷奇的餐具和华根菲尔德的餐具,可作为教具来引导儿童形成正确的审美判断力[122]。像制造同盟的展示室一样,旨在将这些物品放入使用者的手中,以培养他们对优秀设计的感知力和理解力。对于许多成员而言,这些箱子是一种进步工业文化的特洛伊木马,在儿童被市场的华丽诱惑而迷失之前,教导他们认识优良形式的价值。为此,制造同盟甚至出版了一本关于针对儿童优良设计的小册子,书中不仅强调了健康工业美学带来的文化好处,还提到了必须远离"糟糕设计"诱人危害的重要

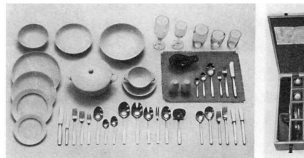

图19 制造同盟箱子。这个箱子中装着赫尔曼·格雷奇设计的"Arzberg 1495"系列餐具,海因茨·洛费尔哈特(Heinz Löffelhardt)设计的盐和胡椒瓶及压模玻璃烟灰缸,卡尔·迈尔(Karl Mayer)为WMF设计的"斯德哥尔摩"刀叉以及华根菲尔德为WMF设计的玻璃制品和刀叉。来源:《艺术教学与环境设计》(*Kunstunterricht und Umweltgestaltung*),《工作与时间》杂志,1959年,第8卷第4号,第4页。图片由柏林普鲁士文化遗产提供。

性。这本书认为,以情感和"非理性"为基础的流行趋势,并不是正确评价设计之好坏的可靠指南;相反,正确的审美判断应该基于理性和简约。真正需要克服的正是产品的情感化,以及滑稽可笑的"装饰价值"。这样做绝非无的放矢,书中有一节将来自童年的"甜美俗套"情感小饰品与充满欺骗性的商业设计风格中的"苦涩俗套"特意进行了对比[123]。制造同盟的实验性学校项目再次取得成功。它得到了广泛的媒体报道,为制造同盟的事业提供了宝贵的宣传机会。几年后,这些箱子在1959年的"新收藏"展览中被展出,并于60年代被介绍到其他西德小学。

　　所有这些举措的共同特点是,对自由主义的明显反感,以及在无节制的消费资本主义背景下,对"工业文化"命运的深深怀疑。对于许多制造同盟的成员而言,"优良形式"与自由资本主义并不相容,因为市场实际上将设计的道德本质转变为肤浅的商品美学和微妙的销售策略[124]。到20世纪50年代末,制造同盟发现自己再次遭遇了一场关于"优良设计"原则合理性的内部争议。曾经试图重新教育制造商和零售商的时代已经一去不复返;将百货商店和商业橱窗作为文化再教育潜在空间的想法也被放弃了，而这些都是威廉时代和魏玛时期制造同盟所采取的策略。这一危机因制造同盟将所有精力都集中在工业设计上而进一步恶化。实际上，战后人们逐渐淡出将建筑，尤其是将城市规划视为具有"优良形式"潜质的项目，这反映了制造同盟对将城市空间看作是文化改革理想场地的失望[125]。整个组织都笼罩着一种沮丧感，明显影响了1958年制造同盟成立50周年的庆祝活动[126]。施威珀特本人甚至承认，制造同盟的理念，即通过更好的设计之物来改善人们生活，可能只是一个宏大的幻想：

> 我们设计了一个优秀的玻璃杯。我们希望通过这个杯子帮助人们过上更好、更美好的生活。这个有些奇怪的想法是基于这样一个理念：我们不仅通过设计这个杯子来改善人们的生活，这个杯子本身也能改变使用它的人。这是一个错误的想法。杯子只能提供间接的帮助。实际上，我们的任务是要谦卑地认识人类真实的情况。[127]

这种文化悲观主义具有一定的讽刺意味，尤其是制造同盟成立的最初原因是，通过沟通文化与经济，来帮助克服威廉时代的"文化绝望政治"[128]。但现在，毫无疑问，制造同盟的事业已经到达了一个十字路口。

在很大程度上，这场危机与战后功能主义本身所蕴含的矛盾性有关，这种矛盾性最先体现在材料创新领域。20世纪50年代塑料在工业设计中的广泛应用几乎使制造同盟对"材料真实性"的旧有理念及其伴随的手工艺设计伦理变得过时[129]。此外，对于很多西德人来说，功能主义的"节制美学"与战时配给制和战后物资的匮乏紧密联系在一起。就像经济复苏淘汰了功能主义关于材料稀缺和反对装饰设计的道德观念一样，战后的繁荣也侵蚀了它那种关于集体牺牲和延迟享乐的浪漫精神。日益增长的富裕意味着功能主义更多是基于精英的欲望,而非社会的需求。通过不同的展示方式(例如制造同盟展示室和博物馆展柜)将选定的功能主义设计之物提升为有价值的"文化商品",只是强化了精英主义的观念。究竟是哪些因素让制造同盟更偏爱斯堪的纳维亚柚木的现代设计,而不选择主流的流行文化产品?又是什么特定的设计标准,决定了制造同盟展示室里的各种展品选择,尤其是那些显然偏离了严格现代主义美学标准的物品(图 20)?当然,在 50 年代,功能主义与精英主义的联系并不是新现象。这种联系在威廉时代的制造同盟中已经存在,并在 20 年代达到了顶峰,那时许多与新建筑运动有关的建筑师、设计师和宣传人员将这种美学喜好作为中产阶级社会结构的基石。尽管有着"新德国生活文化"的全面包容性说辞,功能主义现代主义的特定阶级维度在纳粹时期也同样存在[130]。只不过在 50 年代,这

图 20　1963 年制造同盟展示室。来源:S. 魏斯勒(S. Weissler)编辑,《1933—1945 年德国设计》(吉森,1990 年),第 133 页。图片由柏林制造同盟档案馆提供。

种联系尤为明显,因为功能主义已经脱离了旧的集体文化和节俭美德的文化叙事。1959年,巴伐利亚制造同盟在宣传照片中展示的华根菲尔德设计的花瓶恰好反映了这种转向(图21)。不同于20年代的设计摄影,匿名的工业色彩并没有被赞美,使用价值也不是最重要的;相反,这些花瓶被呈现为独特的艺术品,象征着现代风格和品位。功能主义已经走向高端市场。最初,功能主义被认为是资产阶级美学的死亡,但现在已作为西德新兴的、受过良好教育的资产

图21 "优良形式"摄影,1959年。玻璃花瓶:威廉·华根菲尔德为WMF(吉斯林根/斯泰格)设计。来源:《家中的器具:DWB巴伐利亚 #3》(*Gerät in der Wohnung : DWB Bayern #3*)(慕尼黑,1962年),H.维希曼(H. Wichmann)编,未分页。图片由德国巴伐利亚、慕尼黑制造同盟提供。

阶级的设计选择而重新流行起来[131]。

　　然而,如果将制造同盟在 1945 年后的历程,简单归结为政治力量的误用或过时的文人道德训诫,那就忽视了其战后改革努力背后的重要历史议题。制造同盟致力于保存日常之物的文化价值,其核心目标是重新赋予现代产品作为独特文化之物的魅力,使其不受纳粹形而上学和美国商业主义的影响。制造同盟相信,通过设计,可以将普通家居用品转化为具有文化价值的物品,这是构建一个新的、持久的西德物质文化的宏大使命的核心。但这种信念不仅限于制造同盟,我们将看到,其他战后设计团体也有类似的理念,尽管他们解决问题的方法各有不同。但在进一步探讨这一点之前,我们首先需要考察 20 世纪 50 年代作为对"优良形式"运动有力替代的流行设计,其重要性究竟有多大。

第三章　肾形桌的复仇：
有机设计的希望与危险

尽管"优良形式"设计的复兴对战后一代来说非常重要,但在20世纪50年代的西德,它并非唯一的设计文化。这个十年还见证了新的"有机设计"在西德家居装饰中的兴起。这种设计风潮通常被称为"肾形桌文化",得名于其代表性的标志物——一种形状类似肾脏的小型三脚边桌(图22)。风格上,它坚决摒弃了新功能主义的朴素直线条,转而采用更加俏皮的线条、不对称的形状和鲜艳的色彩。它创造出一套反映乐观情绪和物质繁荣的新视觉语言,标志着人们与不愿回顾的过去之间的一次重要断裂。肾形桌的设计风格非常贴切地反映了那个十年,这可以从它在50年代日常生活中

图 22　肾形桌。由木材制成,表面贴有黑白色的雷索帕尔材料。生产者:沃尔莱因工作室(Wörrlein-Werkstätten),位于安斯巴赫。在 20 世纪 50 年代及 60 年代初期,这种基础的"沙发桌"设计产生了无数的变体。来源:鲁斯·盖尔·拉克(Ruth Geyer-Raack)和西比莱·盖尔(Sibylle Geyer),《家具与空间》(*Möbel und Raum*)(柏林,1955 年),第 23 页。图片由柏林乌尔斯坦出版社提供。

　　　　　　　　　　　　日常之物的权威:西德工业设计文化史

的广泛使用，以及战后一代西德人的记忆中证实。值得注意的是，它还发展出了一种与"优良形式"相对立的设计和设计师观念。然而，它并没有被普遍认为是更新和进步的新美学。相反，肾形桌风格的流行很快引起了精英设计宣传者和西德知识分子的反对，他们强烈谴责它是粗俗百货公司的俗气商品和不负责任的设计。因此，这一50年代的设计潮流为我们理解西德现代主义提供了一个不同的视角，尤其是它引发了关于构建一个进步的后纳粹商品文化形态的深入讨论。

110　·"肾形桌时代"

　　我们首先应该明确"肾形桌风格"通常指什么。首先，虽然它的设计形式受到了自然界的启发，但并不是对纳粹时期所谓的民族自然主义的重现，也不是对乡村意象、粗糙的木制家具和家庭手工艺品的颂扬。肾形桌设计拥抱了工业界。实际上，它明确采用了包括铬、泡沫橡胶以及最重要的塑料在内的各种新型现代合成材料[1]。但该风格仍然模仿了自然：反复出现的有机形态，模仿的是显微镜下细胞光滑、蜿蜒的形状。边缘圆润，线条弯曲，体积膨胀，表面光滑，这都是在原子时代背景下对微观生物世界特有的迷恋。通常还会添加鲜艳甚至刺眼的颜色，使整个风格看起来活泼而充满节日气氛。尤其强调的是物品的流动性和自由形式，其优雅的线条和不对称的设计摒弃了过去繁复的具象派装饰。同样，肾形桌风格放弃了功能实用性，明确转向了夺人眼球的外观和异想天开的造型。"动

111　态""有节奏""对角""快乐"和"放松"等形容词被反复用来描述这种新的时尚现代性，作为战后对轻松生活期望的完美体现。尽管从战后的建筑和汽车设计中也可以看到其影响，但让肾形桌风格真正留下深刻印记的是西德的家居装饰。灯具、家具、桌子、花瓶、烟灰缸

和其他各种家居配饰在 20 世纪 50 年代都被重新设计成这种新颖的生物形态风格。广受欢迎的物品包括细长腿的"袋式灯",泡沫垫"鸡尾酒椅",圆胖的便携收音机,变形虫状烟灰缸,以及弯曲的塑料双人沙发,还有壁挂、壁纸和淋浴帘上的抽象设计。

想以非常准确的刻度衡量这一风格真正有多受欢迎,几乎是不可能的。例如,一项 1954 年的民意调查显示,只有 7% 的受访者能真正认出所谓的"肾形桌"设计,其他人声称的都是"几乎每个家庭都拥有自己的现代肾形桌"[2]。然而,通过查阅那个时代的设计期刊、生活方式杂志和家居装饰文献,我们可以清晰地看到这种风格的广泛影响。尽管到了 20 世纪 60 年代初,这种风格的受欢迎程度已经大大降低,但在几十年后的西德人的记忆里,它仍然十分鲜明。这种影响力如此之大,以至于在 80 年代初对"美好的 50 年代"的流行文化怀旧中,肾形桌成了那个十年物质回忆的核心[3]。因为无论如何,肾形桌这种有机设计风格都为那个时代带来了一种吸引人的新符号,象征着战后的生活、自由以及消费者的快乐[4]。

但"肾形桌"的有机主义设计风格究竟源自何处呢?要回答这个问题并不容易,主要是因为它本身并不构成一个真正的"文化"。不同于西德更成熟的设计体系,这一风格没有文化机构、学校、博物馆或政府机构来支持其设计实践,也没有类似德国制造同盟、乌尔姆设计学院或德国设计委员会这样的对等机构。肾形桌设计师也并未自觉地将自己看作是传教士,不曾宣扬以设计进行文化救赎的重要性;相反,他们通常是受雇的艺术家或公司内部低调的产品设计师。事实上,最初的肾形桌设计者至今仍不为人所知,而大量肾形桌风格的设计师仍然默默无闻。与制造同盟"优良形式"的功能主义运动不同,肾形桌设计并不是一个着眼于激进社会改革的高尚文化项目,而是主要由一群松散的商业集团和广告商引领的商业现象,试图改变西德的室内装饰和家居用品。它是战后首个主要的新

112

兴商业设计趋势,而正是肾形桌风格与经济复苏的密切关联,使其长期被文化边缘化。在那个时候,这类风格的产品在百货商店里的价格相对便宜,并没有被视为有精英气质的物品,也没有作为文化象征的典范在博物馆中展示。由于"低端"文化(至少直到最近)很少受到档案保存的重视,与肾形桌设计相关的许多文献和产品都已经消失了。直到今天,我们几乎没有为后代保存任何关于肾形桌风格的档案资料,仅有的证据包括:跳蚤市场上被遗弃的物品、泛黄的广告文献、怀旧的美术馆回顾展和模糊的记忆。进一步增加研究难度的是,那些致力于构建新西德工业文化,视其为后纳粹时代文化革新和进步明灯的人——也就是"优良形式"的倡导者们——不断批评肾形桌风格,认为它不配成为这一高尚文化事业的一部分。因此,这种流行设计一直被排除在一些国际展览和文化场合之外,在这些展览和场合中,工业设计被宣传为文化再教育真正的原因和结果。西德的文化史学家也遵循了这一趋势,要么完全忽略"肾形桌",要么用非常贬义的词汇来描述它[5]。因此,这种极为普遍的设计风格几乎没有文化推广者或支持者,给人留下了令人困惑的现象,即肾形桌无处不在但又难以捉摸,它的出现和消失,似乎受到了各种短暂文化潮流神秘力量的推动。

即使如此,我们仍然可以对肾形桌风格的起源、发展,以及其作为实用物品及社会象征的意义进行一些分析。显然,许多因素共同促成了 20 世纪 50 年代"肾形桌现代主义"的兴起,但这些众多因素带来的问题是,其起源谱系显得十分复杂。其中最直接的影响源于 50 年代的前卫设计。西德现代主义极大地受到了查尔斯·伊姆斯、伊萨姆·诺古奇(Isamu Noguchi)、哈里·贝尔托亚(Harry Bertoia)、阿尔内·雅各布森(Arne Jacobsen)、埃罗·萨里宁(Eero Saarinen)和埃贡·艾尔曼(Egon Eiermann)等国际知名家具设计师的影响,他们试图将家居物品从"形式追随功能"这一两次世界大战之间的理念中解放出来。在他们看来，住宅不再是"生活机器"，而是现代人与现代物品保持的一种放松的共生关系；设计应该自由灵活，符合居住者的个人品位和个性。为了寻求形式上的灵感，这些设计师还转向自然界。他们的主要目标是将原始自然（特别是微观形态的世界）与最新的工业技术、有机主义和机械相结合。50 年代家居设计中无处不在的卵形形状和流畅线条正是战后这种新兴的"工业自然主义"的体现[6]。这些设计师还受到瓦西里·康定斯基、琼·米罗（Joan Miro）、汉斯·阿普（Hans Arp）、杰克逊·波洛克（Jackson Pollock）和亨利·摩尔等一些关注类似主题的先锋画家和雕塑家的启发。尽管他们各有特点，但这些艺术家都试图摆脱拟仿的自然主义和传统的具象风格，以表达那些深藏于政治需求和日常生活表象之下，生命中原始的能量和潜在的力量[7]。战后的家具设计师，实际上是将 50 年代艺术界的反自然主义和"激进自由"转译到物质文化领域。从这个角度来看，"肾形桌"风格实际上是将这些高雅文化的冲动转化为大众商业的形式。

有些人认为，肾形桌风格的起源可以追溯到 19 世纪末的各种欧洲设计运动，尤其是德国的青年风格、西班牙的新艺术风格、法国的超现实主义风格，以及意大利的新自由主义建筑风格[8]。在这种解读中，肾形桌风格被看作是一个更广泛的、欧洲反功能主义传统的一部分，这一传统强调装饰性和自然主义，而非朴素和无装饰。还有一些人倾向于认为，可以将肾形桌风格的起源简化为一个特定的先驱，指出它主要受到了 20 世纪 30 年代美国流线型设计的影响，流线型的动态造型借用了"速度美学"，以充满活力的新造型重塑了日常家居物品，而这一美学在美国的高速列车、飞机、汽车和军事武器中都有所体现[9]。一些文化史学家通常对 50 年代的设计感兴趣的原因是，它们被看作是后现代主义的前卫表现，他们已经成功地为这些长期遭到贬低的 50 年代设计形式正名，认为它们非常具有创意性和创新性[10]。一位著名设计史学家甚至表示,有机风格的"酒神式设计"赋予了50年代最令人难忘的形式[11]。通过这种方式,这些修正主义者帮助消除了关于50年代物质文化的陈腐刻板印象,在这些印象中,这个时期的文化其实更应被看作是新旧现代风格之间丰富的互动和融合,而不是将其简单归咎为"机械化的比德迈尔风格"和"可口可乐文化殖民"的混杂。

这种有机设计风格并不仅限于西德。在20世纪50年代,它成为西方世界的一股强大力量,在英国、法国、意大利、斯堪的纳维亚、美国,甚至日本都有着明显的影响,这一点在世界顶级设计展——1951年和1954年的米兰设计三年展上得到了最佳证明。当然,不同国家将这种风格融入自己国家的设计传统时,在方式上都有所不同。例如,芬兰和意大利在迅速探索新有机设计的雕塑潜力时几乎无所顾忌,相比之下,瑞典、丹麦、瑞士、荷兰、英格兰和西德在风格上的尝试则显得更为低调和克制。通常来说,那些在两次世界大战期间倡导功能主义现代主义的国家对这种新趋势抵抗最大。但即使在这些国家,设计的形式也有明显的放松,且明确偏离了20年代设计的禁欲倾向,从而产生了一种新的国际有机设计风格的家族相似性。这就是为什么有人得出结论,有机设计风格——无论是呼啦圈、汽车还是双螺旋本身——都是那个时代真正的精神象征[12]。1955年,一位西德观察家甚至评论说,在那个时代,"烟灰缸和摩天大楼等现代物品的相似设计",促成了"自洛可可时期以来第一个共有的新时代风格"的诞生,文化史学家阿尔布雷希特·班格特(Albrecht Bangert)因此认为有足够的理由把50年代称为"肾形桌时代"[13]。

尽管肾形桌现代主义具有国际影响力,但其起源实际上更贴近本土。毕竟,它在很多方面都是战后包豪斯现代主义普及后的副产品。这一点起初可能有些令人困惑,特别是由于有机设计风格被视为是对包豪斯功能主义的反抗。虽然确实如此，但将包豪斯的遗产仅局限为棱角分明的现代建筑和工业设计是错误的。事实上，1945年之后，包豪斯最有影响力的遗产并非其建筑或工业设计，而是绘画。例如，战后第一次举办的包豪斯回顾展，其重点不是该设计学校的建筑师或设计师，而是画家[14]。得益于这次展览和其他类似的文化活动，包豪斯在 20 世纪 50 年代的公共形象从激进建筑的孵化场所，转变成了一个既大胆又纯朴的美术学院[15]。战后，在 1937年慕尼黑著名的"堕落艺术展"中被纳粹政权谴责的画家们一直开展着重建工作，其中包括包豪斯成员保罗·克利、瓦西里·康定斯基和莱昂内尔·费宁格（Lyonel Feininger），这极大地确保了他们作为现代主义英雄的地位。尤其是克利和康定斯基，他们被广泛颂扬为反法西斯现代主义和自由人文主义的象征，以及 50 年代抽象表现主义的新先驱[16]。

战后，包豪斯在美术界的复苏发生在一个更宏观的背景之下，那就是包豪斯被重新确立为西德文化的重要指引。1933 年包豪斯被纳粹戏剧性地关闭，加上东德官方指责"包豪斯风格"是邪恶的资产阶级形式主义和美国文化帝国主义，使包豪斯成为反法西斯和进步自由文化的有力象征[17]。英国工业设计委员会主任保罗·莱利（Paul Reilly）说出了很多人的心声，他评论说包豪斯"已成为设计中反极权主义的象征，既与东方的新社会现实主义形成对比，也与纳粹的'血与土'形成反差"。简言之，包豪斯是"赢得尊重和政治清白的通行证"[18]。包豪斯的许多重要人物现居美国，这也有助于在（西）德国和美国现代主义之间构建新的跨大西洋文化伙伴关系[19]。然而，包豪斯的绘画遗产在公众中享受了最高的声誉，准确地说，保罗·克利和瓦西里·康定斯基的非具象现代主义遗产，是肾形桌设计风格最大的灵感来源。因此，20 世纪 50 年代见证了高端艺术与流行设计文化的新结合，包豪斯大师们的抽象图案被广泛应用于普通家居物品设计中。

这些意识形态因素由于新材料的创新而得到进一步强化。在很大程度上,抽象有机设计的普及可以归因于 20 世纪 50 年代塑料的广泛使用。塑料并非战后才被发明出来,起源可以追溯至两次世界大战期间。德国的塑料产量从 1924 年到 1936 年增长了两倍,到了 1944 年又翻了一番。在那时,德国的塑料产量与美国相当。但不同于美国,德国的塑料制造业很少涉及消费者市场。实际上,德国在战时才开始大规模生产合成塑料,作为战时钢材配给制的工业替代品[20]。直到 50 年代中期,"塑料热"才大规模介入西德家庭和普通消费品的设计[21]。得益于生产成本的低廉与形式的无限可能性,在西德家庭用品中,塑料很快开始取代传统设计材料(例如瓷器、陶器和玻璃)[22]。同样重要的是,塑料使设计师能够超越木材和金属的材料局限,在塑料制造中应用更流畅和更纤细的线条[23]。罗森塔尔的花瓶、埃罗·萨里宁的椅子和华根菲尔德的灯具,是从以往严格的形式束缚向新艺术趋势转变的几个著名例证。虽然"优良形式"设计文化也致力于将其理性设计原则与塑料制造相结合,但塑料的技术潜力[罗兰·巴特(Roland Barthes)暗示性地称之为"使无处不在变得可见"]有利于宣扬有机设计的反功能主义理念,以及对形式的实验[24]。西德家具制造商、分销商和广告商很快认识到了塑料的商业潜力。随着塑料和抽象设计家居用品的大量涌现,新的家居装饰指南、展览和特色报道出现了,并发表于西德顶尖女性杂志[《康斯坦茨》(*Constanze*)和《电影与女性》(*Film und Frau*)]以及"生活方式"杂志[《艺术与美丽之家》(*Die Kunst und das schöne Heim*)和《室内设计》(*Innenarchitektur*)],这些媒体无不不厌其烦地赞美塑料制的家居设计物品和家具,将它们誉为战后优雅摩登生活方式的典范[25]。

从这个视角来看,肾形桌大众主义是一个典型的西德现象。这个新国家对各类现代设计的广泛兴趣,似乎代表着一种明显的后法西斯文化态度。因为在纳粹时代,德国几乎与国际文化趋势相隔绝;而现在,西德自由地向新艺术创新敞开了大门(以及家庭领域)。对现代性的追求和对国际主义的热爱取代了几年前对民族文化的过分关注[26]。因此在那时,"低俗"本身不再被定义为糟糕的品位,而只是"对新事物的恐惧"和"龟缩于过去",这也就不令人奇怪了[27]。虽然这种现象在欧洲其他地方也有出现,但在西德发生的速度和涉及的范围是独一无二的。从经济政策到服装,从外交到饮食习惯的一切都受到了影响。战后,有机设计浪潮正是这种后纳粹时代日常生活和文化现代化的核心,其新颖的线条和鲜艳的颜色一直是"经济活力的象征"[28]。甚至可以更进一步地说,肾形桌设计风格的活泼造型反映了一种对运动和进步的普遍渴望,希望能朝着美好的未来进发。或者换句话说,在一定程度上,肾形桌设计风格的吸引力,与它能够帮助忘却惨痛过去的作用有关。一位西德宣传人士这样解释它的意义:"到处都是曲线、膨胀的形状、下坠的形式。因甲壳虫、贻贝和肾形圆润的形状,纳粹的尖锐边缘、希特勒致敬手势和党卫队的棱角分明的图形文字被宽恕和遗忘了。在这些形状中,我们感到自己(与过去)和解了。"[29]另一位文化史学家更进一步指出,20世纪50年代现代主义形式的泛滥,主要代表了一种"对战后渴望洗清集体内疚感的视觉化"[30]。对于希望把过去抛在脑后、再次享受新生活的一代人来说,肾形桌现代主义风格成为重新开始的代名词[31]。

在这方面,尤其值得一提的是这种有机设计风格出现的地方。尽管它在西德建筑中偶有出现(1957年西柏林的国会大厅可能是最出名的例子),并且在一定程度上,塑造了战后城市规划师一致认同的新型的"更加宽松自由"且有机融合的城市形象,但它最直观的体现还是在那些幻想性的空间中[32]。电影院内部就是一个例子。

117

考虑到 1945 年后电影对西德社会的重要性，这绝非小事。在废墟之中，电影成为一种受欢迎的消遣方式，这主要是因为电影让人们可以暂时逃离影院之外那充满着艰辛与喧嚣的战后生活。到 1955年，全国已有大约 6 500 家新电影院；这一年，电影票售出了约 270万张[33]。电影院，特别是其内部装修很快被认为是幻想设计的新领域。保罗·博德 20 世纪 50 年代颇有影响力的电影院建筑，以及他被广泛阅读的教科书《空间装饰效果》就是很好的例证[34]。位于曼海姆的阿尔罕布拉电影院最能体现他的设计理念。如图 23 所示，他设计哲学中的所有元素——波浪起伏的线条、醒目的颜色和氛围光——都成为这种新的戏剧性幻想场景中不可分割的一部分。虽然只有少部分西德电影院采用了这种装饰方式，但博德对西德电影院设计和各种幻想建筑风格的广泛影响，体现了这种渴望逃离现实的新感觉。

有机设计风格另一个重要场所是精品店内部。在整个 20 世纪50 年代，人们广泛致力于对商店设计进行现代化改造。在那一时期，随着分期付款、延期消费信贷和自助服务的引入，购物体验本身正在经历根本性变革。正如第二章所述，自助商店在西德的引入，有效地带来了产品包装的大爆发；并且，自助商店需要这些包装中的商品美学本身来推销产品[35]。随着这些变化而来的还有：人们还努力对商店的内部进行重新设计，目的是抓住这一消费浪潮的机会；商店经常从艺术画廊中汲取灵感，试图营造新的小型消费者的梦幻世界。在这些情况下，有机设计风格被大量应用于展示柜和橱窗。如图 24 所示，宽敞的展示室、波浪状的柜台、抽象的装饰图案和鲜明的色彩对比常被用来营造一种整体效果。正如一位评论家所言，这样一来，电影院和商店内部就成了西德新兴的"幻想建筑"风格的理想灵感来源[36]。

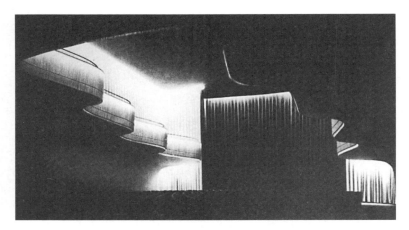

图23 曼海姆电影院内部,约1955年。该电影院凭借其氛围感和波浪形线条,成为20世纪50年代最受欢迎的电影院设计。设计师:保罗·博德。来源:保罗·博德,《电影院、电影剧场和放映室》(*Kinos, Filmtheater, und Filmvorführräume*)(慕尼黑,1957年),第188页。图片由慕尼黑乔治·D. W. 卡尔韦出版社提供。

图24 慕尼黑精品店内部,1950年。来源:康拉德·加茨(Konrad Gatz),《商店》(*Läden*)(慕尼黑,1950年),第170页。图片由柏林普鲁士文化遗产提供。

然而,要深刻理解肾形桌设计风格的美学突破,最好的方法是将其与当时的其他设计风格进行比较。正如前文所述,其主要风格的对立面是纳粹时期"血与土"的自然主义风格。在肾形桌设计风格中,完全没有乡村风光、传统装饰或民族主义主题。对纳粹时期设计的否定还体现在其他方面。肾形桌设计风格摒弃了纳粹第三帝国联邦住宅办公室所推崇的家具和家居设计,这种摒弃与人们逐渐远离纳粹早期受欢迎的另一家具风格是同步进行的:即所谓的盖尔森基兴巴洛克风格。如第二章所述,自 20 世纪 30 年代起,这种笨重的深色木制家具开始在德国的小资产阶级中流行,战后早期它成为家具产业的主流风格[37]。对于很多人来说,它带来了一种美学记忆,从视觉上将 30 年代早期的"我们重新崛起"的繁荣与 50 年代的经济腾飞联系在一起。肾形桌设计风格的出现一部分源于对战后设计中保守主义态度的反应。推广新的有机设计风格的人立刻将这种 30 年代的风格贬为过时、文化倒退,甚至在政治上可疑的风格。许多 50 年代的广告和家居装饰指南在暗示过去风格的文化危险的同时,强调选择新风格的文化好处。然而,问题不仅仅在于风格。盖尔森基兴巴洛克风格也因其"非自由主义"的倾向而受到批评,因为这种风格的家具通常以成套预制的客厅组合出售。相比之下,肾形桌设计风格的产品则作为可以混搭的单件物品出售,强调个性和个人选择。因此,有机设计风格的样式和展示方式据称更符合战后新兴的民主氛围。肾形桌风格并未完全取代战后室内的盖尔森基兴巴洛克风格:在整个 60 年代,这一老式风格仍然在西德著名的邮购目录,如内克曼(Neckermann)和奎勒(Quelle)中受到喜爱[38]。尽管如此,有机设计还是成功地推销了它的风格,并与过去的"棕色时代"在视觉上彻底切割,成为现代进步生活方式的典范。

　　如果说肾形桌风格是对德国传统设计的一种突破,那么它也是对现代功能主义的反应。实际上,有机主义者与功能主义者之间的辩论,在战后很大程度上激发了关于如何能最恰当地展现后纳粹时代商品文化的热烈讨论和争议。在 20 世纪 50 年代,有机设计批判功能主义理性主义过于禁欲且缺乏生命力,有机设计努力用更自然的椭圆形状来替代功能主义的典型形式——白色立方体。此外,在某种程度上,肾形桌风格将自我视为一种断裂美学的想法基于以下观点:功能主义与历史有关。正如第一章所展现的,功能主义设计在纳粹时期并未消失,这一点可以在国际展览(如 1937 年巴黎世界博览会)、国内展览、家居装饰文献、"劳动之美"工厂内部装潢和食堂,以及"通过愉悦获得力量"邮轮和娱乐中心中看到。如第二章所述,将功能主义视为不受欢迎的历史的一部分,在一定程度上也是因为它在 1945 年至 1948 年的"饥饿年代"期间取得了讽刺性成功的结果。那时,战后物资的短缺催生了为了生存而采取的"应急性功能主义"。因此,那些推广有机设计风格作为快乐与复苏之美学的人,充分利用了一个事实:许多人将功能主义与战时的配给制度或战后的困苦相联系。

这一切都证明,消费品设计作为一种能够协调过去和现在的方式,非常重要。自 1948 年货币改革后,这一协调过程与消费主义复兴所带来的巨大社会变革和心理变革紧密相连。学者们在研究马歇尔计划、西德的工业政策和欧洲经济一体化的重要性时,恰如其分地重视了这些变革。西德经济奇迹的故事几乎尽人皆知:在短短几年内,由于朝鲜战争带来的新工业需求,西德的出口制造仅次于美国和苏联。到 1955 年,西欧已经成为西德的冰箱、家用电器、工业设备和汽车的主要购买者。这种经济增长的最大意义在于,它在很大程度上塑造了政治,因为正是这种经济繁荣确保了西德自由民主制的长期成功。

值得回顾的是,在 1945 年,西德人并没有将自由主义视为他们

　日常之物的权威:西德工业设计文化史

解决战后困境的理想选择,这不仅因为自由主义是伴随着刺刀而来的,大多数德国人还将政治自由主义与魏玛共和国时期的"蔓菁民主"联系起来。战后初期的普遍贫困并没有改变人们将自由主义与困苦联系起来的看法。许多西德人仍然对自由主义持怀疑态度,以至于 20 世纪 50 年代早期的民意调查显示,他们常常怀念战前时期的繁荣和愉快[39]。但经济的增长彻底改变了西德人的政治态度和忠诚度。正如迈克尔·维尔特令人信服地指出,西德人变成自由主义者并不是因为对自由主义的热爱,相反,他们"通过消费成为民主主义者"。他认为,政治稳定和合法性是在消费品和商品设计领域赢得的[40]。只有在物质丰裕的情况下,人们才会对战后新世界充满信心,因此,自 1945 年以来首次"全国人民满怀希望和喜悦地展望未来"[41]。换句话说,实际上,西德所宣扬的美德平庸化(这一美德平庸化据称逆转了纳粹的邪恶平庸化)是靠经济繁荣的可见性来实现的。当西德人看向东德,看到的是持续到 1958 年的配给卡和短缺的消费品,这进一步加强了他们将自由主义与繁荣联系起来的观念[42]。因此,繁荣有效地划分了过去与现在,西德与东德。这意味着经济不仅是西德政治的驱动力,也是其社会的黏合剂。经济历史学家维尔纳·阿贝尔豪泽(Werner Abelshause)指出,"联邦共和国的历史首先是其经济史",它为西德人提供了"国家认同或至少是国家自我理解的工具"[43]。毕竟,充满活力的消费领域通过满足人们对非军事化、去中心化及私有化后能过上美好生活的梦想,把公民与国家紧密联系在了一起[44]。

肾形桌文化有助于形塑这一新的繁荣梦想,而且不难发现,这种新的有机设计风格与国家日益增长的经济密不可分。它的流行表明,20 世纪 40 年代末和 50 年代初关于基本生活必需品(居住空间、食物、燃料以及衣物)的斗争已基本胜利,之后西德人可以把注意力和新挣得的可支配收入转向追求物质舒适。因此,有人认为,肾形桌风格的家具与去意大利、南斯拉夫和西班牙度假一样,是新兴的"个人幸福世界的希望"的体现[45]。但是,这种看法忽视了以下事实:繁荣并没有那么快来临。尽管后来对"黄金50年代"作为消费天堂的回忆很美好,但对于很多人来说,经济起飞的效果(至少在国内发展上)是缓慢且不稳定的,因为直到50年代末,"消费的民主化"才真正开始[46]。直到那时,大多数西德人才开始购买电视、汽车和去地中海度假,而这在很大程度上得益于延长信贷。但也正是这一情况使肾形桌现象变得如此关键。相比之下,50年代有机设计风格的物品(如大批量生产的花瓶、灯具、挂毯和家具)非常便宜。在一种迫切想摆脱过去、追求"像毕加索一样"的生活方式中,这些50年代的流行文化产品成了现成的消费解药[47]。对高端设计作品的仿制品,以及受抽象艺术启发的家居用品对大多数人来说都是负担得起的。而对于那些仍没有经济实力购买这些物品的人而言,他们也会在家中自制肾形桌风格的家具。重点在于,即使是身处"经济奇迹"的外围,这些人也想参与这场文化的崛起。不只是消费品能否买到这么简单;这些产品的摩登风格同样激发了人们新的消费梦想和欲望。

·平庸之恶

那么,为什么西德的知识分子和设计评论家会强烈反对肾形桌现代主义?正如许多同时代的人指出的,如果肾形桌风格主要是抽象艺术和高端设计的主流大众化,那么为什么它会被认为如此地具有威胁性呢?为了充分回答这个问题,我们首先需要了解的是抽象艺术如何进入西德主流文化。在这里,我们没必要再详述这个众人皆知的故事,即抽象表现主义是如何在战后成为西方国际文化共通的语言,并迅速崛起的[48]。到了 20 世纪 50 年代中期,该风格[也被称为非形式主义艺术、塔奇斯主义(Tachism)、行动绘画或非具象艺术]已成为西德绘画现代主义的主导形式[49]。该风格被用作一种方式,目的是把西德文化与纳粹的自然主义和苏维埃的现实主义区别开,同时也加深与自由主义西方国家的文化联系。因此,推广现代艺术(如对克利和康定斯基的处理方式所示)是更宏大的文化运动的一部分,即通过回归 1933 年以前德国积极拥抱国际视觉艺术潮流的传统,证实西德已经彻底完成了去纳粹化。50 年代创立的众多现代艺术展览和画廊,以及 1955 年在卡塞尔创办的五年一次的大型文献展,都体现了这种重新开始的决心[50]。

　　这些趋势在家居装饰杂志中也得到了广泛体现。《艺术与美丽之家》这本广受欢迎的杂志就是一个显著的例子。不同于其他许多战后室内设计杂志,这本杂志有着悠久的历史。它创立于 1898 年,最初名为《装饰艺术》(*Dekorative Kunst*),并很快成为德国顶尖的文化刊物之一。1929 年,它更名为《美丽之家》(*Das schöne Heim*),一直出版到 1944 年。1949 年,该杂志结合了前两个刊名的元素,以《艺术与美丽之家》为名复刊。《艺术与美丽之家》完美地反映了战后现代艺术与现代家居之间的联系。从一开始,这本杂志就是一个讨论现代艺术与建筑之优点的平台,经常通过报道著名建筑师的私人住宅来展示艺术、建筑与家居生活之间的联系。但就工业设计而言,该杂志的最初几年只是证明了到那时为止,西德的设计风格还没有明显从 20 世纪 30 年代的现代主义风格中脱离开来。受德国制造同盟的影响,杂志的编辑甚至主张西德必须"从逆境中寻找转机",从而使"精神价值"充分体现在新家居用品的"优雅形式、美丽比例和简洁高贵的材质"中[51]。这篇文章以及 50 年代初期的大多数其他文章都附带介绍了一些经典产品——格雷奇的陶器、华根菲尔德的碗、冯·韦尔辛的锡制品和佩特里的瓷制餐具。这些家具的宣传页似乎也能在40年代早期德国劳工阵线的任何一本宣传手册中找到。的确，该杂志发表了越来越多关于国际潮流的文章，尤其是来自瑞典、瑞士和美国的新设计作品。但关键是，在战后早期，该杂志并未呈现出与30年代现代主义明显脱离的、大幅度的转变。

这些在20世纪50年代初都发生了变革，设计风格出现了明显的放松，因为国际上流行的生物形态设计浪潮，迅速影响了《艺术与美丽之家》杂志的页面。1951年，汉诺威建筑展的报道向读者介绍了新有机风格的家具以及当时的新奇之物——肾形桌风格[52]。尽管有人担忧"这一新形式的危险性"，但趋势已不可逆转[53]。关于风格禁欲主义的陈词滥调已经烟消云散，肾形桌风格的各种形态迅速流行起来。（当然，杂志特别介绍的有机设计风格的作品并非大多数西德人买到的那些便宜货；更多是较高端的国际知名设计作品。）同样引人注目的是产品摄影风格的转变。抽象表现主义对设计形态的影响不仅体现在产品设计本身，还体现在对产品的呈现方式上，甚至在一些更经典的现代设计产品的摄影上也有体现。例如，图25中展示的是特鲁德·佩特里设计的一对烟灰缸。这里烟头的倾斜角度、黑白的对比效果，特别是圆形阴影的戏剧性效果，都赋予了这个物品一种远离实用价值功能的新抽象构图。图26中格雷奇设计的波特餐具也是如此。对角线和波浪形的阴影色调使得图片看起来更像是汉斯·阿普的作品，而非普通餐具。在图27展示的布局中，杯子、碟子和盘子被放在抽象设计的挂毯上，其不对称的摆放方式强调了它们的轻盈、活泼和艺术性，而非它们的实用属性。关键不仅在于这些物品的拍摄方式与以往有所不同，更在于视觉艺术中的这一新趋势，完全改变了当时日常之物的形态和风格表现。

124

125

图25 现代烟灰缸,1955 年。设计师:特鲁德·佩特里。来源:《艺术与美丽之家》杂志,第 54 卷第 1 期(1955 年 10 月),第 37 页。图片由柏林普鲁士文化遗产提供。

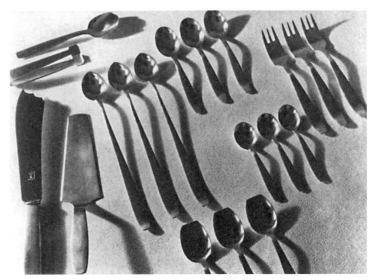

图26 波特刀叉,1953 年。设计师:赫尔曼·格雷奇为"C. W. 波特"公司设计。来源:《艺术与美丽之家》杂志,第 51 卷第 6 期(1953 年 3 月),第 239 页。图片由柏林普鲁士文化遗产提供。

图27　餐具展示,1953年。瓷器设计者:赫尔曼・格雷奇。挂毯设计者:汉娜・沃尔克尔。来源:《艺术与美丽之家》杂志,1953年12月,第52卷第3期,第110页。图片由柏林普鲁士文化遗产提供。

这些在空间和风格上的改造有助于推广非具象绘画,大众媒体进一步加速了这个过程。在大多数情况下,消费主义现代性的新符号体系往往相辅相成。例如,现代设计风格的电子设备公司博朗股份(将在第四章详细讨论)经常在广告中使用抽象艺术和爵士乐形象,为其产品创造国际现代主义的氛围。而当时的许多艺术展也会在接待区播放爵士乐并展示博朗公司的设计产品。爵士音乐会通常在布满抽象艺术、现代家具和新设计产品的场所举办;以类似的方式,许多20世纪50年代的爵士乐唱片也会用抽象艺术装饰专辑封面。这种视觉艺术和表演艺术的相互交融并不新鲜,"20世纪末风潮"和两次世界大战期间的欧洲也经历了类似的互动。新奇的是,一战后的现代主义文化与市场的联系是如此紧密。就像抽象艺术家试图将艺术从物质对象中解放出来一样,艺术也从传统文化中

被解放出来,而这带来了一个奇怪的后果:抽象艺术美学的隐私性
突然无处不在。存在主义变得时髦,因为曾经最难以接近的艺术形
式讽刺性地成为流行文化的养料。

在这个背景下,肾形桌设计风格起到了关键作用,因为它是高
端文化与低端文化、艺术界与大众客厅的特殊交汇点。当然,20 世
纪 50 年代抽象艺术的商业化体现在各个方面。它影响了艺术海报
和明信片的大规模生产,还影响了当时的珠宝、时尚服饰、平面设计
和广告,甚至有一家西德公司推出了一系列以保罗·克利作品为灵
感的服装,将他的作品图案印在衬衫和毛衣上。但是,家居装饰领
域(部分得益于 50 年代家居装饰文献和期刊的快速发展)成为高端
现代主义最受欢迎的表现形式。肾形桌设计风格实际上将抽象表
现主义带入了家庭生活,使西德的室内装饰设计充斥着让·阿尔普
风格的边桌、克利风格的挂毯、仿亚历山大·卡尔德(Alexander
Calder)风格的悬挂艺术、波洛克风格的窗帘设计和亨利·摩尔风
格的椅子[54]。

通常,艺术家与大众文化之间的联系都非常直接。在整个 20
世纪 50 年代,西德工业界聘请了一些抽象表现主义画家,帮助推广
现代艺术和设计形式。比如,威利·鲍迈斯特(Willi Baumeister)为
帕乌萨公司(Pausa AG)设计了一系列的窗帘图案;弗里茨·温特
(Fritz Winter)为哥平根塑料公司设计了桌布;战后艺术团体"年轻
的西方人"的成员为拉施挂毯设计了图案;卡尔·奥托·戈茨
(Karl-Otto Götz)为斯普伦格尔巧克力公司(Sprengel Chocolate
Company)绘制了广告标志(图 28)[55]。此外,一些工业家甚至开办
了新的艺术画廊,专门展示与他们制造团队合作过的艺术家的作
品[56]。罗森塔尔水晶和瓷器公司可能是最著名的例子,他们与伊
娃·泽塞尔(Eva Zeisel)、塔皮奥·维尔卡拉(Tapio Wirkkala)甚至
亨利·摩尔这样的顶尖艺术家和雕塑家合作,为公司的有机设计风

图28 斯普伦格尔巧克力广告,1950 年,卡尔·奥托·戈茨设计。图片由科隆斯托尔韦克公司提供。

格系列开发了新的抽象设计样式[57]。然而,这背后的意义不仅在于 20 世纪 50 年代的艺术和商业变得密切,其影响实则更加深远。真正的情况是,抽象艺术的展示空间得到了极大的扩展。抽象艺术不再局限于服务"少数幸运者"的小型画廊和艺术展,现在已渗透到战后生活中最常见的空间当中,如办公室、精品店、家庭生活。因此,现代艺术与现代生活方式在文化变革和经济繁荣的基础上,形成一种新的伙伴关系。

　　因此,不足为奇的是,当时这种肾形桌现代风格常被称为"新青年风格"。对于很多西德评论家来说，20世纪50年代的抽象设计只是将19世纪之交的德国新艺术风格更新成了流行版本。这两种风格都是对僵化历史束缚的摒弃：青年风格反抗的是僵化的历史主义和过度装饰的室内设计；而后来的"新青年风格"则是对纳粹的民族文化和战争带来的痛苦的一种反抗。这两种风格都偏爱从自然和潜意识中获取灵感，强调非理性的有机特质和个体的奇思妙想，都将家庭的室内设计视为这些装饰性梦想世界的主要展示场所。从这个角度来看，它们都属于文化历史学家多尔夫·斯特恩伯格（Dolf Sternberger）所说的"主观主义乌托邦"的相似理念。这种理念淡化了高雅艺术与装饰风格之间的界限[58]。但是，肾形桌设计风格在一个关键点上与青年风格不同。最初的青年风格是作为一种文化批评诞生的，它批判了工业大生产的标准化和去人性化的影响，因此提高了艺术家设计师及其独立完成的艺术作品的地位，将其视为对抗工业现代化社会弊端的文化解药；相比之下，"新青年风格"却从未批判过机器，其设计形式从一开始就是为了适应大规模生产。它也并不像最初的青年风格那样，期望重建艺术家与个人赞助者之间的联系，而是直接接受了工业时代要求商业艺术保持匿名性的现实[59]。当然，肾形桌风格也聘请了知名艺术家参与设计，但并不是聘请他们来为高端市场定制昂贵的茶具和银酒杯。相反，这些著名艺术家是被聘请来为大众消费的家庭用品进行风格化设计的。因此，不同于最初的青年风格，这个1945年之后出现的"新青年风格"，并不是一种对品位的标准化和对"暴发户社会"侵入高端文化领域的精英式回应。"新青年风格"设计的目标是吸引所有人。肾形桌设计不是一个垂死阶层的文化绝唱，而是一个充满消费欲望的新兴国家所青睐的风格。

英格尔·绍尔曾对肾形桌设计提出了尖锐的批评。她很明显并非一个普通的设计评论家，她于1953年创办了乌尔姆设计学院，

129

即"新包豪斯"，并将其发展成为西德最重要的先锋工业设计院校之一，直到 1968 年关闭。在乌尔姆设计学院，设计与社会改革之间的关联被非常严肃地对待。在 1962 年的一篇文章中，绍尔猛烈地批评了充斥在西德生活中的"肾形桌噩梦"。文中她悲叹"肾形桌风格的花瓶、浇水壶、咖啡机、镜子、地毯和游泳池"如何塑造了一种新的"德国现状"。她嘲讽了"现代德国的亲密感"是怎样与"橡胶树、克利风格的挂毯、花朵形状的餐具以及受抽象艺术影响的地毯画上了等号，这些物品被认为能够把他（那位辛苦工作后回家的商务经理）带入文化、教养和艺术的殿堂"[60]。这种尖刻的批评并不罕见，其他人也以非常类似的方式批评过肾形桌风格。早在 1954 年，设计师及随笔作家威廉·布劳恩·费尔德韦格（Wilhelm Braun-Feldweg）就已经指出，对于那种追求"流线型咖啡机、肾形桌、超现实主义蜘蛛网形状和对直角彻底摒弃的趋势，我们有很多理由感到担忧"[61]。新颖的是，绍尔把 20 世纪 50 年代的有机设计与 19 世纪末期创业时代的俗艳风格物品相比较，在那个时期，德国新贵阶层试图用各种文化装饰品和布满装饰的家具来展示他们的新财富。这意味着肾形桌风格实际上并不是对过去的一种突破，而只是对过去粗俗的"文化产业"的重新包装。因此，其关于使人与物现代化的主张仅仅是表面的，并不代表存有任何真正的、试图去打造一个新的、进步的"工业文化"的努力。

毫无疑问，这些针对肾形桌设计的批评，只是当时对消费主义更广泛的文化批判的一部分。首先，人们普遍担心消费主义正在侵蚀他们对集体和历史的认同感。另一方面，保守派人士如阿诺德·盖伦（Arnold Gehlen）、汉斯·弗雷尔（Hans Freyer）、汉斯·塞德尔迈尔（Hans Sedlmayr）和弗里德里希·西堡（Friedrich Sieburg）等人聚集在一起，他们对西德的消费文化感到失望，认为这种文化阻碍了他们认为必要的（西）德国真正团结的发展，而这一团结是基于一个以人文主义情感和道德教导为基础的、具有救赎意义的文化历史形成的。在很多文章中，他们表达了对传统德国文化缺失的遗憾，认为这使德国无法抵御工业化文明带来的侵蚀[62]。此外，左翼的观点与保守派并没有太大差异。在这方面最有影响力的是霍克海默和阿多诺于 1947 年出版的《启蒙辩证法》(*Dialectic of Enlightenment*)，这本书为 20 世纪 50 年代和 60 年代西德的"批判理论"奠定了基调。在这些论述中，他们不仅质疑了启蒙运动遗产带来了解放效应的传统观点，还深入探讨了资产阶级社会如何以商品形式普遍存在的名义，"消解"了文化记忆[63]。尤尔根·哈贝马斯(Jürgen Habermas)、汉斯·马格努斯·恩岑斯贝格(Hans Magnus Enzensberger)、汉斯·维尔纳·里希特(Hans Werner Richter)等人进一步泛化了这种批评，他们认为现代消费主义剥夺了文化和公民社会存在的对立本质，使所谓的公共领域变成了家庭亲密和私人空间的孤岛[64]。

或许最引人注目的批评在于对历史记忆的问题。在 1967 年的畅销书《无法哀悼》(*The Inability to Mourn*)中，西德著名心理学家亚历山大和玛格丽特·米特歇利希(Alexander and Margarete Mitscherlich)对战后的社会进行了分析。他们认为，社会普遍受到否认过去恐怖历史的影响，并发展出了复杂的防御机制来"抹去"整个纳粹时期的现实，并压制不愿回忆的记忆和罪恶感。米特歇利希夫妇特别指出，消费享乐主义成为西德逃避"处理"纳粹主义、战争和大屠杀灾难的一种方式[65]。这类看法并不少见。恰恰相反，《无法哀悼》反映了西德学术界普遍的观点，即认为消费主义与集体哀悼、记忆维护是相对立的[66]。因此，尽管政治立场不同，战后的左右两派实际上在批评 20 世纪 50 年代的"消费浪潮"上达成了一致，他们认为这阻碍了战后社区的形成、精神的更新以及与历史的和解[67]。

这些西德的知识分子特别反感的是，新兴商品文化通过塑造一种关于个人幸福和消费享受的新"解放神学"，成为一种忘却历史的流行方式。很多学术期刊和主流评论都非常关注这个话题。1955年，一本广受欢迎的现代生活方式杂志《马格南》出版了一期特刊，题为《世界已经变得欢乐了》（The World Has Become Cheerful）。根据编辑的介绍，"快乐"现在成为世界的主导原则和最大的追求，快乐使世界变得更放松，减少冲突。尽管这本杂志并没有忽略当时超级大国的争斗和原子时代的焦虑，但它的主题是，1945年以后的世界比过去几个世纪要快乐得多。新的"生活可能性"带来了更多的"生活乐趣"，让我们的"生活、祈祷和工作"比以前更加愉快[68]。为了强调这一点，杂志发表了几篇文章和摄影专题，描述了这种新的快乐感如何渗透到"我们的世界"。在名为"欢乐的自由"的版块中，杂志甚至声称，不断增长的个人自由和社会幸福体验是对抗所有恐惧和权力的最好方法。正如编辑所说，"世界幸福感的提升导致了恐惧的消解。没有恐惧，就没有权力。如果我们能增加幸福，我们就能够向权力投掷'炸弹'。我们只能希望，那些今天仍然阻碍幸福进入的地区，将来也能变得快乐"[69]。在冷战时期的背景下，这种"欢乐的自由"被看作是对抗所有无名权力的最好武器。

更发人深省的是，这一欢乐世界如何被呈现出来，以及"严肃性的解构"怎样被衡量。现代艺术、建筑和设计不断作为"愉快工作""愉快生活"和"愉快形式"等文章的视觉伴侣被展示出来。在这些展示中，20世纪50年代的商品变成了个人自由和幸福的象征（甚至是替代）。尽管这种思维方式普遍渗透到了战后的西方文化中，但杂志对知识分子的漠视尤为引人注意。编辑们知道，知识分子肯定会对世界变得更加欢乐的观念感到不满，但他们并没有尝试去调和那些"不断谴责我们这个时代的人"的观点。但这并不意味着《马格南》对当时的紧迫问题视而不见。在之前和之后的很多期中，这本杂志都刊登了一系列西德思想家的文章，给人留下了深刻印象，其中包括尤尔根·哈贝马斯、马克斯·本泽（Max Bense）和亚历山大·米舍利希（Alexander Mitscherlich），他们都对当代事件进行了深入思考。但在这个主题上，就像在其他关于物质主义和消费主义的特刊一样，这些批判性的知识分子显然缺席了[70]。即便这期特刊的编辑们承认"灵魂的快乐不能用一件泳衣买到"，但他们还是非常认同战后人们所感知到的和平、繁荣与消费者幸福之间的联系。

实际上，这期特刊反映的是 20 世纪 50 年代西德文化中的另一个重要趋势：知识分子和普通大众之间的差距不断拉大。尽管知识分子对于失控的消费主义文化提出了警告，但大多数时候他们好像是在对着聋人讲话。对于大多数西德人来说，50 年代的消费主义浪潮是一次极为积极的体验。不像文化精英，大多数西德人并不认为 50 年代的生活有严重的不足，也不将其看作是美国"文化帝国主义"的产物[71]。他们既不特别反感"工业文明"，也没有怀念前工业时代的田园风光和单纯的独立文化领域。正如当时的流行文化对现代设计和消费科技的热衷所表现的，他们接受并认同了（西）德国生活和文化的全面工业化。很多西德人通过长期被诟病的"文化产业"的产品（如室内设计、廉价家居用品、娱乐电影、广播、电视、时装、广告、旅游和流行音乐）来构建自己的身份，这完美地展现了大规模生产的消费品在战后经验、自我认知和记忆中所占有的重要地位[72]。别的不说，这标志着曾经作为德国社会体验和身份构建核心地位的工作，正逐渐被消费主义和休闲活动所取代[73]。

如果说西德知识分子为消费主义对历史记忆的侵蚀效应感到担忧，那么他们对自律文化艺术品在消费资本主义冲击下的命运更是深感不安。这是一个非常重要的问题，因为与政治、经济或军事领域相比，文化是他们试图挽救某种西德独立性和身份认同的最后领域。但他们知道这并不是一件容易的事，这主要是因为几个因素的结合:德国受教育的文化精英地位的下降、经济的快速增长以及冷战时期更广泛的意识形态(这种意识形态将后纳粹时期的自由与物质获得等量齐观),这些都共同淡化了文化与商业之间的社会距离。在当时,西德右翼和左翼的先锋人物都觉得有必要揭露出这些看似无害的发展趋势背后所蕴含的危险性。保守派强烈谴责 20 世纪 50 年代的消费主义,认为这是文化传统和人文价值的丧失、低俗品位的暴政,以及困扰着战后文化生活普遍的拜金主义与"无灵魂"的症状。弗里德里希・希堡(Friedrich Sieburg)的《灭亡的乐趣》(*Die Lust am Untergang*,1954)、汉斯・弗赖尔(Hans Freyer)的《当代时代理论》(*Theorie des gegenwärtigen Zeitalters*,1955)和阿诺德・盖伦(Arnold Gehlen)的《技术时代的灵魂》(*Die Seele im technischen Zeitalter*,1957)等书籍,反映了右翼对西德"经济奇迹"带来的显而易见的粗俗和精神贫乏的普遍批评[74]。左翼也对霍克海默和阿多诺所称的"文化产业"带来的社会性影响感到不安。他们也强烈抨击战后物质主义的肤浅、广告的"性感化"以及消费享乐主义的"压抑性解禁"。他们特别批评那些以金钱为导向的艺术市场和战后艺术创新的同质化效应、50 年代艺术与大公司之间的密切关系,以及前卫艺术的背叛[75]。无论是右翼还是左翼,他们对文化的批判都出奇地相似,纷纷强烈谴责资本主义把艺术作品降低到了仅仅是装饰品的地位[76]。

肾形桌设计再次成为这些担忧的焦点。它被指责破坏了艺术和审美可能拥有的批判性能力,这一点在它常被称为"新达达主义"的昵称中体现得尤为明显。在整个 20 世纪 50 年代,关于有机流行设计作为一种奇异的"达达复兴"出现的情况,有相当多的讨论[77]。一开始,将肾形桌风格与达达主义相类比似乎有些牵强,尤其是达达主义中的丑闻元素在 50 年代的有机设计中并不存在。但实际上,这两者在针对艺术与生活之关系的态度上有着共同的出发点。

先来看达达主义。撇开其多样化的特征和国际潮流,所有达达主义作品的共同特点是对艺术自律性的猛烈抨击。像未来主义艺术家一样,达达主义者也批评现代艺术变成了一种沉闷的制度化形式,嘲笑艺术学院那种近乎宗教的虔诚态度,致力于把"被囚禁"的艺术作品从高高在上的文化殿堂中解放出来。为此,他们组织反讽性的展览,将日常的粗糙之物(杜尚的小便池是最著名的例子)呈递给博物馆,以挑战 20 世纪早期艺术界的精英主义做法。达达主义努力揭穿传统艺术品及其封闭机构环境的"光晕",其主要目标是消除艺术与非艺术之间的界限。这一点众所周知,但达达主义的另一方面——努力将艺术与社会结合起来——却常被忽视。毕竟,这些达达主义者致力于把艺术从博物馆这种死气沉沉的环境中解放出来,以释放其蕴藏的文化潜力和政治可能性。因此,达达主义不只是旨在揭示艺术界排他性仪式的尝试,还是一个释放美学革命性潜能的广泛运动。他们认为,只有将艺术与生活重新融合,社会才有可能实现真正且彻底的改革[78]。

西德的观察家们敏锐地认识到,讽刺的是,肾形桌设计实际上是这一理念的继承者。诚然,它几乎没有继承达达主义所秉持的那种革命性理念,但它确实也致力于艺术的独立性,虽然这种努力没有那么直接明显。肾形桌设计试图将现代艺术品从画廊和博物馆中解放出来,揭示其新近恢复的光晕,并将现代艺术带给大众。最终,肾形桌风格通过把现代艺术品的美学属性扩散到战后物质文化的几乎每个角落,成功地实现了艺术与生活的完美结合。《马格南》杂志紧跟当时知识分子的趋势,在 1959 年的一期特刊中,专门探讨了"我们这个时代的达达主义"。杂志不仅邀请了汉斯·里希特和埃瓦尔德·拉特克(Ewald Rathke)这样的老一代德国激进分子撰写关于 1945 年后达达主义普及化的短文,还刊载了多篇文章和摄影散文,记录了达达主义在 20 世纪 50 年代电影院、教堂、银行、广告、摄影和设计中的"反美学"的讽刺性胜利。文章标题本身就颇具深意，如"挑衅变为建设性""达达已死，达达万岁"和"正常生活是疯狂的"。同样引人注目的还有设计被赋予的特殊角色。一篇文章指出，新达达主义彻底把经典的现代主义设计变革为新颖的有机形态；而另一篇文章则批评了西德"优良形式"设计文化，指出其虽然明确反对有机功能主义，却不顾羞耻地模仿了其竞争对手"超现实主义"的图案及展示方式，用以营销自己的产品[79]。然而，大家共同强调的、更重要的观点是，达达已经变成了流行文化。正如一位作者所说，达达主义"在 1916 年是艺术家们的事务，而现在却成为资产阶级社会的一种现象"[80]。

这场达达主义的战后复兴在另一个方面也与之前有所区别：早期的达达主义试图在文化领域将艺术与生活结合起来，而新达达主义则试图在经济领域将两者结合起来。达达主义的临时性画廊、礼堂和街头活动现在已经让位给了百货商店和客厅，成为改革的新舞台。这一次，却几乎没有引发批判性思维和挑衅传统中产阶级的意图。达达主义最开始对所重视的秩序和价值的讥讽，在 1945 年之后变成了一种非政治的享乐主义和个人的消费愉悦。因此，肾形桌设计以一种讽刺的方式实现了达达主义的主要纲领，即瓦解传统文化的支柱，拆除博物馆的围墙，以现代艺术的名义重塑社会。从这个角度来看，肾形桌风格的无名商业设计师们，实际上才是战后时代真正的、却未被颂扬的前卫先锋。

然而，正是机械复制时代的艺术命运，在 20 世纪 50 年代深深地困扰着西德知识分子。虽然自 19 世纪末以来，许多德国思想家们一直在批判"高雅文化"的商业化，但真正的"消费社会"直到 50 年代才全面到来。在塑料制造的技术突破，以及作为某种后纳粹时代遗忘症的"对现代性的追求"的帮助下，正是战后的消费欲望促成了哈贝马斯所谓的"文化物品的彻底世俗化"[81]。然而，这并不仅

135

是经济腾飞的副产品；它同样与30年代的另一个遗产有很大关系。正如霍克海默和阿多诺所指出的，法西斯主义与自由主义都以自己的方式破坏了审美对象的独立性。审美对象在法西斯主义下是政治宣传的手段，而在自由主义时期则被彻底的商业化。正是在这种背景下，30年代和50年代被联系在了一起。一方面，这两个时期都见证了新商品风格的兴起：不同于50年代有机设计的风潮，30年代初见证的是一种镀铬的超现代新实用主义设计风格的兴起，这可以看作是美国流线型设计风格的一种柔和版[82]。在这两个时期，设计的发展都与经济增长和对未来的向往密切相关；但这两个时期还有另一种关联：即美学与政治之间的关联。如第一章所述，法西斯主义的一个特征是美学在政治生活中的大量涌现，这带来了现代世界首个完全成型的视觉化与听觉化政权的出现。当然，30年代美学与政权结合的情况，在50年代自由主义的西方世界中几乎没有对应。但是，1945年之后，在将艺术应用于更广泛的政治目的方面，西方国家确实模仿了苏联的做法。实际上，50年代常见的做法是，把现代艺术和设计作为冷战的武器进行政治化，其中现代消费设计被当作展示技术优势、较高生活水平乃至历史进步的重要媒介。因此，尽管美学没有像在法西斯主义时期那样与国家紧密结合，但它们仍与政治意识形态密切相关。尽管50年代的抽象艺术试图完全逃避政治联系和沟通，但它仍然很容易被转化为冷战时期的政治资本和大众流行的文化商品。

　　正因为这些原因，西德知识分子对20世纪50年代的消费享乐主义表示强烈反感，他们将其称为"消费恐怖主义"。毫无疑问，在很大程度上，这种批评与他们观察到的战后一代对物质享乐和舒适的彻底追求有关，这种追求粗暴地践踏了旧有的新教伦理，例如节俭、严肃和避免奢侈。西德的知识分子常用浪潮和洪水的比喻来描述这一现象，他们悲叹道，纳粹灾难过后遗存的积极文化价值，又被释放出来的消费欲望和"制造出的爱欲"的洪流所淹没[83]。面对消费资本主义的冲击，文化显得无助至极，以至于许多作家甚至用战争和占领这样的军事比喻来表达文化所面临的困境。一位在50年代颇受欢迎的评论家甚至把他的书命名为《消费前线》(*At the Consumer Front*)，来凸显拯救文化，使其免受广告侵蚀的斗争紧迫性[84]。诚然，这种情绪在50年代并不是新现象，毕竟，早在30年代初，德国知识分子就经常抱怨，当时的经济大萧条动摇了许多长期致力于保持现代艺术和设计远离商业贪婪算计的文化机构的根基。正如第一章所提到的，在那时，那些受经济危机严重打击的文化界人士，常寄希望于一个强大的中央政府来保持文化和商业之间的区隔。但纳粹时期的经历，以及随后颁布的《西德基本法》排除了政权和文化再次结合的可能性。然而，许多战后的"文化中间人"确实呼吁企业、地方政府和设计院校之间进行更具"启蒙性"的合作，以提升产品设计能力，使其不只有对产品外观的化妆式风格塑造。这一信念促成了1951年在波恩经济部内德国设计委员会的成立，并呼应了11年后，绍尔在她对肾形桌风格的批评文章结尾中，号召经济与文化之间建立更密切联系的呼吁。但更重要的是，对于文化对象易受伤害的普遍担忧，激发了许多类似的讨论和倡议。

这种广泛的反消费主义情绪导致了西德文化的另一种奇特格局。伴随战后自由主义全面到来的，是对文化精英主义的积极捍卫。这种现象在20世纪50年代对歌德时期古典主义的热衷、对抽象表现主义和无调音乐的推广，以及阿多诺对贝克特(Beckett)和勋伯格(Schönberg)作为难以接近，因而不可商品化艺术的最后堡垒的辩护中都有所体现。许多知识分子一直强调，坚守生活的"本质"与"存在"，以及其超越"工具理性"和商业社会表象的重要性。在商业社会中，这些流行的存在主义最终导致了其"真实性行话"的形成[85]。许多人甚至提倡"消费禁欲主义"的文化美德，以其作为抵

137

御市场蛊惑的最佳手段[86]。但正如 50 年代早期,将家庭视为反商业核心的观念最终让位于家庭价值观与消费主义的和解一样,精英主义和禁欲主义最终也找到了适合它们的美学风格。这当然属于功能主义,其反装饰主义的风格以及对实用性和耐用性的重视,被视为西德新兴教育资产阶级的美学特征。在一定程度上,这些文化策略可以简单看作 19 世纪末那种捍卫永恒风格与对抗瞬息时尚观念的现代版[87]。不过自那时以来,情况已经有所改变。在一个以消费主义为特征的时代,消费品和设计成为文化差异和社会区分的主要源头[88]。换言之,文化本身在很大程度上是抵抗自由化的。讽刺的是,在纳粹以民族共同体的名义摧毁高端文化之后,1945 年以后,人们却以反法西斯和后纳粹文化的自由为名,发起了一场旨在重建这些精英文化壁垒的新运动。

但特别是对于左翼知识分子而言,还有一个更加根本的变革正在进行。他们中许多人想要捍卫的,是将文化视为记忆、哀悼和道德审视的熔炉的这一观念。他们认为,在 20 世纪 50 年代,正是文化的这一面被"消费文化"这一新概念严重削弱。哈贝马斯在 1957 年的一篇文章中指出,这两个词汇在历史上是对立的:消费主义代表"欲望、放纵和分散",而文化则象征"努力、禁欲和集中"[89]。作为远离物质主义狂欢的实践,艺术和文化必须被捍卫,因为正是通过它们,过去的事件和行为才可以得到适当的反思和集体表达[90]。但问题不仅仅是"经济奇迹"与战后思想家的愧疚感不相称,事实上,将文化视为痛苦、苦难和罪责之庇护所的这一概念是相当新颖的。毕竟,这完全颠覆了席勒著名格言中的传统德国观念,即"生活是严肃的,艺术是愉快的"。战后经济的复苏和纳粹主义及大屠杀的沉重遗产彻底改变了这种历史关系:生活变得更加愉快,而艺术变得更加严肃。但即使是艺术也还是被卷入这场欢乐之旅。有机设计对抽象表现主义的普及化正是一个例证。《马格南》讨论幸福的专刊戳中了要点。编辑们不仅声称，在战后情境下，将文化视为弥补存在和物质不幸的需求已不再适用；他们还表示，艺术，尤其是在设计方面的展现，已经不再与生活相冲突。专刊中有关现代艺术的部分被表述为"生活是愉快的，艺术也是愉快的"，这是对席勒格言的巧妙转述。战后的繁荣几乎彻底消除了艺术与生活之间的这一旧有障碍，而商业设计和广告则成为这一变革的传播者。因此，对肾形桌风格的批评远不止这样一些简单的说法，如"克利和康定斯基不是家具设计师"或"塑料标志着制造同盟'材料诚实性'理念的终结"。暗含的意思是，批判性思维和道德拒绝［正如海因里希·伯尔（Heinrich Böll）不断强调的］在对新事物的热衷中越来越难以立足，从而催生了一种真实且潜在的平庸之恶。

最后，肾形桌设计是战后舒适与消费主义神话中的一个不可分割的部分。这与阿登纳的观点不符，他认为只有"精神价值"才能成为经济繁荣的基础。这个观点也没有获得"优良形式"文化的支持，后者强调高品质工业设计产品对于西德出口收益和国内复兴的重要性。但是，尽管知识分子从未对将"康定斯基应用于"进步的工业文化表现出积极态度，肾形桌风格仍然是一个强大的流行趋势。它华丽的有机形态设计迎合了那十年的主流情绪，形塑了个体进步和富裕的普遍梦想；同样，它对精英艺术的冲击也预示了 10 年后波普艺术的兴起，后者愉快地模糊了艺术与广告之间的界限；最终，肾形桌风格所引发的对立激发了精英设计领域进一步的联合行动，目的是防止可能产生的腐蚀影响。乌尔姆设计学院，这所设计界的旗舰学校，其成立的部分动机是希望遏制这些文化上的不良影响——关于这所"新包豪斯"的精彩故事将在下一章展开。

第四章　设计及其不满：乌尔姆设计学院

在 20 世纪德国设计的宏大叙事中,乌尔姆设计学院一直占据着重要的地位。考虑到其雄心勃勃的设计计划和星光熠熠的教师阵容,包括英格尔·绍尔、奥托·艾舍(Otl Aicher)、马克斯·比尔(Max Bill)和托马斯·马尔多纳多等主要人物,以及知名文化人士如诗人兼评论家汉斯·马格努斯·恩岑斯贝格、作家马丁·瓦尔瑟(Martin Walser)和电影制作人亚历山大·克卢格(Alexander Kluge),显然这并不是一所普通的设计院校。该学院在 1955 年被广泛宣传为"新包豪斯",凸显了乌尔姆设计学院的高贵血统。事实上,美国驻德国高级指挥部和西德政府共同资助了乌尔姆项目,目的是复兴曾被妖魔化的包豪斯现代主义遗产,使其成为西德文化的指引灯塔。因此,在文化史上,乌尔姆设计学院被誉为英雄式现代主义的圣地,居于高处,远离战后生活和社会中盛行的俗气商业主义和文化保守主义[1]。

尽管乌尔姆设计学院的历史丰富多彩,但令人惊讶的是,很少有人试图将其置于更广阔的语境中探讨。大多数的研究,都集中在叙述学院波澜壮阔的历程中出现的理念分歧和内部变革。尽管一些编撰者创作了让人印象深刻的纪实历史和专著,但这通常是以忽视比较分析为代价的。因此,关于乌尔姆的文献往往会提及该学院位于乌尔姆库贝克山(Kuhberg Mountain)的地理隔离[2]。本章主要致力于探讨这些被忽视的问题,尤其是将乌尔姆设计学院作为一个案例来研究冷战时期西德现代主义的构建。在其他地方,反法西斯主义、现代设计和社会改革之间的战后关联既没有这么明显,也没有受到过这么严肃的考察。具体来说,我将探讨这所学院如何构建了一种基于社会学、符号学和政治参与的新设计科学；如何感知到了制造同盟和"堕落"的肾形桌风格中蕴含的危险性，并提出了与之相异的设计哲学；并重审美学和设计在现代工业社会中的社会意义。乌尔姆设计学院的故事清晰地揭示了在更宏大的后法西斯主义时期，美学和政治在重新协调的过程中出现的矛盾。

· 反法西斯主义和"笛卡尔修道院"

从一开始，乌尔姆项目就承载着文化重生和政治改革的宏大愿景。学院成立的最初灵感来自英格尔·绍尔，她想要建立一所新式民主教育学校，以纪念她的弟弟汉斯·绍尔和妹妹苏菲·绍尔，他们曾是反纳粹抵抗组织"白玫瑰"的成员，于 1943 年被杀害[3]。1946 年，绍尔与纳粹抵抗者、平面艺术家奥托·艾舍在德国南部小镇乌尔姆共同创办了一所新式国民大学，致力于延续被杀害的这对兄妹的抵抗精神[4]。1945 年 6 月，她的父亲罗伯特·绍尔被美国军事指挥部任命为乌尔姆临时市长，这极大地帮助她得到了官方对学校提案的支持。然而，乌尔姆设计学院也是战后在德国各地广泛推动成立新的、以改革为目标的社区学院运动的一部分[5]。绍尔和艾舍的学校致力于推动激进的政治改革和进步的教育理念，旨在成为推崇"真正民主"的中心，通过为战后青年提供急需的文化理想和道德方向，来消除德国的民族主义和军国主义[6]。学院创办者们坚信，所谓的德国灾难是"错误思维"和"狭隘的过度专业化"直接造成的后果，他们希望建构一种基于"务实、真诚和真实"的新型人文主义教育[7]。像其他战后改革者一样，绍尔和艾舍认为这是迈向民主社会"新文化黎明"的最佳方式。但他们的目标不仅仅是坚持"无产阶级的使命"，更是尝试重构去民族化的德国文化，作为对抗技术和文明"暴力力量"的解药[8]。对绍尔来说，这所学校旨在调和技术文

141

明和德国文化,将文化本身从"审美者的奢侈品"转变为新的积极的"生活力量",强调和平、民主和宽容[9]。

尽管乌尔姆地处偏远,而且周边环境遭到了炸毁,绍尔创建新式教育中心的努力却获得了广泛的公众支持。学院开设的课程直接针对乌尔姆重建所面临的紧急问题,如经济学、城市规划,甚至家居装饰,因其及时性和创新性而受到称赞[10]。同样重要的是,学院邀请了许多著名人士前来担当客座讲师,包括泰奥多尔·豪斯(Theodor Heuss)、威廉·华根菲尔德、马克斯·霍克海默、物理学家维尔纳·海森堡(Werner Heisenberg)、法国哲学家加布里埃尔·马赛尔(Gabriel Marcel)、历史学家戈洛·曼恩(Golo Mann)以及作家海因里希·伯尔和拉尔夫·埃里森(Ralph Ellison),他们都对绍尔的教育改革计划给予了支持。学校非常规的课程,以及客座讲师的名单迅速使这个小型社区学院成为战后国际政治思想和民主文化的知名中心[11]。

然而,创始人很快就与乌尔姆市议会发生了冲突。绍尔和艾舍想要扩大课程,加入更多的政治引导和文化批判的内容,但保守的市议会不同意对该项目进行如此激进的改变。市议会甚至警告绍尔和艾舍,如果他们过度挑战了目前的架构,可能会危及未来的资金支持。这一紧张关系在 1949 年达到了高潮,当时市议会拒绝了艾舍关于乌尔姆市中心重建的现代主义设计方案,转而选择了一个更保守的计划,目的是让城市恢复其战前的老式外貌。绍尔和艾舍最担忧的是,这次拒绝仿佛意味着忽略战争曾经发生过,就这样重建乌尔姆——而这并不是一个孤立的争论。关于是否应当按照原样重建德国城市的问题,在 1945 年之后引发了一场关于德国身份的深刻讨论[12]。但乌尔姆市议会坚决反对在建筑或规划方面进行任何激进的改变。不愿意再与这些"反动堡垒"合作,绍尔和艾舍决定开设一所更符合绍尔家族政治抵抗精神的先锋院校。

1949年春,绍尔和艾舍忙于为成立一个名为绍尔兄妹学院(Geschwister-Scholl-Hochschule)的新学校起草方案,这所学校将专注于"当代政治再教育"[13]。他们认为,盟军试图"再教育"德国人的努力注定会失败,因为这是在武力的威胁下进行的。他们坚持认为,只有一所受德国启发的新学校,通过培养德国青年的真正"内在抵抗力",才能有效地克服战后的道德混乱和精神绝望。他们尤其认为,对抗"新兴的民族主义和反动情绪"的关键在于"培养一支民主精英,成为对抗不宽容潮流的反作用力"[14]。尽管"民主精英"这个词听起来可能有些矛盾,但乌尔姆的创办者们从未偏离这一原则。就像制造同盟一样,他们坚信,培养一支新的先锋队是消除纳粹"去个性化"遗毒以及领袖崇拜的最有效方法。与此紧密相关的,是他们对新课程"认识论及其纯洁性"的强调,认为这是通过倡导"个人主动性、独立思考和个人自由"来消除纳粹非理性主义的关键步骤[15]。他们设想的是一种全新的"全面教育",包括广泛的媒体研究(政治、新闻、广播和电影)和艺术教学(摄影、广告、绘画和工业设计),作为对抗"狭隘的地方主义"危险性的最佳补救措施[16]。该课程特别强调了媒体研究的核心地位,这主要是由于绍尔和艾舍与汉斯·维尔纳·里希特的友谊。里希特是乌尔姆社区大学的一位讲师,也是战后激进杂志《呼声》(Der Ruf)和著名先锋文学"47社"(Group 47)的创始人。里希特认为,研究媒体,特别是纳粹的宣传技巧,将有助于防止法西斯主义的复兴[17]。因此,绍尔和艾舍希望创造一个"更好的德国的新结晶点",在那里,"和平与自由的精神"将在新的反法西斯欧洲文化中找到归宿[18]。

但要想使乌尔姆设计学院成为一所真正的欧洲机构,它需要一个更国际化的形象。绍尔和艾舍想找一位国际知名的人物担任校长,这位人士需要有着无可挑剔的政治背景和在文化行政方面的良好经验[19]。在这个时候,绍尔和艾舍联系到了著名的瑞士雕塑家、画家和设计师马克斯·比尔。作为前包豪斯学生和瑞士制造同盟主席,比尔在整个20世纪30年代至40年代一直致力于欧洲现代主义建筑和设计事业。他在1936年米兰三年展中因瑞士馆设计而获得了大奖,并组织了1944年巴塞尔的具体艺术展(Concrete Art exposition)。他还负责策划了1949年引起广泛关注的瑞士制造同盟"优良形式"展,绍尔和艾舍在乌尔姆社区大学为该展提供了场地[20]。此外,比尔还表示,他计划创立一所新的理工型艺术学院,作为对包豪斯传统的致敬[21]。1950年2月,绍尔和艾舍邀请比尔到乌尔姆来讨论他在该项目中可能发挥的作用。

比尔几乎立刻被邀请担任学校校长,他同意担任这个职位,但提出了一些条件。最主要的条件是,学校应该更专注于艺术和设计教学,而不是政治再教育。他批评了学校课程中将政治作为一个独立科目的做法,他认为政治改革本就是学校的核心,因此没有必要将其单独设为一个学习科目。作为制造同盟的成员,比尔认为学校的主要目标应当是创造符合现代艺术"精神实质"的设计作品[22]。因此,更注重以艺术为导向的设计教学,应当比社会学、文化理论和政治研究更为重要。这并不是说比尔对政治再教育和教育改革的重要性不感兴趣,而是他始终坚持制造同盟的信念:真正的社会和文化改革不是从强制的政治培训开始,而是从重塑社会环境的形式开始,从城市规划、建筑和日常物品的设计开始[23]。恰当的设计实践本身就是一种政治改革和道德再教育,因为日常空间和物品对用户施加强大的影响[24]。正如比尔指出的,将政治形式化为一门专业学科只会阻碍这一进程,尤其是学校的任务并不是培养政治家,而是培养"具有政治思维的从业公民"[25]。

由此,学校将重点从媒体研究转移到设计教学上。设计师马克斯·比尔、沃尔特·蔡司格(Walter Zeischegg)和建筑师沃尔夫冈·鲁普(Wolfgang Rupp)取代了曾负责媒体研究的里希特和记者沃尔特·迪尔克斯[Walter Dirks,《法兰克福手册》(*Frankfurter Hefte*)的编辑],成为学校执行委员会的新成员。媒体研究课程被融入学校的新通识教育计划中。比尔还坚持学校应该放弃"绍尔"这一名称,他认为这个名称过于"情绪化",而且太过紧密地与一个没有任何"积极推动力"的历史联系在一起[26]。他建议学校改名为"设计学院",以此向德绍包豪斯致敬[27]。最终绍尔和艾舍还是同意了,但他们提出的条件是将绘画和雕塑从学校课程中移除,并增加社会学、政治学、心理学、哲学和当代历史等课程,以此来抵消他们认为反包豪斯历史的倾向[28]。他们明确表示,希望确保在社会意识和正确的政治实践中,技术型设计工作具有深远的"社会影响和文化意义"[29]。1951年的原始课程反映了这种妥协,学院各系被划分为以下四个学部:信息学部,涵盖文学媒体的研究和分析;建筑与城市规划学部;视觉设计学部,涵盖电影、摄影和平面设计教学;产品形态学部,涵盖日常家庭用品、家具和工业设备的工业设计。

在确定了课程体系后,绍尔和艾舍开始寻求外部资金支持。但这比最初为学校筹集资金要困难得多。西德的主要工业家、银行家和文化界人士仅提供了道义上的支持。虽然挪威欧洲救济基金的援助很慷慨,但还不足以支付学校建设的费用。无奈之下,英格尔·绍尔向美国军事政府寻求帮助。考虑到美国在冷战期间致力于实施遏制苏联扩张和德国民族主义复兴的"双重遏制政策",美国驻德国高级指挥部对所有加速西德"政治再教育",以及促使德国在道德和军事上更融入西方的计划都非常感兴趣[30]。因此,并不令人意外的是,美国驻德国高级指挥部对绍尔的这个项目表达了善意。其负责人约翰·J.麦克洛伊(John J. McCloy)很快意识到,这样一所由德国人运营的进步教育学校比单纯强加美国理念于德国人民要有效得多[31](实际上,战后在麦克洛伊的支持下,法兰克福社会研究所也得以重建)[32]。在他看来,创办乌尔姆的想法可能会成为新"精神

144

马歇尔计划"的一部分,有助于培育西德的"民主意识"[33]。

尽管比尔反对将政治教育正式纳入课程体系,认为这会阻碍独立艺术作品的繁荣,而且这一点还得到了沃尔特·格罗皮乌斯的支持,但是美国方面还是坚持认为学校的政治再教育目标是首要任务[34]。1950年,麦克洛伊在波士顿的一次演讲中阐述了美国的立场,他指出,英格尔·绍尔"启蒙德国人民"的努力与盟军"帮助德国人民走向民主道路"的努力是息息相关的。这将有效帮助他们"与西欧人民建立更紧密的联系",并消除"他们的政府、社会结构和日常生活中的专制主义"[35]。在几年后的另一场演讲中,麦克洛伊再次强调,绍尔兄妹反法西斯的抵抗精神在学校中进一步发扬光大。它不仅是西德"民主生活和文化"的重要象征,还确保了"德国对欧洲共同体的贡献将是民主的、自由的和道德的"[36]。美国驻德国高级指挥部里的其他人也支持乌尔姆项目,偏向于认为其对西德工业和出口收入有潜在益处[37]。因此,经过4年的持续筹款和政治活动,1953年,美国驻德国高级指挥部最终向绍尔提供了100万德国马克的资金,用于创建一所致力于培养"负责任的公民、文化生产力和高质量德国工业产品制造"的新学校[38]。

美国的资金一到位,创办者们就着手在乌尔姆的库贝克山上修建学校。他们迅速起草了一份建筑计划,以配合学校发展现代"全面教育"的目标[39]。按照比尔的计划,师生将在一种类似合作社的环境中共同生活,学校所有的相关运作(工作空间和行政、学生及教员的住宿区)都集中在一个类似傅里叶公社(Fourier-like phalanstery)的地方。在建筑形式上,受到了弗兰克·劳埃德·赖特(Frank Lloyd Wright)在亚利桑那州凤凰城的塔利辛西项目、沃尔特·格罗皮乌斯的德绍包豪斯和密斯·凡德罗的伊利诺伊理工学院项目的启发,比尔的超理性模式是一种有意识的尝试,旨在摒弃乌尔姆创办者们所认为的纳粹遗产中的情感操纵和非理性主义元素[40]。学校新实际主义风格的建筑刻意去除了所有情感、主观性和象征性的表达(图29)。作为启蒙理性和几何纯洁性的最高呈现,正方形和直角被广泛应用;在学校的修建计划中没有出现任何流畅的线条或圆形形状[41]。不对称的布局,以及低矮、不显眼的建筑旨在与纳粹中央集权和纪念碑式的狂热保持距离,甚至学校的入口都被安排在不起眼的一侧,去除了任何施佩尔式纪念碑主义和电影仪式主义的非自由元素[42]。曾经求学后执教于该学院的赫伯特·林丁格尔(Herbert Lindinger)回忆起乌尔姆对思考力和理性的深刻信念:"乌尔姆对理性的强调受了多方面的影响。我们都记得法西斯主义通过故意操纵符号和非理性来奴役人们,试图剥夺人们的理性。相比之下,我们相信这个世界可以变得更好;我们相信理性,我们相信我们在启蒙传统之中占有一席之地。"[43]比尔设计的乌尔姆建筑群所呈现出来的极端严肃性并未被记者忽略,他们通过形容比尔的朴实建筑是"技术的康复中心""文化堡垒"和"笛卡尔修

图29　乌尔姆设计学院外观,1955年。设计:马克斯·比尔。摄影:沃尔夫冈·西奥尔(Wolfgang Siol)。图片由乌尔姆设计学院档案馆提供。

道院"，表达了他们的惊讶[44]。正如一位记者所观察到的，这些建筑成功实现了比尔的目标：试图抹掉过去，并从根本上消除记忆、神话和历史[45]。无论如何，这个理性主义建筑方案所追求的疏离感效果，恰到好处地体现了学院对社会改革的大胆设想。

学院的理念在其室内设计中表现得更加明显。建筑设计本身最引人注目的是，功能主义风格的混凝土外墙延展到了建筑的内部空间，形成了风格一致的新实际主义禁欲风格（图 30 和图 31），没有留下任何过渡。建筑外观和内部之间的物理差异被消解了。所有

图 30　乌尔姆设计学院内部。设计：马克斯·比尔。摄影：恩斯特·哈恩（Ernst Hahn）。图片由乌尔姆设计学院档案馆提供。

日常之物的权威：西德工业设计文化史

图31　乌尔姆设计学院内部。设计：马克斯·比尔。摄影：恩斯特·谢德格（Ernst Scheidegger）。图片由乌尔姆设计学院档案馆提供。

温馨家居和舒适感元素，如地毯、墙面装饰、桌子、植物或大型舒适家具，也被有意地去除了，甚至连床和架子都嵌入墙内，以保持一种一致性和理性秩序的氛围[46]。然而，重要的是要理解，这种试图去除温馨舒适感的努力并不仅是某种加尔文主义式的梦魇，还是学院致力于以"认识论纯净性"和启蒙教育的名义，剔除掉那些不愿回忆的德国历史中的文化陷阱，这一首要使命的体现。同样地，室内的标志性物品——即所谓的乌尔姆凳［一款由比尔、汉斯·古格洛特（Hans Gugelot）和保罗·希尔丁格（Paul Hildinger）于 1954 年设计的价格低廉、易于组装的木凳（图 32）］体现了学校对产品设计最初的看法。作为对学校统一建筑设计原则的补充，这个凳子被设计成多用途的组件，可以用作椅子、床头柜、工作台或脚凳等[47]。这把凳子不仅通过拒绝装饰性设计和珍贵文化艺术品的光环，还通过消除工作台和椅子、活动和休息之间的文化区别，巧妙地象征了学院试图摆脱阶级文化的历史包袱（例如舒适的大椅子和昂贵的桌子）

148

图 32　乌尔姆凳。设计：马克斯·比尔、汉斯·古格洛特和保罗·希尔丁格。摄影：恩斯特·哈恩。图片由乌尔姆设计学院档案馆提供。

的努力。该凳子的不舒适性甚至被视为一种优点，促使用户保持活动与运动的状态[48]。在这个意义上，比尔的设计完美地体现了乌尔姆项目的先锋性——通过消除理论和实践学习、劳动和休闲，甚至公共和私人之间的区隔，来预示一种新的、进步的"人类社会、文化和文明"[49]。

　　1955 年，乌尔姆设计学院被冠以"新包豪斯"之名，这是西德现代主义历史上的一个重要篇章。该学院的成立被看作是反法西斯抵抗运动和国际现代主义的重要象征，证明这两者仍活跃于西德。更重要的是，它还鲜明地展示了西德将魏玛现代主义确立为其真正文化遗产的努力[50]。因此，在启动仪式上，格罗皮乌斯发表了主旨演讲，该启动仪式还成为西德文化外交上的一大盛事，国际知名人物如亨利·凡·德·威尔德、阿尔伯特·爱因斯坦、泰奥多尔·豪斯和路德维希·艾哈德等都表达了他们的热烈支持。记者们也普遍赞扬"包豪斯理念的回归"是对开明西德文化的重大利好[51]。一位记者评论说:"最重要的是,我们感到满意的是,在德国面临威胁但同时又在强劲复苏的时刻,像英格尔·绍尔和她同事们这样的人正在忙着构筑防线,防止历史的倒退。"[52]最能体现出学院崇高使命的,莫过于艾舍于1955年拍摄的学院航拍照片,位于山顶的学院被展现为现代性及其使命的灯塔,像一个矗立在乌尔姆小镇之上的"光之山"(图33),甚至小镇的核心象征———乌尔姆大教堂———也在乌尔姆设计学院的耀眼光芒前黯然失色。在这里,学院作为国际现代主义查拉图斯特拉式先知的理想化自我呈现,获得了最为深刻的视觉表达[53]。

图33 乌尔姆设计学院的航拍照片,1955年。摄影:奥托·艾舍。图片由乌尔姆设计学院档案馆提供。

如前所述，美国方面也支持包豪斯重返西德，将其视为文化再教育中的一个积极步骤。尽管其影响主要局限于建筑和设计领域，但这个"新包豪斯"被赋予了相当重的政治分量[54]。一份20世纪50年代中期的英文报告这样描述道：

> 英格尔·绍尔意识到，只有通过始终保持清醒的社会意识才能预防历史重演，因而她想要建立一所学校，为战后被摧毁和混乱的德国带来精神上的复兴，同时解决这样一个问题，即教导年轻人去承担社会责任和文化责任。此外，学校也鼓励对日常生活方式的新思考，让人们有机会在远离极权主义偏见的压制下，自由地发展。[55]

而在1957年《大西洋月刊》（*Atlantic Monthly*）的特刊《新德国》（The New German）中，包豪斯的形象被用来向仍然充满忧虑的美国观众保证，尽管西德有着黑暗的历史，但它"在生活的各个方面都面向西方，可以用'自由世界'能理解的语言来描述"[56]。这本杂志努力歌颂了一批被认为能够引导西德重新融入西方魅力圈的西德名人［包括阿登纳、恩斯特·尤格尔（Ernst Jünger）、戈特弗里德·本恩（Gottfried Benn）和汉斯·霍尔特胡森（Hans Holthusen）］，在此过程中，乌尔姆设计学院被视为承担了特殊使命。其独特的魏玛自由主义和国际现代主义遗产，被认为是西德人"将自己的国家带回欧洲文化发展主流"的重要方式[57]。考虑在"艺术作为自由表达"部分中，充斥着许多新建的类似包豪斯风格的现代主义建筑照片，再加上《新德国》专刊封面上叠加的包豪斯风格建筑，很明显，包豪斯风格的现代主义被用作衡量西德文化进步的标准。有一位文化史学家讽刺性地称乌尔姆学院是"在美国帮助下，与过去和解"[58]。

这所设计学院的重要性，远远超过了冷战时期将设计转换为外交手段的作用。如我们所见，它还承载着基于艺术与生活、道德与物质文化的和谐融合的宏大社会改革愿景。比如，比尔在1955年开幕式上的讲话中谈道：

> "世界上没有其他机构，致力于像设计学院一样的任务。我们的主要目标是为日常文化创造简单而实用的日用品，尤其是考虑到许多设计师和制造商忽略了这些普通事物作为重要文化因素的意义。通过我们诚实的工作和坚定的信念，我们希望帮助尽可能多的人根据现代需求和可能性，重新设计他们所处的环境……我们认为，文化不应仅限于'高雅艺术'的特殊领域，而应存在于日常生活和所有事物的形式之中。事实上，每一种形式都是功能和目的的表达。我们不是要生产廉价的艺术工艺品，而是要创造人们真正需要的产品……简而言之，我们要创造那些能够改善和美化生活的实用物品——因此，文化就是日常的文化，而不是高高在上的特殊文化。"[59]

正如一位观察家所指出的，从这个角度看，学院充当着"文化和文明之间的新型中介者"的角色[60]。

乌尔姆设计学院不仅提出了一套独特的设计哲学，还形成了一套政治社会理念，带头反对抽象艺术的商业化及其在工业设计中的应用。该学院的成员们不仅对美国流线型设计持批评态度，还对肾形桌"应用了康定斯基"的风格表达了鄙视。在绍尔1962年那篇著名文章中，她称西德的"肾形桌噩梦"可以看作是设计师与商人仓促结合的产物。她认为，糟糕的是，这种新的结合消除了设计与样式之间的文化区别，更糟糕的是，通过将实用的日常之物转变为一次性的"艺术商品"，降低了产品的文化地位。绍尔不相信战后的消费者群体、妇女组织和所谓的品位专家能有效地逆转这一腐蚀性的文化趋势。绍尔回应道，只有通过培养摆脱以商业为准则的设计师，才能克服这种"以销售为导向的低俗设计"[61]。

在最开始的几年里,比尔对于正确的设计教育的看法,已经成为学校的指导理念。他在 20 世纪 50 年代中期提出了自己的教育方式,以应对他所认为的美国流线型设计风格所带来的负面影响。就像他那一代的其他欧洲设计师一样,比尔对美国著名设计师雷蒙德·罗维于 1950 年出版的自传《绝不满足于现状》表达了强烈的反对。他批评罗维及其"谬误的外表简化,即所谓的流线型设计"牺牲了设计的伦理根基(即满足人们的真实需求),以迎合消费者销售。对比尔而言,这种"甜美却不诚实"的商业装饰玷污了工业设计师的高尚道德使命,同时也因为切断了美学与道德理想主义以及文化改革的联系,导致了"文化的衰落"。因此,比尔将新成立的乌尔姆设计学院视为一个焕然一新的包豪斯,以"优良、美丽、实用"的名义,引领着反抗这种"胡说八道"的斗争[62]。例如,1953 年,作为乌尔姆设计学院院长,比尔在首次公开发言中强调,学校只是在延续更早期的"反对丑陋的斗争",一场斗争源于 19 世纪与 20 世纪之交的德国应用艺术学校的运动:

> "学校的创办者认为艺术是人类生活的最高表达形式,因此他们的目标是将生活变成一件艺术品。正如亨利·凡·德·威尔德在 50 多年前提出的,我们的目的是'反对丑陋',而丑陋只能用内在优良东西来对抗——'优良'因为它既美丽又实用……如果我们打算在乌尔姆走得比德绍更远,那是因为战后的需求明确指出了课程体系需要某些补充。例如,我们打算更加重视日常使用的普通物品的设计;促进城镇和区域规划可能的更广泛的发展;并将视觉设计提升到最新的技术进步所能达到的标准。"[63]

因此,对于比尔来说,学校本质上致力于通过一种宏伟的综合

艺术，一种不区分美术和区域规划的艺术，重新赋予日常生活的形
式以魅力。在他的"将生活变为一件艺术品"的宏大项目中，他力图
美化从"最小的物体到整个城市"的一切，消除道德革新、美学生产
和社会改革之间的区别，将它们融入"优良形式"的设计高尚理想主
义当中[64]。

然而，比尔的设计哲学也提倡艺术与科学的融合，作为设计实
践的基础。为了防止设计沦为类似罗维式的美学幻想，比尔努力发
展他的前包豪斯老师们——保罗·克利和瓦西里·康定斯基的理
论见解，将灵感的艺术创造力与科学逻辑结合起来[65]。对于他来
说，将艺术和设计植根于数学，并不是要去除个体的艺术表达，相
反，数学将成为沟通艺术创作、逻辑原则和工业生产之间的必要桥
梁。他坚持 20 世纪 20 年代的经典现代主义观点，认为功能必须决
定形式，功能是所有美学的基础，设计的唯一目的是满足人类需
求[66]。虽然比尔还认为无装饰、非表现主义的"中性形式"，是对抗
"个性化"设计和商业样式的最佳方法，但他也绝不愿意将设计的重
任完全交给技术工程师[67]。实际上，他始终坚信"负责任的、真正
的艺术家"，有能力将工业设计作品提升到不只是廉价商品或技术
工具的更高境界[68]。最后，他坚持认为，只有全身心投入的艺术家
才是"真正的创造者"，能够妥善解决现代设计内在的复杂技术、文
化与道德问题，因为只有"自由艺术"才能超越短暂的潮流趋势和技
术工程的限制[69]。

比尔将艺术家型设计师提升为社会工程师，不只是延续了制造
同盟的理念。他之所以重视艺术家在工业设计中的作用，是因为他
认为这些日常的工业设计产品首先是"文化产品"。因此，他最终排
除了商业样式造型师和工程师作为设计师的资格，因为他们实际上
将产品简化成了可销售的商品和/或技术设备，因而使这些产品"失
去了文化价值"。实现"优良形式"的关键在于将工业产品重构为

"文化产品"[70]。比尔认为，只有全身心投入的、非商业的艺术家型设计师才能被委以重任，通过文化这一"附加价值"给产品再赋魅，而不受严格的商业和/或技术限制的影响。正如他所说："我坚信，那些缺乏才能、不称职或有商业倾向的艺术家绝不应被允许设计大量生产的商品，这一充满责任的任务应专门留给那些工艺技能卓越、具有强烈社会责任感的设计师。"[71]换句话说，工业设计的目标不是"把昨天的圆形变成方形"，而是"将这些满足人类需求的物品视为影响我们生活方式的重要文化因素。在这方面，勺子和机器、交通标志和住房都具有相同的意义"[72]。这就是比尔所说的，学院的主要目标是"促使文明与文化和谐共存"[73]。在工业设计教育中强调艺术创作的重要性，是实现绍尔1949年定下的初衷的最好方式，即把现代文明和技术的潜在危险力量，纳入文化的控制之下。

然而，随着时间的推移，比尔对工业设计的高远愿景开始面临来自学院其他教员越来越多的批评。对比尔理念的不满最初来自托马斯·马尔多纳多，一位阿根廷艺术家及艺术杂志编辑，他于1954年加入乌尔姆设计学院。虽然马尔多纳多也希望培养具有社会责任感的设计师，而非仅仅是商业艺术家，但他拒绝了比尔基于制造同盟-包豪斯的理想主义，转而支持一种更科学化的工业设计观念[74]。马尔多纳多在1958年布鲁塞尔世界博览会发表的著名演讲中，首次提出了一种截然不同的现代设计教育模式。尽管博览会设计分会上的大多数国际代表支持比尔的观点，认为通过更多的设计教育以及"优良形式"的推广，可以最好地解决廉价俗气和糟糕设计的文化威胁，但马尔多纳多却大胆断言"美学考虑已不再是工业设计坚实的概念基础"[75]。他认为，作为新兴职业的现代设计的崛起，实际上是大萧条的产物，设计师被企业雇用来重新包装消费品，以推动商品销售。因此，他认为，大多数当代设计（无论是美国流线型设计还是肾形桌设计）实际上并不是一种合理的工业时代的民间艺术,而是一种精明的市场策略,目的是利用人类真正的需求和欲望[76]。尽管他批评现代消费资本主义对"过度强调差异化的病态崇拜",但这些都没有让他赞同比尔提出的、未被污染的艺术家型设计师的观念,以及比尔那种浪漫的"从勺子到城市"的综合艺术方案。相反,马尔多纳多认为,对于培养设计师成为工业界未来的合作者来说,比尔的综合艺术计划并无用处[77]。他批评比尔将设计师塑造成了一个"大审判官",按照"设计师指挥,工程师服从"的原则来"仁慈地在设计世界中施行正义",因为这种观念认为并要求艺术家型设计师需要在社会文化上,与工业流程保持一定的距离[78]。马尔多纳多认为艺术家型设计师与工业保持的文化距离是完全站不住脚的,尤其是因为比尔所推崇的"优良形式"本身已经成为众多设计风格中的又一种。更重要的是,马尔多纳多坚持认为,"工业设计不是一种艺术,而设计师也并不一定要是艺术家",因为具有讽刺意味的是,狡猾的资本主义已经将"优良形式"的道德理想主义,转变为一种高端设计风格[79]。因此,马尔多纳多把商业设计和比尔的艺术家型设计师理念,视为同一种过时误区的两种体现,都是对积极参与工业设计的角色及其含义的错误理解。

如果工业设计与艺术创作相分离,那么工业设计的新基础将是什么?马尔多纳多的回答是,工业设计和设计师正处于历史性的转变阶段。他将设计史的第一阶段描述为理性化的大规模制造(即福特主义)时代,设计师在此阶段扮演发明家和规划者的角色。接着是第二阶段,即1929年经济危机后,作为危机的产物,以艺术家型设计师的兴起为特征。马尔多纳多将第三阶段,即最后一个阶段,描述为设计师作为"协调者"的历史性出现。在这个新阶段,设计师必须"与众多专家密切合作,协调产品制造和使用中出现的各种需求",以确保"最大生产力、材料利用效率和用户的文化满意度"[80]。然而,这一新型设计师并非普通的工业技术专家。所发生的是，积极参与的设计师的抗争精神已经从设计样式，转移到了制造流程本身。比尔那种独立而有些疏远的艺术家型设计师，已经被那种工业的积极合作伙伴的设计师所取代，这类设计师"在我们工业文明的核心位置发挥作用"，在这里"做出对我们日常生活至关重要的决策"，并且在这里"面对着最为对立且经常难以调和的各种利益"。新的工业设计师不再是一个"神秘且难以捉摸的形象"，而是要在大规模生产和工业自动化的法则中接受训练，帮助揭示并协调"我们客观和沟通的世界"的形象[81]。新设计师的成功在很大程度上依赖于"他们的科学和技术知识，以及解读我们文化中最隐秘和最微妙过程的能力"[82]。因此，马尔多纳多的批判性设计实践——即他所谓的"科学操作主义"（scientific operationalism）——只有在设计与美学相分离，以及神秘的"文化产品"被新的设计产品的观念（即将设计产品仅看作是物质信息和生产协调的工具）所取代时，才能真正起步。因此，设计已被重新构想为一种基于科学的、更加系统的产品管理和系统分析操作。通过将设计师融入制造过程本身，马尔多纳多实现了对设计师的世俗化，将他们所从事的范畴，从高雅的文化领域转移到工业文明的日常工作世界。

马尔多纳多还相信，将工业设计教育和实践进行现代化的需求不仅限于设计领域。在他看来，设计教育的问题与更宏观的教育哲学的国际性危机紧密相关。他在 1959 年发表的一篇文章中，进一步讨论了他的设计新哲学的全球性意义，他指出，在苏联成功发射斯普特尼克卫星之后，欧美关于当代技术教育不足的激烈辩论实际上并不是什么新话题，但这一讨论确实暴露了在处理现代技术和科学的问题上，当前教育实践的长期落后。对马尔多纳多来说，这场危机凸显了一个事实：三种主要的教育理论——欧洲人文主义、美国实用主义和苏联技术教育——都无法跟上核能时代不断变化着的技术和社会问题。无论是19世纪的欧洲人文主义"通识教育"理想，抑或受约翰·杜威（John Dewey）和威廉·詹姆斯（William James）启发的美国浪漫主义教育理论"边做边学"，都没有为现代工程师、技术人员、建筑师和工业设计师提供指导，然而，这些职业都需要紧跟专业知识和技术发展的最新动态[83]。他甚至认为，苏联的技术教育也不再是一个可行的选择，因为曾经在20世纪30年代具有先锋性的苏联非人文主义技术教育理论，后来已经变成了冷战期间的党派教条和专业知识灌输[84]。技术教育现在需要摆脱这些过时的历史模式。因此，马尔多纳多赞扬了C. S. 皮尔斯（C. S. Peirce）和查尔斯·莫里斯（Charles Morris）在符号学和信息论领域的先驱性工作，视其为将社会科学和教育哲学现代化的一次有益尝试。正如我们将看到的，符号学和信息论之所以吸引乌尔姆人，是因为它们在方法论上具有所谓的客观性，以及在科学研究和"价值无涉"分析的名义下，对人文主义和道德价值的排斥。

乍一看，这种文化理想主义可能有些天真，或者说只是一种对魏玛共和国时期现代主义意识形态的苍白模仿。然而，需要强调的是，乌尔姆项目致力于构建一个新的后法西斯"工业文化"，这一点与战后普遍对科学和工业技术可能具有救赎作用的悲观态度截然不同。在很大程度上，战后的这种情绪是对纳粹时期工业化造成的大规模死亡和破坏的一种反应，在这一点上，西德左右翼联手指责20世纪30年代德国的技术神话是造成"德国灾难"的一个关键因素。1945年之后，西德知识分子常常将技术视为邪恶和危险的化身。它被广泛谴责为文化奴役的工具[F. G. 尤格尔（F. G. Jünger）]、暴力和死亡的先兆[西格弗里德·吉迪恩（Sigfried Giedion）]、存在主义异化的象征[海德格尔（Heidegger）]，以及工具理性和不自由的辩证表达（霍克海默和阿多诺）[85]。无论这些分析是否以纳粹或广岛作为其论述的结尾，关键在于，历史上对技术与文化良性结合（以及科学和社会）的信心，并未在战争之后幸存下来[86]。技术不再作为（西）德国解放的中心议题，这一点也可以从这样一个事实中看出，即西德的工程师们再也没有回到他们在1945年之前被赋予神圣使命的文化英雄地位[87]。

乌尔姆设计学院坚定地认为，工业技术是文化重生的核心，这一观点在当时是非常独特的。然而，需要面对的不仅是西德知识分子对科学和技术的敌意。乌尔姆人担心，这一反现代的态度只会加剧战前人文主义与效率之间的分裂。由于西德文化精英在国家经历急速现代化的关键时刻却抛弃了技术，因而推广"乌尔姆理念"显得尤为迫切。战后人们对汽车、厨房电器、清洁机械、收音机和电视机的极大热忱，更加凸显了大众文化对消费技术所带来的解放和舒适的迷恋。因此，乌尔姆项目旨在修复社会与技术之间的裂隙，同时也是为了不让西德现代性完全落入狭隘的技术官僚、商业设计师和广告商之手。

在构建一个更加先进的战后工业文化方面，乌尔姆设计学院发挥了重要作用，最具代表性的例子是它与博朗消费电子公司的广为人知的合作。博朗公司由马克斯·博朗于1921年创立，最初是一家专业生产传动带和无线电部件的小型电子公司。20世纪20年代和30年代期间，公司扩大了生产范围，其中包括推出了自己的无线电机柜系列，并在整个战争期间一直生产无线电和电子设备。在废墟瓦砾清理完毕之后，博朗于1947年恢复了生产，并在不久后推出了电动剃须刀和厨房搅拌机新品，作为其新消费电子产品系列的一部分[88]。然而，其战后早期的收音机设计仍旧采用了沉重的深色木质风格，这与30年代和40年代更传统的盖尔森基兴巴洛克式收音机设计保持了一致。由于正是这款收音机机箱帮助公司赢得了奖项并树立了声誉，所以博朗认为没有必要对其风格做出任何修改[89]。然而，公司创始人于1951年突然去世，他两个年轻的儿子埃尔温·博朗(Erwin Braun)和亚瑟·博朗(Arthur Braun)接管了公司，公司董事会的决策推动博朗改变了设计方针，这一事件后来成为西德最知名的企业设计案例[90]。

博朗公司的管理层的更替，开启了一种全新的设计态度和观念。博朗兄弟对20世纪30年代保守的传统风格不再感兴趣，而是转而寻求开发一系列新产品，这些产品的灵感源自受包豪斯影响的设计公司，如诺尔国际(Knoll International)和奥利维蒂(Olivetti)的现代主义"优良形式"原则[91]。最主要的是，他们想要使收音机摆脱其传统的盖尔森基兴巴洛克风格的外壳。1954年，西德的顶尖民意调查机构——阿伦斯巴赫民意调查所对战后生活方式和消费者品位的调查证实了博朗兄弟的直觉：对于采用鲜艳色彩和现代主义设计理念的消费技术产品，存在潜在的消费者市场[92]。随后，埃尔温·博朗聘请了乌尔姆设计学院的汉斯·古格洛特为公司设计新的收音机机箱[93]。古格洛特与博朗公司内部设计师迪特·拉姆斯(Dieter Rams)合作，共同设计了新立体声音响机柜SK-4(图34)，把博朗的设计推向了公众视野。值得注意的是，设计师们并没有把消费级收音机视为一件笨重的、具有装饰性的家具，而是将其看作是一个根据技术功能制造的便携音响设备。古格洛特和拉姆斯通过使用金属和塑料代替传统的压音木壳，并沿水平轴重新构造整个单元，从而提升了收音机的音质。这款立体声设备不仅去除了传统收音机设计中的所有奢华配件(例如大金按钮和精细的面板纹理)，其中性的灰白色彩还反映了乌尔姆学院对其竞争对手——浮华的肾形桌风格的摒弃[94]。SK-4的创新特点(因其新颖的透明塑料顶盖而被媒体昵称为"白雪公主的棺材")，以及博朗公司所有的电子产品系列，立刻在媒体和公众之间引发了广泛的关注[95]。博朗的设计产品现在已成为杰出现代设计的典范，也成为西德受过教育的中产阶级所珍爱的物质象征[96]。

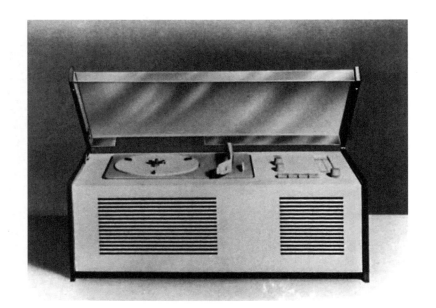

图 34 博朗 SK-4 留声机，1956 年。汉斯·古格洛特和迪特·拉姆斯为博朗公司设计。图片由博朗公司提供。

为博朗公司所做的设计工作，准确地展现了乌尔姆设计学院对现代工业设计的宏大愿景。首先，与博朗的合作体现了学院的一个核心目标：摆脱单纯的风格设计，与工业界紧密合作，根据技术特性和功能主义原则开发新产品。乌尔姆对技术设备和工业设施的重视，而非传统的对艺术及手工艺的强调，进一步证明了它对这一新工业设计的坚持。因此，乌尔姆与博朗的合作突出了其设计焦点的转向：从关注家居装饰物转向关注工业设备、消费电子产品和公共设计项目（如海报、电影、交通系统乃至计算机软件程序），而这些都是建立在理性分析和技术知识之上的。对乌尔姆人来说，传统收音机机箱的沉重文化外壳代表了一个核心问题：技术功能和理性结构被传统文化形式所束缚。通过这种方式，乌尔姆的设计师们试图按照功能主义的新线条来将消费品的"外壳"现代化，正如 20 世纪 20

160

年代的建筑师们根据新实际主义原则彻底重新设计德国家庭及其室内装潢一样[97]。将收音机/立体声音响从一件具有历史情怀温馨感的家用工艺品,转变为现代技术设备的功能组件,有助于将消费电子产品设计带入工业文明的世界[98]。最终,学院与博朗的广为人知的合作,强化了学院年轻教师们在清除工业设计中的家居性和前工业文化残余的努力。

乌尔姆设计学院创新工业设计方法的另一个重要案例,是汉斯·古格洛特为苏黎世的沃恩贝达夫公司(Wohnbedarf AG)和伊尔斯费尔德的威廉·博芬格设计公司(Wilhelm Bofinger)所做的M125设计项目。就像他在乌尔姆的建筑系同事们[尤其是康拉德·瓦克斯曼(Konrad Wachsmann)和赫伯特·奥尔(Herbert Ohl)]为了促进战后建造高品质、价格合理的住宅而开发的预制标准化住宅组件一样,古格洛特也为家庭室内装潢构思了一个类似的系统设计方案。古格洛特的主要目的是,重组战后充斥在室内家居中的那些杂乱无章、风格各异还不搭配的家具,将它们转变为一种更高效、更节省空间的家具套装。为此,他设计了一套模块化、标准化的架条和墙面单元部件,用户可以根据自己的偏好,将这些部件互换并重新组合成架子、柜子和储物空间(图35)。虽然早在20世纪20年代,一些先锋设计师如马谢·布鲁尔、布鲁诺·保尔(Bruno Paul)和约瑟夫·希勒布兰德(Josef Hillerbrand)就首次提出了系统设计的概念,但古格洛特的模型将这一概念提升到了新的高度[99]。乍一看,这种基于严格的、合理化的可互换部件的"视觉干净"观念,似乎代表了一种相当专制的设计原则,即代表了不同社会空间(例如,办公室、客厅和卧室)之间的文化差异,并被统一融合进了一个单一的、实用价值理性的视觉系统中[100]。但古格洛特的真正目标并不是去限制使用者的个人创造力,而是为那些战后生活在狭小空间中的人们,提供一套价格实惠的、多功能的家具单元。M125项目

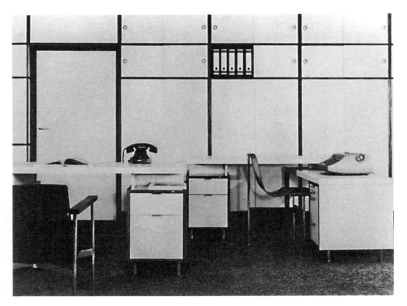

图 35　M125 型模块化架子单元，1957 年。设计师：汉斯·古格洛特，威廉·博芬格（位于伊尔斯菲尔德）设计。图片由乌尔姆设计学院档案馆提供。

也意在抵制战后许多商业设计中"个性化设计"和"消费者个性"变成了廉价商品的现象。事实上，古格洛特的系统化设计是一次认真的尝试，通过构思出一套标准化、可互换的部件，在使用者排布这些模块化部件的过程中唤起他们对个人风格与喜好的表达，并以此来对抗市场上的"个性化设计"。

　　乌尔姆设计学院的摄影系也展现了该学院对工业设计的独到理解。作为学院反抗艺术和手工艺传统的一部分，摄影系公然避免将摄影看作是一种艺术形式。相反，他们专注于发展一种新类型的客观产品摄影，排除任何幻想和情感的因素。在克里斯蒂安·施陶布（Christian Staub）和沃尔夫冈·西奥尔（Wolfgang Siol）的带领下，摄影系既抛弃了它认为的、存在于产品摄影和 20 世纪 50 年代"主观摄影"中的虚假形而上学，也抛弃了战后商业广告中普遍使用的美学策略。他们的观念是，用一种纯客观的、信息丰富且真诚的风格来展示设计产品[101]。设计产品通常在中性的空白背景下，以黑白色调拍摄，目的是避免任何廉价的情感主义或情感吸引力（图36）。并非乌尔姆设计学院发明了这种简洁、朴素的产品摄影风格，在非商业的语境下，包豪斯和30年代的瑞士摄影师都开创了这一拍摄日常商品的新美学方式[102]。然而，乌尔姆贡献的特别之处在于，它系统性地努力去除了这些早期开创性历史风格中，仍残留的艺术主观性和非理性的情感因素。乌尔姆的摄影师们力求将产品展示为一种传达功能信息的设计物件，而非一个欲求之物。他们在摄影中，通常会增加大量的人造光，以消除照片中产品的大部分阴影，这符合学院将设计之物还原到其基本技术特质的产品设计哲学。正如赫伯特·林丁格尔指出的："乌尔姆的主导思想无疑是尽可能地去除所有的非必要元素，以将设计之物简化到不可再简化。这一理念不仅体现在设计工作中，也体现在学院的摄影上。"[103] 即便是早期拍摄比尔在学院的设计作品中出

图36 乌尔姆设计学院关于酒店餐具的摄影作品。设计：尼克·罗里希特（Nick Roericht），1958—1859年。摄影：沃尔夫冈·西奥尔。图片由乌尔姆设计学院档案馆提供。

现的极少量人类元素,如产品照片中展示物品实用价值的使用者的手(图 37 所示),也在乌尔姆后来的产品摄影中被去除了。因此,这种摄影风格反映了学院的一个广泛信念:这些设计之物不只是美丽的"文化商品",也是符号的集合体,更是严谨设计逻辑的直接体现。

　　将乌尔姆为博朗公司拍摄的产品照片,与 20 世纪 50 年代其他消费电子产品的常规广告摄影风格相比较,可以明显看出乌尔姆独特的美学策略。传统肾形桌设计风格的商品,通常会以鲜明的动态线条进行展示,且经常出现在配有微笑女郎的家庭客厅中,让消费者兴奋的氛围更加"和谐"(图 38)。相比之下,博朗的产品

图 37　乌尔姆门把手,约 1955 年。设计:马克斯・比尔和恩斯特・莫克尔(Ernst Moeckel)。摄影:恩斯特・哈恩。图片由乌尔姆设计学院档案馆提供。

图 38　博世公司 20 世纪 50 年代初的广告。图片由斯图加特的罗伯特·博世有限公司提供。

则完全不同，它们被彻底地去恋物化，单独展示在冷静、没有吸引力的空白背景上，以正面、无阴影的"静物"方式拍摄，强调产品设计本身的功能性（图 39）[104]。这些广告很少暗示温馨的家庭环境，也不会有微笑的家庭主妇出现使产品"感性化"[105]。任何可能分散对产

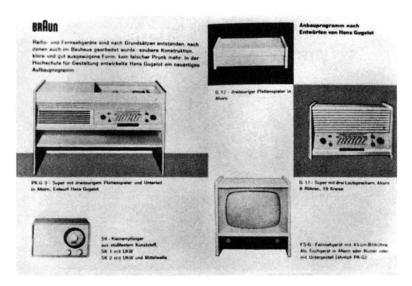

图 39　博朗公司 1955 年的广告。文案指出,展出的收音机和电视设备在很大程度上遵循了包豪斯的设计原则——"结构简洁,形态清晰且和谐,无任何多余装饰"。来源:博朗公司的广告宣传册。图片由乌尔姆市档案馆提供。

品本身技术信息关注的元素都会被排除。从这个角度看,乌尔姆为博朗的设计是一种大胆尝试,旨在构建一种企业形象,一种拒绝商品拜物教,以及更加"世俗"的、清醒功能主义和技术性能特质的形象。

　　甚至从乌尔姆的学生群体就能看出,学院的确与战后的大多数文化发展的趋势背道而驰。一位记者在 20 世纪 50 年代末对这所学校的理念和学生的生活方式进行了如下观察:

　　　　"这里学生的面貌在其他德国大学里很少见,他们既不风格化,也不天真,而是像来自国际化大都市大学城里的人:专注、聪明、敏感,没有夸张的情感。从他们面貌中看不出内心世界。入学这个学院就像是参加某种入会仪式:学生们相互剪头发。剪短发是第一个重要的步骤。非常短的头发,既实用又理性,头发长度都一致……一种非常类似修道院的发型。第二个

166

步骤是放弃使用大写字母。这不是出于历史或语言政治上的原因，而是基于实用主义。大写字母会干扰手和眼的注意力。在乌尔姆，他们坚持只用小写字母写作。第三个步骤：放弃姓氏，摆脱自己出身的包袱。这里的每个人只用名。同时，传统的称呼方式也被放弃，用亲近的'Du'（你）代替正式的'Sie'（您）。最后一个步骤：思维方式的革命。主要是通过持续不断的压力，要求对任何事情都给出一个理由，来使他们的思想与感受不断被剥离而又被重组。"[106]

正如这段敏锐的文字所揭示的，通过发型、放弃大写字母和正式语法用词、否定家庭和个人历史背景，以及最终的"心智功能革命"，乌尔姆设计学院主导的设计哲学几乎是镌刻于学生之上的，直到呈现在他们的面貌上。这种对"资产阶级装束"的全面拒绝，与20世纪50年代西德青年文化中流行的鸭尾发型和聚会场所形成了鲜明对比[107]。乌尔姆的学生没有像西德工人阶级的青年文化那样，通过模仿像猫王、詹姆斯·迪恩、马龙·白兰度和玛丽莲·梦露等青年偶像的造型和生活方式，来追捧一种想象中的美国流行文化[108]；他们也没有像他们这一代的许多人那样，反叛家长父权制的价值观，并转化为俄狄浦斯式的反威权主义，追求感官享受和盲目的消费主义[109]。的确，学生们对这种（美国式）青年娱乐文化的不感兴趣，正好反映了学院对有机设计文化蕴含的过分张扬和大胆风格的普遍拒绝态度。因此，记者们对学院这种类似修道院的奇异氛围表示惊讶也就不奇怪了。学院中女生的比例从未超过12％，这一事实进一步强化了这种修道院式的独特氛围[110]。这些乌尔姆学生形成了一种独特的反青年文化，其特点正可以用形容学校建筑、摄影和设计产品的词语来描述：冷静、实用、理性，不情绪化。即使是学生们对爵士乐的兴趣，也可以用相应的学校的设计态度来描述——"技术精湛、深奥、抽象，做得非常出色，既不过分华丽也不夸张"[111]。乌尔姆的设计项目不仅是一种先锋性的设计哲学,它还渗透到了学校生活的方方面面,形成了与库贝克山下的世界截然不同的生活方式。

· 超越包豪斯的遗产

随着时间的推移,比尔和马尔多纳多之间的分歧日益加深,最终导致学校分裂成支持比尔和反对比尔的两派。抛开危机期间的复杂内斗不谈,可以简单地说,马尔多纳多倡导的以科学为导向的设计师愿景最终占据了上风。实际上,1958 年,作为对他所谓的"昔日好想法的技术性堕落"的回应,比尔辞去了院长职务[112]。他的离去象征着学院基于艺术的设计教育时代的结束。此后,学院全面转向发展一种新的现代设计和设计师的概念,摆脱了美学、文化和艺术创作的历史包袱。最能明显体现这一转向的莫过于 1958 年学院新修订的课程大纲:色彩教学在课程体系中被彻底取消[113];古格洛特和沃尔特·蔡司格继续探索工程科学;同时,还增加了更多理论性的科学课程,如数学运筹分析、生理学、感知理论、人体工程学和认识论。建筑系在瓦克斯曼和奥尔的领导下,也放弃了其形而上学的内容,从注重建筑的诗性转变为注重住宅预制件的理性化设计,甚至"文化整合"(Cultural Integration)系,即包含哲学、历史、心理学和政治科学等组成部分的系,原本是为了纠正包豪斯教学计划中反历史倾向和过度专业化的问题,现在也转向了更加"专业化培训"的紧急任务[114]。

乌尔姆设计教育模式愈加"科学化"的趋势,不仅仅是对战后设计商业化的反应,也是对德国制造同盟理念的回应。乍看之下,乌尔姆对德国制造同盟遗产的拒绝似乎有点奇怪,尤其是考虑到比尔与马尔多纳多之间的争执(虽然没有类似的民族主义言论),很容易让人想起制造同盟1914年的那次有关艺术家与工业、文化与经济之间关系的著名"标准化"辩论。制造同盟在两次世界大战期间的运动,看起来似乎也与乌尔姆在一代人之后发起的运动有些相似。但是,对于制造同盟在冷战期间对其文化使命的去激进化,乌尔姆设计学院表示了质疑。对于乌尔姆人而言,制造同盟在战后自诩的"国家良心"的角色,在重构现代设计教育中并没有什么用。虽然他们都偏好功能主义,但乌尔姆人并不认同制造同盟将日常商品的重要性与精神理想主义和道德重建联系起来的做法。实际上,制造同盟新提倡的基于美、真及实用性的"优良形式"设计,正是乌尔姆设计学院年轻的教师们想要避免的。

1956年,乌尔姆理性主义和制造同盟理想主义之间的差异,在瑞士制造同盟、德国制造同盟和乌尔姆设计学院于斯图加特举行的联合会议上表现得尤为明显。会议上的演讲凸显了双方在设计观念上的巨大不同。德国制造同盟巴登-符腾堡分会主席艾舍·豪普特(Otto Haupt)在演讲中强调了制造同盟在战后作为国家良心,在确保文化与低俗之物相区别的方面所起的作用。相比之下,乌尔姆的马克斯·本泽和马克斯·比尔教授则探讨了现代设计实践中的一些具体的理论问题,如形态设计的重要性、形而上学的终结和本泽所谓的"功能本体论"的兴起[115]。然而,乌尔姆教师的演讲并未受到认可。对于乌尔姆教师对设计枯燥的理智化,以及对艺术创造性中情感和直觉因素的全盘忽视,瑞士和德国的制造同盟(包括在场的记者们)表示了怀疑[116]。一位德国制造同盟成员甚至批评说,比尔将艺术作品视为"心理性使用对象"的观点缺乏"西方传统基础",具有危险性,因为它排除了"精神"作为有意义的设计工作的核心来源和目标[117]。最后,制造同盟建议乌尔姆应减少理论研究,更多地转向实际的设计生产[118]。无论我们怎样看待这种批评,1956年的这次会议戏剧性地表明了在有关恰当的设计工作的角色和含义上,乌尔姆设计学院和制造同盟存在多么大的意见分歧。

或许更相关的是,乌尔姆对制造同盟遗产的拒绝不可避免地使其重新审视了自身的包豪斯遗产。马尔多纳多认为,包豪斯不再适合作为工业设计教育的典范,因为它"边做边学"的教学方法忽视了新的科学研究,也没能为学生提供应对战后复杂的工业环境所需的充分准备。尽管他承认包豪斯打破了德国艺术教育的陈旧模式,但他认为包豪斯试图消除学生先前的学术训练,以恢复基于"遗失的心理-生物统一性"的"自由个性",实际上阻碍了学生在现代工业社会中所承担的重要角色[119]。因此,他指出,包豪斯的千禧年主义,以及其高贵野蛮人神话早已失去了历史有效性,本身已变成了新学院派的形式主义[120]。

虽然这看起来有些夸张,但马尔多纳多批评包豪斯从未完全摆脱其早期的表现主义倾向的看法,并非毫无道理。比如,格罗皮乌斯本人在1955年乌尔姆学院的开幕式演讲上,就完全忽略了乌尔姆实际上已经更新了包豪斯的原始计划,即去除了工业设计课程中艺术和手工艺的主导地位。他不仅强调,为"包豪斯理念"在冷战中提供一个"新的德国家园"是进步民主的标志,还认为真正的文化改革首先是培养"艺术人才"作为文化工程师,因为"人类发展的精神方向,总是受到由超越逻辑功能主义的思想家和艺术家的显著影响"[121]。像比尔一样,格罗皮乌斯也捍卫了艺术和艺术家是文化和政治复兴之真正来源的权威。最后他的结论是,对于他来说,直觉、情感和艺术敏感性,而非科学理性,仍然是设计工作的真正动力。

在自己学院内部,乌尔姆人甚至也能找到包豪斯表现主义遗留下来的迹象。约翰内斯·伊顿(Johannes Itten),这位马兹达兹南教派的大师,曾在1919年至1923年间提出了著名的包豪斯基础课程,他在学院的出现为这种观点提供了更多的证据。尽管伊顿在

1954 年来到乌尔姆时已经不再穿着他的僧侣长袍,但他仍试图通过冥想和课前体操让学生们接触东方哲学的奥秘[122]。然而,他对直觉和非理性主义的深信不疑在乌尔姆的学生和教师中并没有引起共鸣,相反,这成为他们嘲笑和模仿的源泉[123]。即使其他从包豪斯来到乌尔姆的老师,如约瑟夫·阿尔伯斯(Josef Albers)、赫莱娜·农内·施密特(Helene Nonne-Schmidt)和康拉德·瓦克斯曼(Konrad Wachsmann),也都在色彩理论、字体和预制建筑施工等领域进行了更科学的探索,而伊顿仍被视为包豪斯那些不受欢迎的主观主义和表现主义遗产的象征,更是加深了这种印象。

然而,乌尔姆并没有简单地完全抛弃包豪斯的历史,相反,学院的年轻教师们重新发掘了汉内斯·迈耶(Hannes Meyer),一位几乎被遗忘的人物,他在包豪斯期间负责了彻底改革工业设计教育的工作。作为格罗皮乌斯在德绍包豪斯的继任者,迈耶在 1927 年至 1930 年间领导了包豪斯的活动。他致力于改变包豪斯的形象和高端客户群,通过制定更加左翼的项目,来"满足人民的需求,而非奢侈的需求",同时将学校的工作室与工会及工人运动更紧密地联系起来。他通过清除任何残留的工匠精神和/或表现主义神秘主义,改变了包豪斯的教育方式,转而支持一种更"世俗化"、基于理性生产原则的设计方法。对许多乌尔姆人来说,无论是在工作还是设计理论方面,迈耶在德绍的任期是包豪斯最富有成效的时期。实际上,迈耶的格言"有多少神秘的事情人们试图通过艺术来解释,然而事实上都与科学有关",成为乌尔姆年轻教师的指导性教育原则[124]。当然,接受迈耶并不是一件容易的事。事实上,他是一个公开的共产主义者,这使得对他的重新发掘显得尤为微妙。考虑到冷战时期的文化氛围,以及包豪斯遗产作为西德自由文化的指引灯塔的日益重要性,在西德包豪斯历史的编纂中,迈耶在德绍的任期经常被边缘化或清除。例如,在 1950 年的"包豪斯画家展"中,迈耶被塑造为一个"教条式唯物主义的意识形态家",被认为曲解了格罗皮乌斯的教条,并通过过于字面和机械地解释"功能的概念",以及压制艺术的中心地位,破坏了包豪斯的使命[125]。格罗皮乌斯自己也经常以迈耶的任期为借口,来转移任何可能损害包豪斯的批评。这在他回应鲁道夫·施瓦茨 1953 年的批判性文章中表现得最为明显,该文章谴责包豪斯是不受欢迎的祸害。格罗皮乌斯声称,任何这样的政治形象只能归因于迈耶那些有问题的行为[126]。尽管如此,作为基于科学的设计教育的原创理论家,迈耶还是在乌尔姆享有至高无上的地位,他的任期,而不是格罗皮乌斯在魏玛的任期,被视为乌尔姆真正的包豪斯遗产。

在放弃了制造同盟和早期包豪斯的教育模式之后,乌尔姆设计学院转而专注于发展自己的现代设计哲学。在学院的新课程大纲中,一个尤为显著的特征是对符号学的重视。这在很大程度上源于一个更广泛的尝试,即将设计从道德、品位和美学的束缚中解放出来。在这方面,马尔多纳多起到了引领作用,他深入研究了 C. S. 皮尔斯、查尔斯·莫里斯和阿纳托尔·拉波波特(Anatol Rapoport)的成果[127]。然而,重视符号学的主要倡导者,其实是被忽视已久的西德哲学家、乌尔姆讲师马克斯·本泽,他于 1954 年被比尔聘任到乌尔姆,帮助成立文化整合系。本泽曾是斯图加特大学的哲学教授,在 20 世纪 30 年代和 40 年代发表了多部关于数学哲学的著作,以及研究空间与存在现象学的形而上学关联、海德格尔式的著作[128]。1945 年之后,本泽将他的兴趣转向研究美学与技术之间的关系,在乌尔姆设计学院执教的 5 年期间,他开设了数学理论和符号学分析的课程。他的很多研究如今都集中在以下观点上:对文化的批判性解释学已不复存在,因为作为理解他所谓的"技术文明"兴起的解释模型,无论是自然还是文化,都已经失去了相关性。但本泽并没有像一些西德批评家那样,认为这一"文化之死"是一场彻底的社会灾难,而是大胆地接受这个新世界就是当下的现实。他致力于提出一种新的"技术意识"哲学体系,并不是工程师对一个完全技术化世界的某种奇特幻想,而是旨在让社会科学——尤其是美学,摆脱过时的人文主义框架。

本泽重新构建美学生产的概念,并使其超越文化范畴的努力,对设计理论及其审美对象的地位产生了深远影响。例如,在1956年瑞士制造同盟、德国制造同盟和乌尔姆设计学院联合会议上的演讲中,本泽大胆宣称,在一个以大规模复制和珍贵文化艺术品遭到破坏为特征的时代,那个久远的认识论假设——艺术品及其创作者是美学生产的独有领域——已不再具有历史有效性。本泽肯定是意识到了,"光晕的消失"本身并非什么新鲜事,因为自复制性产品的制造以来,它就已经成为现代生活的一个特点[129]。现在与过去的区别在于,在战后无节制的消费主义时代,这一现象产生了全面的影响,所有文化产品都可以立即被商品化、模仿和复制。因此,独立文化艺术品的历史性消失带来了两个关键性的影响:首先,这意味着产品之本体论范畴上的文化地位已被彻底破坏,因为其"独特"属性现在可以轻易地被复制和再生产;其次,美学自身已经从"去自然化"的珍贵物品中解放了出来,并有效地弥散到了社会的各个领域,比如广告、工业设计,以及兴起的"生活方式"。在本泽看来,这一社会发展符合现代科学(例如量子物理学)和现代抽象艺术(尤其是康定斯基)的逻辑,因为无论是现代物理学家对物质、冲量及规则电路的看法,抑或现代主义艺术家对绘画自然主义的看法,它们都早已抛弃了自19世纪以来,建立在可感世界和有形对象之上的基础[130]。因此,本泽提倡,现代哲学家/社会学家应该效仿现代物理学家的做法,不是去分析单个的对象,而是去分析它们之间的交互性符号效应,来达到研究"客观世界"的目的[131]。通过将概念关注点从单个文化产品,转移到研究其"对象效应"与"物性"的交互性领域,他试图构建一种与现代工业世界相适合的符号学美学理论[132]。本泽因此声称,工业设计在现代世界中占据着独特地位,因为它正好位于"技术文明"与美学工业化之间的交汇点上。工业现代性无意中将美学从产品和文化领域中解放出来,这意味着美学现在已成为文明的独属部分。工业设计不仅仅是艺术和技术的新结合,它还代表了"技术文明"的首次美学实践,是第一种理论上不受文化(精英)仪式和文化接受限制的形式主义策略。

20世纪50年代末,本泽的美学理论对乌尔姆设计学院的年轻教师们产生了显著影响,尽管他仍忠诚于比尔[133]。本泽那富有分析性的论证和旨在揭示日常生活中美学社会功能的不懈努力,吸引了他们,因为他提供了一种方式,能够用更科学的评估标准来取代传统的文化评价(如品位、美感、道德)[134]。然而,经常被忽视的是,乌尔姆设计学院试图研究日常物品之新科学的计划,也受到了特定伦理驱动的影响。事实上,类似自然科学家研究自然界中物理对象的行为一样,新设计师以韦伯式的"价值无涉"科学原则为指导,分析社会中的"交流产品"(即消费品与媒体信息),培养这种设计师的努力并不是一种天真的理想主义,而是为了对抗战后占据主导地位的物质文化科学——即市场研究的一种努力。到60年代初,市场研究已成为一门高度发达的商业科学,取代工业心理学成为理解人与物之间关系的主要认识论学科。这不仅体现在1945年之后商业与文化的融合上,也反映在聚焦销售与心理学之间浪漫关系的新兴学术产业上[135]。作为回应,乌尔姆人希望通过发展更具伦理基础的"批判性符号学",来阻止社会科学的持续商业化。霍斯特·里特尔(Horst Rittel)和汉诺·凯斯廷(Hanno Kesting)将美学数学化的先驱性工作,以及法国语言学家、乌尔姆讲师亚伯拉罕·莫尔斯(Abraham Moles)探究消费主义符号学规律的努力,反映了他们试图构建出一套不受麦迪逊大道操纵的、批判性的现代物质文化理论

173

的宏大愿望[136]。

为了在市场不断同化的背景下保持设计的批判性精神，马尔多纳多强调了设计研究与解放人类需求之间的联系。对于他来说，设计教育必须关注一种"需求理论"，这种理论需要"更系统性地研究消费的各个细微方面"。但这不能只是空洞的哲学思考。因为这个问题与保护自由本身有关。正如马尔多纳多所指出的，影响西德繁荣消费文化的"操纵美学"与一个更宏观的问题密切相关（甚至在某种程度上对这一问题负有责任），那就是民主自由的理想，正讽刺性地被"实现这一自由的有限真实可能性"削弱。因此，冷战时期对个人主义的赞颂，实际上并不是一种解放的理念，而更像是一种伪装下的消费律令。这就是为什么马尔多纳多认为，"真正的个人解放"不能通过"艺术自我表达"来实现，而只能通过"更高级别的学习和有意识的自我控制，而不是通过无法控制的情感冲动"来实现[137]。因此，符号学，及其与之相关的科学理性，被认为是通向真正政治解放的关键一步，因为它揭示了"使操纵成为可能和必要的条件"[138]。

然而，乌尔姆设计学院又一次遇到了问题。首先，课程大纲的新"科学化"遭遇了来自师生的越来越多的抵抗，许多人认为学校对科学和理性的依赖已变得过于极端和偏激。马尔多纳多遭受了越来越多的批评，这所坐落在山顶的学校陷入了无休止的内斗和阴谋当中。到了 1963 年春天，乌尔姆设计学院的激烈内斗甚至引起了西德主流媒体的注意。最具破坏性的要数西德顶尖周刊《明镜》（*Der Spiegel*）发表的一篇讽刺文章。文章对学校 1955 年成立时提出的崇高愿景进行了尖刻的讽刺，将学院的高尚自我形象贬低为一种可笑的"设计修道院内的冷战"。该文的匿名作者采访了一些心怀不满的教师和学生，他们都将学校描绘成一个充满敌意、自私和无能氛围的地方[139]。仅仅是文中的配图就很具有故事性：

英格尔·绍尔被拍摄成一个衰老、带有颓废气息的领导者；比尔则被塑造为一个不专心的教师，在一排设计玻璃器皿后面做着奇怪的面部表情；马尔多纳多则被描绘为一个懒散的讲师，躺在地板上无所事事。更糟糕的是，文章报道说，巴登-符腾堡州政府收到了一封来自乌尔姆学生联盟领导者的信，要求政府介入，帮助引入更民主的校规校纪（在学院管理中赋予学生更多权利）并恢复秩序。《明镜》周刊的这篇文章严重损害了乌尔姆高尚的文化地位和社会使命，将这个珍贵的小型设计学院变成了公众丑闻的焦点[140]。

毫无疑问，如果乌尔姆设计学院没有面临严重的财务困境，《明镜》周刊的这篇文章可能不会产生如此大的影响。文章发表后不久，巴登-符腾堡州政府便开始重新考虑对该院校的财政支持。这是一个灾难性的时间点，因为学院当时正变得越来越依赖于本已经对他们持怀疑态度的州政府的财政援助。尽管许多政府保守派从未喜欢资助一所未经国家认证的学校，但乌尔姆设计学院不寻常的象征意义使其总是被赋予特殊地位[141]。与西德其他学校和大学不同，乌尔姆设计学院被允许自行决定其教学计划、合格要求和与行业的联系，不受各种地区法规和教育规定的约束。对于日益增多的批评乌尔姆的声音来说，这篇文章只是证实了长期以来的看法，即这所不受管制的学校只是在浪费纳税人的钱。巴登-符腾堡州政府内的各派政治家都要求审查学校的各种活动[142]。

同样，对乌尔姆理性主义设计形式和教育的批评，也受到了当时西德建筑和设计界更广泛的"功能主义危机"的影响。对于许多西德人来说，相信 20 世纪 20 年代功能主义建筑和城市规划具有治愈社会的力量的信念，在 1945 年后变成了噩梦，因为其曾经流行一时的社会理想已经失去了乌托邦承诺（或）文化愿景。虽然功能主义的平庸化长期以来被战后的保守派所厌恶，被看作是误导西德自由文化的可憎象征，但 60 年代中期出现的新批评，主要来自那些在

175

魏玛共和国时期曾支持现代主义的左翼人士。知名人物如泰奥多·阿多诺（Theodor Adorno）、恩斯特·布洛赫（Ernst Bloch），特别是亚历山大·米切利希（Alexander Mitscherlich）及其 1965 年出版的作品《我们城市的不友好：煽动不和》(*Die Unwirtlichkeit unserer Städte：Anstiftung zum Unfrieden*)等，帮助大众引起了对功能主义文化危害性的关注。到 1968 年，对功能主义的批评，已成为对工具理性和西德城市"不宜居性"的更广泛批评的代名词。在这里，"功能主义的暴权"被理解为象征着战后个人身份的丧失、环境的破坏，以及西德"利润城市"的商业伦理[143]。功能主义曾是社会民主和对文化进行去神秘化的热情口号，但现在被各方面抛弃，成为战后改革和复兴失败梦想的直接象征。

然而，乌尔姆设计学院再一次选择了不随大流。与其他人不同，他们没有选择接受将更加情感化、异想天开和个性化的设计形式作为一种文化纠正策略[144]。对于他们而言，功能主义仍是最重要的设计风格，因为正如亚伯拉罕·莫尔斯所指出的，功能主义"必然与被迫追求不断生产和销售的富裕社会之理念相冲突"[145]。但并非乌尔姆所有人都同意这一点。实际上，马尔多纳多和圭·博西彭（Gui Bonsiepe）成为功能主义的新批评者。他们认为，功能主义的"反美学"实际上是一种幻觉，已成为市场上的另一种设计风格[146]。德国制造同盟和德国设计委员会举办的众多"优良形式"展（更不用说乌尔姆设计几乎已经成为博朗公司形象的代名词了）证实了这一点。在他们眼中，形式本身已经成为另一个被嘲笑的词语，与"声望设计"和"样式"一样腐败和具有腐蚀性[147]。美学失去了其历史潜力，不再具备颠覆性和自由性。博西彭表达了这一新的悲观主义看法：

"过去，美学被看作是一种对状态的预期，暗示着从必要性的约束中解放出来。但美学遭遇了一个无法被预知的命运。

人们发现,美学很容易被用来为压迫服务。权力的形式已经被升华。在这一升华过程中,曾经是并且仍然是一种解放状态的美学,被权力机构所利用,因而被用于掌握权力和维持权力。"[148]

这是一个不小的转变。至少,这意味着美学权力的彻底颠倒。毫无疑问,马尔多纳多和博西彭意识到,自古以来,美学一直被用来表达权力、创造共识和唤起群体感,这一点在古埃及时期就已经存在,更别说被法西斯主义无情利用了。但传统的看法总是认为,美学之所以能这样做,是因为运用了一些特定类型的要素:宏伟的、令人印象深刻的、充满情感的。相比之下,功能主义则被认为是完全相反的:低调的、谦逊的、理性的。因此,它内在地蕴含着一种解放的可能性,因为它暗示了美学的终结和人与物之间更理智和理性的关系。但最终,即使这种反美学也变成了一种美学,它激进的批判潜力已经消退。它只是政权(甚至是自由主义政权的,如我们将在下一章中看到的)和资本的另一种表达形式。将设计之物重构为社会改革和政治解放的领域希望,已经几乎破灭了。

在这个时刻,乌尔姆设计学院开始彻底远离产品设计。即使是学院最坚定的功能主义者,也较少将精力投入设计物品之上,而是更多地关注"产品系统"和设计理论[149]。诚然,这一转变在很多方面恰恰体现了"科学操作主义"的本质,即任务"不再是关注事物的名称,也不仅是事物本身",而是要掌握"可操作、可掌控的真实的知识"[150]。但如何防止乌尔姆的设计师们自己变成资本主义的棋子?当然,这仍旧是乌尔姆设计学院的良知危机。为了避免现代工业设计师沦为无意义的技术官僚,学院进一步激化了设计师的形象和角色。马尔多纳多和博西彭再次定下了基调。他们断言,设计师在商业和工业领域中保持对抗性角色的唯一方式,是成为新的挑衅者。作为这样的人,"设计师的职能不应该是维持秩序,而是创造混乱"[151]。学院曾经将工业视为社会改革伙伴的指导信念已经消失。同样消失的，还有他们受启蒙时代影响的、理性设计与理性社会相结合的信念。他们完全不知道如何协调形式和自由。结果是，乌尔姆设计学院变得更加孤立和愤世嫉俗，更喜欢未受玷污的理论话语世界，而不是工业关系中的日常喧嚣和污垢。

然而，尽管经历了种种波折，乌尔姆设计学院丰富的经历仍然标志着战后最严肃的尝试，旨在保持设计和设计师的批判性锋芒。抛开存在的分歧不谈，比尔努力为日常之物重新赋魅，使其成为非异化的"文化对象"，而马尔多纳多则尝试将设计教育理性化，作为一种积极参与的消费科学，都是对战后设计之物所面临的文化危机的回应。即使它对理性和科学具有救赎作用的启蒙时期信仰（以及对环境问题的忽略）可能使这所学校被归类为现代主义，它依然是研究物质丰裕背景下存在的文化矛盾的一个宝贵案例。在西德，没有任何一个地方像乌尔姆设计学院那样，热衷于探索和论辩工业与伦理、美学与解放、技术与文化如何相结合的问题。但是，在对抗工业文化与文化工业之间历史性混淆的问题上，乌尔姆设计学院也并非完全是孤军奋战。另一个更具启示性的例子是德国设计委员会将功能主义与国家文化相结合的运动。现在我们将注意力转向这一充满变化的征程之上。

第五章　设计、自由主义与政府：
　　　　德国设计委员会

1951 年 4 月 4 日,德国设计委员会(Rat für Formgebung,German Design Council)作为一个新的政府机构,由西德的联邦议会成立,其任务是推广"德国产品可能的最佳形式"。这个国家设计委员会的成立是德国制造同盟长期努力的结果,旨在争取政府支持,普及"优良形式"的设计理念。委员会被赋予保护"德国工业、手工艺和消费者的竞争利益"的任务,代表了波恩政府首次也是唯一一次试图将西德工业产品的经济和文化生活结合起来的尝试[1]。但与德国制造同盟或乌尔姆设计学院不同的是,德国设计委员会几乎没有引起学术界的关注。而其所受的少量关注,也大多十分消极:在很多情况下,该委员会被描述为政府和工业界的一枚苍白的棋子[2]。这一章旨在西德文化史的宏观背景下,考察设计委员会构建的特殊重要性。最关键的是,该委员会清晰地展示了在冷战时期人们所认为的自由主义、国家和现代设计之间的联系。设计委员会如何以及在多大程度上,帮助推广了西德在国际现代主义设计和国际文化展览中的文化身份,是这一章的核心议题。然而,委员会的意义不仅限于其将设计转化为一种外交手段。同样具有启示性的是,它在工业设计的更高追求、版权改革活动以及专业化进程中所出现的内部冲突。每个案例都凸显了在协调文化与商业之间,存在的内在欲望和困难。因此,分析显示,德国设计委员会是西德更广泛运动中的关键实例,而这一运动旨在赋予西德现代化以持久的社会价值和文化意义。

179

·设计、政府和国家身份

20世纪40年代末,德国制造同盟首次提出了创建一个国家设计委员会的想法。如第二章所述,制造同盟组织了许多展览和文化活动来支持其改革理念。然而,它面临着现实的行政障碍。最大的挑战来自西德的《基本法》(Basic Law),该法律对文化和教育的联邦化,使得在国家层面上创建制造同盟变得不可能。为了应对这一挑战,制造同盟转而致力于建立一个由政府资助的中央设计委员会,并将其视为促进出口收入增长、文化改革甚至道德复兴的最佳途径[3]。自国家经济事务由波恩政府负责管理后,制造同盟于1949年向联邦经济部提出了一个请求,希望成立一个新的德国设计委员会,作为某种国家级的、间接性的制造同盟[4]。

这一提议很快得到了广泛支持,部分原因是波恩政府希望挽回西德1949年在纽约举办的工业展——"装饰你的房子"(Decorate Your House)所遭遇的惨败。西德在美国举办的首次工业展览中遭到了观众和评论家的一致嘲讽。展览中展示的巴伐利亚艺术和手工艺、路易十五风格的家具以及过度装饰的瓷器被美国媒体讥讽为可笑的"暴发户式"俗气。一位评论家在指出"纽约很久没见过像这次德国展览中那样多的昂贵垃圾"后,甚至质疑了西德所珍视的、一个号称已彻底清除了纳粹文化的国家自我形象:

> "看起来好像整个世界都在向德国的制造同盟和包豪斯学习,但似乎只有德国自己没有这样做。德国要么回到了创立时期的虚假华丽风(可能是受到了纳粹时代的浮夸风影响),要么就是过于自负,认为全世界的品位都很粗俗,因此在面向国外的展览上不愿将自己更优秀的设计产品拿出来。"[5]

这一对西德设计风格的批评,指出了西德人急于摆脱的几种尴尬形象:第一,西德在文化上仍显得落后且自大;第二,西德在文化上并未与纳粹主义划清界限;第三,西德莫名其妙地放弃了其国际现代主义的积极遗产。

急切于扭转这一公关灾难,西德的政治家们认为制造同盟的提议既合时宜又恰当。西德议会中的几位成员,特别是社会民主党的阿诺·亨尼格(Arno Hennig),坚持认为波恩政府应该尽一切可能避免未来再发生类似的丑闻,尤其是在美国。亨尼格进一步认为,设计委员会能够成为文化重生的重要源泉。在 1949 年给德国联邦议院文化政策委员会同僚的备忘录中,他强调了制造同盟和包豪斯在提升日常商品至"有价值的商品"的历史重要性,这种商品为"日常生活的艰苦"带来了"灵魂感"和"美学文化"[6]。亨尼格的观点得到了广泛认可,在争取立法支持时,许多支持该委员会的倡议者也引用了这一观点。

艾尔斯·迈斯纳(Else Meissner)1950 年的著作《生活和经济中的质量与形式》(*Quality and Form in Life and the Economy*)极大地促进了设计委员会的运动。作为长期的德国制造同盟成员和魏玛时期妇女运动的活动家,迈斯纳在 20 世纪 20 年代致力于将妇女解放、开明的消费观念与制造同盟对现代主义住宅和设计的宏伟运动结合起来[7]。然而,她的新书面向的却是不同的读者群体。尽管书中第一部分强调了制造同盟项目之于战后文化和经济复兴的重要性,但她论点的核心在于,对西德在国际设计文化地理中所处位置的描述。迈斯纳认为,近年来,奥地利、瑞士、荷兰和斯堪的纳维亚国家都成立了自己国家级别的制造同盟,目的是将德国制造同盟丰富的现代主义遗产转化为自己的特殊优势。美国设计也从包豪斯的流散者中受益颇丰,甚至英国也在 1944 年成立了一个得到大量资助的工业设计委员会(Council of Industrial Design),专门在国内外推广英国的工业设计。法国、瑞士、斯堪的纳维亚国家、美国，甚至东德都已经成立了国家设计委员会，这进一步佐证了迈斯纳提出的国际设计发展的新"包围论"[8]。信息非常明确：只要波恩政府不支持工业设计，西德就将永远在经济上依赖那些利用德国现代主义设计遗产获益的工业邻国[9]。但迈斯纳的观点甚至还更深刻。经济依赖、文化停滞和进一步的政治尴尬只是开始，随之而来的还将是比例、美感、视角和秩序感的崩溃，从而导致危险的文化"无产阶级化"。其他委员会的支持者也提出了类似的观点，认为有必要"保护西方免受这些危险的侵害"[10]。

艾尔斯·迈斯纳的警告促使社会民主党的主要成员提供了支持。1950年末，阿诺·亨尼格起草了一项法案，提议成立新的德国工业和手工艺品设计委员会(German Design Council of Industrial and Artisan Products)，旨在帮助西德恢复其作为工业设计制造领导者的昔日地位。设计委员会被设想为一个非营利的咨询机构，由制造业、商业、工会和消费者团体的代表，以及艺术家、设计师、教师和宣传人员组成[11]。然而，保守派对此还是持有疑虑。右翼的德国党派代表认为，支持新的"形式文化"不应该也不能成为国家的责任，而基督教民主党则反对说，这是对"自然"的市场供需法则的一种非自由主义的阻碍。一位基督教民主党成员甚至认为，这个委员会让人联想起阿尔伯特·施佩尔的劳动之美办公室[12]。作为回应，亨尼格提出了四个主要论点：第一，他向批评者保证，委员会既不是一个非自由的"优良品位法典"，也不是一个由国家运营的文化官僚机构，而是作为工业界和消费者之间的非正式联络机构[13]；第二，该委员会归经济部管辖，明确表明其主要任务是经济性的，而非文化性的；第三，亨尼格指出，国家对工业设计的干预并非纳粹时期所独有。早在1848年，斯图加特的符腾堡地区的政府就成立了商业和贸易中央委员会(Central Committee for Business and Trade,

后更名为 Landesgewerbeamt），以此作为促进当地工业产品和纺织品的手段，并一直运作到被纳粹接管[14]。鉴于德国政府与工业设计紧密联系的悠久传统，有效地消除了任何与纳粹相关的负面联想，作为历史上的惯常做法，也进一步将该计划合理化了[15]；第四，亨尼格跟随迈斯纳的观点，认为成立该委员会是合理且必要的，原因很简单，因为所有其他工业化国家已经朝着这个方向迈出了步伐。

然而，这个提议一开始还是遭到了工业领导者的反对。制造同盟为了打消这一怀疑态度，派出了其重要成员尤普·恩斯特（Jupp Ernst）向德国工业联合会（Bundesverband der deutschen Industrie，简称 BDI）介绍这个计划[16]。德国工业联合会最初是由一些中型地区制造商在 1895 年成立的，目的是保护自己免遭大型工业的关税和卡特尔政策影响。1945 年后，经过改革的德国工业联合会成为西德最大和最有影响力的主要工业协会[17]。其主要任务是保护大型工业和地区生产者的利益[18]。鉴于联合会希望在国内外推广德国工业，在恩斯特的积极游说后毫不意外地接受了制造同盟的提议。实际上，到了 1951 年 12 月，德国工业联合会甚至成立了自己的工业设计委员会（Arbeitskreis für industrielle Formgebung），作为一个非正式的设计机构来宣传那些"技术优良、设计出众"的西德工业产品，并促进对消费者的教育和设计的专业化[19]。到了 20 世纪 50 年代初，西德的经济已经从制造原材料和半成品转向制造成品。此外，50 年代西德塑料和消费电子产品制造的迅猛增长显示出设计在不断扩大的资本商品领域中的重要性。到 1950 年，塑料和电子行业占了全部工业劳动力的 27.3%[20]。实际上，家用电器商品和产品的出口量从 1950 年的约 176 万德国马克增加到 1951 年的约 497 万德国马克，到 1954 年更是增长到约 624 万德国马克[21]。这一趋势蕴含了一个观点：通过促进工业设计，可以提升西德的出口能力和生活标准，从而有助于防止"集体主义思维"发展的倾向。基于这个理念，德国工业联合会接着举办了众多展览，旨在展示设计、出口与政治稳定之间的密切关联[22]。

亨尼格在推动成立设计委员会的过程中，还成功获得了两名西德最有影响力人士的支持。其中一个是西德总统特奥多尔·豪斯。正如第二章所述，豪斯在 20 世纪 20 年代是制造同盟的重要成员，并且在整个战争期间通过"艺术服务"组织与制造同盟保持着联系。尽管他对纳粹时期德国文化的"同化"持怀疑态度，质疑文化与政权结合的好处，豪斯还是承诺支持国家设计委员会。在他 1951 年关于制造同盟历史的演讲《什么是质量？》(*What Is Quality?*)中，他再次重申，"德国优质产品"在国外的成功，对于西德而言具有极为重要的"经济、社会政治和精神历史"意义。他的意思是，"这个问题不仅关乎期望营利的工业家、工资和与出口价值挂钩的工人"，更"涉及我们每个人的生活。我们所有人的生计基本上都依赖于在海外推广有良好声誉的德国制造"[23]。

第二名支持者是艾哈德，西德传奇的经济部长。1949 年，他被总理康拉德·阿登纳(Konrad Adenauer)任命，负责西德的货币改革。艾哈德成功地领导国家度过了 20 世纪 50 年代的经济起飞期。他提出的"社会市场经济"理念是自由主义经济和福利国家政策的结合，帮助德国从凋敝的纳粹战争经济废墟，转变到发展出了欧洲最繁荣的混合市场文化。战争期间，他在德国顶尖消费者研究机构的工作经历，包括纽伦堡消费研究所和更独立一些的消费研究协会，塑造了他对后法西斯时代消费社会的理解[24]。在他关于战后经济发展的著名书籍《通过竞争实现繁荣》(*Prosperity through Competition*)中，艾哈德不仅为自己的经济计划辩护，认为其对于抵御卡特尔和计划经济的不良影响十分必要，他还强调了消费者满意度是经济稳定和政治民主的基础。因此，考虑到这些理念，艾哈德支持设计委员会的提议也就不令人意外了。与纳粹在 30 年代初期依靠价格稳定、大企业和国防建设来实现的"经济奇迹"不同,艾哈德认为他的战后"奇迹"将依赖于工业制造的革新,尤其是消费品出口的革新[25]。实际上,他认为,消费品是"我们整个经济、社会和国家存在的基石"[26]。然而,他担心西德的出口正因为"机器的外观不再符合国外的现代主义品位"而受到影响。尽管一些重要的公司有意识地利用了德国功能主义设计的长久声誉,但大多数公司并没有这样做[27]。因此,设计委员会通过再次领先那些"发扬光大我们过去成功"的外国人,可以帮助西德重获艾哈德所认为的工业设计"世界领导者"的地位。负责监督"设计美观制造设备"的生产和消费的委员会,将会大大缩短这一"设计差距",从而促进西德初露头角的经济[28]。

事实上,这些发展引起了制造同盟的一些担忧。虽然他们知道设计委员会要想成功,就必须得到工业界和政府的支持,但制造同盟的成员担心自己的理念正逐渐成为工业界的一枚棋子[29]。问题在于,当设计委员会成立并通过法律承认后不久,艾哈德任命了爱德华·沙尔费耶夫(Eduard Schalfejew)为委员会主任。沙尔费耶夫是一个有能力的双区域经济管理者,后来在艾哈德的经济部工作,他因具有行政经验和对"恰当设计的德国产品"的"浓厚兴趣"而获得了这一职位[30]。然而,制造同盟强烈反对这一任命,认为沙尔费耶夫只是工业界的傀儡,而且缺乏设计方面的专业知识[31]。这一僵局最终通过双方的妥协得以打破:制造同盟接受了沙尔费耶夫的任命,但条件是委员会的总秘书不能是工业界的代表;随后,德国工业联合会和设计委员会欣然同意提名米娅·西格尔(Mia Seeger)为总秘书。西格尔是德国现代主义著名的文化调解者,曾协助策划了1924 年的《形式》展、1927 年的魏森霍夫建筑展和 1932 年的居住需求展,以及 1936 年米兰三年展的德国馆。在战争期间,她是"艺术服务"的成员，也是赫尔曼·格雷奇领导下的斯图加特州立工业管理局的一名助理，并且是建筑期刊《现代建筑形式》（*Moderne Bauformen*）的联合编辑[32]。因此，沙尔费耶夫和西格尔的任命清晰地反映了委员会内部的政治分歧。尽管艾哈德在 1952 年向委员会的指导委员会增加的任命，可能对制造同盟不利，但西格尔的加入，确保了制造同盟在 20 世纪 50 年代和 60 年代初期在委员会中有一个有影响力的声音。

　　一旦组织上的问题解决了，德国设计委员会便开始忙于推广西德的工业设计。最重要的是，它努力通过恢复（西）德国魏玛设计的遗产，来抵消 1949 年纽约展览的影响，并将其作为战后的指导方针。但这并非易事，主要是因为精英文化圈对工业技术的前景持有深深的怀疑。面对这一挑战，委员会开始努力将技术重塑为一种积极的文化力量。

185　　委员会早期理想主义的一个典型例子是，1952 年在达姆施塔特举行的备受瞩目的"人类与技术大会"。这次会议由制造同盟的主席汉斯·施威珀特组织并主持，汇集了来自建筑、设计、商业、消费者团体和妇女组织的西德领军人物，以及来自英国、荷兰和法国的外国设计代表。会议的目标是，讨论人与技术之间关系的复杂文化问题。这次会议并未达成一致，实际上还成为两个意识形态阵营之间的文化冲突。一方面，有人强烈谴责技术是一种危险且不受欢迎的文化祸害。原子时代的焦虑塑造了他们对设计的认知，他们将技术视为"人类的堕落"甚至是"该隐的后代"[33]；而另一方面，则是制造同盟的成员和技术的倡导者，他们努力强调技术对战后生活潜在的经济益处、文化益处，以化解这些末日论调。他们重申了"技术效用"在"人类社会秩序"和"理性存在实现"中的决定性作用，并特别强调优质的工业设计，可以成为文化成就和"负责任的商业实践"的潜在来源。尽管有些参与者仍持怀疑态度，但制造同盟的道德主义者们最终成功地缓解了许多人对技术的本能反感[34]。更重要的是，通过提及新成立的设计委员会这一正面举措，部分地促进了西德工业与人文主义价值观之间的协调[35]。

1952年在达姆施塔特举办的会议还凸显了设计委员会的文化视角。类似制造同盟，委员会也倾向于将设计产品不仅看作是可销售的商品，还视为一种有价值的文化艺术品。这一点体现得最为明显的，莫过于沙尔费耶夫在1954年汉诺威春季贸易博览会上所作的开幕演讲。在演讲中，他主张，委员会的任务是促进那些拥有共同"国际形式设计语言"的工业界邻国之间开展"友好合作"；除此之外，他还总结说，当前主要的任务是"有目的地塑造经济的文化形式"[36]。几个月后，沙尔费耶夫还表示，设计委员会的主要目标是帮助将"廉价的批量制造商品转变成对人类社会有价值的贡献"，因为具有"优良形式"的设计产品在"人类社会和文化领域中，具有不可否认的形塑能力"[37]。因此，设计委员会在早期的活动，显示出它与制造同盟战后努力将商品提升为一种"文化产品"的行为有着明显的相似性，而这一理念源自国际现代主义的人文遗产。

186

但是，如果德国设计委员会推崇的是"形式设计的国际化语言"，那么西德设计的具体特征又是什么呢？为了回答这个问题，我们必须关注委员会在著名的米兰三年展的设计展上所做出的贡献。米兰三年展作为欧洲战前展示新艺术和设计作品的主要场所，在1945年后，很快恢复了其作为战后"高品位版的奥林匹克运动会"的地位。这个展览为来自欧洲内外的众多国家提供了展示他们的设计新形式和新概念的机会。由于波恩政府仍在努力扭转1949年纽约展览中的负面设计形象，因此确保设计委员会的首次展览取得成功，至关重要。

然而，这个任务并不简单，主要是因为1954年的展览并不是战后的第一次米兰三年展，而是第二次。在1951年战后的第一次三年展上,西德的参展由制造同盟成员马克斯·维德兰德斯(Max Wiederanders)策划,他刻意用魏玛德国的"经典现代主义"的著名作品——例如,赫尔曼·格雷奇、威廉·华根菲尔德和海因茨·勒费尔哈特(Heinz Löffelhardt)的玻璃和瓷器作品,取代了纽约展览中令人尴尬的巴伐利亚乡土风格(以及任何残留的"血和土"元素)的产品。现代主义设计被展示为与纳粹的庸俗主义和民族主义文化截然相反的另一种文化。然而,情况的复杂之处在于,这些被认为是温和现代主义设计的作品,恰好是纳粹在1940年三年展上展出的同一批作品。在纳粹的展览中,既没有"卐"符号、巴伐利亚啤酒杯,也没有任何纳粹旗帜或民族主义的口号。事实上,纳粹展馆是由制造同盟成员和设计师赫尔曼·格雷奇主持设计的,他力图将制造同盟关于形式之"简洁与诚实"的设计哲学,宣传为德国"国内文化复兴"的同义词[38]。他们试图将魏玛时期的现代主义设计进行重新包装的行为,是为了纳粹的经济和文化利益,也是纳粹更大规模运动的一部分。1940年的那次展览展示了包括德国劳工阵线的家具原型、现代主义瓷器、餐具和玻璃器皿在内的一系列产品(图40),这些都被骄傲地展示为纳粹现代主义的象征。

因此,1951年西德在米兰三年展的展览,并没有真正表现出想与过去断绝关联的想法。就像1949年的纽约出口展一样,尽管西德努力压制了与纳粹文化的联系,但还是在无意中凸显了对纳粹文化的明显继承性。当然,其问题在于纳粹文化本身蕴含的矛盾性,因为它既包含前现代的民族主义文化,又接受了魏玛时期的技术现代主义。然而,这个在第一章有所提及的复杂文化故事,在冷战期间是被禁止讨论的,尤其是关于纳粹经常为了自己的政治目的而利用魏玛现代主义的原因和方式。在1945年后,纳粹文化被定性为

图 40 1940 年在米兰三年展上展出的德国设计的餐具和餐桌用品。设计师：赫尔曼·格雷奇。摄影师：阿道夫·拉齐（Adolf Lazi）。来源：《德国：第七届米兰三年展》（*Germania：VII Mailänder Triennale*）（米兰，1940 年），H. 格雷奇（H. Gretsch）和 A. 哈贝勒（A. Haberer）编，未标页码。图片由阿道夫·拉齐档案馆——A. 因戈·拉齐，斯图加特/埃斯林根提供，www. Lazi. de。

根子上的"血与土"田园主义和浪漫反现代主义。正如我们所看到的，1937 年著名的慕尼黑"退化艺术"展成为冷战文献中论及纳粹文化的重要引用[39]。为了将魏玛共和国和西德纳入同一个自由主义传统谱系，同时也将战后与法西斯的"中断期"区分开来，因此有必要塑造一个纳粹完全反现代的形象。因此，在战后将未受污染的魏玛现代主义塑造为西德真正的文化财富的过程中，关于继承性的敏感问题被巧妙地绕开了[40]。

188

尽管继承性问题没有引发公众讨论,但 1951 年西德在米兰三年展的展览也没有获得太多好评。在一篇标题为《对德国的警告信号》(A Warning Signal for Germany)且经常被引用的评论中,一位西德记者指出,德国对工业设计持有的"像对待博物馆展品一样的态度",与当代国际设计流行的"对生活的乐观态度"的观念大相径庭。20 年前的功能主义设计被批评为过时,在一个趋向于色彩丰富和不对称的设计世界里已显得不合时宜。评论家以芬兰的玻璃、瑞典的家具和意大利的雕塑为现代设计的典范,并得出结论,制造同盟和包豪斯现代主义的简约设计理念——"冷静、清晰和几何形式"——属于"过去的想法"[41]。其他人也批评西德对魏玛现代主义的狂热推崇,以及对设计实验所表现出来的犹豫不决[42]。

因此,德国设计委员会在组织 1954 年西德三年展展品时,确保对这些批评进行了回应。这一次,米娅·西格尔保证了西德工业设计与新的国际设计潮流保持一致,并带来了新旧、有机与功能主义设计的新融合(图 41)。然而,这种风格多样性,实际上却暴露出了什么才是西德工业设计之深层的不确定性。这个问题的关键在于,西德是应该加入国际舞台、赞美有机设计和形式主义的个性主张,还是应该坚持其备受赞誉的包豪斯风格的现代主义传统。最重要的是代表性问题。尽管在 20 世纪 50 年代,西德的流行文化中充满了肾形桌有机主义风格,但德国设计委员会还是想要展现一种更适合的、其认为更体现西德成熟文化的官方设计风格。它对有机设计持保留态度(一位观察家称之为"海德格尔太多,吉罗杜太少"),认为这种设计在文化上是一种倒退,并最终确定以功能主义设计作为其后法西斯时期的指导性美学标准[43]。从这个角度看,1954 年的三年展代表了向打造西德官方设计身份的第一步,即将老派和新派的实用主义相融合。

图 41　1954 年米兰三年展上的西德设计产品。来源:《建筑艺术与工艺形式》杂志,1954 年 12 月第 12 期:736 页,右下角。图片由柏林普鲁士文化遗产提供。

在 1957 年的米兰三年展上,对功能主义的文化提升表现得非常明显。尽管有机设计在国内颇受欢迎,但它却完全没有出现在官方展示的西德工业设计中。一位记者指出,上一届米兰三年展中充满"趣味玩耍性"的特点,现在已经让位给了一种新的"简单事物的精致感"[44]。这并不是说西德在这一立场上独一无二。在 20 世纪 50 年代末和 60 年代初,米兰三年展上出现了一个国际趋势,即重点从装饰艺术和手工艺品,转向了大规模制造的日常之物的理性设计,但这一趋势在西德展区尤为显著。尽管展览中包括了海因茨·勒费尔哈特(Heinz Löffelhardt)和赫尔曼·格雷奇的一些经典现代瓷器,但来自博朗、WMF、博世、西门子和诺尔国际的新产品被自豪地展示为"经济奇迹"的文化成果。因此,从这个角度来看,设计委员会在 1957 年的米兰三年展上的展品,可以被视为 1955 年《商品

189

知识》的某种三维延伸。

这些设计政治最为戏剧性的展现，莫过于 1958 年在布鲁塞尔举行的世界博览会。这是自 1937 年以来的首个世界博览会，共有 50 个国家受邀参加，主题为"进步与人类"。然而，与 1851 年著名的水晶宫博览会之后的国际博览会不同，布鲁塞尔展览并不是为了促进国家间的竞争，也不是重复 19 世纪对物质进步和人类完善的信仰。实际上，1958 年的展览是对 1937 年巴黎世界博览会黑暗遗产的明确回应，当时许多参展国（尤其是德国、意大利）肆意将展览变成了促进侵略性民族主义宣传的夸张政治表演[45]。在两次世界大战、经济危机和社会革命的背景下，比利时政府期望展现一些截然不同的内容。这次博览会不仅"关注进步本身"，更关注"科学技术的进步如何服务于人类生活"以及如何帮助人们"变得更加具有人性"[46]。选择原子作为博览会的主要象征，凸显了比利时的宏伟目标：用人文主义文化、国际团结和伦理承诺来平衡技术和科学的潜在风险。

意料之中，西德人对参加这个充满善意的博览会充满期待。为了体现博览会的主题，并向仍然保持警惕的国际社会保证 1957 年不再是 1937 年，西德展览委员会办公室努力传达一种新的信息。他们主要确保本国的展品不会带有任何民族主义历史性或对"经济奇迹"的炫耀。实际上，"尊严"和"谦逊"是展馆运行的口号[47]。为此，制造同盟和德国设计委员会被委托策划西德的展出内容。在汉斯·施威珀特、埃贡·艾尔曼、米娅·西格尔、奥托·巴特宁和戈特霍尔德·施奈德（Gotthold Schneider）等制造同盟、设计委员会和"艺术服务"老成员的领导下，展览的执行委员会迅速草拟了代表西德新兴工业文化的方案。

这些理念在名为"德国的生活与工作"的西德展馆中得到了鲜明的体现。展馆将道德、幸福和工作紧密联系起来。首先，组织者选择了马丁·路德的名言"即使我知道明天世界会毁灭,我今天仍然会种下我的小苹果树"作为展馆的座右铭。值得注意的是,在这个展馆中,道德理想主义并不与世俗幸福或物质满足相悖。通过赞颂战后恢复了的"生活中的幸福"和"新的轻松、温柔和优雅",它明确拒绝了原子时代悲观主义的"沉重严肃"。现代建筑和设计既是这种新秩序的原因,也是其结果,因为"新建筑的玻璃墙,明亮的办公室、车间和工厂,新家具的优雅形式……以及服装和装饰艺术的转变"都有助于增强"人类抵御周围黑暗和混乱的能力"。因此,西德展出的工作场所与家庭所表现出来的"友好"和"美丽",被视为抵抗法西斯、集体主义、原子弹焦虑和冷战军国主义的防线。展览报告甚至声称,在实现西德基于政治变革和精神恢复的新"诚实生活"方面,这一新的救赎性"设计精神"发挥了重要作用[48]。

然而,"诚实生活"究竟是什么意思呢?显然,展馆的建筑和设计明确展示了魏玛现代主义如何被广泛用来塑造一个令人接受的西德文化形象。由制造同盟成员汉斯·施威珀特、塞普·鲁夫(Sep Ruf)和埃贡·艾尔曼设计的布鲁塞尔西德展馆,展现了一种视觉上的去纳粹化。其无装饰、低矮的钢结构和玻璃建筑(图 42)与第三帝国 1937 年巴黎展馆(图 43)那种浮夸的纪念碑性风格形成了鲜明对比。但是,1958 年的布鲁塞尔展馆不仅避开了阿尔伯特·施佩尔的建筑风格,也背离了纳粹时期的激进主义。最终,激发 1958 年展馆灵感的,并非两次世界大战期间著名的职工住宅区的简朴风格,而是密斯·凡·德·罗在 1929 年巴塞罗那展馆中留下来的风格遗产。乍一看,这似乎是矛盾的,尤其是密斯·凡·德·罗是两次世界大战期间最著名的新建筑风格的建筑师之一。不过,需要记住的是,他一直对功能主义建筑师中一些更激进的派别进行尖锐批评(尤其是汉内斯·迈耶),因为这些派别将建筑简化为没有生命、

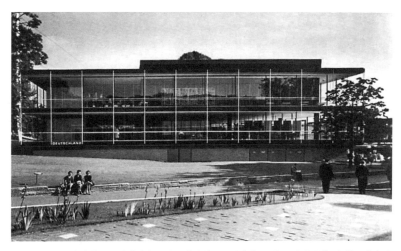

图 42　1958 年布鲁塞尔世界博览会上的西德馆外观。设计者：汉斯·施威珀特、塞普·鲁夫和埃贡·艾尔曼。来源：《德国：1958 布鲁塞尔世界博览会贡献：一份报告》(*Deutschland：Beitrag zur Weltausstellung Brussel 1958：Ein Bericht*)（杜塞尔多夫，1958 年），第 2 卷，W. 费舍尔（W. Fischer）和 G. B. 冯·哈特曼编，第 136 页。图片由柏林普鲁士文化遗产提供。

不存在变化的空间。在 20 世纪 20 年代，他越来越注重在建筑中将简约与精神融合起来，并因此在 20 年代和 30 年代得到了左翼和右翼的支持。布鲁塞尔展馆声称所继承的，正是这种"精神功能主义"的传统。

对这一遗产的重塑，也可以在布鲁塞尔展会上展出的设计产品中看到。与展馆的建筑一样，西德的设计产品被精心挑选，以展现出西德现代性的精致形象。展览中没有展出任何巴伐利亚啤酒杯、黑森林布谷鸟钟或格尔森基兴巴洛克风格家具；少数展出的地区性手工艺品也与现代抽象形式有着明显的协调性。即便这些也主要是为了安抚手工艺者的游说团体[49]。基本上所有民族主义的乡土特色都从这一国家层面的自我展示中清除了。遵循 1957 年米兰三年展和 1958 年柏林国际建筑展的逻辑，展馆反映了这一宏大动机，即向外界展示一个将传统与现代、国家与国际相融合的新西德文化身份。一个房间展示了马谢·布鲁尔的钢管椅和海因茨·洛费尔

192

图 43 1937 年巴黎世博会上的德国馆,设计师为阿尔伯特·斯佩尔。来源:海因里希·霍夫曼,《德国在巴黎:图像集》(*Deutschland in Paris : Ein Bild-Buch*)(慕尼黑,1937 年),未标页码。

哈特的餐具,而另一个房间则展示了罗森塔尔的花瓶和刀具(图44)。两个住宅典范——一个为四人家庭设计,另一个为单身人士设计——配备了博世厨房和现代客厅,包括博朗唱机和诺尔家具(图 45)。诺尔实际上是一家美国公司,但这并不被认为是矛盾的,相反,这展示了 20 世纪 50 年代尝试构建一个真正的非民族化、更广泛的西德国家文化的努力,并将其作为变革和复苏的证明[50]。

　　　　　　　　　　　　　日常之物的权威:西德工业设计文化史

图 44　1958 年布鲁塞尔世界博览会上的西德馆内部及设计物品。设计者：汉斯·施威珀特、塞普·鲁夫和埃贡·艾尔曼。来源：《德国：1958 布鲁塞尔世界博览会贡献：一份报告》(杜塞尔多夫，1958 年)，第 2 卷，W. 费舍尔和 G. B. 冯·哈特曼编，第 59 页。图片由柏林普鲁士文化遗产提供。

图 45　1958 年布鲁塞尔世界博览会上的西德馆内部及设计物品，模范家居。来源：《德国：1958 布鲁塞尔世界博览会贡献：一份报告》(杜塞尔多夫，1958 年)，第 2 卷，W. 费舍尔和 G. B. 冯·哈特曼编，第 72 页。图片由柏林普鲁士文化遗产提供。

的确,博朗公司有充分的理由宣称,它的设计事务所已经成为"(西)德国的名片",因为它的设计产品本身就作为一种文化使者,在战后所有重要的设计展和国际展会中展出。

考虑到布鲁塞尔博览会对西德的重要性,像艾哈德和豪斯这样的高级官员出席该活动并不令人意外。艾哈德在开幕式上的讲话,总结了政府对这次博览会的态度。在称赞了这次展览是"国际合作的理想展示"和"技术与工业进步的人性化"之后,艾哈德进一步指出,这展现了歌德所描述的"有目的的共同体",即一种"真诚、深邃、诚实的人性",它的"物质进步与精神及伦理力量紧密相连"。他认为,德国馆恰当地体现了德国作为自由西方坚定可信成员的地位[51]。

194

西德展在外国媒体中的反响证明了它作为外交举措的成功。来自世界各地的记者们几乎一致地称赞波恩的展馆是整个博览会上最出色的展品,他们形容展馆既现代又清新,大胆但不固执己见。它因为既没有普鲁士式的军国主义,也没有纳粹式的纪念碑性,同时还淡化了西德战后显著复苏可能引发的民族主义自豪感,而得到了高度评价。当然,也有一些例外意见。例如,一位波兰记者抱怨这个"梦幻般的德国"带有可疑的政治性暗示,尤其是展览中展出了一幅德国1937年边界的大木制地图,该地图将德意志民主共和国和波兰的部分地区都包含在内,上面写着"三个分裂区人民的心脏仍在跳动"。尽管如此,这样的批评并不多见。西德展出的建筑和工业设计作品,主要因其将技术与文化、美学与伦理的结合,被称赞为"对密斯传统的精致化",并受到了广泛欢迎和好评。总的来说,外国媒体认为,它对现代主义风格和实用设计原则的展示,最好地体现了博览会的宏大主题——国际工业文化负责任的合作发展[52]。

195

196

在西德国内,布鲁塞尔展览的反响迥然不同。尽管西德的建筑和设计杂志对展馆的现代主义风格、内部布局和工业设计产品表示满意，但更主流的报纸和期刊对此却持有更多批评意见。《世界报》（Die Welt）、《法兰克福汇报》（Frankfurter Allgemeine）和《法兰克福手册》的评论员认为，展馆所营造的西德"谦逊"和"成熟"的形象只不过是一场拙劣的虚伪宣传活动，旨在向邻国展示一个"友好、和平的德国"，同时掩盖了国内棘手的问题。社会民主党的官方报纸《前进报》（Vorwärts）的一位记者甚至断言，展览"忽视了祖国分裂对德国人民的可怕影响，以及难民的境况"，并最终将展览描述为"不是针对过去或现在，而是着眼于未来"。然而，如果说这些更倾向于左翼的西德评论对展览的政治粉饰表示反对，那么像《基督教世界》（Christ und Welt）和《汉堡晚报》（Hamburger Abendpost）这样的战后保守派报纸，以及《图片报》（Bild）和《快报》（Quick）这样的更受欢迎的大众刊物，则抱怨这个展览的民族主义色彩不够浓厚。对于他们来说，西德的"经济奇迹"应该更自豪地向世界展示。他们公开抨击展馆的现代主义建筑和设计犯了展示无聊"缺乏生命力东西"的"橱窗病"，是一种高高在上的"教授式展览"，充斥着矫揉造作的"教师教条主义"，以及不受欢迎的"半真半假的单调"，最终成为"大众的乏味之物"[53]。批评之声如此严厉，以至于西德的展览负责人不得不召开新闻发布会来重申，布鲁塞尔展览的目的并非构思国内社会问题的解决方案，或者展示自夸的民族叙事，而是强调战后现代社会之间需要进行国际合作的必要性。这种双重批评清楚地表明，这一精心塑造的西德工业文化形象在国内的接受程度不如国外。

然而，这种风格化的西德现代形象逐渐成为常规展示。正如第二章所述，这种理性主义的功能主义体现了布鲁塞尔展的成功，以及1945年后，现代主义设计因其在经济和文化上日益增长的重要性，被官方界定为西德在20世纪50年代末到60年代的主要设计风格——这在 1960 年和 1964 年的米兰三年展、一系列"优良形式"的展览,以及在慕尼黑工业设计博物馆"新收藏"所组织的多个活动中都有体现[54]。因此,政治、公共关系和设计经常被有效地融合在一起。例如,在一篇 1957 年的美国设计杂志的文章中,西德的新设计因放弃了过去的"暗示性民族风格"而受到赞扬,似乎"体现了西德文化生活的新自由、繁荣和国际化"[55]。1960 年至 1961 年在纽约举行的"今日德国设计"展开幕时,西德大使威廉・格雷韦(Wilhelm Grewe)借此机会声称,西德设计的"纯净和高雅之美可以促进我们两国人民之间的友好关系"[56]。在那时,类似的观点已经很普遍。1949 年纽约设计展的公关灾难已经得到弥补,而现在,工业设计几乎已经成为西德现代文化中最佳的那部分的代名词。

1961 年位于埃森的新工业设计收藏博物馆(Sammlung Industrieform)开馆时,这一文化政治达到了高潮。该市的旧设计博物馆——胡格尔别墅——已不敷使用,须迁至更宽敞的地点。埃森市长和北莱茵-威斯特法伦州的文化部长出席了新博物馆的开幕式,称赞新博物馆对城市经济发展、作为工业现代主义避风港的骄傲形象而言,都大有裨益。但有一点使这个活动与一般的市政宣传不同:新的设计博物馆设在埃森的前犹太教堂内,该建筑于 1938 年在纳粹"水晶之夜"的暴行中受到了严重破坏。

结果是,这个看似普通的博物馆开幕式,被转化为展示工业设计道德力量的启发性案例。埃森市长威廉・尼斯万特(Wilhelm Nieswandt)在开幕式上指出,这座始建于 1911 年,并于 1938 年被摧毁的犹太教堂,是一个悲剧性的警钟,提醒人们德国和犹太人关系的破裂,以及德国和犹太人共同历史的终结。但由于这座教堂的年代不够久远,无法作为官方的历史古迹而受到保护,达不到作为文化纪念碑进行修复的条件。在埃森犹太信托公司(Essen's Jewish Trust Corporation)将之前的教堂于 1960 年卖给埃森市议会后,将这座废墟转变为某种纪念碑的努力终于开始结出果实。现在,这个城市有了一个机会,能够以一种符合市长所说的"这座前教堂应有的尊严"的方式来翻修这座建筑[57]。

因此,在不久之后,市政府投票决定将这座教堂改建为工业设计产品展览馆。虽然这听起来可能有些奇怪,却没有人去质疑,以这种方式重新修建这座被誉为"庄严纪念碑"的建筑,是否更好地符合了其原来的功能。相反,文化部长维尔纳·舒茨(Werner Schütz)声称,这个新的设计博物馆(最初由市政府提议,并据说得到了埃森犹太公民的认可)恰恰代表了"双方现在已经准备好构建一个包括犹太人、德国人、基督徒的新共同体的意愿有多强烈"[58]。对此,尼斯万特市长补充说,"将这个曾被亵渎的前犹太教堂,奉献给这个新的高尚目的"应该"让我们意识到并且坚定地认为,这种盲目的不容忍事件,在自由民主的德国绝不能再次发生"[59]。埃森的新设计博物馆因此从商品文化的世界中被提升,重塑为赎罪和和解的新历史象征。当然,重点并不是要声称设计能以某种方式负责修复德国与犹太人之间的关系。但是,如果工业设计没有被普遍用作一种改善过去与现在关系的方式,这样的博物馆奉献仪式是不会实现的。将这座废弃的教堂改造成设计博物馆并未引发任何反对或讨论,这一事实可能最好地证明了,在人们的心中,已将工业设计、反法西斯主义和政治自由主义联系在了一起。

· 设计与市场

除了将"优良形式"设计宣传为一种自由主义文化之外,设计委员会还对保护市场中的设计产品感兴趣。其中最重要的举措之一是关于版权法的改革。对于某些人来说,这可能看起来有些奇怪,尤其是因为版权法和设计世界乍一看似乎相去甚远。但实际上,版权法对工业产品的制造和保护有着强大的影响。到了20世纪50年代中期,越来越多的西德设计师和宣传人员感觉到当前的版权状况对他们的目标有害。许多人认为,法律体系没有适当地保护"优良形式"的设计,相反,法律体系甚至倾向于保护更加个体化的"个性"形式设计,这很大程度上是因为自1907年以来,管理版权的法律基本未有改变。在那个时代,新成立的制造同盟曾努力引导扩大版权保护至应用艺术领域。1907年初,威廉二世签署了一项应用范围更为广泛的法律,规定"应用艺术作品应被视为视觉艺术作品"。但这项法律的实施引发了一系列棘手的问题。正如弗雷德里克·施瓦茨指出的:"虽然1907年的法律扩展了'艺术'的定义范围,但它并没有具体说明艺术是什么。这个问题必须由法庭来决定,而法庭则需要依据一定的标准来进行区分。这些标准对于应用艺术家来说极其重要。"[60]

因此,争议的焦点在于什么才算是艺术,从而值得被法律保护。判断艺术品质最常见的方法是,提及艺术家的实际存在。1907年,一位评论家这样总结道:"法律保护的必要前提是存在个人的创造性活动,就像在高雅艺术作品中那样。"[61]因此,法律上对艺术的定义(或至少是受法律保护的部分)是个性。而界定大规模制造产品背后个人艺术色彩最常规的方法是,识别"新颖性"和(或)"独特性"。这些特征很快成为法律上保护设计师(及制造商)免受大众文化模仿和仿制品冲击的主要标准。然而,对于功能主义设计师来说,问题在于法律并不保护"功能实用性"。事实上,正是物品与"技术必要性"和"普遍性"之间的个性化区别(或者按当时的说法,即"美学本质"或"美学附加值",使得这些物品最先有资格获得法律保护)[62]。

这给20世纪20年代和30年代的新客观主义设计师们带来了很大困难。在魏玛共和国时期,两个著名的法庭案例凸显了法律的复杂性。这两个案例都与功能主义设计的设计师有关,他们的作品明确不被视为艺术品。第一个案例发生在 1929 年,涉及著名的钢管椅专利。在这个案例中,安东·洛伦茨(Anton Lorenz)公司,这个生产荷兰设计师马特·斯坦姆(Mart Stam)创作的钢管椅的制造商,对托诺特(Thonet)公司因生产马谢·布鲁尔设计的一款类似椅子而提起了诉讼。双方都同意斯塔姆和布鲁尔自 20 年代中期以来一直在设计钢管椅。虽然斯塔姆被认为是这个特定设计的主要创作者,但根据版权法执行这一判决并不简单。首先,不清楚斯塔姆的椅子应该被视为"技术发明"还是"工艺艺术品"。虽然这听起来可能微不足道,但语义上的差异至关重要,因为只有艺术品才能受到法律保护。不出所料,托诺特公司坚称椅子纯粹是技术性的,这就意味着斯塔姆对于他的设计变体没有任何法律权利。法官最终判定支持斯塔姆,认为尽管椅子有"严谨而合乎逻辑的线条",但它确实具有独特的"艺术品质"——因此具有"美学实质"。椅子因此受到了 1907 年法律的保护,满足了该产品能"为眼睛提供愉悦印象"的法律条件[63]。另一个经常被引用的案例发生在 1933 年,而情况恰好相反。在这个案例中,一家生产沃尔特·格罗皮乌斯现代方形门把手的柏林金属公司,起诉了另一家公司在未经原版权所有者同意的情况下,抄袭了格罗皮乌斯的设计。格罗皮乌斯设计版权的所有者声称其原作是工艺艺术品,因此受到版权的保护。但这一次,门把手最早的制造商输掉了这个案子。门把手被判断为一个功能性物品,不具备任何"美学附加价值"。这意味着该公司对其设计的仿制品和再生产的法律主张无效[64]。格罗皮乌斯的设计被视为德国更普遍的"共同文化财富"的一部分,缺乏任何"独特的智力创造"。这些案例的结局表明,每个案件的决定都是根据具体情况作出的,各方都在就 1907 年法律中所定义的"美学附加值"的意义展开了激烈争辩。1945 年之后,情况几乎未有变化。像以往一样,设计之物被判断的依据仍然是,其是否被视为"个体的智力艺术创作"[65]。技术创新不属于知识产权的保护范畴,而是受专利保护,因为其"作为技术指导的发明,缺乏文学和艺术作品的个性化特征"[66]。到了50年代中期,很多西德"优良设计"文化的成员都认为已经到了必须彻底改革这些法律的时候了。

革新版权法的运动由艾尔塞·迈斯纳(Else Meissner)领导。她在1950年的著作《质量与形式》(*Quality and Form*)中指出,法律对新颖性和独一无二的重视,实际上只是继续沿用了19世纪将艺术家型设计师视为资产阶级个体的观念。对她来说,将工业设计的法律定义仅限于个性化的艺术特质是错误的,因为这样做完全忽略了"形式的质量"等问题。在一个"个性化"设计受到"目的性功能主义"公开质疑的时代里,仅以个人的"艺术瞬间"作为大规模制造产品获得版权保护的唯一法律依据的想法,已经严重过时了。更糟糕的是,在法律看来,设计等同于造型[67]。因此,法律实际上在帮助那些反对功能实用性、偏爱形式个性和怪异设计作品的肾形桌风格设计师。与此同时,"优良形式"的产品在法律体系中却得不到认可[68]。

为了解决这个问题,艾尔塞·迈斯纳提出了一个新的衡量设计的概念,认可(并保护)那些以"诚信"和伦理实践为定性的设计成就[69]。通过把版权法和文化公益联系起来,她希望能够为制造同盟的理念提供法律支持,这一理念在豪斯的《什么是质量?》演讲中得到了最佳阐述,即高质量的设计等同于道德的正直。在她眼中,高质量功能性设计的培育,应当与"保护集体利益的法律防护"紧密关联。这并不意味着她的改革倡议是全新的观念。事实上,早在1935年,她就发表文章指出,现行版权法在偏袒艺术家个人权益的同时,忽略了集体的"经济文化利益",而这一做法已经过时了。她认为,正如"自由经济秩序"将劳动贬低为一种商品一样,它也将"商品制造的理性基础"转变为"商业的商品制造"。随之而来的是设计作为"国家文化之重要组成部分"的消亡。像许多其他制造同盟成员一样,迈斯纳最初对纳粹早期将现代主义与反自由主义结合的努力寄予厚望。为了"国家利益",她也被纳粹恢复"劳动尊严"和支持"有价值的工作"的承诺所吸引。但她敦促说,如果这要产生任何法律影响,版权法必须摆脱私有财产和艺术个人主义的自由概念[70]。在一份明显是写于1953年的手稿中,她提出应该将一个"新的社会设计理念"作为版权法的一个独立类别,这样做是为了让设计和建筑——更别提广播、电影、音乐和戏剧了——能够摆脱19世纪手工艺生产时期陈旧的法律思维。正如艺术的标准在工业设计领域不再具有任何有效性一样,19世纪关于自由艺术家的观念也同样过时了。迈斯纳继续指出,当代工业设计现在越来越多地是团队合作的结果。她随后建议,是时候摒弃将设计师视为一种独立个体的法律虚构,并重新修订版权法,从而认识到设计师们在设计过程中的多重"参与者"身份[71]。

1955年,关于版权法改革的问题成为德国设计委员会会议的核心议题。这次会议由制造同盟主席汉斯·施威珀特主持,汇集了顶尖的设计师、工程师和法律专家,讨论工业设计及设计师在法律上的地位。制造同盟的长期成员、德国工业联合会的高层成员君特·冯·佩赫曼(Günther von Pechmann)开启了辩论。他首先以1933年的格罗皮乌斯案件作为切入口,强调专利法和版权法改革的迫切性。他赞同马克斯·本泽的观点,认为"美学活动的领域远超出艺术范畴",还包含了工业技术的世俗领域。他还同意艾尔塞·迈斯纳的看法,即真正的设计成就(以及相应的法律保护),首先应当从将设计师及其设计视为"国家最宝贵的文化财产"开始[72]。其他人也强调了"对我们文化的自豪感"、前卫设计,以及更加"注重文化"(也就是说,更少自由主义倾向的)版权法之间必须建立的联系。正如几年前一位法律评论员所说,这种保护是"国家精神复兴"的关键,也是阻止斯宾格勒式(Spenglerian)的"西方文化衰落"的必要手段[73]。随后展开了激烈的辩论。尽管其他人也提出了许多重要观点,但迈斯纳的发言被证明具有决定性。她首先以重申自己的观点开始,认为自从包豪斯时期以来,版权法就一直与设计实践相悖,在那时,许多设计师第一次拒绝将设计看作是装饰,而是努力将其与大规模工业生产、科学理性和团队合作的新力量相结合。基于这些原因,她建议放弃以"个性"作为评价标准,转而采用更广义的"独特智力创造"概念。尽管一些参与者反对她的观点,其中有一位指责她怀有可疑的"集体主义"思想,偏离了"西方思想世界",但大多数人同意她的看法,认为管理保护工业设计的法律需要摆脱艺术欣赏和审美判断的桎梏[74]。

但最终,版权法仅进行了轻微的修改。正如一位评论员在论及1960年的法律条文时指出:

> "版权法保护并不排除产品的功能实用性。然而,仅仅是形式上的目的性并不足够。根据管理国家法院的法律,产品必须具有超出功能形式的'美学剩余'。如果将这一概念严格解释为艺术仅存在在装饰或装饰性的元素中,那就误解了它的含义。即使是功能性、线条清晰的产品,也可能被视为艺术品。但关键是,功能的艺术呈现必须超越纯粹的功能性。艺术家必须享有表达的自由。艺术作品只有在空间中进行艺术想象力的表达,以及艺术家能够追随这种灵感的情况下才开始存在。"[75]

在实践中,尽管"个人智力重要性"的观念常常让位于更灵活的"创造性成就"概念,但最终盛行的是"非技术决定的创造性成就"概念[76]。新颖性和独特性仍然是决定性因素[77]。

203

同时,德国设计委员会将精力转向构建一套新的、为设计展挑选展品的指导方针,并汇集了包括德国工业联合会、新技术形式研究所和埃森工业形式协会(Industrieform e. V.)在内的西德设计文化中的一些顶尖机构来明确评判合理设计的标准。相较于版权法,评判"优秀且吸引人的工业产品"的主要标准是实用性和功能性。只有那些"按照既定目的发挥作用"且形式"符合工作材料特性"的设计作品才会被考虑。此外,设计作品的特点必须是"将目的、材料和生产过程合理结合在一起的统一形式"[78]。随指导方针附带的一篇文章中,居特·福克斯(Günter Fuchs)进一步阐述了他的观点。他不仅声称"如果用品的形式与其功能不符,它就永远不会真正美丽",还结论说功能形式之美无非是"真理的光辉"和"共同体的永恒"[79]。这一反个人主义的负责任设计理念,是委员会渴望将美学与伦理结合在一起的基础。尽管这些指导方针最终都没有实际的约束力,或者产生重大影响,但它们确实凸显了设计委员会内部普遍存在的反自由主义倾向。

尽管在商业化侵袭下,为设计作品争取法律保护的运动未能成功,但它间接带来了一个问题:设计师的地位如何?到了20世纪50年代中期,设计委员会开始更加注重设计行业的专业化。虽然其章程在技术上禁止了它介入教育和专业许可事宜,但这并未阻止它试图制定职业指导方针。设计委员会想要这样做的主要名义是,出于保护德国传统的"形式赋予"遗产,不受美国式"明星"设计师的商业化侵蚀[80]。考虑到设计委员会认为设计师在战后生活的文化重建中应扮演重要角色,委员会希望确保设计师在美学教育和社会责任感方面得到适当的培养。然而,构建一个能够抗衡英美设计和设计师观念的有效模型并非易事。毕竟,德国传统的"形式赋予"和"造型师"概念与手工艺传统联系太紧密,难以提供太多帮助。这些词语无意中揭示了一个奇怪的历史事实:尽管德国拥有强大的、受制造同盟启发的现代主义传统，但它从未为20世纪的工业设计师发展出任何新的职业术语或概念。直到1914年，德国的设计领域主要是由"原型制造者"所主导，他们都是自学成才的自由设计师，受雇于德国各类纺织品制造商，以满足他们的装饰需求[81]。在这种临时抱佛脚的工业设计界里，并不存在通用的设计教育。即使通常被认为是德国第一位真正的工业设计师——彼得·贝伦斯（Peter Behrens），最初也只是一位受过训练的建筑师，后来才转向工业设计工作。他在第一次世界大战的前10年里，为德国通用电气公司（Allgemeine Elektrizitäts-Gesellschaft，AEG）进行了许多方面的设计工作[82]。

魏玛共和国时期出现的更具进步性的艺术与设计学校，例如包豪斯，于此并未提供太多帮助。尽管包豪斯致力于将工业设计从手工艺传统中解放出来，但它从未为普通工业设计师制定出更具体的教育模式。包豪斯的设计师专注于他们各自的特定设计领域，例如灯具制作、纺织工作和家具制作。事实上，工业设计在那里从未被作为一个专门的学科正式确立。除了包豪斯之外，对于工业设计的标准化，或将工业设计师专业化以作为一种新职业，几乎没有引起任何真正的兴趣。被公认为魏玛时期最著名的设计师，要么是作为工匠接受的培训（例如海因茨·勒费尔哈特、赫尔曼·格雷奇、特鲁德·佩特里和华根菲尔德），要么是作为建筑师接受的培训（例如密斯·凡·德·罗、彼得·贝伦斯和费迪南德·克莱默）。这种设计专业化的缺乏一直持续到纳粹统治时期。那时，已经成名的设计师们作为"工业界的艺术家"，相对不受纳粹重新组织的工匠学校管理限制的影响[83]。但是，虽然这种职业自由在纳粹时期对设计师们是有益的，但对于战后旨在界定和提升西德工业设计师专业水平的努力来说，它基本上没有太大的意义[84]。

由于缺乏历史指导，西德的相关讨论主要还是集中在影响该职业的一些基本问题上。争论主要聚焦在设计到底是一门艺术还是一门科学[85]。在这个问题上，西德设计界大致分为两个阵营。一方是支持制造同盟"去纳粹化"运动的人士，尝试恢复德国以前的艺术和工艺学校，并将其作为新的美术和应用艺术中心。作为后纳粹时代的文化改革，制造同盟的学校遵循了战后恢复人文主义教育的趋势，采纳了包豪斯早期高度表现主义的基础课程作为其设计方法[86]。作为"统一灵魂、身体和精神"的最佳方式，这些学校更注重直觉、创造性想象和艺术个性，而非理性和正式课程[87]。绘画和纺织工作的核心地位只是反映了这些学校更倾向于个人艺术训练，而不是标准化的工业教育。另一方是与乌尔姆设计学院相关的人士。正如第四章所述，尤其在马克斯·比尔于 1957 年离开后，乌尔姆设计学院明确地将设计从艺术和工艺传统中解放出来。在他们看来，设计教育不再应该与制造同盟的理想化美学教育计划相关联，而是应该引入数学、系统分析、人体工程学和经济学等更相关的领域，为学生未来在工业领域的就业做好准备。科学的合理化和标准的专业化是乌尔姆设计学院的指导原则，而非艺术和职业的个人主义。因此，尽管两个阵营都共同希望抵制设计师与商品造型师界限的模糊化，但在对恰当的设计教育应该是什么的理念上，他们存在明显分歧。

这场推动设计专业化的运动受到了一个事实的进一步阻碍：西德其他艺术学院和理工学校对工业设计几乎没有兴趣。这一点在德国设计委员会于 1955 年至 1956 年进行的为期 2 年的调查中表现得尤为明显。在这项调查中，139 所西德教育机构被要求填写关于工业设计作用和重要性的问卷。虽然许多学校口头上支持将工业设计作为一个有用的学习领域，但他们几乎没有采取措施将其纳入课程体系。一些学校对工业设计的确切定义感到困惑；其他学校则抱怨缺乏合格的设计教师；几乎所有人都提到资金不足是最大的障碍[88]。在工业界,情况甚至更加不乐观。大多数情况下,西德工业界对设计教育的标准化和认证不感兴趣。工业界通常从工程、建筑以及艺术和手工艺等设计相关职业中招聘设计师。例如,博世的主要设计师是前雕塑家;博朗著名的设计团队由受过训练的建筑师、工程师,甚至是前剧院导演组成;罗森塔尔的设计师是画家、陶艺家和雕塑家;而西门子占据两层的设计部门由公司内部的工程师、建筑师、绘图员和雕塑家组成[89]。到了 20 世纪 50 年代中期,西德的设计行业仍然组织混乱,主要由自由职业的设计分包商这种新型劳动力组成。

1957 年,德国设计委员会举办了一场会议,旨在解决当前这一不尽如人意的状况。这次名为"国际工业设计大会"(International Congress for Industrial Design)的活动邀请了一批西德顶尖设计师和教育家,以及来自法国、英国,甚至是东德等国家的设计委员会代表。根据主题的不同,会议分为两个部分,各自在不同地点举行:达姆施塔特承办了关于设计教育的分会场,而西柏林则资助了关于"工业责任"以及设计与商业之间关系的分会场。在联邦经济部和全德事务部(Ministry of All-German Issues)的慷慨资助下,会议旨在商业领域促进技术教育和对工业设计提供机构级别的支持。一位参会者精辟地表达了会议的目标,即维护设计和设计师的崇高文化角色:

> 设计师(尤其是形式赋予师)……必须坚定不移地高扬不妥协的优良品位旗帜;他必须像狮子般勇敢、像蛇般机智,以抵抗商人和中间商可悲的低劣品位。他必须坚决反对毫无意义的装饰、镀铬和金色、奇彭代尔风格、流线型设计,以及肾形桌风格的病态与矫情。为了确保其"优良形式"在市场上的成功,设计师扮演着极其重要的角色——但他不应追求成为一个明星。[90]

在这里,我们将设计师视为战后的(无名)文化英雄,但仅仅批评美国的流线型设计风格和"肾形桌与矫情"的商业精神,并没有给出关于什么是更有文化责任感的设计教育的具体指导。同时,关于设计究竟是艺术还是科学的老问题,以设计师应当接受普遍教育,还是专业教育的形式再度出现。

如何开发一种能够调和标准化与个性化的新学科,引发了一系列令人眼花缭乱的建议和提案。设计师沃尔特·克斯廷(Walter Kersting)认为,解决方案在于建立两三所精英设计学校,作为防止设计师(不同于他们的产品)成为标准化商品的手段;设计师兼评论家威廉·布劳恩·费尔德韦格(Wilhelm Braun-Feldweg)反对克斯廷的精英计划,主张大量现有学校应发展通用设计部门;威廉·华根菲尔德反对所有制度化设计学校的观念,支持在工厂中直接为设计师设立永久职位;前包豪斯教师约翰内斯·伊顿强调正规设计教育的重要性,强调他著名的包豪斯基础课程是所有设计教育的正确基础;教育家恩斯特·梅(Ernst May)认为,优秀的设计更多取决于休闲自学,而非学校培训;教育家古斯塔夫·哈森普夫鲁格(Gustav Hassenpflug)甚至提议成立新型"车轮上的设计学校",让二三十名学生和教师在几辆移动房车中生活,环游全国,直接在现场解决工业问题和需求[91]。但最终这些多样的观点并未产出任何实际的解决方案[92]。关于制造商与设计关系的柏林会议也没有好到哪里去:没有制定出任何大胆的新计划;工业界对设计教育没有做出任何资金承诺;同时,也没有人提出具体方案来说明工业界该怎样才能改进设计学校与制造之间的联系。

德国设计委员会希望通过制定一套新的针对西德工业设计教育的通用指南,来挽救这一局势。委员会尝试通过将工业设计分为三类来实现这一目标:技术设计、制造设计和手工艺设计。在每种分类下,重点都是将工业制造与(西)德文化形态相结合。例如,它建议技术学院为工程师们引入更多理论培训，以便让他们的机械知识与工业设计师们的"成熟形态感"相结合[93]。但这些尝试收效甚微。委员会的建议过于宽泛，难以广泛应用；同时，它也缺乏强制执行的权力。因此，委员会按照职业指导原则来专业化设计的尝试，最终收效甚微。

然而几年后，这场运动在其他地方得到了延续。1959 年，5 位年轻的西德工业设计师汉斯·西奥·鲍曼（Hans Theo Baumann）、埃里希·斯兰尼（Erich Slany）、卡尔·迪特尔特（Karl Dittert）、冈特·库佩茨（Günter Kupetz）和阿诺·沃特勒（Arno Votteler）[在前包豪斯成员赫伯特·希尔希（Herbert Hirche）和商人雷纳·舒特泽（Rainer Schütze）的协助下]，在斯图加特成立了西德设计师联合会（Verband Deutscher Industrie-Designer，VDID）。从一开始，西德设计师联合会就与德国设计委员会，以及新近成立的国际工业设计协会委员会（International Council of Societies of Industrial Design，ICSID）这个更大的国际设计师组织紧密相连[94]。首先，西德设计师联合会创始人的首要目标是，通过建立一个代表他们专业利益的新组织，来防止战后设计师的反资本主义倾向。具体来说，与他们在制造同盟的同行形成鲜明对比，他们寻求为设计师构建一个"有序且独立的职业形象"[95]。制造同盟将设计师理想化为超越现实的文化英雄的观念，被认为与战后的现实完全不符，因而被拒绝。重要的是，西德设计师联合会采用了英美式的"设计师"（Designer）一词，意在摒弃"形式赋予者"一词所蕴含的浪漫主义情感，转而更注重实际的专业标准和资质。像乌尔姆设计学院一样，设计师联合会的成员努力将设计重新归属于"文明"的范畴，而非"文化"的范畴。因此，艺术和手工艺匠人被明确排除在该组织对工业设计师的定义之外。但不同于乌尔姆设计学院，西德设计师联合会并不关注理论问题或设计方法学。在 1959 年的章程中，工业设计师被广泛定义为"通过培训、技术知识、设计能力、经验、品位和视觉敏感性，有能力决定物品的材料、技术、形式、颜色、表面处理和装饰的人"。重要的是那些在"工业批量生产"领域中的设计工作[96]。

尽管如此，西德设计师联合会对专业成员资格审核的标准颇为特别。首先，根据其章程，西德的工业设计师必须保持独立和自雇状态；即便是"长期合同的设计师"也必须"保有一定程度的职业自主权"[97]。成员资格严格限定于那些在设计问题上花费超过80%专业时间的全职设计师之上；兼职设计师则被完全排除在外。这是一种奇怪的专业定义，尤其是因为联合会本应代表全体工业设计师的利益。然而，这样做主要是为了保护工业设计师不受手工艺文化的侵蚀。事实上，规定工业设计师的职业自主性，是为了避开工匠的那套复杂认证制度方法，包括固定的教育标准、强制学徒制和正式许可程序。正如其1959年的章程所述，工业设计师"在职业上必须完全独立于所有外部规定"[98]。西德设计师联合会最初试图从数量上（例如，工业制造）将工业设计师与工匠区分开来，现在又加入了基于职业自由的质量区别。

这种专业化模式带来了一些明显的副作用。联合会对实践经验高于正规教育的重视，明显削弱了围绕专业化、标准化教育、管控认证并重塑职业的努力。历史上职业和行会的常见特征，如制定专业标准、专业评估标准、独立职业道德和职业荣誉感，在这里并不适用[99]。这在一定程度上是因为西德的设计界范围太广，形态太过模糊，难以确立严格的职业形象或建立标准化的知识体系。可能更重要的是这一事实：即联合会未将设计培训视为一种职业经历，意味着这一职业稀缺的知识资源无法转化成市场价值或职业保障。与其他职业不同，这一专业领域缺乏可以用来评价、规范和监督其专业知识的超越性标准。实际上，设计职业中关于道德"剩余价值"的语言——无论是制造同盟的文化理想主义还是手工艺者对非异化设计制造的浪漫主义精神——正是联合会以现代设计实践之名所摒弃的[100]。因此，通过抹去"参与式设计"与日常商品样式之间的道德区别，联合会消解了制造同盟和乌尔姆设计学院致力于保持设计师与市场之间批判性距离的努力。通过假定所有设计都是商业设计，联合会讽刺性地用市场形象、个人成就的认可和实际商品的产出，取代了"虚构商品"的专业主义。

可想而知，联合会的策略很快就受到了挑战。争议的核心在于，联合会对工业设计师的正式定义是否有效。1967 年，在联合会官方刊物《形式》上发表了一篇文锋犀利的文章，一位年轻的西德设计师在文中对联合会自称代表西德设计师职业利益的权威提出质疑，认为这种做法既是一种精英主义，又不公平地歧视了他人。他指责联合会只允许具有所谓更高的"美学能力、技术资格和职业灵活性"的全职专业设计师加入，实际上是为了进一步抬高他们自己的个人利益和声誉[101]。实际上，这个论点是一种努力，旨在让联合会与战后设计的角色及现状的变化保持一致。到了 20 世纪 50 年代末，显而易见的是，设计界的特点不再是全职独立设计师，而是由临时分包商和商品造型师组成的庞大后备军。据 1957 年的一项非正式调查显示，在整个西德只有 16 名全职设计师，只有 61 名设计师在其职业生活中有 30% 到 80% 的时间从事与设计相关的工作[102]。那个在世纪之交将设计师视为一种无名的、不具代表性的"模型制造者"的形象，以一种报复性的方式回归了[103]。然而，联合会仍然坚守其独立的、作者设计师的形象。公平地说，联合会确实在 1968 年部分修订了其章程，扩大了成员资格，囊括了兼职的"团队设计师"甚至学生，但除此之外，大部分旧程序仍然保持不变。仍然存在一个两级制度，将有经验的、经联合会认证的"秩序成员"，与未经认证的成员区分开来，后者还没有完成足够的设计工作以获得完整的地位[104]。联合会仍然坚持认为，独立设计对象的终结不一定意味着独立设计师的终结,但是,它未能提出措施来推动独立设计师的社会再生产。因此,战后设计师所享有的提高了的文化地位,实际上并未与任何真实的职业认证体系挂钩。相反,保护工业设计产品和工业设计师免受自由主义侵袭的愿望,从未取得巨大的成功。正如制造同盟试图将商品"再赋魅"为"文化产品"的计划,被市场粗暴地破坏了一样,所有旨在将设计专业化作为治疗文化的尝试,也未能取得重要的成果。

到了 20 世纪 60 年代中期,设计委员会开始逐渐失去影响力。尽管它仍在国内外投入大量精力推广西德的工业设计,但无法否认的是,它曾经的对抗性精神和文化理想主义几乎已经消逝了。然而,认为它失败了是不对的,因为这个委员会在将现代设计变成西德文化成就和身份的共同代表方面,起到了关键作用。因此在 50年代和 60 年代,它在断开功能主义设计与纳粹文化之间的联系、把设计转变为有价值的外交资源方面,发挥了显著作用。正如一位观察家所指出的,在为国家塑造国际形象方面,米娅·塞格可能比许多西德外交官做出了更大贡献[105]。因此,在促成西德美学与政治的结合方面,设计委员会发挥了关键作用。同时,它还凸显了战后工业和设计领域对于把所谓的文化产品(以及负责任的设计师)留给市场任意摆布的焦虑感。但这种担忧并非仅存于半官方的"设计文化"中。其他对西德家庭现代性的构想也着重于把设计、住宅和战后的家庭联系在一起。50 年代这场更为广泛的家庭改革运动将是下一章的讨论主题。

211

第六章　寒冷中归来：设计与家庭生活

尽管存在上一章所描述的一系列困难,但在 20 世纪 50 年代,德国设计委员会的道德设计运动,还是成功吸引了许多来自固有"优良形式"设计界之外的追随者。这些人也对无节制的消费主义带来的危害感到担忧,但他们保护工业产品道德本质的策略却截然不同,因为他们试图通过结合现代设计与现代家庭来达到这一目标。因而问题在于,在这十年间,个人领域是如何被重构的,家庭空间的性质和理解又经历了什么样的变化。本章开篇先聚焦于自德意志第二帝国以来,厨房与客厅之间的空间及文化关系的转变,并以此作为研究西德家庭生活文化的新方法。接着,本章探讨了 50 年代对私人空间的理想化,如何与 1945 年后对"社会美学"的广泛重构相联系。在这个过程中,本章回到了第一章首次提出的问题:1945 年后,纳粹的"政治美学化"发生了什么?不能简单地说,随着纳粹政权和戈培尔宣传机器的崩溃,美学与政治的融合就此结束。虽然它没有以 30 年代的那种方式重现,但也没有完全消失。在后纳粹时代,工业设计如何以及为何成为政治美学和个人产品协调的核心,是本章最后一部分的主题。

·设计师之家

尽管设计委员会在专业化设计教育和革新版权法方面的努力只取得了有限的成功,但它对于文化和商业之间界限模糊的普遍担忧,却得到了许多人的共鸣。在整个 20 世纪 50 年代,人们普遍对消费者盲目的自我中心主义带来的影响感到焦虑,并进行了大量的

213

文化讨论。西德官方的设计文化，以及非官方的小现代化主义倡导者之间的共同点是，对市场资本主义存在明显反感。1948 年货币改革之后，大量廉价商品的突然出现，被普遍看作是经济自由主义的不良后果，被认为是黑市经济"机会主义"模式的遗憾延续。这种观点不仅限于西德，在整个欧洲，人们对自由市场资本主义解决战后经济问题的能力重新产生了怀疑。大萧条和战争进一步加深了人们的普遍看法：系统性的经济规划才是对抗刚刚过去的灾难损害的最好方法[1]。在德国，这种态度表现得更为强烈，因为战争造成的破坏使这些问题变得极为紧迫。虽然货币改革最初的效果并不理想，但这并没有削弱人们要求对消费领域进行监管的呼声，尤其是在西德的经济、文化和道德未来仍不明朗的情况下。

到了 20 世纪 50 年代初，许多批评家开始呼吁政府对经济事务进行更多干预。在德国设计委员会成立之前，波恩政府就已经在认真讨论推出一个新的政府支持的"质量保证标志"计划，将最需要的消费品标准化、大批量生产，并盖上政府印章以保证质量和低价。这一提议是受到了社会市场经济原理理论家阿尔弗雷德·穆勒·阿马克（Alfred Müller-Armack）的启发，他认为战后市场主要生产的要么是高质量且昂贵的产品，要么是廉价且劣质的消费品。因此，"质量保证标志"计划被视为对自由经济缺陷的一种纠正[2]。支持者声称，这项措施将极大地有利于大企业，帮助保护西德的特种贸易免受外国倾销的影响，并能从宏观层面阻止正在进行的"质量价值"与"广告价值"的混淆[3]。然而，很快就有批评声音出现，认为这一计划代表了国家权力对经济生活运行的不合理扩张。一些人将该策略视为对过去失败计划的、不愿再见到的重演，例如 20 年代的"太阳标签"实验，或是 1945 年后那个管理混乱的紧急配给方案——"每个人计划"[4]。还有人抱怨消费产品的标准化只会给西德小微企业带来更多困难[5]。最终，在这些反对意见的共同压力下，穆勒·阿马克（Müller-Armack）的政府对消费进行协调的早期项目瓦解了。

1945 年后，重建老式消费者合作社的尝试经历了类似的命运。德国的消费合作社最初成立于 19 世纪中叶，作为一种替代性的消费品分销系统，目的是对抗工业化的负面后果，长期以来取得了巨大成功。到了 19 世纪末，它们已经完全被政治化，并被纳入了工人运动，以至于成为在纳粹执政之前，德国工人文化中进行社会抵抗和道德教育的主要支柱[6]。1933 年后，纳粹对合作社进行了控制，迅速将它们置于德国劳工阵线的行政管控之下，在战争期间，该组织运用了其原有的社会网络来分发各种配给物资[7]。然而，纳粹的战败并没有使这些曾经强大的合作社恢复昔日辉煌。尽管到了 1948 年，重新活跃的德国消费合作社中央协会拥有可观的成员数量，但它也未能重获其以往的政治影响力。纳粹不仅消解了他们的对抗精神，也摧毁了那些合作社所依赖的灵感和支持来源——原来的"工人文化"。此外，合作社与冷战的政治也格格不入。盟军通常将有组织的消费者团体视为有威胁性的组织，导致德国消费合作社中央协会在 20 世纪 50 年代经历了彻底的变革[8]。面对那种认为解除管制的市场是向消费者提供高品质、廉价商品之最好方式的信念，中央协会曾经以更高道德标准的名义，控制消费品流通的努力，现在被缩减为面向"跨阶级"的（即针对个人的）消费者保护行动[9]。因此，这些合作社将关注点从管控转向了对消费品分销方式的"现代化"，并开设了国家首批自助服务店铺，这一做法并非巧合[10]。

"质量保证标志"计划和消费合作社的失败，促使西德设计界开始在市场上更积极地保护设计产品。正是在这个时期，制造同盟、设计委员会以及其他"优良形态"的设计组织联合了起来，按照本书在之前章节中提及过的各种方式，保护设计产品的非商业属性。包括西德庞大的、新兴的品位专家网络、保守派妇女团体和社会改革

215

者在内的其他群体，经常通过广受欢迎的家居装饰文献，来表达他们将高质量设计看作文化进步和道德教育的理念。《艺术与美好家园》（*Die Kunst und das schöne Heim*）、《装饰艺术》（*Dekorative Kunst*）、《更好的居住》（*Besser Wohnen*）和《更美的居住》（*Schöner Wohnen*），以及妇女杂志《康斯坦茨》和《快报》在普及现代设计产品的文化价值方面发挥了关键作用。20 世纪 50 年代新杂志、期刊和书籍的出版如此之多，可以说代表了德国家居装饰指南的黄金时代。但如果只是将这些文献看作是市场主流广告的一种延伸，那就错了。实际上，这种做法是为了向消费者提供比零售商、中间人和广告代理的商业手段更加深层次的文化建议和指导。尽管没有人会否认家居行业对经济复苏和西德消费文化的发展至关重要，但这些家居文献普遍旨在提供更多的非商业性信息和建议。因此，除了那些已经建立的设计机构外，这些西德的少数现代化推动者还助力于推广日常物品，并将其作为文化再教育和道德成熟的一种物质证据[11]。

　　20 世纪 50 年代家庭文化产业的快速发展与西德的历史背景紧密相关。首先，战争几乎摧毁了审美和社会地位的社会传承。大多数家庭的传家宝和文化财产都丢失了，而传统的审美和文化权力渠道，如博物馆和学校，要么遭到严重破坏，要么被完全毁灭。这个问题还因为一个事实而变得更加复杂：那些勉强保留下来的文化资产，往往却因为和纳粹文化的关联而被蒙上了阴影。其次，文化传承的缺失使年轻消费者在战后疯狂现代化的生活中找不到方向。这里值得回顾一下，除了 1924 年到 1929 年和 1933 年到 1936 年的短暂繁荣期外，德国社会自威廉时代末期以来就一直受到高通胀、严重经济危机、战时配给和战争破坏的反复循环的影响。如詹妮弗·洛林（Jennifer Loehlin）所述，"自第一次世界大战以前，德国就没有经历过持续稳定的经济增长。1950 年的大多数德国人没有亲身经历过超过 5 年的相对经济稳定时期,而那些 20 多岁的人在成年生活中只经历过战争和艰难时期"[12]。因此,"配给社会"的结束,意味着 1948 年货币改革后涌入西德橱窗的无数商品对许多人来说是相当陌生的。年轻一代不再向父母寻求建议,而是向配偶和朋友寻求购买新消费品的建议,这促进了对家居文献的需求[13]。最后,蓬勃发展的指南类文献与设计领域的广泛政治化密切相关,而设计在后法西斯时代被认为是一种文化疗愈手段。新功能主义和肾形桌设计先锋派在争夺战后消费者的青睐和钱包的激烈斗争中,间接地将现代设计提升为反民族主义的、进步文化的象征。

但是,与其诉诸橱窗陈列的玄学,20 世纪 50 年代那些广受欢迎的家庭用品文献选择通过提及战后家庭生活,来传达这些产品的非商业维度。现代化的家庭被新设计产品所环绕的理想形象,成为那十年最长久的印象之一。实际上,50 年代有超过 40％的产品照片都是以家庭客厅作为背景拍摄的[14]。但在这一点上,与西德更成熟的设计文化不同,一些无名的少数现代化推动者走上了不同的道路。尽管西德的设计精英坚决反对这样一种思想倾向,即将工业设计"家居化",但设计与家庭的结合,却成为 50 年代设计作品作为重要文化产品广为流行的最成功的方式。这并不奇怪,尤其是家庭被国家、教会、学术界的社会学家和保守派妇女组织(如德国家庭妇女联盟)认定为战后生活的道德基石。虽然这种做法通常被认为是政治保守议程的一部分,特别是与阿登纳时期的家庭事务部长弗朗茨·约瑟夫·乌尔梅林(Franz-Josef Wuermeling)有关,但值得记住的是,强调家庭的政策在社会民主党内也享有广泛支持。所有人都普遍认同,稳定的家庭是抵御战争屠杀、政权崩溃和战后极端物质短缺所带来的深刻社会和心理冲击的有效防线。这并不是说战后的情况非常乐观:那些战争中家庭成员幸存且身体完好的德国家庭,常常因为女性负担过重和对男性感到失望而充满冲突,导致家

庭暴力日益升级,离婚率急剧上升[15]。由于赚钱养家的成员被迫
离家工作,女性成为家庭的顶梁柱,这种情况被普遍看作是使这场
危机更加严重的发展[16]。因此,强调家庭被看作是防范集体主义
威胁的必要措施,因为家庭能提供在国家与社会、公共与私人、工作
与休闲之间的"健康区隔",保持传统性别角色与活动的分离。用乌
尔梅林的话来说,"100 万精神健康、孩子受过良好教育的个体,至
少可以有效防御那些对孩子极度重视的东方国家,其效果不亚于任
何形式的军事安全保障"[17]。尽管有些批评声音认为,乌尔梅林鼓
励生育的家庭政策有时会让人想起纳粹时期的做法,但基督教民主
党所倡导的多孩家庭理念,被视为是实现社会秩序和政治稳定的最
好方法。纳粹的"生活空间"概念,已从对东欧的地缘政治殖民转变
为冷战家庭中的新"生活空间"[18]。

　　如果西德的家庭政策旨在防范东德式的意识形态,那么它们也
意在对抗美国式的文化自由主义。在西德关于家庭的讨论中,美国
经常被视为粗俗的物质主义,以及不加控制的、消费资本主义的极
端例子。正如西德设计界批评雷蒙德·罗维和美国设计的虚假性
及其腐蚀性的文化影响,西德的保守派也批评所谓的美国生活方
式,认为其存在危险的物质主义而且反社会。当然,美国人也通过
强调家庭,来化解消费主义所带来的社会危机。事实上,20 世纪 50
年代美国制作的许多家庭指南书籍和展览,无论是在精神上还是内
容上都与西德的十分相似。但西德人通常会忽视美国文化中的这
一方面,而努力利用"美国化"的概念作为对比背景,来塑造一个更
加"道德"的西德工业文化[19]。一份 1956 年天主教德国妇女委员会
的通告中声称:"如果东方的辩证唯物主义是威胁,那么西方的物质
主义也同样是一种威胁。其价值观(甚至包括宗教价值观)完全服
从于实用性,所谓的生活标准被像偶像一样膜拜。"[20]大多数观察
家担心,"美国化"不仅会侵蚀西德的社会生活,还会摧毁战后仅存

的一点文化道德纤维。由于经济复苏、工作时间减少和新的分期付款购买方式释放了长期压抑着的消费欲望，人们非常担忧传统的"孩子、厨房、教堂"正迅速被"舒适、衣服、消费主义"这些更吸引人的口号所取代[21]。这种看法认为，人们正将时间和情感精力从家庭转移到追求短暂、自私的物质享受上。保守派人士对消费主义如何破坏了家庭共同的"内在幸福"，把普通市民变成"患有购物病的奴隶"而感到遗憾。他们还担忧这会降低战后的出生率，因为"汽车、电视机和额外的宠物狗"被视为"间接的避孕手段"[22]。相比之下，家庭被誉为战后社会生活的"非商业化核心"，一个"休息空间"，家庭成员在工作劳累后可以在这里"恢复和养育他们的智力、精神和身体能量"[23]。在这种背景下，集体主义和自由主义因对乌尔梅林所谓的家庭"神赋予的自然秩序"持有反基督教的轻蔑态度，遭到了普遍批评[24]。

然而，家庭被视为"非商业核心"的形象并没有持续太久。考虑到西德的经济繁荣与消费品的生产和消费密切相关，人们发起了一场新的战后活动，目的是在家庭生活与消费主义之间找到平衡点。德国经济部长路德维希·艾哈德带头挑战了保守派的观点，即战后的"消费欲"将必然导致一个破坏性的物质主义。一方面，艾哈德反驳道，繁荣实际上可以减轻人们的购买欲，因为它"创造了一个环境，人们从中摆脱了纯粹的原始物质主义思维方式"；另一方面，他声称，消费者满意度与文明进步、家庭保护甚至精神的重塑密切相关[25]。西德的保守派妇女团体迅速加入了这一将消费主义与战后家庭文化联系起来的行列。在整个20世纪50年代，她们策划了许多关于家庭装饰和家务管理的展览，以及在新重组的"妇女广播网"上，播放了数十部关于消费品和家用电器对改善家庭生活和提高国家经济的好处的短广播剧[26]。这种将家庭与现代工业产品联系起来的文化最终被纳入联邦政策。到了50年代中期，家庭事务部部长乌尔梅林改变了他的立场，肯定了消费主义、传统性别关系和传统家庭保护之间的道德联系[27]。他甚至与艾哈德共同支持了1955年的"国民洗衣机行动"（Operation People's Washing Machine），旨在让家庭主妇从烦琐的家务事中解放出来，以便能有更多时间陪伴家人。基督教民主党制定了措施，使家庭更容易购买新的洗衣机：通过法律允许家庭从税收中扣除新家电的费用，并修订了联邦住房政策，使得内置厨房成为新住房建设的一部分，作为"有序家庭生活"的保障[28]。尽管与推动现代化的关键因素——引入分期付款和消费信贷相比，乌尔梅林的举措显得并不是那么重要，但关键是，甚至连国家也将现代家居电器视为促进家庭和社会秩序的工具，而不仅仅是家庭奢侈品[29]。

如果我们回顾自威廉时代末期以来德国室内空间观念的变化，就能明显看出这种新家庭生活崇拜的特征。虽然对德国家庭室内装饰进行全面的历史考察超出了本书的范围，但只简要回顾厨房与客厅在这一长时间跨度上所经历的空间和文化关系的变化，仍会有很多收获。撇开装饰风格的变化，比如历史主义和青年风格，我们可以从第一次世界大战前德国中产阶级和上层阶级家庭中，客厅（或更确切地说，沙龙）的核心重要性开始。客厅是接待客人和访客的主要房间，也是家庭的社交中心。在家居成为阶级、家庭生活和个人身份的外在代表的时代，精心布置的沙龙是其最集中的表达。这里精心展示的家具、挂毯、乐器、艺术作品、家庭肖像和旅游小饰品受到了特殊的文化重视。他们的这种重视十分强烈，因为新兴的富裕阶层急切地想通过掌握财富、品位和地位的社会规范，跻身高端文化之中。沙龙因此成为社会地位的象征储藏库。它在当时房屋中的布局和在相关家庭文献中占据的主导地位，以及作为展示资产阶级个人和社会身份的戏剧性舞台，充分证明了其文化意义的显著提升。而"下层阶级"甚至没有专门的客厅，而是聚集在相对较大

（且温暖）的"生活厨房"空间，这更加凸显了沙龙的阶级特征。

沙龙在威廉时代的社会中占据了核心位置，这一地位还得到了性别区分原则的巩固。毕竟，女性被认为应负责营造资产阶级室内环境，将其作为一个情感休息场所，来对抗工作和机械世界的异化影响[30]。客厅成为"家庭文化"的核心象征，以至于在那个时代的家庭管理手册中，房子里的其他"非公共"的房间，如卧室和儿童房，几乎都被忽视了[31]。相较而言，厨房在这些手册中的描述则显得非常含糊不清。很明显，厨房被视为是恰当的家庭生活中不可或缺的一部分；但同时也是仆人的工作区域。在这些指南书中，由于中产阶级女性的身份在很大程度上是通过她们与工人阶级世界的区别来定义的，因而她们在厨房里的出现需要被谨慎地描述。当然，这并不意味着资产阶级女性在厨房中没有花费大量的时间来监督仆人，甚至在很多情况下，他们还要亲自帮忙参与厨房工作。然而，当时中产阶级女性在厨房的劳作很少被文化展现出来，因为这可能会削弱她们的阶级和性别身份的基础[32]。这个话题非常忌讳，以至于有历史学家很有说服力地指出，19 世纪末发明的护手霜，实际上是为了让中产阶级女性隐藏她们在厨房进行体力劳动的痕迹[33]。厨房在当时家居手册中的独特地位，恰恰反映了威廉时代基于阶级代表性、成就和家庭得体性的家庭意识形态[34]。

第一次世界大战之后，家的概念发生了根本性变化，因而家居生活文献也随之发生了重大转变。当然，有关魏玛时期现代主义建筑历史，以及它们如何致力于为大规模制造的时代构建新建筑形式的研究文献非常丰富[35]。但对于我们的研究而言，只需要知道，对家庭室内空间的外形和理解上发生的变化，主要是两个社会问题的相互作用导致的。

首先，20 世纪 20 年代对德国住宅进行"理性化"的运动，与解决战后严重住房危机以及通过"采光、通风、绿化"提高工人阶级生活水平的更宏大的运动密切相关。虽然自1867年巴黎世界博览会展示工人住房以来，改善工人住房的需求就受到广泛关注，但直到一代人之后，这一运动才在德国制造同盟的几位领导人，尤其是在弗里德里希·诺伊曼（Friedrich Naumann）和赫尔曼·穆特修斯（Hermann Muthesius）的带领下真正获得动力[36]。然而，直到20年代，其中的许多理念才开始实现。批量生产的盒式工人住房项目的创新性引入（例如，恩斯特·梅的"新法兰克福"项目）突出显示了理性化布局和功能主义设计成为战后一项更广泛倡议的一部分，该倡议的目的是以中产阶级的清洁、秩序和理性效率为核心，重塑工人阶级的家庭生活[37]。

221　　其次，由于那个时代通货膨胀的加剧，在两次世界大战期间，大量的德国中产阶级女性进入了劳动市场，这导致了家庭观念的根本改变，出现了新的"女性议题"——如何处理好工作、家庭和家务的"三重负担"。20世纪20年代出现了一个由工业家、政治家、建筑师、卫生官员以及保守派女性组织共同参与的家庭改革运动。他们共同认为，理性化家务劳动（进而理性化家庭主妇），是缓解这一社会深层危机的最佳方式。当然，他们对可能带来的好处各有不同的理解。比如，保守派团体认为，理性化家务劳动是实现更幸福的家庭主妇、更健康的母亲、更整洁有序的家庭和更稳定、更有爱的家庭的前提。资产阶级女性运动的领袖，如海伦·朗格（Helene Lange）和格特鲁德·鲍默（Gertrud Bäumer），支持家庭理性化，认为这是让女性有更多时间投到孩子和丈夫身上的手段。与之相反者则认为，其优点在于解放妇女，使她们摆脱无偿的繁重劳动的苦差，从而有更多时间从事有薪工作，并更充分地参与公共生活。而部分女权主义者更是将家庭理性化看作是以妇女权利和"女性个性"为名，将女性从"三重负担"中解放出来的根本手段。正是因为家庭劳动的理性化（不同于公共职场）没有明确和直接的经济收益，于是讨论就集中在这一家庭改革的"额外价值"是什么这一高度政治化的问题上[38]。

在这里,尤其值得注意的是,厨房在这个时期取代了威廉时代的沙龙,成为社会关注的新场合。魏玛时期将家转变成一个专业性劳作空间的运动,最早是受到了克里斯汀·弗雷德里克(Christine Frederick)1913 年出版的美国畅销书《新家政:家庭管理效率研究》(*The New Housekeeping : Efficiency Studies in Home Management*)的启发,该书于 1921 年发行了德译版。弗雷德里克提出的以泰勒式"时间-动作"来研究现代化家务管理的方案,在德国被广泛认为是家庭必须的改革模式。就像魏玛时期的工业家们热情拥抱泰勒主义,将其看作能够缓解阶级对立和提升经济生产力的技术理想一样,魏玛的社会工程师们也欢迎这种"家庭泰勒主义",视其为一种缓解当代社会问题的良方,同时又不会破坏女性、家务和家庭这一中产阶级家庭的三位一体结构[39]。这场活动推动了大量书籍和展览的出现,它们致力于普及理性化家居,并将其作为一种跨越阶级的社会疗愈手段[40]。详尽的"时间-动作"研究、厨房效率建议,如精巧的脚步图、精确的工作区域布局、日常工作时间表、锻炼计划,乃至规定的工作服装,都经过周密研究,目的是使家务工作更高效。与 19 世纪把家看作是一个远离机械化劳动世界的舒适避难所的观念不同,现在的家变成了一个遵循泰勒主义劳动原则的生产场地。

这些历史发展的一个重要例证是维也纳设计师格雷特·舒特·利霍茨基(Grete Schütte-Lihotsky)发明的著名"法兰克福厨房"。这个高效率的厨房(图 46),最早是 20 世纪 20 年代末为恩斯特·梅在法兰克福的"工人住房"项目设计的,到 1931 年已在超过 10000 个新的德国住房单元中安装[41]。与 1923 年魏玛豪斯阿姆霍恩展览上的包豪斯厨房原型相比,这一变化标志着 20 年代先锋派建筑的一个重要特征:从较大、传统的"生活厨房"向较小的"工作厨

222

图46 "法兰克福厨房",1926年。设计师:格雷特·舒特·利霍茨基。图片由维也纳应用艺术博物馆提供。

房"转变。诚然,自1923年在魏玛举办的阿姆霍恩展览展出了包豪斯厨房原型以来,从更大、更传统的"生活厨房"转变为更小的"工作厨房",就一直是20年代前卫建筑风格的特点。但舒特·利霍茨基的法兰克福厨房将这一思路推进得更远。她的设计大胆地展示了现代技术和工厂劳动精神如今将怎样主导现代厨房。其新颖的高科技理性设计,显著消除了与大型工业厨房之间的任何文化差异。由于这个厨房是以工厂设备为原型设计的,它清楚地表明家庭不再被视为是工作和机械技术世界的对立面,而是成为它们的延伸。家庭作为"地点的形而上学",被彻底重构为一个由劳作活动定义的现代"生活机器"。新设计中也去除了厨房餐桌和自助餐台,强调厨房不再是休闲社交和用餐休息的地方,而是一个受新生产和卫生标准支配的劳动密集型工作空间。在过去,"生活厨房"曾经历史性地成为工人阶级家庭生活的核心热源和社交中心,这一小型化的工作厨房(仅6平方米)显然旨在帮助"理性化"无产阶级的生活方式[42]。这些专为工作设计的厨房被特意支持,目的是阻止所谓的"单一厨房运动"。这个运动旨在让每个住宅楼层都安装大型集中式厨房,以此节省开支并增强工人之间的团结。这揭示了魏玛时期市政住宅规划委员会的意图,即通过建筑设计来重新构建德国工人的生活方式,使其以家庭生活而非集体生活为核心。

223

20世纪20年代,厨房成为专属于女性的工作空间。这一新型高效厨房出现的部分原因是中产阶级家庭中没有了仆人。当时的文献常常试图安慰人们,称这些新型的"理性化家庭主妇"并不是普通的工人,而是重要的"家庭管理者"。她们在以个人、家庭和国家复苏为名的前提下,正在将家庭生活现代化。但这依然属于工作范畴。在20年代,尽管家务工作摆脱了它负面的含义,但其中的性别划分依旧存在。厨房与客厅严格分开(理由是要避免烹饪和清洁的刺激性气味接近孩子),在空间上明确进行了新现代住所内女性负责厨房工作,而男性(或未成年人)享受客厅休闲的性别角色分配[43]。因此,虽然现代化的高效厨房或许在简化食物准备方面帮到了女性,但它最终在话语上把家庭主妇从享受休闲的客厅,移到以效率为主的厨房,延续了威廉时代的性别分离领域观念。在这里我们可以合理地论证,这一新式的德国家庭生活模式实际上是从美国引进的。诚然,这种观点也有其事实依据,尤其是考虑到当时美国的指南书里也普遍存在这样的性别划分观念。然而,这种看法忽视了一个重要的区别。美国家庭生活的新形象是建立在合理化的

224

模型、新技术及相对较高的消费水平之上的，而 20 年代德国家庭生活的模式仅专注于理性化维度。大部分家用电器（比如吸尘器和电炉）对两次世界大战期间的德国家庭来说无法负担。然而，特别有趣的是，魏玛时期的家庭生活指南通过颂扬德国人的工作习惯和"工作的乐趣"利用了这一需求，认为其优于美国那种缺乏灵魂的舒适富裕文化。正如埃尔纳·迈耶（Erna Meyer）1927 年在她广受欢迎的著作《新家庭》（*The New Household*）中所述，"在一个不会有灰尘堆积的家里，吸尘器将会显得多余"[44]。正是玛丽·诺兰对那个时代所描述的"朴素的现代性观念"，成为魏玛家庭生活的标志[45]。

1933 年纳粹的掌权，标志着德国家庭文化的构建出现了决定性的转变。作为反对魏玛时期"文化布尔什维克主义"的一部分，纳粹政权改变了 20 世纪 20 年代厨房和客厅之间的关系。在魏玛时期的家庭生活文献中，客厅已经不再是一个（永远无法达到的）休息和放松的场所，而纳粹时期的家庭生活文献则试图通过把家转变成一个更大的客厅来"再赋魅"家庭。到处都充斥着一种新的种族主义救赎言论，承诺要将丢失的"灵魂""精神"和"家庭文化"还给那些"退化"的德国家庭。纳粹一再抨击，20 年代德国住宅被"物化"为机械的"生活机器"和被"外来（异族的）元素"污染的"大众商品"[46]。没有人会否认，在很多方面，纳粹对家庭的意识形态在许多方面继续了 1929 年经济大萧条之后，魏玛时期保守派（包括右翼妇女团体）进行的越来越积极的文化批判，其中，将女性定义为家庭主妇的理想形象，再次成为社会秩序中受推崇的文化象征[47]。在这一点上，大萧条几乎毁掉了德国与美国福特主义的蜜月期。它不仅标志着将理性化作为工业进步乌托邦愿景的终结，还预示着美国作为德国现代性指导模式的衰落[48]。此后，社会工程的美好新世界将具有明显的德国特色，正如希特勒和戈培尔所不厌其烦地强调的那样。到了30年代中期,纳粹对德国家庭文化的赞颂与以往大不相同,它成了新的种族主义"家庭文化"的代名词。在这种文化中,家庭的劳作生产被社会和生物性的再生产取代[49]。家庭效率本身现在从根本上进行了重新解释:建筑和设计不再因其生产主义原则,而是因为它们能推动种族延续的能力而受到重视[50]。

这一文化的转向最直接地反映在纳粹室内空间的形式和意识形态上。最重要的是,纳粹时期的家居装饰指南和设计文献,明确致力于终结那种将家庭视作工厂之延伸的观念。它们特别努力消除那些被视为"生活机器"的、象征堕落的元素,特别是法兰克福厨房这样的例子。泰勒制的"时间-动作"研究、详尽的工作方案和家务劳动的规范,在20世纪30年代的家庭文献中几乎不再出现。如今,20年代那种以劳动为中心的厨房的人体工学设计,以及理性化劳动的方案被迅速摒弃,取而代之的是将成为家庭生活的核心场所的更大型的、传统的"生活厨房"(图47)。对厨房工作的讨论,总是

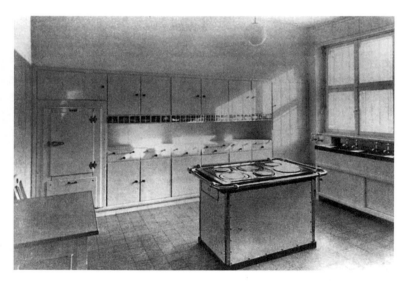

图47　20世纪30年代的典范厨房。来源:赫伯特·霍夫曼(Herbert Hoffmann),《美丽的空间》(*Schöne Räume*)(柏林,1934年),未标页码。图片由柏林制造同盟档案馆提供。

围绕着培育一个快乐的"家庭之家"这一积极目标进行[51]。同时正如 1939 年，在纳粹妇女联盟和德国劳工阵线的国家家政办公室联合发布的一份报告中提到的，"生活家庭厨房"成为纳粹德国新"家居设计"的核心[52]。到了 30 年代末，奢华厨房的设计在空间和布局上已经与 20 年代的功能主义风格截然不同。法兰克福厨房那种严格的线条和类似机器的外观，现在被认为通过使用"德国式"木材、鲜艳的色彩和装饰性的家居艺术装饰而得到了"拯救"[53]。作为家庭生产场所"管理者"的理性家庭主妇的形象也不复存在；新的理想形象变成了笑容满面的家庭主妇，站在宽敞的中产阶级厨房里，周围是最新的、省力的现代家用电器。

虽然我们很容易将其理解为这只是魏玛家庭技术话语的延伸，但其中存在着关键性的差异。首先，关于新家电带来的节省劳动的好处，主要是从能够使女性花更多时间与家人在一起以及有更多时间生育孩子的角度来讨论的[54]。其次，在视觉呈现上也有很大变化。和 20 世纪 20 年代的广告不同，在纳粹时期的家庭图景中，很少展示主妇是如何操作这些家庭电器的。相反，在这些图景中，主妇通常和这些物品明显保持了距离，从而不把商品和使用者视为劳动的对象（图 48）。诚然，这些形象通常与现实相去甚远。即便 30 年代的确见证了德国家庭现代化程度的快速提升，到 1939 年，调查显示 85% 的工人家庭有电熨斗，65% 的家庭有收音机，33% 的家庭有吸尘器，但纳粹并未真正创造一个消费者天堂[55]。尽管广告宣传不断，但在 1933 年之后，对于大部分德国人来说，大多数高科技家电仍旧是昂贵或难以获得的。然而，这并不意味着这些家电不重要——实际上恰恰相反。这些产品作为家庭富足和舒适的大规模生产形象，帮助提升了政权作为美好未来守护者的形象。这种象征性的政治活动从 1933 年开始。比如，第一台小型家用冰箱在 1933 年的莱比锡春季贸易展上展出[56]。因

„Meine neue Küche
ist schöner und prak-
tischer als die alte!"

Warum sollen nur junge Ehepaare sich eine neue Küche anschaffen?
Die ältere Hausfrau kann ebensogut eine neue Küche gebrauchen, in
der alles Geschirr und Gerät so schön Platz hat und die den Aufenthalt
so behaglich macht. Eine neue Küche ist ein herrliches Weihnachtsge-
geschenk für die Frau und Mutter.

图 48　1935 年的家电广告。文案写道:"我的新厨房比旧厨房更漂亮也更实用! 为什么只有年
轻的新婚夫妇能有新厨房? 年长的家庭主妇同样需要一间新厨房……新厨房是送给妻子和母
亲的完美圣诞礼物。"来源:《周刊》(*Die Woche*),1935 年 12 月 4 日,第 40 页。图片由柏林制造
同盟档案馆提供。

此,这些设计产品与大众汽车的宣传图片、"通过愉悦获得力量"的
假日套餐,以及罗伯特·莱(Robert Ley)承诺的"每个家庭都将拥
有的人民冰箱"一道,成了超越配制和战争严酷现实之后所期待
的美好生活的前奏[57]。如第一章所述,为了避免上一次战争的结
果——革命,纳粹不惜一切代价,投入越来越多的精力传播消费现
代性的形象,并将其作为个人坚持和国家胜利的成果。因为这种
方式,将家庭转变为技术化休闲和社会再生产避风港的努力,成为
纳粹主义梦想世界中普遍繁荣的珍贵元素,专属于选定的"民族共
同体"。

228

然而,纳粹并没有简单地重建旧有中产阶级中家庭与工厂之间的界限。初看之下,这个观点可能令人感到疑惑,尤其是纳粹的确试图恢复19世纪将公共生活和战争界定为男性领域、家庭和家庭生活界定为女性领域的分离领域原则。然而,在20世纪20年代,随着魏玛时期以效率、卫生和理性的名义,尝试将工业生活的逻辑、外观和设备引入家庭后,公共与私人之间的界限已被极大地模糊了。事实上,纳粹继续了这种发展,但在意义上做了反转。不同于魏玛时期通过将德国家庭工业化,达到工作场所与家庭相结合的做法,纳粹将工厂变成了"第二个家",一个满是本地餐厅、音乐和民族共同体舒适感的地方。1934年成立的帝国家居办公室,作为阿尔伯特·斯佩尔的"劳动之美"办公室的附属机构,进一步淡化了家与工作之间的区分。在这种情况下,纳粹的国家住房办公室采用了在"劳动之美"中提出的相同工业设计原理,来大量建造纳粹政权大力宣传的"人民之家"[58]。尽管木材的广泛使用和较为乡村的家具风格起初似乎与"劳动之美"工厂内部的机械化外观和理念不相符,但实际上,这类民族风格的典范住宅和家具通过工业化的方法进行了标准化和大规模生产。然而,这从未被看作是一个矛盾,因为正如纳粹的宣传者所认为的,纳粹工业文化的真谛在于工业文明与民族文化、技术现代性与温馨家庭生活的融合。

理想化的20世纪50年代家庭既延续了纳粹时代的特征,也与其不同。1945年后,为了鼓励更外向的"家庭文化",住宅平面图设计变得更加开放[59]。战前室内装潢中僵化的形式在很大程度上被抛弃了,德国人转而青睐"动态生活"和"流动空间"[60]。不过,在一个大多数新建住宅都是三室公寓(一个客厅、一间卧室、一个厨房)的时代,要创造出这样的流动空间并不容易。即便1950年的《住宅建造第一法》(First Dwelling Construction Law)中规定,新建公寓必须是高级舒适豪华公寓和简陋应急住处的"合理折中",但大多数西德人还是只能住在非常小的屋子里[61]。因此，难怪 50 年代是沙发床、折叠椅和多功能家具的黄金时代，许多人的客厅同时也是卧室。由于空间有限，50 年代的平面图和家居文献总是强调阳光和大窗户，因为这样有助于让居住者感觉不那么狭小和束缚。一位 1955 年的作者曾说，阳光和窗户通过"让世界流入家"，满足了战后人们对"开放空间的渴望"[62]。20 年代的这一逻辑一次又一次地在 50 年代产生了巨大共鸣。因而西格弗里德·吉迪恩的《解放生活》（*Liberated Living*，1929）成为 50 年代家居装饰领域中最具影响力的书籍之一，也许并不那么令人意外。书中，吉迪恩对"生活之美"作了如下定义："一个家如果能反映出我们对生活的感受，那么它就是美好的。这包含了光、新鲜空气、活力和开放性……一个美丽的家不会给人带来被困住和被封闭的感觉。"[63]这一观点对那些曾在战争末期躲避于阴暗狭小防空洞中，战后又被迫在德国危险的废墟中艰难求生的人来说，自然极具吸引力。光明和开放空间的价值被认为是维持家庭至关重要的因素，因为设计良好的"生活空间"将"强化家庭生活，深化情感基础"[64]。1955 年一本流行指南的标题《实用的建造＋生活之美＝幸福的生活》（*Praktisch Bauen＋Schön Wohnen＝Glücklich Leben*）就很好地概括了优良设计的益处[65]。有时，这种开放式的布局，被认为对于那些从纳粹极权控制中解脱出来的人具有独特的心理意义。正如一本 1954 年的家居装饰手册所指出的："在恐惧和不安的时期，人们倾向于封闭自己，躲在带有小窗户的厚墙后面。只有在安全，以及对世界持开放态度的时候，人们才会产生一种渴望……将住所向外界开放。"[66]因此，开放的平面图、宽敞的窗户和实用的室内设计成为后纳粹时代文化自由、家庭凝聚力和心理安全的物质新象征。

战后的这一文化转向，在客厅和厨房的关系中得到了充分体现。一方面，在 20 世纪 50 年代的家居文献中，客厅的重要性与其在 30 年代的时候一样。如同以往,客厅是家庭社交和西德生活文化的情感性"精神中心",在那个时代的平面图和家居装饰手册中占据主导地位[67]。但是,将家庭视为一个更紧密、更亲密单元的理想,反映了 50 年代一个更宏大的运动——将政治稳定与重建的核心家庭联系起来,这一理想还通过一个新趋势得到了体现,即为了家庭的社会性和"有序的家庭生活",拆除了厨房与客厅之间的墙壁[68]。

231

那个时代的很多照片都展示了西德家庭成员穿着整洁,在客厅中悠闲地享受着新式现代家具和诸如收音机、电视机这样的"文明舒适品"的画面,这些照片仿佛是那个十年的标志性快照。同时,它们与 20 世纪 30 年代的形象在好几个方面都有所不同。首先,在战后现代家庭生活的照片中,父亲常常出现,这与纳粹时期家居装饰文献中父亲几乎总是缺席的情形形成了对比。偶有一些场合,父亲的确也会出现,如图 49 所示,但他通常被描绘在餐桌旁,(1939 年之后)穿着军装。相比之下,在 50 年代的照片中,父亲经常被看到穿着拖鞋坐在沙发上,或是阅读或是与孩子们交谈。这在当时非常重要,因为它反映了(西)德国父亲角色和男性气质的根本转变:纳粹时期男性与战争相关的身体语言,已让位给了战后男性明显更加随和的身体形态[69]。在 50 年代的广告和家居指南文献中,男性甚至被描绘成围着围裙,帮忙处理家务清理工作的形象[70]。虽然在战争期间,以减轻妻子"三重负担"和维护种族健康生育能力的名义,德国丈夫偶尔被鼓励在家帮助妻子,但他们从未真正被描绘为如此形象[71]。50 年代家具的随意风格,以及对家居物品的灵活搭配,此时都体现在居民相应的自我放松的行为中,这突出了在忙于重建的外部世界中,50 年代的家庭是一个安静和能够休养生息的地方。

然而,厨房并没有失去其重要性。恰恰相反,战后厨房的理念也继承了 20 世纪 30 年代的理念。这似乎与 50 年代新型家庭住宅

图 49 家庭文化宣传：1939 年《与危险作斗争！》(*Kampf der Gefahr !*) 杂志的封面。展示了一个典型的德国餐厅理想图，配备了国民收音机（右后方）和赫尔曼·格雷奇设计的餐具。左下角的说明文字是"在坚定保护下的健康人民"。在纳粹德国的杂志和广告中，服务、家庭和物质富裕的图像往往紧密结合。来源：《与危险作斗争！》1939 年 12 月，第 6 卷第 12 号，封面图。图片由柏林制造同盟档案馆提供。

的实际空间布局有所冲突，尤其是考虑到 30 年代宽敞的"生活厨房"让位给了位于角落的小型厨房。直到 50 年代末，配有安装好的橱柜和食物储藏间的内置式厨房才被大规模引入，但即便如此，这些厨房也相对较小[72]。实际上，这些新厨房（通常被称为"美式"或"瑞典式"厨房）是法兰克福厨房或多或少的现代化版[73]。然而，50年代厨房的文化表现才是重点。值得注意的是，魏玛时期关于家庭理性化和家庭泰勒制的讨论，在 1945 年后断断续续地恢复了，但在

50年代后又逐渐消失,这实际上是一个更大的趋势的一部分,即50年代的厨房越来越少被描绘为一个工作场所。就像30年代一样,厨房被风格化为一种舒适和轻松的象征。实际上,女性越来越频繁地被描绘为与家电保持着一定距离,或只是轻轻接触机器表面的情景,这与30年代将厨房描绘为一个无需劳动的技术奇境形象非常一致[74]。这也与50年代和60年代初的西德家庭中,稳步引入新型且价格合理的厨房电器有关。毕竟,最早正是20年代现代技术在提升家庭卫生方面的潜力,以及新家电高昂的价格之间的鸿沟,才促使理性化运动的兴起[75]。50年代,家电科技的普及和其价格的低廉意味着20年代那种家庭劳作和工人形象失去了文化影响力[76]。因此,50年代那种无所不在的造型:穿着鸡尾酒裙的漂亮主妇被新型电器所包围(图50),有效地成为西德现代性的新自我形象。但这并不容易与现实相吻合,因为很少有人相信,对现代科技奇迹的夸张宣传,会改变50年代的厨房仍是"女性全职工作中心"的事实[77]。尽管如此,将家务事描绘为一种工作的做法几乎完全消失了[78]。

这种对家务劳作描述方式的变化,标志着20世纪50年代西德家庭生活重构的重大转变。这种变化不仅仅是因为50年代的家庭日益明显的电气化。的确,从物理上来说,50年代家庭与30年代家庭的主要区别是,到了十年末,许多承诺中的便利设施已经成为许多西德人日常生活的现实。虽然罗伯特·莱伊"人民冰箱"的保证仍然只是一场空想,但是路德维希·艾哈德"每个家庭都有一个冰箱"的类似运动兑现了这一承诺。然而,这并不是使这种家庭文化尤其具有西德特色的原因。正如上文所述,20年代的家庭理性化运动有意构建了一个德国家庭现代性的形象,并与竞争对手美国的技术和消费便利性的形象形成对比。之后,纳粹时期对德国家庭形象的塑造,颠倒了这种"简朴的现代性视角",转而强调一种富裕和

图 50　流行文化中关于物质富足和现代生活方式的形象。这一期《康斯坦茨》特刊的标题为"理想家庭"；其余文字说明为："为那些希望将自己的家美观且实用地装饰的人，提供 1000 种新奇的事物。"来源：《理想家庭》(Der ideale Haushalt)，《康斯坦茨》1958 年第 31 期特刊，封面图片。图片由柏林阿克塞尔-施普林格出版社提供。

休闲的新形象。然而，通过将工业产品不断宣传为德国种族天才和文化成就的体现，以及家庭是日耳曼亲密和种族繁衍的高贵保留地，使得民族主义维度仍然被保留了下来。因而可以预见的是，50年代转而完全放弃了 30 年代的种族主义言论和民族主义神秘主义，试图创造一个独特的、西德版本的现代家庭生活模式。然而，曾被认为是美国现代性柔弱且无灵魂的一面，即对新消费便利性的追求，现在也成为西德家庭生活中的一个核心部分。在这种情况下，50 年代的家庭显得尤为重要，它像是一条道德防线，保护了西德家庭生活不受美国消费主义潜在危害的侵蚀。

234

这种思维方式也受到了冷战意识形态的影响。如果说,西德把现代设计与家庭价值观结合,是其将"家居文化"与美国物质主义侵蚀区隔开来的一种方式,那么这种构建也受到了与东方对抗的影响。这在20世纪50年代理想的厨房形象上表现得尤为明显。西德试图将厨房定义为一个"非劳动"的空间,部分原因是与东德将工作女性形象与生活紧密联系起来的做法作区别。在东德,家庭的确被视为劳作和受国家管控的场所,这一点经常作为共产文化的本质特征被提及,然而在很大程度上,通过否认家庭主妇和家务是一种劳动类别的方式,西德的家庭文化对自己作出了定义[79]。在50年代的家居装饰和指南文献中,家务劳动常被边缘化,因此成为战后抹黑工作女性形象的又一表现。通过把家务工作隐藏在技术休闲的幌子后面,50年代的厨房变成了充满工程魔术的"机器乐园",使这些设计宣传者有效地把现代西德厨房变成了政治宣传的工具[80]。因此,拥有一个现代厨房不仅是一种"与过去划清界限"的文化方式的象征,也是区分西德家庭文化与东德家庭文化的方式[81]。

那些穿着鸡尾酒裙在厨房里炫耀的漂亮家庭主妇形象背后,其实蕴含着双重意义。如今,家庭主妇的劳动已从"低技术、劳动密集型的蓝领工作转变为白领的家庭管理工作……在围绕家务劳动的消费主义话语中,现在它被更多地视为文化和美学生产的核心部分"[82]。简而言之,20世纪20年代对技术和效率的迷恋,已经让位给了高科技设计和现代休闲的生活方式。尽管对家庭技术的强调和精心塑造的家庭主妇形象在东德也意外地引起了共鸣,但这些形象始终被作为西德现代性的宣传形象[83]。因此,50年代的家居装饰文献并不仅是简单地背离了20年代的家庭理性化运动;它还巧妙地融入了威廉时代家庭文化的主要意识形态基础:即家庭与工作领域分开,家庭是从繁忙工作中得到休息的地方,以及快乐的家庭主妇能够给家里带来温暖和风格[84]。正如洛林（Loehlin）所说："在她未来主义风格的厨房中,50年代的家庭主妇扮演的角色,就像19世纪的女性在她的沙龙中所扮演的角色一样。"[85]工业文明的消费成果不再被视为发展真正的"家庭文化"的障碍——现在它们成了实现这一文化的必要条件（甚至电视机最初也被看作是帮助家庭团结的工具）。所以,战后被引入家庭的不是工业工作原则,引入的只是那些锃光瓦亮的消费产品。在这种50年代新旧交织的奇异组合中,西德人试图构建一种新的家庭生活文化,这种文化既包含了家庭和消费主义,又融合了传统的性别关系和现代生活方式,也结合了"文化"和"文明"。

· 私密性与后法西斯时代的美学

但是,设计是如何与20世纪50年代的私密性文化构建相结合的呢？对于许多战争幸存者来说,对私密性的强烈追求与实现拥有一个自己的家的梦想是分不开的。到了1945年,有超过200万的德国家庭被完全摧毁,另有300万遭受严重损害;超过300万人无家可归。超过1 200万的难民潮进一步加剧了这场危机,加深了人们对一个安宁家庭的渴望。战争中生命和肢体的折损,空袭造成的家园、财产和亲人的无法言说的毁坏,挤在战俘营和流离失所者中心的经历,成千上万的德国人被迫迁出他们在波兰、苏联和捷克斯洛伐克的家园,以及在废墟中的艰难维生,这些都加深了他们对家和家庭生活的渴望。纳粹政权崩溃后,人们渴望找到一些私密空间的冲动是如此强烈,以至于德国战俘（让美国士兵感到惊讶）常常在营地里寻找任何可用的材料来建造小型单人住所,以便与他人隔离[86]。从1945年到1948年这段时期,人们常常在满目疮痍的废墟中,迫切地寻找一片私密空间,这些空间通常以尼森小屋,或者说

"精灵屋"的形式存在[87]。对日常家居家具的重视也达到了很高的程度。正如一位历史学家评论的："纳粹政权的崩溃似乎也同时意味着那些超越性的价值、符号和热情的终结，如今一个小方桌就能成为幸福的体现。"[88]

在这种背景下，搬进一个真正的家，这一想法成为无数战争幸存者的心灵灯塔[89]。用汉内洛雷·布伦霍贝尔（Hannelore Brünhöber）的话来说：

> "在战争的破坏、失去家园的痛苦，以及纳粹崩溃导致的不安感之外，对于许多人而言，一直到20世纪60年代，一个新的住所都是重新开始的重要象征。进步和现代性、走向未来的方向、与过去的决裂——所有这些元素都体现在人们对于家的态度、对'成功生活'的梦想，以及拥有自己的乡间小屋的愿望中。"[90]

因此，难怪在许多西德人的自传中，这个梦想终于实现的那一天，常被视为一个重要的里程碑，因为它标志着战争真正结束了[91]。这经常被看作是与"纳粹体系"的彻底断裂，纳粹政权曾以"民族共同体"和战争需求之名，对人们的个人生活造成全面破坏。夏洛特·贝拉特（Charlotte Beradt）在她于1966年出版的《梦中的第三帝国》（*The Third Reich in Dreams*）一书中对此有充分论述，她分析了许多德国战争幸存者的梦（实际上是噩梦）。尤其引人注目的是，幸存者们是如何经常感觉纳粹时期是一个"没有墙"的世界，一个纳粹警察和民兵似乎无处不在的世界[92]。然而，无论人们如何评价这种通过梦境所回忆的现实，生活中没有隐私的感觉也是非常普遍且极其强烈的。在这方面，20世纪50年代的"退入私密空间"，是许多西德人一种有意识地、重新划定自我与社会之间严格界限的努力。对于许多人来说，追求私密性和放弃政治（更不用说远离过去)往往是同一回事。

随着时间的流逝，20 世纪 50 年代"非政治化的德国人"已成为那个时代的典型形象。通常认为，政治和集体的世界从人们的视野中消失了，西德人把精力投入到了强化他们与家庭朋友的亲密关系之中，同时追求繁荣带来的物质享受。下面这个关于 50 年代生活的回忆非常典型：

> "我完全不懂民主是什么意思。阿登纳对我来说是个遥远的人物，朝鲜战争似乎也离我很远。原子弹测试的新闻头条已经不再让我感到不安，我对复活节游行者反对重新武装的抗议也一无所知。我不想与政治或'国家'有任何关系；就像许多其他人一样，我想要的是享受生活、探索、快乐、社交和旅行。我们没有太多钱，但我们有很多想法，渴望无忧无虑的生活以及生活中的乐趣。"[93]

在这里和其他地方，传递出来的信息是，共同生活的需求不再有任何吸引力，因为人们的"欲望投资"转向了个人体验和私人乐趣。虽然 20 世纪 50 年代的确为人们提供了一个重新开始的机会，那时的生活相对自由，不受国家和社会的太多限制，但很多关于 50 年代生活的事后回忆，过于理想化了。这些回忆不只是忽视了那个时期对核弹的实际恐惧和焦虑，也忘记了经济缓慢且不稳定复苏的影响。而且，正如"68 运动者"所反复强调的那样，50 年代是一个压抑统一性和过分讲究个人礼节的十年。尽管国家的社会力量远不及一代人之前那样强大，但教会和其他社会组织很快就开始承担起了严格监督合法与非法界限的责任。表面上这十年着迷于追求享乐的、"无父辈"的青年文化，实则揭露了与公民社会复苏相关的深层道德担忧[94]。在一个公开政治立场不再界定什么是恰当行为的时期，个人的行为和态度获得了更大的社会关注[95]。在 50 年代，这

237

些现象的出现都并非偶然：有关礼节的书籍经历了多次重印，或者说"正常性"这一难以捉摸的问题成为大众媒体所热衷的话题。这些现象出现的部分原因是，在纳粹政权崩溃后，社会价值观被重塑了，旧的战争价值观正被新的公民价值观所替代。但是，这也源于人们对新的群体身份的不确定性，尤其是旧有的关于民族、国家甚至阶层的集体观念被纳粹政权严重玷污之后。冷战的形势只是进一步强化了用这些观念表达政治情感、社会归属感和自我认知的不合时宜性。相反，个人美德、个人礼节和物质生活方式成为塑造新的、后法西斯身份的真正试金石。

因此，难怪 20 世纪 50 年代经常被描述为"新拜德迈尔时期"或"机械化拜德迈尔时期"。毕竟，19 世纪 20 年代与 19 世纪 30 年代有着惊人的相似性。"拜德迈尔"一词长久以来被用作简称，意指 1815 年维也纳会议到 1848 年的革命期间，在德国和奥地利盛行的新型家庭文化。在法国占领德国之后，拜德迈尔象征着文化的内向性转向，从过去宏伟的帝国项目转向亲密领域的培育。它代表了自我与社会之间的一种明显分界。正如瑞士社会学家恩斯特·扎恩（Ernest Zahn）所指出的，"公共与私人领域之间的分野源于欧洲，最初是伴随拜德迈尔风格出现的"[96]。然而，认为拜德迈尔仅仅是浪漫主义的柔和版是不对的，因为它明确避开了浪漫主义的过度热烈和对个性的崇拜。拜德迈尔风格更偏好在公园里的周日漫步和与密友共享音乐的夜晚。但无论是在这里，还是在 20 世纪 50 年代的"新拜德迈尔时期"，回到私人领域并不意味着反社会。相反，家庭成为这两个时期的社交中心。例如，这两个时期都见证了体现强烈社交意识的新家居物品的发明，无论是 19 世纪 30 年代的双人沙发和新桌游，还是 20 世纪 50 年代流行的"派对玻璃杯"和"派对游戏"[97]。尽管 50 年代可能很少举行舒伯特风格的家庭音乐会，但阅读小组、播放唱片音乐和围绕电视的新社交活动却受到了极大的重视。通过这种方式，这两个时期都拥抱了现代城市生活的舒适与乐趣，并都有想要隔离外界，在更个人化、亲密化的尺度上重塑世界的愿望。对于许多当代观察家而言，50年代将家庭打造成现代装饰和传统家庭价值观混合体的做法，是那个时代的特征。一位记者将50年代这种"不关我事"的非政治态度，以及追求现代乐趣的精神描述为"霓虹拜德迈尔"的初现，是有一定道理的[98]。

然而，"霓虹拜德迈尔"并不总是被视为一种积极的发展。很多人批评这种新兴的内向文化带有危险的反政治倾向。政治家和知识分子抱怨，20世纪50年代对家庭生活的热衷，对加强民主自由主义的核心价值帮助不大。其中最有影响力的批评之一来自拉尔夫·达伦多夫（Ralf Dahrendorf）1965年的著作《德国的社会与民主》（*Society and Democracy in Germany*），他在书中对西德民主发展进行了评估，并对其未来的可行性表示了严重关切。他不仅哀叹战后的社会生活在很大程度上被一种奇特的"回归前现代结构"所主导（即家庭、地方的州和教会），他还进一步批评了这种新兴的私密文化所带来的影响。在一个标题寓意深刻的章节《公共性，或是美好美德的困境》（*Publicness, or the Misery of Pretty Virtues*）中，他评论说，"私人美德的主导地位已被证明是建立自由机构的一大障碍"。也就是说，一个真正"有效运作的自由民主"必须建立在公民对"公共生活、人类市场及其规则的共同理解"之上，而这正是那些偏好个人美德的人士所缺乏的。尽管自由民主首次成功地在德国落地，但托马斯·曼对"非政治化的德国人"的旧观念似乎在战争中完整地幸存了下来。对于达伦多夫来说，这种战后政治不成熟的现象不能简单归因于所谓的"德国性格"；它实际上是纳粹的产物。但他的意思并不是纳粹主义摧毁了政治决策和自由政治，而是纳粹对非政治之私人美德的攻击，有效地确保了它们在战后的复兴。正如他所说，"纳粹通过否定旧的个人美德，确保了这些价值观在纳粹

239

终结后拥有新的、完全不应得的辉煌"[99]。这里面不乏讽刺意味。因为如果正如达伦多夫在结论中所坚持的那样,纳粹政权无意中促成了德国社会的真正现代化,但这并不是在政治领域中实现的。尽管德国战后在经济和社会方面取得了惊人的成就,但达伦多夫仍然将西德描绘为在政治上欠发达、心理上不自由的"现代世界中的非现代人"。

并非所有人都认同这个在西德社会严格区分公共领域和私人领域的解释。事实上,很多观察家更担心的是私密是否真的还存在。西德的左翼和右翼都谴责了消费文化的破坏性影响,认为它削弱了个体的主权和私人空间。西德在外交、政治或军事上几乎没有主权的时代,关于市场资本主义面对自主个体命运的辩论却引起了广泛的关注。20 世纪 50 年代关于"大众化"危险性的讨论中,出现了许多文化上的焦虑,尤其是很多人指责"大众文化"将战后的西德变成了一个"孤独者的社会"[100]。

尤尔根·哈贝马斯 1962 年的著作《公共领域的结构转变》(*The Structural Transformation of the Public Sphere*)可能是关于这个问题最有影响力的作品。对于那些认为哈贝马斯的经典文本主要研究的是公共领域,而非私人领域之崩溃的人来说,这可能看起来有些奇怪。哈贝马斯的确深入探讨了 19 世纪文学公共领域作为社会辩论和政治教育场所的逐渐衰落,并指出消费主义破坏了公共领域的社会基础和批判性政治力量,消费主义实际上把"文化辩论公众"转变为了文化消费公众"。但是,哈贝马斯也探讨了私人领域中的"去政治化"问题:

240 　　　如今……后者(公共领域)已经变成了一个渠道,通过将大众媒体转变为文化消费领域的公共领域的方式,社会力量被引导进入了婚姻家庭的内部空间。大众媒体掏空了非私有化的内在领域,拼凑出一个伪公共领域,这个领域不再是文学公众的领域,而是创造出了某种类似超家庭的熟悉区域。[101]

因此,在哈贝马斯看来,伴随着公共领域的自主性下降,私人领域的自主性也在下降。这一论断具有深远的意义,原因之一是,它凸显了这些 19 世纪的文化概念,对于 20 世纪中期的欧洲已不再适用(遗憾的是,他的书中没有提到法西斯主义是如何彻底改变这一自由主义模式的)。

在其他地方,哈贝马斯对现代自由主义的批判性社会学研究甚至更加深入。他认为,问题不仅是消费文化掏空了公共和私人领域,使其成为它们过去自身的空壳,这两个领域甚至出现了奇怪的颠倒现象。在 1957 年为《马格南》杂志撰写的一篇文章中,哈贝马斯对这一问题进行了深入探讨。他指出,一方面,公共领域正变得越来越私人化。他举例说,政治辩论现在仅限于专家和职业政治家之间进行;政治决策被局限于议会委员会的闭门会议中;政治组织和工会越来越远离公众视野;科学研究脱离了政治问责;大众媒体越来越倾向于将政治辩论简化为个人生活方式和亲密人物特写。而另一方面,个人问题变成了政治问题。例如,周刊杂志的"人物兴趣故事",教会努力营造的具有"公共亲密感"的氛围仪式,以及 20世纪 50 年代将政治科学简化为民意调查和市场研究的趋势[102]。此外,还有家庭和内部空间的政治化、教会对青少年性行为和生活方式的干预,或者新兴的"消费公民"的出现。然而,哈贝马斯所强调的,不仅是公共领域和私人领域都失去了它们固有的特性。更为根本的意义是,战后这两个领域之间的界限处于一种特殊的流动状态。

对于主体和客体之间的关系来说也是如此。如前所述,在 20世纪 50 年代,有很多关于消费主义如何通过标准化和操纵的邪恶力量去破坏个体主体性的讨论,在这个过程中,"个性"(personality)成为战后商人和广告公司手中的精明营销策略。但是,如果像许多

241

人所主张的那样,个体正被转化为市场商品,而正如第二章所述,反之亦然。这是 50 年代在自助商店的引入、新商品包装的兴起后,经常被忽视的重要意义。迈克尔·维尔特(Michael Wildt)对这些创新的解释十分正确,认为它们带来了日常生活的新美学化,在这里,视觉印象取代了触觉感受,成为商品判断的出发点[103]。但这也意味着产品现在具有了明显的主体性特征。随着商家对商品物理介入的结束,以及包装作为广告的兴起,这意味着消费品现在开始自我销售了。正如恩斯特·扎恩(Ernest Zahn)在他的《繁荣的社会学》(*Sociology of Prosperity*)中所述,产品如今"自己报告并自我介绍,自己发言并自己销售。包装因此赋予了产品一种主体性的特征"[104]。这当然不是全新的概念:例如,"品牌名字"的旧概念是试图在市场商品匿名的混杂中,赋予商品更"人性化"的面孔和熟悉的形象的一种尝试[105]。但正是产品主体性在大众文化中的爆炸性增长,使得 50 年代与早期的其他年代区别了开来。更有趣的是,"优良形式"设计文化多年来一直以一种完全不同的方式,追求着相同的目标。所有关于产品"精神"和精神品质的话语,都旨在提升产品,使其成为不仅仅是商业商品的东西,其最高理想是将产品重塑为与独立道德人格相辅相成的实体补充。尽管这种反商业的文化产品话语,最终溶解为新海德格尔式的"真实性行话",但市场通过重新发明消费者主体和客体的"新个性",接管了这些情感形而上学。奇怪的是,尽管战后自由主义自身的哲学基础是主体性的个人和公共文化,但它实际上消解了公共与私人、主体与客体之间的区别。

私人领域的政治化尤其具有重要意义。在一个传统公共领域几乎不再产生情感吸引和心理认同的时代,私人领域倾向于填补这种文化真空。如哈贝马斯所指出的,在 20 世纪 50 年代期间,这种颠倒的情况无处不在,特别是在家居设计和家庭观念方面。没有比

1952年由美国驻德国高级指挥部和马歇尔计划的欧洲复兴计划赞
助的、名为"我们正在建设一个更好的生活"的展览更好的例子了,
这是美国展品在1952年柏林工业博览会上的亮相。不考虑其名
称,这个展览不止是为了宣传"美国生活方式"。它涵盖的范围更
广,目的是反映由西欧、加拿大和美国的"自由人民"组成的"大西洋
社区的生活方式",这些人"享有共同的文化传统遗产,这一点在日
常之物、家居产品、收音机、园艺工具和玩具中体现得十分明显"。
西方文化形态的家族相似性如此之强,以至于展览包含来自12个
国家的600多个设计对象,据说都没有扰乱其整体的"和谐、生动的
统一性"。但这并不仅仅是对战后国际主义的简单致敬。正如目录
所宣称的,这个展览使一种文化版的舒曼计划(Schuman Plan)成为
现实,即一个基于经济合作、增加工业生产和提高生活标准的欧洲
共同市场的乌托邦愿景。现代设计位于这一梦想的中心,达到了通
过"使常用的家居用品变得实用、美观且负担得起"就能实现统一和
繁荣的程度[106]。因此,作为新"大西洋社区"理想住所的一部分,丹
麦的砂锅、意大利的灯具、瑞士的茶壶、西德的陶器和美国的冰箱都
在展览上被展出。这个展览更加特别的一点是,主办方聘请了演员
来扮演一家模范家庭,在展示的"理想之家"中坐着和休息。如图
51所示,这个虚构家庭的存在,是为了给这个想象中的家庭增添一
种真实居住的感觉,吸引那些路过的观众。通过让设计的崭新世界
显得更加亲切和温馨,这场展览打破了当时贸易展的常规展示方
式,而这无疑解释了为什么它会成为50年代最受欢迎的家居设计
展,在几周后移到斯图加特之前,每天吸引着"数万"名观众到柏林
的展览现场[107]。因此,这个现代生活的生动场景,深刻地展现了一
种新的文化逻辑——将设计师创造的私人空间,视为战后现代性的
标志。

这不仅仅是私密向外部世界进行了延伸,还反映了战后美学的

图 51 "我们正在创造更好的生活"展览,1952 年在柏林举办。来源:阿方斯·莱特尔(Alfons Leitl)在《建筑艺术与工艺形式》杂志 1952 年第 4 卷第 12 号中的文章《西方人的居住文化》(*Die Wohnkultur der westlichen Völker*),第 39 页。图片由柏林普鲁士文化遗产提供。

根本性重构。又一次,这在很大程度上与法西斯主义潜在的文化影响有关。正如引言部分提到的,沃尔特·本雅明将法西斯主义描述为"政治的美学化",这一点在解释法西斯主义时期美学急剧爆发的现象时十分适用。但 1945 年之后发生了什么? 在西德和意大利,战争的结束带来了巨大变化。对法西斯时期民族主义廉价商品和"领袖崇拜"纪念品大量制造的结束、纪念性建筑的摒弃、工业设计的去军事化,以及对后法西斯时代政治领导文化风格的去神秘化,都标志着与法西斯政治美学的彻底决裂。因此,法西斯主义的战

243

败,并不只是普通的政权更替那么简单。实际上发生的是,工业时代首个完全成型的视听政权已经发生了剧烈的内部崩溃,让新成立的西德和意大利在文化代表和大众媒体影响力方面,变得几乎一无所有。这并不意味着这些新国家在战后公共生活中缺席了。西德和意大利的各地方政府(往往与教会合作)在战后以正确行为和基督教礼节的名义,对大众媒体(特别是电影、广播和随后的电视)进行管控的做法,代表了一种对后法西斯文化事务的强有力的干预[108]。但我认为,很大程度上这些举措的出现,是由于这些脆弱的自由政体缺乏足够的文化合法性和积极形象,来应对后法西斯社会面临的严峻文化表现危机。1951 年西德的电影《罪人》(*Die Sünderin*),以及意大利新现实主义电影被视为一种颠覆性文化祸害的争议,就是很好的例子[109]。这甚至可以从 20 世纪 50 年代的这样一个事实中看到,西德公众对于国家是否能提供一个足够的文化语言,来表达许多人认为的战争经历中的光荣元素,持怀疑的态度[110]。

的确,在以自由宪法形式表达归属感的国家,恰恰是对后法西斯政治共同体表示肯定的形象,最能标志着与法西斯政治文化的断裂。这包含了对法西斯视觉政治的拒绝,并回归了自由主义对基于文本的政治共同体和承诺的偏爱。但是,表达后法西斯共同体的问题,也出现了其他表现形式。值得注意的例子是,在引用积极的共同过去和未来作为解释当前情况的一种手段时,西德历史学家遇到了困难,特别是他们以前论述社会团结的主要叙事要么被纳粹摧毁了,要么迫于冷战的压力而被放弃了[111]。西德基本法中明确的后民族主义语言,以及"民族历史"和"民族共同体"这些老旧的情感性修辞作为启发性和政治指南的边缘化,间接显示出,19 世纪将国家作为叙事概念没有在战争中幸存下来[112]。1945 年之后,历史学家和社会科学家在重写(西)德国历史时,将其视为一种关注"特殊道路"偏差的社会学研究,这进一步凸显了历史与家园之间的联系已被彻底断裂[113]。因此,后法西斯时代不仅缺乏集体空间的真正视觉表达,还伴随着集体时间美学的缺乏。这与任何浪漫的历史命运或想象中的集体时光的文化断裂,可以从西德缺少对死者的任何崇拜中明显看出。与第一次世界大战后的情况形成鲜明对比的是,没有出现大量公共纪念活动和纪念碑来纪念第二次世界大战中的阵亡士兵。即便是对那些著名的殉难者(如绍尔兄妹和7月20日阴谋者)的官方致敬,主要也是以追忆遥远过去中的美好瞬间的语调进行的[114]。因此,无论人们怎样评价20世纪40年代到50年代之间那些引人注目的文化连续性,法西斯试图将人们(实际上是统治者与被统治者)之间的关系审美化的努力,被西德和意大利的自由化过程有效地摧毁了。

这种现象可以从多个角度观察到。最显著的一点是20世纪50年代人们普遍倾向于与邻居保持一定的社交距离。当然,这在当时的西德社会并非独有,其他国家也普遍存在这种现象[115]。然而,在西德体现得尤为明显,因为纳粹时期的监视、告密和背叛的经历促使人们在战后与邻居保持距离。这导致了邻里社交环境的崩溃,从而在50年代出现了"集体生活私有化"的新现象[116]。工业化的娱乐形式只是加速了这一过程。电影、体育、摩托车、汽车、电视和国外假期等,都标志着基于邻里的娱乐、社交和群体的结束[117]。这标志着娱乐社会学的重要转变:纳粹时代的娱乐明确旨在促进团结和联系,而后法西斯时代的娱乐则使人们更加相互分散和疏远。美学方面也是如此:纳粹时代的政治共同体和集体的美学奇观展示,已经让位于对私密和个人消遣的新美学化。家庭和重新构建的核心家庭,成为西德后纳粹时期的一个新的浪漫化领域,代表了道德和美学的理想主义。如前所述,战后的住宅不仅趋向于扩大客厅空间、增强家庭的社交纽带;家本身也变成了一种新的积极理想,这种理想是建立在现代家庭与现代商品的结合之上的。因此,富裕的现代家庭实际上是对战后经济的一种赞颂,因为首先正是战后经济使之成为可能。在一个政治领域很少能激发情感忠诚的时代,许多精力被转移到了经济领域。正如埃丽卡·卡特(Erica Carter)所指出的,经济不仅被"投入了通常赋予政治领域的激情",而且"由于战后西德缺乏统一的民族身份,一些民族特性被转化到了社会市场经济的话语体制中"[118]。现代家庭成为个人改造、国家更新的首选领域。

因此,设计在传递战后繁荣的新美学中发挥了至关重要的作用。它不仅仅是将现代艺术的个人自由理念、后法西斯时期的个性,转化为大规模生产的商品,而且还与广告一起,将后法西斯时期进步和福祉的政治语言转换成了明确的物质形态。通过这种方式,设计帮助在战争期间一个传统社会阶层符号被严重破坏的国家中,构建新的社会区分和风格化的消费者亚文化。因此,法西斯时期的政治美学化,似乎被后法西斯时期的经济美学化所取代。在以上两个时代,日常生活中都出现了真正的美学大爆发。但不同的是,1945 年之后,美学不再与国家、政权、领导人或政治本身紧密相连。《马格南》杂志的编辑卡尔·帕韦克(Karl Pawek)的观点很正确,"在我们的欲望中,美丽占据了非常高的地位。我们几乎不会制造出任何不美丽的东西……我们生活在一个美学的时代"[119]。但是,美学理想主义的场所已经改变了。因为"生存空间的灾难性迷思,已经被对生活水平的崇拜所取代",空间作为文化更新与关注的领域几乎已经退出了舞台[120]。

尽管很有吸引力,但说战后经济的美学化简单地取代了法西斯政治的美学化,并不完全准确。这种观点低估了设计本身在正常化纳粹日常生活和政治中所起的作用。设计为新政策提供了实物证据,同时通过承诺一个更好的未来,反过来帮助树立了对政权的忠诚。这正是德特莱夫·佩克特（Detlev Peukert）关于纳粹期间许多德国人"回到私人空间"的见解特别有价值的原因。通过指出政权无意中创造了"去政治化的私人空间"，他不仅挑战了长期持有的、陈旧的（并且自私自利的）关于纳粹恐怖主义性质的观念，他还争论说，这种"传统社会整合形式和行为模式的碎片化"讽刺性地为20世纪50年代的个人主义文化铺平了道路。正是从这种"逃避到孤立、非政治化的私密空间"，战后"经济奇迹"的活力及其对消费主义和效率的倾向才开始显现[121]。除了追溯50年代私密文化的这些独特前身外，佩克特还提出了一种正常性概念，这种概念从根本上建立在人与消费品之间的关系上。佩克特表示："对于大多数人而言，30年代曾经承诺的、但并不总能实现的融入机会，现在已经成为现实。大众汽车、人民自有住宅、国民收音机——拥有自己的汽车、住宅和收音机（后来还有电视机）——这些象征都脱离了纳粹时期的意识形态含义。经过许多曲折，它们所代表的正常生活状态终于实现了。"[122]因此，这些极受欢迎的设计产品在两个时代中"正常化"了世界，并反过来以一种新的、强大的方式将个人和社会结合了起来。

在这方面，不论是在战争期间还是战争结束后，设计都成功地塑造了一种持久的正常性和繁荣图景。现代设计产品和私密空间的交融，并转变为宝贵政治资本的过程，并不是在1945年就结束了。同时这也并不仅限于西德。东德就像西德一样，现代家庭在最新的德国设计产品和消费技术中一起放松的画面，也成为生活回归正常、安全和幸福的大规模制造的象征。同样，尽管党的言论强调不同性别是完全平等的，但20世纪50年代东德理想化的家庭生活表明，"东德新女性"的神话，在很大程度上建立在对女性正确行为和责任的旧资产阶级假设之上[123]。卡尔·贝德纳里克（Karl Bednarik）半开玩笑地评论说，"消费主义是一个困扰着欧洲的新幽灵",其"变革的是烹饪锅、'生活文化'和休闲活动"[124]。因此,在 40 年代和 50 年代的各个政权中,设计的政治化也同样存在[125]。尽管如此,这种情况在那些将政权和美学分离的自由主义国家中最为明显,西德就是最典型的例子,尽管有哈贝马斯的"宪法爱国主义"在这里,脆弱的政权和缺乏任何真正的世俗团结情感语言,意味着政治忠诚是在市场中形成的。因此,战后设计、室内装饰和"生活方式"的新含义,与在这种更广泛的西德冷战自由主义下,作为新文化表达的重构的美学密不可分。在很多方面,被现代商品所环绕着的理想家庭主妇形象,是前几年"碎石女性"象征的继承者。两者都在传统的国家和社会形象崩溃之时,被提升为国家的象征。随着时间推移,西德丰裕的消费文化基础成为其现代性的普遍象征。设计反映并形塑了这一变革。所以,即使西德人在 1945 年之后把他们对美好未来的梦想从政治领域转向了经济领域,但他们所希望的和忠诚的依旧是工业美学产品。

结论　记忆与物质主义
——历史作为设计的回归

在1984年的一次采访中，托马斯·马尔多纳多对乌尔姆设计学院的传教士式态度做了如下反思：[1]

> 然而，我们必须承认，我们当中的许多人都倾向于扮演传教士的角色，尤其是使用传教士式的话语。简单来说，就是过于喜欢说教。这可能是因为我们非常坚信我们所支持的理念。我必须强调，这一态度目前正在消亡。这使我们曾真诚地相信，我们是救赎之音的传达者……我们生活和工作在一个较为孤立的山丘上，很难避免产生从高处向下面的人们发出警告、劝告和宣言的扎拉图斯特拉式的想法。这就是为什么我们在乌尔姆有时显得很严肃的原因。但我们从未怀有恶意。有时我们的想法很大胆，但绝不怪异。[1]

在这里，这位乌尔姆最杰出的传教士，试图对许多后现代批评家所指责的学院夸张的道德理想主义和文化精英主义做出辩解。马尔多纳多希望提醒读者，学院的"扎拉图斯特拉式宣言"（Zarathustrian pronouncements）并非源于精英主义本身，而是源于对工业设计、激进社会变革和政治参与的不可分割的深刻信念。无论人们如何评价乌尔姆这一"救赎之音"的效果，这次采访都隐晦地凸显了一个事实：以往那种道德主义与设计的结合，已成为过去。

这并不是说乌尔姆的探索被德国设计界遗忘了。实际上，很多后来被认为（甚至直到现在仍被认为）是西德现代设计的代表，都极大地借鉴了该学院的理论方法和设计创新。例如，仅举两例，博朗和汉莎航空的企业设计风格在全球的影响力，都是乌尔姆案例成功

250

的例证。20世纪80年代初出现的大量关于乌尔姆设计学院及其主要人物的专著,也凸显了其持续的重要性。然而,不可否认的是,随着学院于1968年的关闭,驱动现代德国设计的核心精神实际上已经终结了。因为乌尔姆是德国对国际设计做出的最后一次真正的贡献。其作为全球产品设计趋势的新引领者,70年代和80年代见证了日本设计和意大利设计的崛起,而西德设计几乎没有超越其60年代的新功能主义。难怪乌尔姆设计学院经常被视为德国现代主义"英雄时代"的最后余辉,也是曾经强大的"制造同盟-包豪斯"理念(将设计视为一种社会工程)的最后继承者。

那么问题究竟出在哪儿呢?乌尔姆设计学院最后的日子,是西德精英设计文化普遍走向衰退的缩影。到1967年,学院发现自己面临严重的财政危机。随着对学院办学活动的批评不断增加,波恩政府改变了态度,决定撤回每年对其20万德国马克的资助。他们的理由是,根据西德基本法的明确规定,文化和教育的资助应由州政府负责。相较于国立技术院校,巴登-符腾堡州政府已经对乌尔姆学生不成比例的高昂教育成本感到不满,而这种额外的负担进一步激起了更多保守派的愤怒。更不用说,乌尔姆的教师们日益激进化,产品设计向一种尚不明朗的系统分析方法转向,这些都很难使这所院校博得政府代表和普通纳税人的好感。到了1967年底,州议会宣布,未来对该学院的支持,将取决于这所备受争议的设计学院能否合到乌尔姆技术学校或斯图加特城市大学。这一宣布激起了乌尔姆设计学院的反抗。学生们起草请愿书,教师们组织"教学会",记者们为学院辩护,认为学院是西德传统院校体系中值得尝试的实验。谈判陷入僵局,双方都坚持自己的立场。1968年3月,乌尔姆的教师和学生投票反对州政府提出的合并提案。州政府坚持立场不变,许多人感觉学院的终结已经迫近。作为独立自主的最后一次行动,学院选择了自行解散,以抗议国家的吞并。就这样,著名的乌尔姆项目正式结束了。

学校的关闭以一种极其讽刺的方式收尾了。1968年5月,正值西柏林、法兰克福以及整个欧洲学生抗议活动的高潮,斯图加特市举办了一场大型回顾展,纪念魏玛包豪斯成立50周年。这场吸引了超过75000名参观者的"包豪斯50周年"展览,成为西德极力推崇包豪斯和格罗皮乌斯的高潮,他们被视为"人文主义思想的精神先锋"[2]。几名文化部长亲临现场,将包豪斯赞誉为(西)德国文化自由主义和国际现代主义的象征[3]。然而,这场盛大的展览被一群直言不讳的乌尔姆学生粗暴打断,他们希望借此机会使人们注意到,一个包豪斯在被庆祝,而另一个包豪斯却处于被解散的尴尬与矛盾局面。他们在展览开幕式上组织了大规模抗议,试图突出乌尔姆学院在1968年的终结与1933年包豪斯学院关闭之间的历史相似性[4]。当一切突然停止时,展览馆外一片混乱。在开幕庆典现场的格罗皮乌斯本人拿起了扩音器,对激动的学生们发表了讲话。乌尔姆设计学院的命运如今被定格在这一难忘的场景中:一方是年迈的、举世闻名的包豪斯创始人;另一方是刚刚被解散的、承继了包豪斯衣钵的激进学生。包豪斯遗产中固有的矛盾性被面对面地展示了出来。尽管格罗皮乌斯对乌尔姆的事业表示了礼貌性的支持,但他最终还是敦促学生们不要掺和政治,理由是设计学院"不是进行政治对抗的地方"[5]。他既没有将乌尔姆设计学院的关闭与1933年包豪斯的关闭联系起来,也没有将乌尔姆项目视为包豪斯史诗的一部分。这位老大师并不认为这些学生是他的精神后代。尽管学院实际上在两个月以前就已经关闭了,但这一事件才标志着乌尔姆实验的真正终结。乌尔姆极具影响力的设计杂志停止发行,而教师和学生们也就此散去,为西方世界最后一所伟大的设计学院画上了一个平淡的句号。

德国设计委员会的变革也是类似的故事。到20世纪60年代中期,它发现自己正处于一个越来越不稳定的境地。由于工业设计的持续普及、西德设计公司的显著成功,以及西德经济的日益地区化,越来越多的观察人士认为设计委员会已不再必要[6]。几乎被波恩政府抛弃的同时,设计委员会还面临着西德工业联合会的竞争。1965年,工业联合会向政府提出了一项交易:工业联合会将资助委员会,以换取更多的内部行政控制权[7]。由于联邦经济部对资助设计委员会也不再感兴趣了,因而同意了工业联合会的提议[8]。这一交易遭到了委员会当中制造同盟成员的强烈反对,他们认为这些"不民主"的变革将委员会变成了"工业利益的工具",破坏了其宝贵的机构自主性[9]。然而,这一次,制造同盟的愿景失败了。曾经引领委员会的道德理想主义现在被一种新的理念所取代,即设计被视为"经济发展和国家声望的一个决定性因素"[10]。作为回应,长期担任委员会秘书长的米娅·西格尔递交了辞呈。不久之后,委员会的全体制造同盟成员集体辞职。就这样,制造同盟最初的愿景——将设计委员会作为工业与文化之间道德承诺沟通的桥梁——实际上宣告了终结。

制造同盟自身的队伍也面临着信心危机。制造同盟孤立的文化政治是如此根深蒂固,以至于一些更激进的成员开始批评新制造同盟,称其为一个无所作为的"老年人俱乐部",就像"一位来自家谱的疲惫贵族"一样,活在其高贵的威廉时代往事中[11]。1963年,长期担任制造同盟主席的汉斯·施威珀特辞职,由社会民主党政治家阿道夫·阿恩特(Adolf Arndt)接任。制造同盟的使命继而呈现出完全不同的基调。将设计视为文化改革的道德化语言,让位给了对美学问题本身的再探讨。功能主义及其后果受到了持续的再考察。这一点在1965年制造同盟于法兰克福举办的"通过设计进行教育"的大会上得到了体现,其主旨发言人是魏玛时期的伟大人物恩斯特·布洛赫(Ernst Bloch)和西奥多·阿多诺。布洛赫在20世纪20

年代的《乌托邦精神》（*The Spirit of Utopia*）中曾讨论过功能主义的重要性，他在一篇题为《形成教育、构建形式、装饰》（Formative Education，Engineering Form，Ornament）的文章中重新提出了这个问题。文中，他重申了功能主义在摆脱19世纪末历史主义装饰的"伪造事业"中所起到的历史性作用，并赞扬了制造同盟-包豪斯运动的激进纯粹性和诚实性。然后他在论文中话锋一转，特别提出了两个问题，并认为这两个问题将日益困扰着制造同盟。第一个问题是，"纯粹功能主义无装饰的诚实性"难道不也已经"变成了一块遮羞布，掩盖了其背后那些并不那么诚实的（社会）境况吗"？当然，纳粹对功能主义设计的利用也是如此。但正如布洛赫所言，这也同样适用于战后的境况（至于指的是西方还是东方的境况，他故意保持了语焉不详）。他的第二个问题紧接着提出：这样的功能主义建筑和设计，是否远未使人们从周围城市环境的"不诚实"中解放出来，反而实际上"已经将我们的城市变成了一个危险的噩梦"？对布洛赫来说，功能主义最开始的使命不知不觉地被颠倒了："在衡量事物的标准中，人类保持着——或者更确切地说，已经成为——最多也只是一个边缘性的存在。"[12]功能主义不再是对抗异化的文化疗法，而已经成为其表现的一部分了。

阿多诺的观点更加深刻。他也首先赞扬了制造同盟"重视实际能力，而不是与物质问题无关、孤立的美学"，并对其功能主义运动表示了支持。如其所述：

> （在功能主义哲学中）实用之物被视为是最高成就，一种人格化的"物"，实现了与那些不再与人类隔离、不再受到人类侮辱的物品之间的和解……它提供了一个从真正进步中逃避的舒适场所，并让人们能够看到那些不再冷漠的实用物品。人类将不再因为世界的"物性"而遭受痛苦，同样，"物"也将实现它们自身的价值。一旦它们从"物质性"中得到解放，"物"将找到

它们自身的目的。

因此,在阿多诺看来,物质性或功能主义坚守了德国理想主义之古老梦想的承诺——即实现主体与客体的和解。但与布洛赫一样,阿多诺也非常清楚,这种浪漫的想法并没有成为现实。部分原因是起初反对美学的功能主义,最终也只成为另一种拿来销售的风格。它被逐利的动机所污染,将物品的实用性,仅仅简化为受特定消费者群体喜欢的"朴素外观":"昨天的实用性因此可能成为明天的反面"。但是这里面还有更深层次的问题,比如对"实用性"的文化定义。在这方面,功能主义是阿多诺和霍克海默所说的"启蒙运动之辩证性"中的典型例子:承诺解放和安慰人类的理性,实际上成了控制和摧毁的力量。被科学理性体制视为无用的东西(不受欢迎的传统、知识模式,甚至是整个不受欢迎的人群),被判定必须消亡。"然而,纯粹的实用性与罪恶关系紧密相连,成为破坏世界的手段,给人类带来绝望,只留下虚假的安慰"[13]。功能主义的阴暗面是,它实际上成为工业理性"权力意志"和统治意识形态的文化表达。不管人们是否同意布洛赫和阿多诺的看法,功能主义的遗产显然正受到越来越多的质疑。

这些西德顶尖设计机构所面临的危机,反映了20世纪60年代"优良形式"设计所面临的更广泛的危机。在每一个案例中,激进重建的梦想最终都在战后"经济奇迹"的炎炎烈日下蒸发了。在战后的消费浪潮和过剩生产的经济中,制造和购买耐用、功能性商品的道德律令几乎找不到立足点。"优良形式"的道德基础:实用性、耐用性和基于需求的消费,未能跟上后法西斯文化的疗法、日常生活持续风格化的步伐。然而,简单地认为西德的消费文化完全压垮了战后的设计理想主义也过于简化了。如第二章和第四章所指出的,很大一部分问题源于功能主义本身的危机。一方面,其禁欲式的美学与战时配给制或道德指点紧密相关。肾形桌设计的极度流行,表明了功能主义不再被普遍看作是与不堪回首的过去做出的一次断裂，而是它的一种不受欢迎的延续。同样重要的是，随着经济的复苏，其政治愿景变得无关紧要了。到了50年代中期，不仅功能主义最初的道德与经济基础——物资匮乏和反美学主义——已经消失，同样消失的还有其讲究集体牺牲、延迟满足的主导性精神。不断增长的繁荣无意中把功能主义转变为一个更多基于意识形态而非需求的设计方案[14]。冷战时期对设计师功能主义的重新定义：将其作为一种重要的外交资本和文化象征，明确揭示了它蕴含的非物质性。

到了20世纪60年代末，西德的"优良形式"设计文化受到了四面八方的攻击。右翼指责精英设计的宣传者为一群烦人的道德说教者，妨碍了"自然"的市场关系；而左翼则批评他们放弃了独立性和道德正直性（一些新左翼批评家甚至嘲笑许多所谓的功能主义物品从一开始就根本不好用）[15]。沃尔夫冈·豪格（Wolfgang Haug）在1971年广受欢迎的《商品美学批判》（*Critique of Commodity Aesthetics*）中提出了最尖锐的批评。在该书中，他将霍克海默和阿多诺对所谓文化产业的著名批判扩展到了商品美学领域，旨在揭露资本主义下设计的功利性。对于豪格来说，"优良设计"与文化重塑之间并没有必然的联系；相反，设计、广告和产品包装被描述为"资本主义的红十字会"，用来刺激销售和消费者的欲望[16]。因此，豪格认为，无论是"赋予形式"还是商品风格，抑或西德的"优良形式"设计文化和美国的商业设计，它们之间都没有什么区别。在他看来，所有工业设计都可以被纳入"资本主义操纵"的广义范畴。他的论述显然借鉴了1968年对西德工业文化的广泛批判，这种批判标志着长久以来德国梦想中的未来技术乌托邦崩溃了。面对他们认为的、战后社会的文化亏空——一个建立在被遗忘的记忆、消费主义和异化之上的社会，许多"68一代"的人试图构建一种基于政治参与和后工业道德共同体的新战后集体话语。正如最近一篇关于

255

西德对 1968 年的回忆文章所说,"1968 年的暴力不是针对人,而是只针对物品"[17]。设计被挑选为改革对象并非偶然。最引人注目的一幕可能发生在 1968 年的米兰三年展上,这个战后国际设计界的顶级盛会被一群高举"做爱,不做设计"牌子的学生占领了。他们不仅公开质疑战后将艺术和设计作为所谓的当权派、非民主"品位文化"象征的制度化,这些学生还试图削弱设计对真正的社会交往和群体构建所造成的破坏性效应[18]。同年,"老制造同盟"被宣布终结,并非毫无原因[19]。

在这一背景下,环境问题受到了广泛关注。值得一提的是,制造同盟被遗忘了。1959 年制造同盟在马尔举行了会议,其主题为"大地破坏",这在很多方面标志着重要的转向,预示了 10 年后西德环境运动的兴起[20]。1959 年汉斯·施威珀特在会议开幕时对这一转向进行了总结:"50 年来,我们一直在生产高品质的玻璃杯,直到今天我们仍然坚定地走在这条路上。但是,有两件事发生了:第一,诚恳地讲,我们已经忘记了如何享受它们;第二,酒的品质也变得越来越差了,水也不再适宜饮用了。我们应该拿这些精心制作的酒杯怎么办呢?"[21]到了 20 世纪 70 年代,对环境设计和"绿色政治"的关注已经上升到了前所未有的高度[22]。伴随对工业化的广泛文化批判[DIY 设计运动、循环利用设计(例如"Des-In"小组),以及 1969 年在柏林成立了更注重以社会为导向的"国际设计中心"],一些战后设计领域的资深人物如今开始为他们过去的错误做出补偿。例如,马尔多纳多在他 1970 年出版的《设计、自然与革命:走向批判生态学》(*Design, Nature, and Revolution: Towards a Critical Ecology*)一书中改变了自己的立场。一些"优良形式"设计倡议们也转变了方向。作为乌尔姆设计学院的继任者,1971 年成立了小型环境研究所(The small Institute of Environmental Studies),而制造同盟也被重新定位为一个新的宣传机构,专注于解决设计在工业社会中的社会

256

影响和环境影响[23]。

到了 20 世纪 80 年代初,西德的设计文化分裂成了三个明显的阵营。第一个是"绿色设计"项目的拥护者,他们的精力主要集中在本地循环设计和生产环保产品上;第二个阵营是前乌尔姆的现代主义者和其他新功能主义者,他们认为自己的非商业设计哲学仍然代表着德国现代主义设计的最后希望。为了扩大其吸引力,这个群体努力将功能主义重新定义为"绿色美学",理由是功能主义耐用产品是对抗一次性消费文化的必要手段;第三个阵营由西德的新后现代主义设计师和收藏家组成,他们希望摆脱严肃的讨论和极简风格,赞颂设计的轻佻、色彩和装饰性娱乐风格。在 20 世纪 80 年代大多数时间里,在西德工业设计的过去和未来的问题上,西德现代主义者和后现代主义者发生了激烈冲突[24]。但是,如果说 80 年代是前乌尔姆现代主义者和西柏林后现代主义者之间的拉锯战,那么随着冷战的结束,力量天平倒向了现代主义阵营。其中部分原因是,从80 年代初开始,西德的官方设计机构致力于支持功能主义作为(西)德国设计史的主流,以应对后现代主义的挑战[25];80 年代,许多前乌尔姆的教师和学生成为大学设计教师和设计史学家,这进一步巩固了其文化权威;经济因素也发挥了作用。1989 年之后,新统一的德国政府很快就认识到在经济衰退时期,新功能主义遗产在维持现有出口市场方面十分重要。东德的工业设计甚至也按照这种功能主义美学进行了改造[26]。考虑到那些进口德国工业产品的国家往往将功能主义视为德国设计的代名词,德国设计委员会被动员起来帮助强化这一联想[27]。史学界普遍采纳了这一观点,经常将德国描述为毫无争议的"功能主义之国"[28]。在这种趋势下,加之新经济和意识形态因素的共同作用,形塑了以包豪斯-乌尔姆为核心的现代主义风格为德国统一后的主要设计面貌。

如果说设计在 20 世纪 80 年代和 90 年代的文化政治中扮演了

257

关键角色,那么它在大众记忆领域也发挥了同样的作用——这不仅仅在西德。在 90 年代及之后,设计和日常物品一直是东德人对于旧东德社会的"怀旧情结"的核心[29]。在西德也存在相似的情况,尤其是在柏林墙倒塌的前 10 年。70 年代末和 80 年代初见证了一股新的流行文化热潮的涌现,人们热衷于回顾"黄金 50 年代",这与西德国家记忆和身份的保守政治转变紧密相关。到处都是关于那个十年的新展览、公开回忆录、杂志专题文章、电视节目、社会史和时尚展。那个时代的流行歌手重新开始巡演,电影院放映着 50 年代的电影回顾,旧广告和电视节目被重播,仿制的 50 年代家具和服装在百货商店销售,全国各地都出现了复古设计店,而那些年代遗留物品的收藏家和卖家迎来了他们的黄金时期。50 年代成为一种流行趋势,几乎无处不在。它足够受欢迎,以至于在 1978 年成了《明镜周刊》(西德顶尖新闻杂志周刊)24 页的封面故事。它的影响力足够持久,6 年后,在同一杂志上又发表了两篇关于该主题的文章。事实上,1984 年,一篇文章的副标题是《对 50 年代的新崇拜》[30]。尽管这种怀旧被批评为"虚假"和"神话",但并未能阻止其流行。的确,关于过去的神话创造才是关键所在:这被看作是该国首次将历史与幸福联系起来的流行尝试。

可以确定的是,在那个时候,对"迷人的 50 年代"的浪漫情结,在整个西欧、英国和美国都非常普遍。在整个西方国家,人们对战后第一个和平与繁荣十年的文化形式和成就重新燃起了兴趣。因此,西德的这种怀旧情绪,通常被看作是与美国里根时代对艾森豪威尔时代"美好旧日"的神话相类似的文化现象,尤其是在下述背景下显得尤为明显:里根和赫尔穆特·科尔(Helmut Kohl)都援引了20 世纪 50 年代的政治稳定、积极进取的精神和道德秩序作为他们政治灯塔。80 年代初西德的经济衰退进一步加剧了人们对那个纯真和理想化过去的怀念[31]。这种怀旧情绪常常被轻视,认为其仅

258

仅是年纪渐长的婴儿潮一代自然流露出来的情感,他们中的许多人如今对其"废墟青春"和温室般的成长环境感到怀念。批评者嘲笑他们的历史记忆,认为它们更像是伤感的自传,而非严谨的史学研究。还有人坚持认为,这种怀旧不能被简单地当真,原因很简单,它首先作为跳蚤市场的一种现象出现。因此,这并不被看作是"真正的"怀旧,而是粗俗的市场策略,目的是清理充满尘埃的阁楼上那些并非具有遥远历史的纪念品,从而把"历史和文化变成跳蚤市场中的小装饰品"[32]。

但是,把这种新兴的对 20 世纪 50 年代的喜爱,简单归结为一种跳蚤市场经济现象还是太过轻率了。西德的怀旧情绪之所以特别,是因为它以独特的方式重新定义了 50 年代,将其作为积极性的国家历史。虽然从表面上看,考虑西德在战后出色的政治与经济表现,这似乎很自然,但我们还是需要记住,西德社会的底层神话是,它已经彻底扫清了所有民族主义的热情和悲情。无论其起源多么商业化,不可否认的是,对过去的情感闸门突然被打开了。涌现出来的是一系列关于 50 年代的描述,这些描述明显混合了记忆和欲望。尽管有些人认为这个十年是"最后一个(几乎)所有人都为着一个相同目标而努力的时期",但还有人声称 50 年代是"人们又能稍微享受一下生活"的时期,因为它建立了一个基于"相互友好"和"简单家庭幸福"的"和谐、神圣的世界"[33]。另一位作家在一本畅销的流行文化杂志上发表了一篇文章,表达了对过去的新感受:"50 年代对我们的要求有很多,但正因为这个原因,它如此美好……德国人从未像那时那样与自己的国家如此步调一致。从那以后,人们再也没有过如此强烈的家园感……那个时代的生活更加清晰、简单,而且在很大程度上更加合理。"[34]正如这些例证所展示的,这种怀旧情绪的文化流行远不止于买卖老式的 50 年代文物,因为伴随着这种复古复兴,出现了一种新的趋势,即将战后早期的经历和历史,重新塑造为集体的欲求之物。

这些叙述中隐含了对早期"波恩共和国"时期的某种重新评价。直到 20 世纪 70 年代末,人们对 50 年代的普遍看法还是,那是一个受保守思想的支配、强调私密和礼节的时代,而战后最初承诺的对世界的彻底革新,很快就被一个建立在安全、循规蹈矩、压抑记忆、不够勇敢的基础上的新世界取代了。随着时间的推移,这种不讨好的"阿登纳复兴"的看法成为西德新左翼的常见论调,而右翼对于战后生活和文化的奇迹也并不全然充满热情。尽管许多保守派可能不同意将那个时代描述为"机械化的比德迈尔式",但他们也对所看到的那个时代无节制的消费主义、缺乏文化和道德,表示非常担忧。到了 70 年代末和 80 年代初,一切都变了,因为 50 年代经历了一次显著的转变,它从一个被轻蔑、嘲笑的对象变成了一个被爱戴、象征着更新和成就的符号。事实上,许多关于 50 年代新的感性反思构成了"我们又是有身份的人了"的庆祝性叙述。当然,之前也有过类似的骄傲感表达,例如西德在 1954 年世界杯足球赛夺冠时引发的广泛庆祝。但 80 年代怀旧情绪的独特之处在于,它同时尊重过去和现在。

在这一将历史话语重塑为新的国家神话的过程中,或许最明显的特征是它所忽略的部分。在 20 世纪 80 年代的许多回忆中,那个时代的难民问题、普遍的家庭暴力、飙升的离婚率、反对再武装的抗议活动和对原子弹的恐惧几乎都被忽略了[35]。同样被忽略的,还有一直真实存在于 50 年代生活中的物质匮乏和社会不安全感。女性主义历史学家是最早对 80 年代关于重建的神话叙事提出异议的,她们指出,尤其是女性很少感受到阿登纳时代的德国是一个再度繁荣和有闲暇的黄金年代。对于大多数女性来说,她们对战后时期的记忆并不是"零点时刻"的解放,而是以长工时、就业不稳定、持续的家庭危机和个人不满为底色的时期[36]。许多前"68 一代"的人反过来倾向于强调 50 年代的社会生活中那令人窒息的同一性和性压抑氛围[37]。其他人也迅速指出，所谓的经济奇迹在很大程度上是建立在外国"劳工"的脊背上的，他们的经历充满了苦难和艰辛[38]。然而，这些对真实 50 年代的批判性修正，都在那些对这个时期的美好描述中淹没了。即使是那些构成早期战后历史的因素，如冷战政治、超级大国的依赖，以及曾无处不在的、对西德文化和社会的"美国化"，也明显被淡化了。长期以来被视为历史悲剧产物的50 年代西德，现在以其焕然一新的主体身份重返历史舞台。

260

如果说，20 世纪 80 年代的回忆忽略了 50 年代生活中很多不愉快的方面，那么人们记住了什么呢？尽管这些记忆各有不同，但几乎所有的回忆中都共同强调了一点：消费品的核心性。参考下面这个 80 年代关于"黄金 50 年代"的典型回忆：

> 这个时期的感受能被描述出来吗？……我不太确定，但有一件事是确定的：货币改革的那一天带来了对生活的新感觉，对未来的新信心，一个新的开始。我那时正好 30 岁。在那之前，我的生活是草率和混乱的。我在等待稳定和安全……如今，我们的购物街逐渐恢复了其时尚的魅力。在此之前，我们不得不穿着过时的旧衣服……然后突然间，超级舒适的尼龙衬衫和女式衬衫、丝袜、特维拉裙子、小巧的帽子，还有刺绣的白手套也出现了！多么美丽！接着是塑料肩包，到处都是"塑料"这个神奇的词……我开始用包豪斯和"WK"家具进行装饰。粗织壁毯和弦书架——以这些东西，我开始了新的生活方式……在墙上，我挂了诺尔德、凡·高和克利的画作。[39]

这段文字之所以独特，是因为它深刻地描绘了"那个时期的感觉"与知名品牌设计师作品紧密相连的程度。在某种程度上，这一论述与 20 世纪 80 年代关于 40 年代和 50 年代的一些口述史项目的主要发现相一致，即都揭示了1948年的货币改革，而非1945年的停战或1949年的基本法制定，被视为第二次世界大战真正结束，以及大多数西德人生活恢复"正常"的标志[40]。然而，如果像许多人所认为的那样，与过去的决裂仅仅是由一种盲目的、无节制的"消费欲望"来衡量的，这也是不正确的。正如引用的段落所揭示的那样，风格是很重要的。在50年代，包豪斯家具、抽象艺术和现代家居用品在西德公共生活中被频繁称赞，被看作是后纳粹文化和"最新潮"生活方式的符号。它们通常被认为是对战后爵士乐、现代文学和那些几年前被激烈谴责为"堕落"艺术文化等文化性产品的视觉补充。从80年代的那些回忆中可以看出，它们似乎取得了成功。这些物品被西德有抱负的中产阶级（和商业精英）一次又一次地挑选出来，看作是珍贵的象征性资产，其目的是要与法西斯的过去和小资产阶级的现状保持距离。通过这种方式，这些物品成了社会阶级区分、文化"再教育"成功的记忆符号。因此，上文所引述的段落，是一个典型的80年代的回忆，作为西德社会记忆的一个叙述支点，突出了对现代设计产品的广泛消费。

261   但是，这些新的文化史并不仅限于包豪斯和博朗。有趣的是，其中很多学者关注的是完全不同的设计产品——而非几何形的包豪斯设计或国际风格的餐具和家具，他们关注的是那些更寻常的旧物，那些从未出现在那个时代的高端设计场合的旧物。在20世纪80年代的回忆录、展览和怀旧商店中，许多西德家庭当时常见的廉价家居用品往往成为焦点。事实上，引发这些美好回忆的恰恰是像"肾形桌"这样的物品。这些关于流行文化的论述累积起来，挑战了人们对包豪斯现代主义普遍受欢迎的假设，这反而表明，那个时代真正的风格，应该更准确地理解为"有机现代"风格和"新青年风格"在西德特殊的表现形式。这些迟来的赞扬为西德早期流行文化进行了一次认真的重新评价。有两位观察家坚持用"Fuffziger Jahre"

（50年代）来称呼那个十年，这个用法显然不是标准的德语，而是口语，这反映了一个更广泛的愿望：恢复那些长期被学术界忽视的、那个时代的流行文化形式和习惯[41]。

同样能说明问题的是，这种对20世纪50年代的怀旧，通常被记述为第一人称的物质获得经历。诚然，作为一种联结过去与现在的方式，自传的流行成为70年代末至80年代初西德文化的一个显著特点[42]。在这个时期新兴行业出版的一系列口述史中，也把普通人的生活故事作为历史研究的新源泉。这些80年代回顾性作品（如上文引用的段落所示）的显著特点是，几乎都详尽地回忆了个人购买新消费商品时的兴奋和重要意义。自然，许多人的回忆不仅限于购买博朗牌留声机或肾形桌这类物品，还包含了其他重要的消费产品，比如洗衣机、电视机以及后来的汽车等。但不管这些叙述中具体提到了哪些物品，其关键在于，80年代的这些流行回忆，主要是建立在消费品和社会地位提升的个体故事之上的[43]。

这在许多方面都很重要。首先，这种叙述风格代表了20世纪70年代西德传统文化史对50年代看法的根本性转变。70年代的文化史主要受到了法兰克福学派的启发，以结构社会学和大众文化批评为主，而80年代的设计文献则展现了一种更加个性化的叙述形式。这些新文化史不仅仅是对西德那些处于边缘地带的物质文化的关注，更是代表了西德自我身份认同的根本性转变。其次，这些史料大多是持积极肯定态度的。与70年代大多数西德学术评论不同，这些对50年代的新浪漫主义叙述并没有接受这样一种观点：即认为西德严重缺少日常文化，或者认为它是美国"文化帝国主义"的副产品。他们对"工业文明"几乎不反感，也不怀念前工业时代的田园风光和未受污染的独立文化领域。80年代对西德身份的重新定义，其重点在于重新拥抱那些长期被贬低的"文化产业"所制造的产品——室内设计、工业设计、电影、广播、电视、时尚、广告、旅游和

262

流行音乐。这完美展示了大规模制造的消费品是如何将战后经历和记忆紧密相连的[44]。这些日常之物成为故事讲述中的路标，其蕴含的情感价值远超那些成功的广告，代表了 50 年代自我与社会的真实重构，在其中，是经济而非政治，成为西德身份及认同的根源[45]。正如这些 80 年代的怀旧所展现的，经济已然成为文化。

然而，这里的关键不仅仅是"经济奇迹"如何成功地重塑了西德的大众记忆。这些关于 20 世纪 50 年代物质生活的高度个人化的回忆显示，西德的消费主义并没有摧毁文化记忆本身，而是摧毁了一种特定的、1945 年之前的记忆形式。然而，将这一过程仅解释为 50 年代德国历史的"原子化"是不够的。更深层次的问题是，战后身份构建方式发生彻底改变，从种族使命和集体牺牲转向了个人选择和物质福祉。正如这些回忆所展现的，共同目的和想象共同体主导的宏大叙事已经被无数个关于物质满足的自传所取代。因此，80 年代对 50 年代的重新诠释表明了，西德的记忆已经超越了尼采在《道德谱系》(*On the Genealogy of Morals*)中的那句著名评论："当人类需要为自己创造记忆时，他们永远不能摆脱血腥、折磨和牺牲。"[46]随着讲求牺牲的"命运共同体"历史的结束，长久以来德国政治伦理中的延迟满足的观念似乎也随之消失了。时间视野也缩短了，因为对作为一个共同体的德国过去和未来的深刻情感已经崩溃，化为对当下的物质需求和享受[47]。一旦当 50 年代对当下的着迷成为过去，一代人后又变成了美好回忆的对象时，这种变化就发生了，而且非常恰当。让西德这种怀旧情绪独一无二的是，它公然违背了怀旧一词的词根意义：它不是来自痛苦和流亡，而是源于对战后安宁的感激之情，以及对建立了一个体面的、后纳粹新祖国的自豪感。如此看来，这种对"黄金 50 年代"的怀念，有助于把不堪回首的过去从痛苦、苦难和罪疚的重负中解放出来。

在 1989 年德国统一之后，这种对西德过去的浪漫化塑造进一步加强了。德国统一后最显著的影响之一是，关于痛苦和匮乏的叙述几乎完全成为东德的独属领域。东西德的知识分子和文化界人士普遍不愿意创造一种新的、能够表达两德之间团结一致的情感语言，这一点可以理解。然而实际上，这种态度延续了冷战时期自由且富有的西方，与受压迫且贫穷的东方相对立的观念[48]。考虑到西德人为了帮助前东德实现"现代化"而被要求支付高昂的团结税，不少西德人开始怀念波恩共和国时期的稳定民主、多元主义和物质繁荣[49]。一个不幸的后果是，1989 年之后的回忆整理工作阻碍了对西德反物质主义文化史的研究。也就是说，把西德史简化为经济繁荣的最终目标，阻碍了探讨物质文化如何成为战后重大斗争和冲突中心的故事。本书对西德精英设计文化进行探讨的部分目的是，修正近年来在书籍和展览中对西德历史"物质化"的趋势。正如我所试图展现的，这种设计文化寻求将西德的工业文化引入一种非物质主义的社会改革和道德责任的视角，一个远超米特舍利希（Mitscherlich）所谓的"对舒适的超心理学"的视角[50]。

虽然，制造同盟和设计委员会试图将设计之物重新定义为人文主义的"文化产品"的观点，不同于乌尔姆设计学院将设计视为一种社会工程的理念，但是，它们都有一个相同的愿景，那就是将日常之物提升为不仅仅是商品，而且是更高尚的东西。考虑到商品美学在经济和政治上的重要性日益增加，设计不可避免地关联到了一些更深刻的问题，比如后纳粹时期自由文化的形态及其含义。所以，战后的设计运动成为西德战后重建乌托邦主义的最后阵地，也许也是德国理想主义的那个旧梦——克服主体与客体、文化与文明之间深刻对立的梦想——的终曲。西德"优良形式"文化的兴起与消逝，不仅是现代主义美学和政治历史相交叉的又一章节，也为我们提供了丰富的研究案例，展示了在冷战特有的文化环境中，西德如何构建并塑造自身的独特性。

264

注　释

说明 ————————————————————————

    除特别说明外,所有德语资料的翻译均为作者个人完成。在注释中,本书使用了以下缩写:

    BAB:柏林(原波茨坦)联邦档案馆(Bundesarchiv,Potsdam,现位于柏林)

    BAK:科布伦茨联邦档案馆(Bundesarchiv,Koblenz)

    DWB:德国制造同盟(Deutscher Werkbund)

    HfG:乌尔姆设计学院(Hochschule für Gestaltung,Ulm Institute for Design)

    RfF:法兰克福德国设计委员会(Rat für Formgebung,Frankfurt am Main)

    SAU:乌尔姆市档案馆(Stadtarchiv,Ulm)

    WBA:柏林制造同盟档案馆(Werkbund-Archiv,Berlin)

引言 设计、冷战与西德文化

[1] German Design Council Annual Report 1978/79, 11, RfF.

[2] 最近的一些例外还包括：Rudy Koshar, *German Travel Cultures* (Oxford, 2000);
Arne Andersen, *Der Traum vom guten Leben : Alltags-und Konsum-geschichte vom
Wirtschaftswunder bis heute* (Frankfurt, 1997); Wolfgang Sachs, *For the Love of
the Automobile : Looking Back into the History of Our Desires* (Berkeley, 1992);
and Rainer Gries, Volker Ilgen, and Dirk Schindelbeck, *Gestylte Geschichte : Vom
alltäglichen Umgang mit Geschichtsbildern* (Muenster, 1989)。

[3] Gert Selle, *Design-Geschichte in Deutschland* (Cologne, 1987; orig. pub. 1978);
Paul Maenz, *Die 50er Jahre : Formen eines Jahrzehnts* (Cologne, 1984); Albrecht
Bangert, *Der Stil der 50er Jahre* (Munich, 1983); and Christian Borngräber, *Stil
Novo : Design in der Fünfziger Jahre* (Berlin, 1978).

[4] 在魏玛共和国和纳粹时期，建筑是有关德国文化身份辩论的关键议题，详细参见：
Barbara Miller Lane, *Architecture and Politics in Germany, 1918 - 1945* (Cam-
bridge, Mass. , 1968)。

[5] 参见：Walter Hixson, *Parting the Curtain : Propaganda, Culture, and the Cold
War, 1945 -1961* (New York, 1997), 151 - 83; and Karal Ann Marling, *As Seen on
TV : The Visual Culture of Everyday Life in the 1950s* (Cambridge, Mass. , 1994),
243 - 83.

[6] Margret Tränkle, "Neue Wohnhorizonte: Wohnalltag und Haushalt seit 1945 in der
Bundesrepublik," in *Von 1945 bis heute Aufbau Neubau Umbau*, vol. 5 of *Geschichte
des Wohnens*, ed. Ingeborg Flagge (Stuttgart, 1999), 687 - 806.

[7] Martin Broszat and Klaus-Dietmar Henke, eds. , *Von Stalingrad zur Währungsreform
: Zur Sozialgeschichte des Umbruchs in Deutschland* (Munich, 1990).

[8] Klaus-Jürgen Sembach, "Heimat—Glaube—Glanz," in *Die Fünfziger Jahre : He-
imat Glaube Glanz : Der Stil eines Jahrzehnts*, ed. Michael Koetzle, Klaus-Jürgen
Sembach, and Klaus Schölzel (Munich, 1998), 8 - 9.

[9] Axel Schildt and Arnold Sywottek, "'Reconstruction and Modernization': West Ger-
man Social History during the 1950s," in *West Germany under Construction : Poli-
tics, Society and Culture in the Adenauer Era*, ed. Robert Moeller (Ann Arbor,
1997), 413 - 44.

[10] Nikolaus Jungwirth and Gerhard Kromschröder, *Die Pubertät der Republik : Die
50er Jahre der Deutschen* (Frankfurt, 1978). 关于这一主题，参见笔者："Remem-
brance of Things Past: Nostalgia in West and East Germany, 1980 - 2000," in *Pain
and Prosperity : Reconsidering Twentieth -Century German History*, ed. Paul Betts

and Greg Eghigian (Stanford, Calif. , 2003), 178 – 207。

［11］Jonathan Zatlin, "The Vehicle of Desire: The Trabant , the Wartburg, and the End of the GDR," *German History* 15, no. 3 (1997): 360 – 80.

［12］最具影响力的是其三卷本计划:*Lebensgeschichte und Sozialkultur im Ruhrgebiet , 1930 – 1960 ,* under the direction of Lutz Niethammer: vol. 1, Lutz Niethammer, ed. , '*Die Jahre weiss man nicht , wo man die heute hinsetzen soll*': *Faschismuserfahrungen im Ruhrgebiet* (Berlin, 1983); vol. 2, Lutz Niethammer, ed. , '*Hinterher merkt man , dass es richtig war , dass es schiefgegangen ist*': *Nachkriegserinnerungen im Ruhrgebiet* (Berlin, 1983); and vol. 3, Lutz Niethammer and Alexander von Plato, eds. , '*Wir kreigen jetzt andere Zeiten*': *Auf der Suche nach der Erfahrung des Volkes in Nachfaschistischen Ländern* (Berlin, 1985)。

［13］参见,比如:Hanna Schissler, ed. , *The Miracle Years : A Cultural History of West Germany , 1949 – 1968* (Princeton, 2001); Uta Poiger, *Jazz , Rock , and Rebels : Cold War Politics and American Culture in a Divided Germany* (Berkeley, 2000); Alon Confino, "Traveling as a Culture of Remembrance: Traces of National Socialism in West Germany, 1945 – 1960 ," *History and Memory* 12, no. 2 (fall/winter 2000): 92 – 121; Jennifer A. Loehlin, *From Rugs to Riches : Housework , Consumption , and Modernity in Germany* (Oxford, 1999); Katherine Pence, "From Rations to Fashions: The Gendered Politics of Consumption in East and West Germany, 1945 – 1961 ," (Ph. D. diss. , University of Michigan, 1999); Heide Fehrenbach, *Cinema in Democratizing Germany : Reconstructing National Identity after Hitler* (Chapel Hill, 1995); Axel Schildt, *Moderne Zeiten : Freizeit , Massenmedien , und 'Zeitgeist' in der Bundesrepublik der 50er Jahre* (Hamburg, 1995); *Axel Schildt and Arnold Sywottek , eds. , Modernisierung im Wiederaufbau : Die westdeutsche Gesellschaft der 50er Jahre* (Bonn, 1995); *and Robert Moeller , Protecting Motherhood : Women and the Family in the Politics of Postwar West Germany* (Berkeley, 1993)。

［14］Erica Carter, *How German Is She? Postwar West German Reconstruction and the Consuming Woman* (Ann Arbor, 1997); and Michael Wildt, *Am Beginn der 'Konsumgesellschaft': Mangelerfahrung , Lebenshaltung , und Wohlstandshoffnung in Westdeutschland in den 50er Jahren* (Hamburg, 1994)。

［15］Besides Poiger, see Arnold Sywottek, "The Americanization of Everyday Life? Early Trends in Consumer and Leisure-Time Behavior," in *America and the Shaping of German Society , 1945 – 1955 ,* ed. Michael Ermarth (Providence, R. I. , 1993), 132 – 52; and Kaspar Maase, *Bravo Amerika : Erkundungen zur Jugendkultur der Bundesrepublik in den fünfziger Jahren* (Hamburg, 1992). Note, too, Irit Rogoff, ed. , *The Divided Heritage : Themes and Problems in German Modernism* (Cambridge, 1990).

［16］比如:Richard Buchanan and Victor Margolin, eds. , *Discovering Design : Explorations in Design Studies* (Chicago, 1995); Wolfgang Ruppert, ed. , *Chiffren des Alltags* (Marburg, 1993); and Victor Margolin, ed. , *Design Discourse* (Chicago, 1989)。

［17］重要的研究包括:Martin Daunton and Matthew Hilton, eds. , *The Politics of Con-*

sumption : Material Culture and Citizenship in Europe and America (Oxford, 2001); Susan A. Reid and David Crowley, eds. , *Style and Socialism: Modernity and Material Culture in Post-War Eastern Europe* (Oxford, 2000); Victoria De-Grazia, ed. , *The Sex of Things : Gender and Consumption in Historical Perspective* (Berkeley, 1996); Dick Hebdige, *Hiding in the Light : On Image and Things* (London, 1988); Arjun Appadurai, ed. , *The Social Life of Things : Commodities in Cultural Perspective* (Cambridge, Eng. , 1986); Adrian Forty, *Objects of Desire : Design and Society, 1750 - 1980* (London, 1986); Pierre Bourdieu, *Distinction : A Social Critique of the Judgement of Taste* , trans. Richard Nice (Cambridge, Mass. , 1984); Michael Taussig, *The Devil and Commodity Fetishism in South America* (Chapel Hill, 1980); Mary Douglas and Baron Isherwood, *The World of Goods* (New York, 1979); and Roland Barthes, *Mythologies* , trans. Annette Lavers (New York, 1972)。

[18] Alon Confino and Rudy Koshar, "Regimes of Consumer Culture: New Narratives in 20th Century German History," *German History* 19, no. 2 (spring 2001): 135 - 61. 另参见: Hannes Siegrist, Hartmut Kaelble, and Jürgen Kocka, eds. , *Europäische Konsumgeschichte : Zur Gesellschafts-und Kulturgeschichte des Konsums* (*18. bis 20. Jahrhundert*) (Frankfurt, 1997)。

[19] Klaus-Jürgen Sembach, *Into the Thirties : Style and Design, 1927 - 1934* , trans. Judith Filson (London, 1987); and Donald Bush, *The Streamlined Decade* (New York, 1975)。

[20] Terry Smith, *Making the Modern : Industry, Art, and Design in America* (Chicago, 1993); as well as Arthur Pulos, *American Design Ethic : A History of Industrial Design to 1940* (Cambridge, Mass. , 1983)。

[21] Martin Greif, *Depression Modern : Thirties Style in America* (New York, 1975). Compare Victoria DeGrazia, "Changing Consumption Regimes in Europe, 1930 - 1970: Comparative Perspectives on the Distribution Problem," and Lizabeth Cohen, "The New Deal State and the Making of Citizen Consumers," both in *Getting and Spending : European and American Consumer Societies in the Twentieth Century* , ed. Susan Strasser, Charles McGovern, and Matthias Judt (Cambridge, Eng. , 1998), 59 - 84 and 111 - 25, respectively。

[22] 值得注意的是,著名的英国工业设计协会是在 1944 年成立的。关于德国,参见: Edward Dimendberg, "The Will to Motorization: Cinema, Highways, and Modernity," *October* 73 (summer 1995): 91 - 137; John Heskett, "Modernism and Archaism in Design in the Third Reich," in *The Nazification of Art : Art, Design, Music, Architecture, and Film in the Third Reich* , ed. Brandon Taylor and Winfried van der Will (Winchester, Eng. , 1990), 128 - 43; and Uwe Westphal, *Werbung in Dritten Reich* (Berlin, 1989)。

[23] Shelley Baranowski, "Strength through Joy: Tourism and National Integration in the Third Reich," in *Being Elsewhere : Tourism, Consumer Culture, and Identity in Modern Europe and North America* , ed. Shelley Baranowski and Ellen Furlough (Ann Arbor, 2002), 213 - 36; and Hartmut Berghoff, "Enticement and Deprivation: The Regulation of Consumption in Pre-War Nazi Germany," in *The Politics of*

Consumption, ed. Daunton and Hilton, 165 – 84.

[24] Heinz Hirdina, "Gegenstand und Utopie," in *Wunderwirtschaft : DDR-Konsumge-schichte in den 60er Jahren*, ed. Neue Gesellschaft für Bildende Kunst (Cologne, 1996), 48 – 61.

[25] Michael Wildt, *Vom kleinen Wohlstand : Eine Konsumgeschichte der fünfziger Jahre* (Frankfurt, 1996).

[26] Ludwig Erhard, "Abschrift: Bildungdes Rates für Formentwicklung," text of speech delivered 24 May 1952, B102/34496, BAK.

[27] Dieter Mertins, "Veränderungen der industriellen Branchenstruktur in der Bundesre-publik 1950 – 1960," in *Wandlungen der Wirtschaftsstruktur in der Bundesrepublik Deutschland*, ed. Heinz König (Berlin, 1962), 439 – 68.

[28] Joan Campbell, *The German Werkbund* (Princeton, 1978).

[29] 关于美国的影响,参见:David Posner, "The Idea of American Education in West Germany during the 1950s," *German Politics and Society* 14, no. 2 (summer 1996): 54 – 74; Ralph Willett, *The Americanization of West Germany, 1945 – 1949* (London, 1989); and Jost Hermand, "Modernism Restored: West German Painting in the 1950s," *New German Critique* 32 (spring/summer 1984): 23 – 41。

[30] Tomás Maldonado, "New Developments in Industry and the Training of the Desig-ner," *Ulm* 2 (October 1958): 25 – 40.

[31] 在展览目录中,讨论了罗维在西德的接受:Angela Schönberger, ed. , *Raymond Loewy : Pionier des Industrie-Design* (Munich, 1984)。

[32] Heinrich König, "Industrielle Formgebung," in *Sonderdruck aus Handwörterbuch der Betriebswirtschaft* (Stuttgart, 1957), 1988 – 92.

[33] Hans Dieter Schäfer, "Amerikanismus im Dritten Reich," in *Nationalsozialismus und Modernisierung*, ed. Michael Prinz and Rainer Zitelmann (Darmstadt, 1991), 199 – 215.

[34] 最近的研究显示,这些领域对现代主义的接纳程度远超过之前所认为的:Jonathan Petropoulos, *Art as Politics in the Third Reich* (Chapel Hill, 1996); Glenn Cuo-mo, ed. , *National Socialist Cultural Policy* (New York, 1995); *and Alan Stein-weis*, Art, *Ideology, and Economics in Nazi Germany : The Reich Chambers of Music*, *Theater and the Visual Arts* (Chapel Hill, 1983)。

[35] Jost Hermand, *Kultur im Wiederaufbau : Die Bundesrepublik Deutschland, 1945 – 1965* (Berlin, 1989), 89 – 108; and Hermann Glaser, *Die Kulturgeschichte der Bundesrepublik Deutschland*, vol. 1, *1945 – 1948* (Frankfurt, 1985), 91 – 111.

[36] Heinz Hirdina, *Gestalten für die Serie : Design in der DDR, 1949 – 1985* (Dres-den, 1988), 11.

[37] Thomas Hoscislawski, *Bauen zwischen Macht und Ohnmacht : Architektur und Städtebau in der DDR* (Berlin, 1991), 38 – 43, 101 – 11, 297 – 310. 可以在以下资料中找到关于东德官方探讨包豪斯与现代主义的历史记录:Andreas Schätzke, ed. , *Zwischen Bauhaus und Stalinallee : Architekturdebatte im östlichen Deutsch-land*, *1945 – 1955* (Braunschweig, 1991)。

[38] Winfried Nerdinger, ed. , *Bauhaus-Moderne im Nationalsozialismus : Zwischen An-biederung und Verfolgung* (Munich, 1993); Paul Betts, "The Bauhaus as Cold War

日常之物的权威:西德工业设计文化史

Legend: West German Modernism Revisited," *German Politics and Society* 14, no. 2 (summer 1996): 75 – 100.

[39] 分别参见: Christine Hopfengart, *Klee: Von Sonderfall zum Publikumsliebling* (Mainz, 1989); Christian Gröhn, *Die Bauhaus-Idee* (Berlin, 1991); Andreas Schwarz, "Design, Graphic Design, Werbung," in *Die Geschichte der Bundesrepublik Deutschland*, vol. 4, *Kultur*, ed. Wolfgang Benz (Frankfurt, 1989), 290 – 369; and Michael Kriegeskorte, *Werbung in Deutschland 1945 – 1965* (Cologne, 1992)。

[40] Christian Borngräber, "Nierentisch und Schrippendale: Hinweise auf Architektur und Design," in *Die Fünfziger Jahre: Beiträge zu Politik und Kultur*, ed. Dieter Bänsch (Tübingen, 1985), 210 – 41.

[41] Thomas Zaumschirm, *Die Fünfziger Jahre* (Munich, 1980).

[42] Eva von Seckendorff, *Die Hochschule für Gestaltung in Ulm* (Marburg, 1989), 89ff. Note as well Walter Dirks, "Das Bauhaus und die Weisse Rose," *Frankfurter Hefte* 10, no. 11 (1955): 769 – 73; and Manfred George, "Eine Helferin des 'anderen Deutschlands,'" *Aufbau*, 25 November 1956.

[43] Borngräber, *Stil Novo*, 23.

[44] Regine Halter, ed., *Vom Bauhaus bis Bitterfeld: 41 Jahre DDR-Design* (Giessen, 1991); Hans Wichmann, *Italien: Design 1945 bis Heute* (Basel, 1988); and Sherman Lee, *The Genius of Japanese Design* (New York, 1981). 这些国家并不是没有竞争者: 比如说,瑞士和斯堪的纳维亚的设计在战后前 20 年对欧洲设计界有着相当大的影响力,但它们从未拥有过像战后法西斯国家那样的国际地位,也没有引发同等激烈程度的讨论。

[45] Walter Benjamin, "The Work of Art in the Age of Mechanical Reproduction," in *Illuminations*, ed. Hannah Arendt, trans. Harry Zohn (New York, 1968), 217 – 52. 相关历史背景: George Mosse, *The Nationalization of the Masses: Political Symbolism and Mass Movements in Germany from the Napoleonic Wars through the Third Reich* (Ithaca, N. Y., 1975)。

[46] 关于魏玛文化: Janet Ward, *Weimar Surfaces: Urban Visual Culture in 1920s Germany* (Berkeley, 2001); John Willett, *The New Sobriety, 1917 – 1933: Art and Politics in the Weimar Period* (London, 1978); and *Wem gehört die Welt—Kunst und Gesellschaft in der Weimarer Republik* (Berlin, 1977). On fascism, George Mosse, "Fascist Aesthetics and Society: Some Considerations," *Journal of Contemporary History* 31, no. 2 (April 1996): 245 – 52。

[47] Peter Fritzsche, "Nazi Modern," *Modernism/Modernity* 3, no. 1 (January 1996): 1 – 21; Peter Reichel, *Der schöne Schein des Dritten Reiches: Faszination und Gewalt* (Munich, 1991); Klaus Behnken and Frank Wagner, eds., *Inszenierung der Macht: Ästhetische Faszination im Faschismus* (Berlin, 1987); and Berthold Hinz, ed., *Die Dekoration der Gewalt: Kunst und Medien im Faschismus* (Giessen, 1979).

[48] Eric Michaud, *Un Arte de l'Eternité: L'image et le temps du national socialism* (Paris, 1996).

[49] 在 1945 年末,意大利大多数对法西斯时代文化领导力的颂扬,都有效地转化为了

对教皇形象的视觉呈现。感谢埃米利奥·詹蒂莱在这一点上对我的启发。

[50] Herfried Münckler, "Das kollektive Gedächtnis der DDR," in *Parteiauftrag : Ein neues Deutschland*, ed. Dieter Vorsteher (Berlin, 1997), 458 - 68. 另一个有趣的例子是对德国高速文化感知的转变，它们最初被看作是机动化大众的欲求与军事移动性的法西斯实体，但在战争结束后，这一形象转变为了后法西斯时代自由与个人旅行的普遍象征。Kurt Möser, "World War I and the Creation of Desire for Automobiles in Germany," in *Getting and Spending*, ed. Strasser, McGovern, and Judt, 195 - 222.

[51] Kriegeskorte, 6.

[52] Ludwig Erhard, *Prosperity through Competition*, trans. John B. Wood and Edith Temple Roberts (London, 1958), 169.

[53] Maria Höhn, "Frau im Haus and Girl im Spiegel: Discourse on Women in the Interregnum Period of 1945 - 1949 and the Question of German Identity," *Central European History* 26, no. 1 (1993): 57 - 91; and Angela Seeler, "Ehe, Familie, und andere Lebensformen in den Nachkriegsjahren im Spiegel der Frauenzeitschriften," in *Frauen in der Geschichte*, vol. 5, ed. Annette Kuhn (Düsseldorf, 1984), 91 - 121.

[54] Karl Pawek, "Das Moderne ist intelligent," *Magnum* 15 (December 1957): 23.

[55] 另一个具有代表性的例子是：Gustav Hassenpflug, "Kunst im Menschlichen verankert: Geist und Geschichte des Bauhauses," *Bildende Kunst* 1, no. 7 (1947): 24。

[56] Horst Oehlke, "Design in der DDR," in *Deutsches Design 1950 - 1990*, ed. Michael Erlhoff (Munich, 1990), 245 - 72.

[57] 参见，比如笔者的："Twilight of the Idols: East German Memory and Material Culture," *Journal of Modern History* 72, no. 3 (September 2000): 731 - 65, and "The Politics of Post-Fascist Aesthetics: 1950s West and East German Industrial Design," in *Life after Death : Violence, Normality, and the Reconstruction of Postwar Europe*, eds. Richard Bessel and Dirk Schumann (Cambridge, 2003), 291 - 321。

第一章　商品的再赋魅：重审纳粹现代主义

[1] 最近出版的一些学术评论文章包括：Scott Spector, "Was the Third Reich Movie-Made? Interdisciplinarity and the Reframing of Ideology," *American Historical Review* 106, no. 2 (April 2001): 460 - 84; Peter Jelavich, "National Socialism, Art, and Power in the 1930s," *Past & Present* 164 (August 1999): 244 - 65; and Suzanne Marchand, "Nazi Culture: Banality or Barbarism?" *Journal of Modern History* 70 (March 1998): 108 - 18. Note too the special issues on "The Aesthetics of Fascism," *Journal of Contemporary History* 31, no. 2 (April 1996); "Fascism and Culture," *Modernism/Modernity* 3, no. 1 (January 1996); and "Fascism and Culture," *Stanford Italian Review* 8, nos. 1 - 2 (1990).

[2] 当然，意大利的情况要复杂得多。这是因为墨索里尼毫不掩饰地支持前卫文化，而且由于不存在类似魏玛共和国这样的政体，战后的一代人难以宣称他们对任何特

定文化的认同。

[3] 参见笔者:"The New Fascination with Fascism: The Case of Nazi Modernism," *Journal of Contemporary History* 37, no. 4 (2002): 541 – 58。

[4] 最近的一些标题包括:Ruth Ben-Ghiat, *Fascist Modernities: Italy, 1922 – 1945* (Berkeley, 2001); Marla Stone, *The Patron State: Culture and Politics in Fascist Italy* (Princeton, 1998); Jean-Louis Cohen, ed., *Les Années 30: L'Architecture et les arts de l'espace entre industrie et nostalgie* (Paris, 1997); *Le Temps menaçant 1929 – 1939* (Paris, 1997); Simonetta Falasca, *Fascist Spectacle: The Aesthetic Power of Mussolini's Italy* (Berkeley, 1997); Wendy Kaplan, ed., *Designing Modernity: The Arts of Reform and Persuasion, 1885 – 1945* (New York, 1995); and *Kunst und Diktatur: Architektur, Bildhauerei, und Malerei in Österreich, Deutschland, Italien, und der Sowjetunion, 1922 – 1956* (Baden, 1994)。

[5] Peter Fritzsche, "Nazi Modern," *Modernism/Modernity*, January 1996, 1 – 21; Eric Michaud, *Un Art de L'Eternité: L'image et le temps du national-socialisme* (Paris, 1996); Jonathan Petropoulos, *Art as Politics in the Third Reich* (Chapel Hill, 1996); Eric Rentschler, *The Ministry of Illusion: Nazi Cinema and Its Afterlife* (Cambridge, Mass., 1996); Glenn Cuomo, ed., *National Socialist Cultural Policy* (New York, 1995); Edward Dimendberg, "The Will to Motorization: Cinema, Highways, and Modernity," *October* 73 (summer 1995): 91 – 137; Harold Welzer, ed., *Das Gedächtnis der Bilder: Ästhetik und Nationalsozialismus* (Tübingen, 1995); Joachim Petsch, *Kunst im Dritten Reich* (Cologne, 1994); Bernd Ogan and Wolfgang Weiss, eds., *Faszination und Gewalt: Zur politischen Ästhetik des Nationalsozialismus* (Nuremberg, 1992); and Alan Steinweis, *Art, Ideology, and Economics in Nazi Germany: The Reich Chambers of Music, Theater, and the Visual Arts* (Chapel Hill, 1983).

[6] Philippe Lacoue-Labarthes and Jean-Luc Nancy, *Le Mythe Nazi* (Paris, 1996); Andrew Hewitt, *Fascist Modernism: Aesthetics, Politics, and the Avant-Garde* (Stanford, Calif., 1993); Richard Golsan, ed., *Fascism, Aesthetics, and Culture* (Hanover, 1992); Peter Adam, *Art of the Third Reich* (New York, 1992); Stephanie Barron, ed., *Degenerate Art: The Fate of the Avant-Garde in Nazi Germany* (Los Angeles, 1991); and Brandon Taylor and Winfried van der Will, eds., *The Nazification of Art: Art, Design, Music, Architecture, and Film in the Third Reich* (Winchester, Eng., 1990).

[7] 两项针对纳粹建筑的研究率先打破了冷战早期关于该政权反对现代主义的错误观念:Barbara Miller Lane, *Architecture and Politics in Germany, 1918 – 1945* (Cambridge, Mass., 1968); and Anna Teut, *Architektur im Dritten Reich* (Berlin, 1967). For design, John Heskett, "Modernism and Archaism in Design in the Third Reich," in *Nazification of Art*, ed. Taylor and van der Will, 128 – 43; Gert Selle, *Design-Geschichte in Deutschland* (Cologne, 1987; orig. pub. 1978); and Hans Scheerer, "Gestaltung im Dritten Reich," *Form* 69, nos. 1, 2, 3 (1975)。另参见: Klaus Behnken and Frank Wagner, eds., *Inszenierung der Macht: Ästhetische Faszination im Faschismus* (Berlin, 1987); Hans Dieter Schäfer, *Das gespaltene Bewusstsein: Deutsche Kultur und Lebenswirklichkeit 1933 – 1945* (Berlin, 1984); and

Berthold Hinz, ed., *Die Dekoration der Gewalt : Kunst und Medien im Faschismus* (Giessen, 1979)。

[8] Winfried Nerdinger, ed., *Bauhaus-Moderne im Nationalsozialismus : Zwischen Anbiederung und Verfolgung* (Munich, 1993); Sonja Günther, *Design der Macht : Möbel und Repräsentanten des 'Dritten Reiches'* (Stuttgart, 1992); and Sabine Weissler, ed., *Design in Deutschland, 1933 – 1945 : Ästhetik und Organisation des Deutschen Werkbundes im 'Dritten Reich'* (Giessen, 1990).

[9] Richard Pommer and Christian Otto, *Weissenhof 1927 and the Modern Movement in Architecture* (Chicago, 1991); and Karin Kirsch, *Die Weissenhofsiedlung* (Stuttgart, 1987).

[10] Dan P. Silverman, "A Pledge Unredeemed : The Housing Crisis in Weimar Germany," *Central European History* 3 (1970) : 112 – 39.

[11] Joan Campbell, *The German Werkbund : The Politics of Reform in the Applied Arts* (Princeton, 1978), 206 – 12.

[12] Mary Nolan, *Visions of Modernity : American Business and the Modernization of Germany* (New York, 1994), 227 – 35.

[13] Julius Posener, "L'architecture du III. Reich," *L'Architecture d'Aujourd'hui* 8, no. 4 (1936) : 23 – 25.

[14] 一开始,战斗联盟对现代主义建筑,甚至包豪斯都相当接受。但这一态度在下面这本书出版以后发生了变化:Richard Walter Darré's *The Peasantry as the Life Source of the Nordic Race* (*Das Bauerntum als Lebensquell der Nordischen Rasse*, 1929),这本书促使纳粹官方意识形态向颂扬农民生活和乡村建筑风格转变。之后,保罗·舒尔策·瑙姆堡成为纳粹反现代主义的主要发言人。Miller Lane, 147 – 67.

[15] "Zweckhaftigkeit und geistige Haltung : Eine Diskussion zwischen Roger Ginsburger und Walter Riezler," *Die Form* 6, no. 11 (1931) : 431 – 36; and Campbell, *Werkbund*, 222 – 24.

[16] 还需要指出的是,制造同盟的书籍系列在 1931 年结束时的最后一部作品是:*Das ewige Handwerk* (The eternal handicrafts). Campbell, *Werkbund*, 209。

[17] 同上,237—238。

[18] Sabine Weissler, "Geschenkte Traditionen," in *Design in Deutschland*, ed. Weissler, 15.

[19] Campbell, *Werkbund*, 250 – 56. The new constitution was published as "Jahresversammlung des Deutschen Werkbundes in Würzburg," *Die Form* 8, no. 10 (October 1933) : 315 – 20.

[20] Teut, 35.

[21] Weissler, "Geschenkte Traditionen," 10 – 29.

[22] Jeffrey Herf, *Reactionary Modernism : Technology, Culture, and Politics in Weimar and the Third Reich* (New York, 1984), esp. 189 – 216.

[23] Joseph Goebbels, *Weltkunst*, 10 June 1934; quoted in Adam, 56.

[24] Miller Lane, 177.

[25] 除了包含在以下内容中的文章外,Cuomo, ed., 参见:Uwe Westphal, *Werbung in Dritten Reich* (Berlin, 1989); Erika Gysling-Billeter, "Die angewandte Kunst : Sach-

日常之物的权威:西德工业设计文化史

lichkeit statt Diktatur," in *Die 30er Jahre : Schauplatz Deutschland* (Cologne, 1977), 171‑94; and Marion Godau, "Anti-Moderne?" in Weissler, ed. , 74‑87。

[26] 参见彼得罗波洛斯(Petropoulos)的著作。

[27] Ute Brüning, "Bauhäusler zwischen Propaganda und Wirtschaftswerbung," in *Bauhaus-Moderne*, ed. Nerdinger, 24‑47.

[28] Winfried Nerdinger, "Bauhaus-Architekten im 'Dritten Reich,'" in *Bauhaus-Moderne*, ed. Nerdinger, 153‑78.

[29] Carl Borchard, *Gutes und Böses in der Wohnung in Bild und Gegenbild* (Leipzig-Berlin, 1933). 直到 1939 年,纳粹的指南书里仍推荐使用金属家具,因其具有"弹性的美感"。Heinrich and Marga Lützeler, *Unser Heim* (Bonn, 1939); Godau, 74‑87.

[30] Olaf Peters, *Neue Sachlichkei tund Nationalsozialismus : Affirmation und Kritik, 1931‑1947* (Berlin, 1998); Sergiusz Michalski, *New Objectivity : Painting, Graphics, and Photography in Weimar Germany, 1919‑1933* (Cologne, 1994); and Helmut Lethen, *Neue Sachlichkeit, 1924‑1932: Studien zur Literatur der "weissen Sozialismus"* (Stuttgart, 1970).

[31] Selle, *Design-Geschichte*, 198‑215.

[32] Klaus-Jürgen Sembach, *Into the Thirties : Style and Design, 1927‑1934*, trans. Judith Filson (London, 1987), 10.

[33] Martin Greif, *Depression Modern : Thirties Style in America* (New York, 1975).

[34] Sembach, *Into the Thirties*, 8; and Selle, *Design-Geschichte*, 207‑8.

[35] 参见:Wilhelm Lotz's statement in *Die Form* 8, no. 1 (1933): 2。

[36] Steinweis, 16‑20.

[37] 同上,第 20 页,第 26 页。

[38] Campbell, *Werkbund*, 271.

[39] Hans Dieter Schäfer, "Amerikanismus im Dritten Reich," in *Nationalsozialismus und Modernisierung*, eds. Michael Prinz and Rainer Zitelmann (Darmstadt, 1991), 199‑215.

[40] Campbell, *Werkbund*, 279‑80.

[41] Winfried Wendland, "Der deutsche Werkbund im neuen Reich," *Die Form* 8, no. 9 (September 1933).

[42] "Kampf der 'Guten Stube,'" *Pommersche Zeitung*, 9 August 1936.

[43] "Anti-Kitsch-Ausstellung in Köln," *Frankfurter Zeitung*, 18 July 1933; reprinted in *Nazi-Kitsch*, ed. Rolf Steinberg (Darmstadt, 1975), 82.

[44] Ernst Hopmann, "Fort mit dem nationalen Kitsch," *Die Form* 8, no. 8 (August 1933): 255.

[45] "Gesetz zum Schutze der nationalen Symbole: Vom 19. Mai 1933," in *Nazi-Kitsch*, ed. Steinberg, 80.

[46] Terry Smith, "A State of Seeing, Unsighted: The Visual in Nazi War Culture," *Block* 12 (1986/1987): 56.

[47] Albert Speer, *Inside the Third Reich*, trans. Richard Winston and Clara Winston (New York, 1969), 158‑80.

[48] Anson Rabinbach, "The Aesthetics of Production in the Third Reich," *Journal of*

Contemporary History 11, no. 4 (October 1976): 43 - 74.

[49] Karl Kretschner, "Über die Aufgabe des Amtes 'Schönheit der Arbeit,'" *Die Form* 5 (1934): 161 - 66; and Anatol von Hübbenet, *Das Taschenbuch 'Schönheit der Arbeit'* (Berlin, 1938).

[50] Speer quoted in Peter Reichel, *Der schöne Schein des Dritten Reiches : Faszination und Gewalt* (Munich, 1991), 237.

[51] Herbert Steinwarz, *Wesen, Aufgaben, Ziele des Amtes Schönheit der Arbeit* (Berlin, 1937), 5 - 6.

[52] Robert Ley, "Eine der schönsten Aufgaben des neuen Deutschlands: Dr. Ley vor den Mitarbeitern und Referenten des Amtes," *Schönheit der Arbeit* 1, no. 6 (October 1936): 265, cited in Rabinbach, 43. 关于更广泛的背景:Joan Campbell, *Joy in Work, German Work : The National Debate, 1800 - 1945* (Princeton, 1989)。

[53] Rabinbach, 47 - 48.

[54] 同上,第 46 页,第 66 页。

[55] Michaud, 303 - 22. Albert Speer, "'Schönheit der Arbeit'—Fragen der Betriebsgestaltung," *Schönheit der Arbeit 1934 - 1936* (Berlin, 1936).

[56] Adam, 73.

[57] Rabinbach, 45.

[58] Albert Speer, *Inside the Third Reich*, 57.

[59] Rabinbach, 61 - 62.

[60] "Interview mit Albert Speer am 16. 11. 1978 in München," in *Die Zwanziger Jahre des Deutschen Werkbundes*, Sabine Weissler, ed. (Giessen, 1982), 295.

[61] 同上,第 305 页,第 307 页。

[62] On Neue Sachlichkeit, Michael Müller, *Architektur und Avantgarde : Ein vergessenes Projekt der Moderne* (Frankfurt, 1984); and Heinz Hirdina, ed., *Neues Bauen Neues Gestalten* (Dresden, 1991).

[63] Wolfhard Buchholz, "Die Nationalsozialistische Gemeinschaft 'Kraft durch Freude': Freizeitsgestaltung und Arbeiterschaft im Dritten Reich" (Ph. D. diss., Ludwig-Maximilian Universität, Munich, 1976).

[64] Chup Friemert, *Produktionsästhetik im Faschismus : Das Amt "Schönheit der Arbeit" von 1933 - 1939* (Munich, 1980), esp. 1 - 39.

[65] Hübbenet, 183.

[66] Wilhelm Lotz, *Frauen im Werk : Schönheit der Arbeit erleichtert der Frau das Einleben im Betrieb* (Berlin, 1940). Also, Robert Ley, "Frauenarbeit im Betriebe," in his *Durchbruch der sozialen Ehre* (Munich, 1939), 201.

[67] 一个类似的例子是,正如一位电影历史学家所指出的,纳粹试图通过所谓的"充满情感的戏剧效果"来改造魏玛时期那种被认为"缺乏灵魂"的歌舞表演。Karsten Witte, "Visual Pleasure Inhibited: Aspects of the German Revue Film," *New German Critique* 24 - 25 (fall/winter 1982): 238 - 63.

[68] Campbell, *Joy in Work*, 312 - 75; and Sebastian Müller, *Kunst und Industrie* (Munich, 1974).

[69] Rabinbach, 46.

[70] Albert Speer, "Kulturarbeit im Betrieb," *Bremer-Zeitung*, 2 October 1937.

[71] Klaus Herding and Hans-Ernst Mittig, *Kunst und Alltag im NS-System : Albert Speers Berliner Strassenlaternen* (Giessen, 1975).

[72] Hübbenet, 19.

[73] Georg Swarzenski, "Das Museum der Gegenwart," *Das Neue Frankfurt* 7/8 (1929); and "Noch einmal das 'Museum der Gegenwart,'" *Das Neue Frank-furt* 7 (1930). 以上文献都重印于：Hirdina, ed., 292 – 96。另参见：Hans Wichmann, *Industrial Design Unikate Serienerzeugnisse : Die Neue Sammlung, ein neuer Museumstyp des 20. Jahrhunderts* (Munich, 1985), esp. 26 – 46。

[74] Carola Sachse, "Anfänge der Rationalisierung der Haushalt: 'The One Best Way of Doing Anything,'" in *Haushaltsträume : Ein Jahrhundert Technisierung und Rationalisierung im Haushalt*, ed. Barbara Orland (Königstein, 1990), 49 – 63.

[75] Klaus Sauerborn and Alfred Gettmann, "Haushalt und Technik in den 20er Jahren in Deutschland" (master's thesis, Universität Trier, 1986).

[76] 前制造同盟的设计师赫尔曼·格雷奇（Hermann Gretsch）提出了一个观点，他认为文化商品和自由资本主义在根本上就是不兼容的。"Vom Gebrauchgerät," *Der soziale Wohnungsbau* 17 (1 September 1942): 524 – 25; and Hermann Doerr, "Kulturelle Lenkung bei der Herstellung von Hausrat," *Der soziale Wohnungsbau* 22 (15 December 1942): 688 – 94.

[77] Immanuel Schäfer, *Wesenswandel der Ausstellung* (Berlin, 1938), 50ff. Hübbenet, 46.

[78] Westphal, 56.

[79] Dimendberg, 106. Also, Thomas Zeller, "'The Landscape's Crown': Landscape, Perception, and the Modernizing Effect of the German Autobahn System, 1933 – 1941," in *Technologies of Landscape : Reaping to Recycling*, ed. David Nye (Amherst, Mass., 1999).

[80] 值得注意的是罗伯特·莱（Robert Ley）认为："'劳动之美'不是一种奢侈品或者礼物，而是在最终分析中，转变成了生产和剩余价值的增长。" *10 , Reichsarbeitstagung , Ansprache des Reichsorganisationsleiters Pg. Dr. Ley*, 11, quoted in Rabinbach, 64.

[81] Gerhard Hay, "Rundfunk und Hörspiel als 'Führungsmittel' des Nationalsozialismus," in *Die deutsche Literatur im Dritten Reich*, ed. Horst Denkler and Karl Prümm (Stuttgart, 1976), 366 – 81.

[82] Stephan Brakensiek, ed., *Gelsenkirchener Barock* (Gelsenkirchen, 1991).

[83] Thomas Kunze and Rainer Stommer, "Geschichte der Reichsautobahn," in *Reichsautobahn , Pyramiden des dritten Reichs : Analyse zur Ästhetik eines unbewältigten Mythos*, ed. Rainer Stommer (Marburg, 1982), 22 – 48; and James Shand, "The *Reichsautobahn* : Symbol for the Third Reich," *Journal of Contemporary History* 19 (1984): 189 – 200.

[84] 关于军事应用，参见 Karl Lärmer, *Autobahnbau in Deutschland : Zu den Hintergründen* (Berlin, 1975)。As one scholar has convincingly shown, the Autobahns had only minor tactical importance: most of them were north-south routes with no military value; the German military preferred railroad to motorways to transport troops and material because the highways were seen. 一位学者有力地证明了高速公

路在战术上的重要性其实很小；大部分高速公路是南北向的，没有军事价值；德国军方更喜欢用铁路而不是高速公路来运输兵力和物资，因为他们认为高速公路太容易遭受攻击；而到了 1942 年，西墙的建造彻底消除了高速公路所能提供的那一丁点军事意义。Franz Seidler, *Fritz Todt : Baumeister des Dritten Reiches* (Munich/Berlin, 1986), 136 – 43.

[85] Dimendberg, esp. 94 – 116.

[86] Reichel，275 – 87.

[87] Eduard Schoenleben, *Fritz Todt : Der Mensch, der Ingenieur, der Nationalsozialist* (Oldenburg, 1943).

[88] Arthur Hennig, "Gestaltung—Lebensform—Volkstum," *Die Schaulade* 9, no. 14 (1933)：610 – 11.

[89] "Eine erfolgreiche Werbung：Gedanken zum 2. Wettbewerbs für Steingut-Sonderfenster," *Die Schaulade* 11, no. 14B (1935)：679 – 82.

[90] 关于纳粹努力在产品摄影中恢复"精神""感受"和"情绪价值"的最权威的说法，参见：Eberhard Hölscher, *Werbende Lichtbildkunst : Ein Schrift über Werbefotographie* (Berlin, 1940), esp. 5 – 11。

[91] Antoinette Lepper-Binnewerg, "Die Bestecke der Firma C. Hugo Pott, Solingen 1930 – 1987" (Ph. D. diss. , University of Bonn, 1991). Also, Steven Kasher, "Das deutsche Lichtbild and the Militarization of German Photography," *Afterimage* 18, no. 7 (February 1991)：10 – 14.

[92] Thomas Mann, "Deutschland und die Deutschen," in *Essays*, vol. 1 (Frankfurt, 1998), 294. 在这一领域同样重要的是：Herf's *Reactionary Modernism*。

[93] F. T. Marinetti, "Technical Manifesto of Futurist Literature," in *Let's Murder the Moonshine : Selected Writings*, F. T. Marinetti, ed. R. W. Flint (Los Angeles, 1991), 96, 95.

[94] Hal Foster, "Armor Fou," *October* 56 (spring 1991)：65 – 97; as well as Klaus Theweleit, *Male Fantasies*, vols. 1 and 2, trans. Erica Carter (Minneapolis, 1987).

[95] Peter Fritzsche, "Machine Dreams：Airmindedness and the Reinvention of Germany," *American Historical Review* 98 (June 1993)：685 – 709.

[96] Alf Lüdtke, *Eigen-Sinn : Fabrik-Alltag, Arbeitererfahrungen, und Politik vom Kaiserreich bis in den Faschismus* (Hamburg, 1993), esp. 318ff. 他关于纳粹主义那章的摘要被重新整理为："The 'Honor of Labor'：Industrial Workers and the Power of Symbols under National Socialism," in *Nazism and German Society, 1933 – 1945*, ed. David Crew (New York, 1994), 67 – 109.

[97] Reichel, 315.

[98] Lüdtke, "'Honor of Labor,'" 98.

[99] Lüdtke, *Eigen-Sinn*, 322, 333.

[100] Russell Berman, "The Wandering Z：Reflections on Kaplan's *Reproductions of Banality*," introduction to Alice Kaplan, *Reproductions of Banality : Fascism, Literature, and French Intellectual Life* (Minneapolis, 1986), xx.

[101] Anthony Amatrudo, "The Nazi Censure of Art：Aesthetics and the Process of Annihilation," in *Violence, Culture, and Censure*, ed. Colin Summer (London,

1993），63 - 84.

[102] 关于将纳粹的反犹主义看作是种族恋物癖的一个优秀探讨，参见：Moishe Pos-
tone, "National Socialism and Anti-Semitism," in *Germans and Jews since the Hol-
ocaust*, ed. *Anson Rabinbach and Jack Zipes* (New York，1986)，302 - 14。

[103] "Ein jüdischer Betrieb," *Kraft durch Freude*, March 1936，26 - 28.

[104] Adelheid von Saldern, "'Statt Kathedralen die Wohnmaschine': Paradoxien der Ra-
tionalisierung im Kontext der Moderne," in *Zivilisation und Barbarei*, ed. Frank
Bajohr, Werner Johe, and Uwe Lohalm (Hamburg，1991)，168 - 92.

[105] Max Horkheimer and Theodor Adorno, *Dialectic of Enlightenment*, trans. John
Cummings (New York，1972；orig. pub. 1947)，xv.

[106] "Neues Kirchengerät," Dresden，1930，unpaginated，K3237，Kunstbibliothek，
Berlin.

[107] 关于 1928 年最初始的声明被重印为：*Kult und Form：Versuch einer
Gegenüberstellung*, ed. Rudi Wagner (Berlin，1968)，19 - 20；以及共同创始人奥
斯卡·拜尔(Oskar Beyer)于 1931 年的论文："Was ist der Kunst-Dienst?" 21 - 26
(orig. pub. *Kunst und Kirche* 8, no. 1 [1931]：7 - 12)。

[108] 争论这一议题的包括：P. Gregor Hexges, *Ausstattungskunst um Gotteshause* (Ber-
lin，1933)；Joseph Geller, *Religiose Kunst der Gegenwart* (Essen，1932)；Conrad
Groeber, *Kirche und Künstler* (Freiburg，1932)；and Hans Herkommer, *Kirchli-
che Kunst der Gegenwart* (Stuttgart，1930)。

[109] Karl Roehrig and Karl Kühner, "Was wir wollen," *Kunst und Kirche：Zeitschrift
des Vereine für religiose Kunst in der evangelischen Kirche* 1 (1924)：1 - 2；and
Edwin Redslob, "Kirche und Kunst," *Kunst und Kirche* 4, no. 1 (1927)，4.

[110] Oskar Beyer to Edwin Redslob, 27 February 1928，R32/445，BAK.

[111] 拜尔早期的出版物包括：*Weltkunst* (1921)；*Norddeutschego tische Malerei*
(1921)；and *Religiose Plastik unserer Zeit* (1921)。

[112] Oskar Beyer, "Zur Frage einer neuen Paramentik," *Kunst und Kirche* 6, no. 1
(1929/1930)：12 - 23. 拜尔在文中进一步详细阐述了这些观点："Was ist der
Kunst-Dienst?"

[113] 拜尔的评论还包括：Curt Horn, "Die Forderung des Kultus an die Form," *Kunst
und Kirche* 8, no. 1 (1931)：20 - 26；and Otto Zaenker, "Wachstumliche Kul-
tische Kunst," *Kunst und Kirche* 9, no. 3 (1932)：68 - 71。

[114] 设计师鲁道夫·科赫(Rudolf Koch)和建筑师奥托·巴特宁也是特邀演讲者。

[115] Paul Tillich, "Kult und Form," *Kunst und Kirche* 8, no. 1 (1931)：3 - 6.

[116] Neues Kirchengerät catalog, unpaginated, my emphasis.

[117] Beyer, "Zur Frage," 19.

[118] 参见：Tillich's *The Protestant Era*, trans. James Luther Adams (Chicago，1948)，
94 - 114。

[119] Beyer, "Zur Frage," 21.

[120] *Kunst-Dienst：Arbeitsgemeinschaft für evangelische Gestaltung*, Dresden，1941，
R32/188，BAK.

[121] Beyer, "Was ist der Kunst-Dienst?" in *Kult und Form*, ed. Wagner，26.

[122] Beyer, "Zur Frage," 21.

[123] Winfried Wendland, *Kunst in Zeichen des Kreuzes : Die künstlerische Welt des Protestantismus unserer Zeit* (Berlin, 1934), esp. 5 - 15, 23 - 29, 42 - 43.

[124] Otto Thomae, *Die Propaganda-Maschinerie* (Berlin, 1978), 510.

[125] 参见 1944 年 3 月 16 日,帝国美术学院院长 W. 克莱斯(W. Kreis)写给帝国民众教育与宣传部秘书莱奥波德·古特雷尔(Leopold Gutterer)的信:R56/I129, BAK。值得注意的是,战争接近尾声时,艺术服务中的宗教用语再度出现。参见:Oskar Beyer's typed 1943 manuscript, "Was ist der Kunst-Dienst?" Institut für neue technische Form, Darmstadt. I thank Frau Gotthold Schneider for this reference. 感谢弗洛·戈特霍尔德·施奈德(Frau Gotthold Schneider)女士提供的这个参考资料。

[126] 关于那个自我吹捧的版本,参见:*Der deutsche Führer durch die Weltausstellung 1934* (Chicago, 1934). 芝加哥展览也展出了表现主义艺术家恩斯特·巴拉赫(Ernst Barlach)和埃米尔·诺尔德(Emil Nolde)的作品。Miller Lane, 177.

[127] 目录还引述了鲁道夫·科赫关于新教用品重要性的看法:"尤其是福音派教会,通过使用简朴的材料,可以唤起人们对主的谦逊、对使徒时代以及他们最早团体生活的记忆;同时,考虑到过去和现在所处的迫害时期,适度降低自己的要求、放弃外在的奢华,也是非常有益的。" *Kirchliche Kunst* (Berlin, 1936), esp. 21 - 24. "艺术服务"甚至负责设计了 1937 年巴黎世界博览会教皇馆中的圣迈克尔祭坛。Charlotte Werhahn, "Hans Schwippert: Architekt, Pädagoge, und Vertreter der Werkbundidee in der Zeit des deutschen Wiederaufbaus" (Ph. D. diss., Technische Universität Munich, 1987), 318.

[128] Magdalena Droste, "Bauhaus-Designer zwischen Handwerk und Mo-derne," in *Bauhaus-Moderne*, ed. Nerdinger, 85 - 101.

[129] 前包豪斯成员、魏斯瓦瑟联合劳西茨玻璃工厂的首席设计师威廉·华根菲尔德甚至表示,玻璃工厂的国际知名度为他提供了无限的创作自由。"Bericht aus der Werkstatt," in his collection of essays *Wesen und Gestalt : Der Dinge um uns* (Berlin, 1990; orig. pub. 1948), 57. Lepper-Binnewerg, 54 - 71.

[130] Hermann Schreiber, Dieter Hornisch, and Ferdinand Simoneit, *Die Rosenthal-Story* (Düsseldorf, 1980), 160. More generally, Uwe Dietrich Adam, *Judenpolitik im Dritten Reich* (Düsseldorf, 1972); and Helmut Genschel, *Die Verdrängung der Juden aus der Wirtschaft im Dritten Reich* (Göttingen, 1966).

[131] *Rasch-Buch 1934* (Malinde: Rasch-Archiv), 4 - 11. Joachim Meilchen, "Das Bauhaus und die Tapete," *Objekt : Fachzeitschrift für Boden Wand Fenster* 7/8 (1986): 106 - 12.

[132] 参见:1933 "Bericht über die Tätigkeit des Leipziger Messeamts," R55/318, BAK。

[133] Kurt Pröpper, "Leipziger Herbstmesse im Zeichen der Leistung," *Die Deutsche Volkswirtschaft*, 3 August 1935. 另参见:"Leipziger Messe: Gebrauchsgüter in Front," *Berliner Tageblatt*, 31 August 1936。

[134] "Eine halbe Milliarde Messeumsatz," *Berliner Börsen-Zeitung*, 4 May 1937. 1933 年纳粹的掌权并未影响贸易展的重要地位,美国、英国和法国的代表们仍然继续参观这个展览,直到战争的爆发。

[135] Franz Schmitz, "Leipziger Messe und Vierjahresplan," *Stahl und Eisen* 57, no. 8 (25 February 1937): 193 - 96.

[136] "Reichsminister Dr. Goebbels zur Eröffnung der Leipziger Frühjahrsmesse," *Deutsche Bergwerkzeitung*, 7 March 1939.

[137] Karlrobert Ringel, "Analyse des Auslandsgeschäfts auf der Leipziger Frühjahrsmesse 1939 nach dem Bericht des Werberats der Deutschen Wirtschaft," *Rhein Mainische Wirtschaftszeitung*, 20 June 1939.

[138] *Der Absatzgroßhandel in der Kriegswirtschaft : Bericht des Seminars für Groß und Aussenhandel an der Handels-Hochschule, Leipzig* (Berlin, 1941).

[139] 据目录的序言所述,该项目也得到了包括德国国家家园联盟(German Heimatsbund)和帝国工业联合会(Reichsstand der Industrie)在内的多个不同团体的支持。

[140] 参见:"Vorwort" to the *Deutsche Warenkunde*, ed. Hugo Kükelhaus and Stephan Hirzel (Berlin, 1939)。

[141] R. Schäfer, "Deutsche Warenkunde," *Bauen Siedeln Wohnen*, 16 July 1939, 739–44. Also, Ludwig Fichte, "Aufgaben der Leipziger Messe in Zeiten der Vollbeschäftigung," *Deutsche Wirtschaftszeitung*, 17 August 1939, as well as his remarks in "Reichsmesse," *Das Reich*, 2 March 1941.

[142] H. Weber, "Die deutsche Warenkunde," *Die Kunst im Dritten Reich* 8 (1939).

[143] "Zur Einführung," *Deutsches Warenbuch*, ed. Ferdinand Avenarius (Dresden-Hellerau, 1915), xvii–xxxix.《商品书》项目的起源在这一文献中有简短叙述:Avenarius's "Vorwort," iii–vi.

[144] Walter Riezler, "Die Kulturarbeit des Deutschen Werkbundes," *Jahrbuch des Deutschen-Werkbundes* (Munich, 1916), 18.

[145] "Zur Einführung," xvii.

[146] 早期文献显示,"艺术服务"对希特勒本人宗教般的忠诚已被明确置于从属地位。参见:Wendland, *Kunst in Zeichen des Kreuzes*, 23–29; and the 1936 Kunst-Dienst brochure *Kirchliche Kunst*, 21–24。

[147] *Der Kunst-Dienst : Ein Arbeitsbericht* (Berlin, 1941), 8.

[148] 同上,第8—9页。

[149] Winfried Wendland, *Die Kunst der Kirche* (Berlin, 1940).

[150] "Vorwort," *Warenkunde*, unpaginated. 即便如此,当代德国评论家们也指出,1915年那本《商品书》的标题是为了引起人们对福音书的思考。Frederic Schwartz, *The Werkbund : Design Theory and Mass Culture before the First World War* (New Haven, 1996), 143.

[151] W. Lotz, "Ewige Formen, neue Formen," *Die Form* 6, no. 5 (15 May 1931): 161–76.

[152] Beyer, "Was ist der Kunst-Dienst?" (1943 manuscript).

[153] Hartmut Berghoff, "Enticement and Deprivation: The Regulation of Consumption in Pre-War Nazi Germany," in *The Politics of Consumption : Material Culture and Citizenship in Europe and America*, ed. Martin Daunton and Matthew Hilton (Oxford, 2001), 175.

[154] Richard Grunberger, *The Twelve-Year Reich : A Social History of Nazi Germany, 1933–1945* (New York, 1995), 215.

[155] *Die Schaulade* 3 (1934): 132, cited in Walter Scheiffele, "Wilhelm Wagenfeld und die Vereinigten Lausitzer Glaswerke: Bedingungen für industrielle Gestaltung in den

30er Jahren," in *Täglich in den Hand : Industrie formen von Wilhelm Wagenfeld aus 6 Jahrzehnten*, eds. Beate Manske and Gudrun Scholz (Lilienthal, 1987), 245.

[156] Avraham Barkai, *Nazi Economics : Ideology, Theory, and Practice* (Oxford, 1990), 238.

[157] Rolf Wagenführ, *Die deutsche Industrie im Kriege 1939 - 1945* (Berlin, 1963), esp. 48 - 54, 117 - 191.

[158] Grunberger, 211. 德国劳动阵线的建筑与设计期刊用了 1939 年的一整期,专门推广了商品知识的观念;*Bauen Siedeln Wohnen* 19, no. 14 (16 July 1939)。

[159] Helmutt Lehmann-Haupt, *Art under a Dictatorship* (New York, 1973), 128 - 29.

[160] Aug. Hans Brey, "Schaufenster im Kriege," *Die Schaulade* 16, no. 11 (August 1940): 107 - 16.

[161] Shelley Baranowski, "Strength through Joy: Tourism and National Integration in the Third Reich," in *Being Elsewhere : Tourism, Consumer Culture, and Identity in Modern Europe and North America*, ed. S. Baranowski and Ellen Furlough (Ann Arbor, 2001), 213 - 36; Hermann Weiss, "Ideologie der Freizeit im Dritten Reich: Die NS-Gemeinschaft 'Kraft durch Freude,'" *Archiv für Sozialgeschichte* 33 (1993): 289 - 303. 值得指出的是,"劳动之美"的设计项目还涉及给那些不能享受"通过快乐获得力量"旅行假期的工人建造度假屋。Rabinbach, 49.

[162] Berghoff, 175.

[163] Westphal, 27. 另参见:Gerhard Voigt, "Goebbels als Markentechniker," in *Warenästhetik : Beiträge zur Diskussion*, ed. Wolfgang Haug (Frankfurt, 1975), 231 - 60。

[164] Georg Lukács, *Die Zerstörung der Vernunft* (East Berlin, 1953), 573.

[165] Rolf Steinberg, "Introduction," *Nazi-Kitsch*, ed. Steinberg, 6.

[166] "如果以前人们试图根据铁路轨道的公里数来衡量人们的相对生活水平,那么在未来,人们将不得不规划街道公里数来满足机动交通的需求。" Adolf Hitler, *Die Strasse* 20 (1933): 20, quoted in Wolfgang Sachs, *For the Love of the Automobile : Looking Back into the History of Our Desires*, trans. Don Reneau (Berkeley, 1992), 51.

[167] Miller Lane, 189.

[168] Hans Dieter Schäfer, 207.

[169] 参见,比如:"Von Echten Formschönheit," *Bauen Siedeln Wohnen* 19, no. 14 (16 July 1939): 734 - 35.

[170] Quoted in Heskett, 125.

第二章 国家的良心:德国新制造同盟

[1] 其中最重要的研究还包括:Frederic Schwartz, *The Werkbund : Design Theory and Mass Culture before the First World War* (New Haven, Conn. , 1996); Matthew Jefferies, *Politics and Culture in Wilhelmine Germany : The Case of Industrial Architecture* (Oxford, 1995), esp. chapters 3 - 6; Karin Kirsch, *Die Weißenhofsiedlung*

(Stuttgart, 1987); Sabine Weissler, ed., *Die Zwanziger Jahre des Deutschen Werkbundes* (Giessen, 1982); Lucius Burckhardt, ed., *The Werkbund*, trans. Pearl Sanders (London, 1980); Joan Campbell, *The German Werkbund : The Politics of Reform in the Applied Arts* (Princeton, 1978); Sebastian Müller, *Kunst und Industrie* (Munich, 1974); and Felix Schwarz and Frank Gloor, eds., *Die Form : Stimme des Deutschen Werkbundes 1925 – 1934* (Gütersloh, 1969).

[2] 全面的概述包括：Anna Teut, "Werkbund Intern: Werkbund Kontrovers, Kommentar, und Dokumentation, 1907 – 1977," special issue of *Werk und Zeit* 3 (1982); and G. B. von Hartmann and Wend Fischer, eds., *Zwischen Kunst und Industrie : Der Deutsche Werkbund* (Munich, 1975). 相较于制造同盟的其他历史阶段,关于 1945 年之后的资料主要是一些简短的讨论和文章重印。参见：Angelika Thiekötter, *Blasse Dinge : Werkbund und Waren 1945 – 1949* (Berlin, 1989); Ot Hoffmann, ed., *Der deutsche Werkbund 1907, 1947, 1987* (Berlin, 1987); Hans Eckstein, ed., *50 Jahre Deutscher Werkbund : Das Jubiläumsbuch des Deutschen Werkbundes* (Frankfurt, 1958)。

[3] Werner Durth, "1947: Zwischen Zerstörung und Restauration," in *Werkbund*, ed. Hoffmann, 54 – 59.

[4] Hans Schmitt, "Schöner aber nicht teurer: Unsere Dingwelt und die Forderungen der Zeit," in *Neues Wohnen*, catalog for the 1949 Werkbund exhibition in Cologne, unpaginated, no other publishing information.

[5] Hermann Glaser, *Die Kulturgeschichte der Bundesrepublik Deutschland*, vol. 1, *1945 –1948* (Frankfurt, 1998), 16. For an eyewitness account, Ludwig Neundörfer, "Inventur des Zusammenbruchs," *Baukunst und Werkform* 1 (1947): 21 – 23.

[6] 雷迪特宣言被下列文献中被引用：*Werkbund*, ed. Hoffmann, 48。

[7] Campbell, *Werkbund*, esp. chapters 5 and 6.

[8] "Arbeitsgemeinschaft 'Innenausbau des DWB,' Berlin," Berlin Werkbund, 19 October 1946, Geschäftsstelle, 1945 – 1949/1, WBA.

[9] Otto Bartning, "Stunde des Werkbundes," *Frankfurter Hefte*, May 1946, 88.

[10] Alfons Leitl, "Anmerkungen zur Zeit," *Baukunst und Werkform* 1 (1947): 6, 8.

[11] Wolfgang Schepers, "Stromlinie oder Gelsenkirchener Barock: Fragen (und Antworten) an das westdeutsche Nachkriegsdesign," in *Aus den Trümmern : Kunst und Kultur im Rheinland und in Westfalen 1945 – 1952*, ed. Klaus Honnef and Hans M. Schmidt (Cologne, 1985), 117 – 60.

[12] Heinz König, "Über die Aufgaben des Deutschen Werkbundes," 24 August 1945, typescript, unpaginated, DWB 1945 – 1949/1, WBA.

[13] 例如,可以查看 1950 年 9 月在埃塔尔举办的制造同盟会议的打印版新闻稿。Nachlass Mia Seeger, A87, SAS.

[14] Glaser, 197.

[15] Jost Hermand, *Kultur in Wiederaufbau : Die Bundesrepublik Deutschland 1945 – 1965* (Berlin, 1989), 103 – 8.

[16] Max Hoene, "Gegenwartsaufgaben des Werkbundes," 1950 special Werkbund issue, *Baukunst und Werkform*, unpaginated (original emphasis).

[17] 参见,例如：Walther Schmidt, "Der Werkbundgedanke—Heute," special 1950 Werk-

bund issue, *Baukunst und Werkform*, unpaginated。

[18] Otto Bartning, "Werkbund und Staat," special 1950 Werkbund issue, *Baukunst und Werkform* 5.

[19] 同上。另一位制造同盟的成员指出，就其文化和道德内涵而言，制造同盟本质上是一种类似洪堡的"国立机构"。Heinrich Lauterbach, "Über die Aufgabe des Werkbundes," typescript, 11 April 1953, Stuttgart, WBA.

[20] 参见：November 1945 "Antrag auf Genehmigung der Neugründung einer Ortsgruppe Berlin des Deutschen Werkbundes," DWB 1945 - 1949/2, WBA。

[21] See the typed minutes to the Werkbund Vorstandssitzung, Munich, 16 May 1952, Protokolle 1947 - 1956, WBA.

[22] *Werkbundblätter* Nr. 1 (Opladen：Friedrich Middelhauve, 1947), 1. See also Otto Bartning's 1946 article "Erneuerung aus dem Ursprung," *Frankfurter Hefte*, September 1946, 37 - 41.

[23] Wilhelm Wagenfeld, *Wesen und Gestalt : Der Dingeumuns* (Berlin, 1990；orig. pub. 1948), 57.

[24] 参见华根菲尔德 1964 年 8 月 4 日给沃特·格罗皮乌斯的信件：*Täglich in der Hand : Industrieformen von Wilhelm Wagenfeld aus 6 Jahrzehnten*, eds. Beate Manske and Gudrun Scholz (Lilienthal, 1987), 64 - 67。

[25] John Heskett, "Design in Inter-War Germany," in *Designing Modernity : The Arts of Reform and Persuasion, 1885 - 1945*, ed. Wendy Kaplan (New York, 1995), 271.

[26] Durth, "1947," 87 - 88.

[27] Rudolf Schwarz, "Was ist der Werkbund, was soll er?"(1949), reprinted in *Werkbund*, ed. Hoffmann, 47.

[28] 参见 1946 年的手稿："Kurzer geschichtlicher Überblick über die Entwicklung der Werkbundidee und Zusammenfassung der Ziele und Aufgaben der Gruppe Werkbund in der Abteilung für Bau-und Wohnungswesen des Magistrats der Stadt Berlin," May 1946, DWB 1945 - 1949/2, WBA。

[29] Schmidt, "Werkbundgedanke。"除了 1947 年的雷迪特宣言之外，还可以参见：Bartning, "Erneuerung aus dem Ursprung"。

[30] 参见：Theodor Heuss, "Peter Behrens：Zum60. Geburtstag," 14 April 1938；"Richard Riemerschmid：Zu seinem 70. Geburtstag," 21 June 1938；and "Fritz Schumacher：Zum 70. Geburtstag," 3 November 1939；in *Frankfurter Zeitung*. 海斯还写了一本 600 页的传记，讲述了工业家兼制造同盟赞助人罗伯特·博世的生平，该书于战后不久出版。Theodor Heuss, *Robert Bosch : Sein Leben und Werk* (Tübingen, 1946).

[31] Campbell, *Werkbund*, 7.

[32] Theodor Heuss, *Was ist Qualität? Zur Geschichte und zur Aufgabe des Deutschen Werkbundes* (Tübingen, 1951), 45.

[33] Müller, 85ff；and Jefferies, 221 - 43.

[34] 在第一次世界大战之前，制造同盟就已经将质量和德国民族主义的理念紧密结合在一起了。Müller, 77 - 84.

[35] Quoted in Campbell, *Werkbund*, 49.

［36］冈瑟·冯·佩赫曼(Günther von Pechmann)强调了"德国质量"潜在的商业益处：
Die Qualitätsarbeit：Ein Handbuch für industrielleund Kaufleute und Gewerbepoli-tiker（Frankfurt，1924）。

［37］Heuss，*Qualität*，48.

［38］值得注意的是，海斯使用了"职业自豪"这个词，目的是为了避免与纳粹时期"工作的快乐"相关联；同上，第 35—39 页。

［39］同上，第 26—29 页，第 80 页。1948 年，海斯出版了赞扬波尔齐格的传记，凸显了他对这位曾经的朋友和同事深深的敬仰。Theodor Heuss，*Hans Poelzig*（Tübingen，1948）.

［40］Hans Eckstein，"Idee und Geschichte des Deutschen Werkbundes 1907 - 1957，" in *Deutscher Werkbund*，ed.，Eckstein，7 - 18.

［41］Gert Selle，*Design-Geschichte in Deutschland*（Cologne，1987），243.

［42］Katherine Pence，"From Rations to Fashions：The Gendered Politics of Consumption in East and West Germany，1945 - 1961"（Ph. D. diss.，University of Michigan，1999），1 - 6.

［43］Eckhard Siepmann，"Blasse Dinge：Alltagsgegenstände 1945 - 1949，" in *Blasse Dinge*，Thiekötter，ed.，4 - 7.

［44］Kay Fisker，"Die Moral des Funktionalismus，" *Das Werk* 35，no. 5（May 1948）：131 - 34，and Walther Schmidt，"Restauration des Funktionalismus，" *Bauen und Wohnen* 3，no. 1（January 1948）：2 - 4. Also，Wend Fischer，*Bau Raum Gerät*（Munich，1957）.

［45］Otto Bartning，"Ohne Schnörkel，" in his *Spannweite*（Bramsche，1958），32 - 34.

［46］Volker Albus und Christian Borngräber，*Design Bilanz：Neues Design der 80er Jahre in Objekten，Bildern，Daten，und Texten*（Cologne，1992），9.

［47］这份 1947 年的宣言，实质上是一篇关于需要按照制造同盟那些模糊定义的"简约"与"实用"的设计原则，来重建德国城市和日常用品的温和论述。Klaus von Beyme，*Der Wiederaufbau：Architektur und Städtebau in beiden deutschen Staaten*（Munich，1987），esp. 60 - 65.

［48］Hoene，unpaginated.

［49］Carl Oskar Jasko，"Zwei Höhepunkte aus der Geschichte des Werk-bundes，" *Bauen und Wohnen* 4，no. 8（April 1949）：385 - 86.

［50］参见 1949 年 11 月 27 日西奥多·埃芬贝格(Theodore Effenberger)致泰森诺(Tes-senow)的信：DWB Geschäftstelle 1945 - 49/3，WAB。关于泰森诺对德国保守派现代主义者的决定性影响，参见：Werner Durth，*Deutsche Architekten*（Munich，1992），esp. 59 - 80。

［51］Rudolf Schwarz，"Bilde Künstler，rede nicht，" *Baukunst und Werkform* 6，no. 1（January 1953）：9 - 17，quotations from 15，17.

［52］Albert Schulze Vellinghausen，"Indirekte Festschrift für Gropius：Auf Verursachung von Professor Rudolf Schwarz，" *Frankfurter Allgemeine Zeitung*，22 May 1953，and Louis Schoberth，"Schluss mit der Dolchstosslegende，" *Baukunst und Werkform* 6，no. 2/3（February/March 1953）：91 - 95.

［53］Paul Betts，"The Bauhaus as Cold War Legend：West German Modernism Revisi-ted，" *German Politics and Society* 14，no. 2（summer 1996）：75 - 100.

［54］ Walther Schmidt, "Seelische Beziehungen zum Wohnen," *Bauen und Wohnen* 3, no. 5 (May 1948).

［55］ Theodor Adorno, *The Jargon of Authenticity*, trans. Knut Tarnowski and Frederic Will (Evanston, Ill. , 1973; orig. pub. 1964).

［56］ Martin Heidegger, "Building Dwelling Thinking," in his *Basic Writings* (London, 1978), 343 - 64, quote at 361 - 62. In German, "Bauen Wohnen Denken," in *Mensch und Raum : Das Darmstädter Gespräch 1951*, ed. Otto Bartning (Braunschweig, 1991; orig. pub. 1952), 88 - 102.

［57］ 同上,第 337—338 页(译文有所改动)。

［58］ Barbara Miller Lane, *Architecture and Politics in Germany*, *1918 - 1945* (Cambridge, Mass. , 1968), 147 - 67.

［59］ Durth, *Deutsche Architekten*, 442.

［60］ Hans Gerhard Evers, ed. , *Das Menschenbild in unserer Zeit* (Darmstadt, 1950).

［61］ Beyme, *Wiederaufbau*, 64 - 65. 在参与教堂修复工作的人士如汉斯·施威珀特、奥托·巴特宁和鲁道夫·施瓦茨中,这一点尤其如此。关于海德格尔战后的影响:Glaser, 1: 283 - 92。

［62］ Wilhelm Braun-Feldweg, *Normen und Formen* (Ravensburg,1954), esp. the introduction.

［63］ Paul Jodard, *Raymond Loewy* (London, 1992).

［64］ Hans Schmitt-Rost, "Verkauft Häßlichkeit sich schlecht?" *Werk und Zeit* 3, no. 1 (January 1954).

［65］ Wend Fischer, "Vermarkten und gestalten," *Werk und Zeit* 4, no. 10 (October 1955), and Alfons Leitl, "Erziehung zur Form," in *Deutscher Geist zwischen Gestern und Morgen*, ed. Joachim Moras and Hans Paeschka (Stuttgart, 1954), 116 - 23.

［66］ 参见,例如,关于诺尔的封面故事:"Im Haut-und Knochen Stil," *Der Spiegel*, 13 August 1960, 64 - 75。

［67］ Edgar Hotz, "Erste Ausstellung neuzeitlicher Gebrauchsgeräte aus USA," *Industrie und Handwerk schaffen : Neues Hausgerät aus den USA* (n. p. , n. d.), unpaginated, Landesgewerbeamt Baden-Wüttermberg, Stuttgart. A fuller discussion is given in Greg Castillo, "Domesticating the Cold War: Cultural Infiltration through American Model Home Exhibitions," unpublished paper.

［68］ William Forster, "Amerikanische Gebrauchsformen," *Neues Hausgerät*, unpaginated.

［69］ Heinrich König, "Neues Hausgerät aus USA," *Die neue Stadt* 6 (1951): 242 - 45.

［70］ 如引言中所述,西德对于罗维的接受在展览目录中有所讨论:Angela Schönberger, ed. , *Raymond Loewy : Pionier des Industrie-Design* (Munich, 1984)。

［71］ Hoene, unpaginated, with original emphasis.

［72］ Hans Schwippert, "Warum Werkbund?" 1955 typescript, 27, WAB.

［73］ Hans Dieter Schäfer, "Amerikanismus im Dritten Reich," in *National-sozialismus und Modernisierung*, eds. Michael Prinz and Rainer Zitelmann (Darmstadt, 1991), 199 - 215.

[74] Heinz Hirdina, *Gestalten für die Serie : Design in der DDR* (Dresden, 1988), 11.

[75] 关于重启包豪斯的努力,参见:Greg Castillo, "The Bauhaus in Cold War Germany," in *The Cambridge Companion to the Bauhaus*, ed. Kathleen James-Chakraborty (Cambridge, forthcoming). Gustav Hassenpflug, "Kunst im Menschlichen verankert: Geist und Geschichte des Bauhauses," *Bildende Kunst* 1, no. 7 (1947): 24。

[76] Thomas Hoscislawski, *Bauen zwischen Macht und Ohnmacht : Architektur und Städtebau in der DDR* (Berlin, 1991), 38 - 43, 101 - 11, 297 - 310. 可以在以下资料中找到关于东德官方探讨包豪斯与现代主义的历史记录:Andreas Schätzke, ed. , *Zwischen Bauhaus und Stalinallee : Architekturdebatte im östlichen Deutschland, 1945 - 1955* (Braunschweig, 1991)。

[77] Georg Bertsch and Ernst Hedler, *SED : Schönes Einheit Design* (Cologne, 1994), 22.

[78] 这一微妙的文化政治做法常常意味着,在目录和展览中,那些重新发行的 20 世纪 20 年代的设计原型常会搭配歌德的名言出现。Hirdina, *Gestalten*, 13.

[79] Iurii Gerchuk, "The Aesthetics of Everyday Life in the Khrushchev Thaw (1954 - 1964)," in *Style and Socialism : Modernity and Material Culture in Postwar Eastern Europe*, ed. Susan E. Reid and David Crowley (Oxford, 2000), 81 - 100.

[80] 这也和社会管控挂钩。比如可以看到,政府在 20 世纪 50 年代对模块化家具可能带来的潜在风险也感到担忧:"如果使用者可以随心所欲地使用这些(部件),并按照自己的喜好来排列这些部件,那么组合出来的作品的比例会以一种难以控制的、艺术上难以接受的方式发生变化,从而使得背后的设计理念变得模糊,并且难以通过社会管控来把握。" Gerhard Hillnhagen, *Anbau-Aufbau-Baukasten-und Montagemöbel* (Berlin, 1953), quoted in Bertsch and Hedler, 21.

[81] Ina Merkel, "Der aufhaltsame Aufbruch," and Jochen Fetzer, "Gut verpackt . . . ," both in *Wunderwirtschaft : DDR-Konsumkultur in den 60er Jahren*, ed. Neue Gesellschaft für Bildende Kunst (Cologne, 1996), 11 - 15 and 104 - 111, respectively.

[82] Horst Redeker, *Über das Wesen der Form* (Berlin, 1957).

[83] Martin Kelm, *Produktgestaltung im Sozialismus* (Berlin, 1971), 81.

[84] 参见 1947 年 1 月,苏联占领区的德国贸易与供应管理局发给柏林制造同盟的信件,该信件收录于《制造同盟会议纪要》中:30 January 1947, DWB 1945 - 49/2, WBA. 另参见:Protokoll Werkbundsitzung, 16 October 1946, quoted in Thiekötter, 35.

[85] 参见 1947 年 1 月柏林制造同盟给苏联占领区政府的信:DWB 1945 - 1949/1, WBA。

[86] Chup Friemert, "Der 'Deutsche Werkbund' als Agentur der Warenästhetik in der Aufstiegsphase des deutschen Imperialismus," in *Warenästhetik : Beiträge zur Diskussion, Weiterentwicklung, und Vermittlung ihrer Kritik*, ed. Wolfgang Haug (Frankfurt, 1981), 154 - 74.

[87] Hans Poelzig, "Werkbundaufgaben," *DWB-Mitteilungen* 4 (1919), reprinted in von Hartmann and Fischer, 161 - 68.

[88] 柏林制造同盟第一位赞助者是柏林的《每日镜报》(*Der Tagespiegel*),该报在 1945 年夏天为制造同盟提供了 2000 马克的资助。

[89] 参见收录于下列文集中的文章:Stephan Brakensiek, ed., *Gelsenkirchener Barock* (Gelsenkirchen, 1991).

[90] *Anfang 1948: Rückblick auf die erste Frankfurter Messe nach dem Kriege und das Jahr 1948* (Frankfurt, 1985), 117. 另参见:Margret Tränkle, "Neue Wohnhorizonte: Wohnalltag und Haushalt seit 1945 in der Bundesrepublik," in *Von 1945 bis heute Aufbau Neubau Umbau*, vol. 5 of *Geschichte des Wohnens*, ed. Ingeborg Flagge (Stuttgart, 1999), 727 – 29.

[91] Joachim Petsch, *Eigenheim und Gute Stube: Zur Geschichte des bürgerlichen Wohnens* (Cologne, 1989), 222.

[92] Georg Leopald, "Das Stich-und Schlagwort," *Werk und Zeit* 1, no. 2 (April 1952).

[93] 参见 1949 年 4 月 28 日制造同盟委员会会议的文字会议记录。DWB 1949 Köln Ausstellung, WBA.

[94] Werner Witthaus, "Betrachtungen zu neuem Wohnen," *Düsseldorfer Nachrichten*, special exposition issue, undated, Archiv-Hans Schwippert, Düsseldorf.

[95] Alfons Leitl, "Kritik und Selbstbesinnung," *Baukunst und Werkform* 2 (1949): 57 – 65.

[96] Hans Schwippert, "Ansprache zur Eröffnung der Werkbundausstellung," typescript, Archiv-Hans Schwippert, Düsseldorf.

[97] 参见:Hugo Kükelhaus, "Das Handwerk der Heutigen Zeit," and Schmitt, "Schöner, aber nicht teurer," both in *Neues Wohnen*, unpaginated。

[98] 在一篇没有标题的论文中,鲁道夫·施瓦茨阐述了制造同盟的功能主义精神,他说:"Geläufert und geprüft durch die Not, muß jedes Ding sich darauf beschränken, zu sein was es soll: ein Bett, ein Tisch, ein Topf." *Neues Wohnen*, unpaginated。

[99] 对于当代和回顾性的评价分别是:Friedrich Putz, "Wie Wohnen?" *Bauen und Wohnen* 5, no. 1 (January 1950): 2 – 17; and Christian Borngräber, "Nierentisch und Schrippendale: Hinweise auf Architek-tur und Design," in *Die Fünfziger Jahre: Beiträge zu Politik und Kultur*, ed. Dieter Bänsch (Tübingen, 1985), 227。

[100] On schools, Gustav Hassenpflug, *Das Werkkunstschulbuch* (Stuttgart, 1956).

[101] Hans Schwippert, "Ein Werkbundbrief," *Werk und Zeit* 1 (March 1952): 1 – 2.

[102] Jupp Ernst, "So fing es wieder an," in *Werkbund*, ed. Hoffmann, 45 – 46.

[103] Dieter Hanauske, "Bauen! Bauen! Bauen! Die Wohnungspolitik in Berlin (West), 1945 – 1961" (Ph. D. diss., Freie Universität Berlin, 1990), 598ff.

[104] Schwippert, "Warum Werkbund?" 22.

[105] 参见曼海姆展厅未命名的制造同盟公告。WBA.

[106] Heinrich König, "Die erste deutsche Wohnberatungsstelle in Mannheim," *Innenarchitekt* 1, no. 4 (October 1953): 35 – 36.

[107] Charlotte Eiermann, "Wohnberatung des Deutschen Werkbundes Berlin e. V.," WBA.

[108] Barbara Mundt, "Interieurs in Deutschl and 1945 bis 1960," in *Interieur + Design*

in *Deutschland 1945 - 1960*, ed. Barbara Mundt (Berlin, 1993), 11 - 26; Borngräber, 235 - 39.

[109] Waldemar Schmielau, "Leserbrief," *Werk und Zeit* 4, no. 12 (December 1955): 4.

[110] Wera Meyer-Waldeck, "Der Streit um die Wohnberatungsstellen," *Werk und Zeit* 6, no. 1 (January 1956): 5.

[111] Werner Hoffmann, "Funktionswandel des Museums," *Jahresring* (1959/ 1960): 99 - 109.

[112] Wilhelm Wagenfeld, "Über die Kunsterziehung in unserer Zeit," in his *Wesen und Gestalt*, 9 - 23.

[113] Jürgen Habermas, "Der Moloch und die Künste: Zur Legende von der technischen Zweckmäßigkeit," *Jahresring* (1954): 259 - 63; Karl Pawek, "Apologie der bösen Form," *Magnum* 30 (July 1960), unpaginated; and Willy Rotzler, "Offizielle Förderung der guten Industrieform: Ketzerische und andere Gedanken," *Form* 23 (1963): 22 - 23.

[114] Michael Wildt, *Vom kleinen Wohlstand : Eine Konsumgeschichte der fünfziger Jahre* (Frankfurt, 1996), 175 - 76.

[115] Wolfgang Haug, *Critique of Commodity Aesthetics*, trans. Robert Bock (Minneapolis, 1986), 45 - 56.

[116] König, "Über die Aufgaben," unpaginated.

[117] 参见：Hirzel's Vorwort, in *Deutsche Warenkunde*, ed. Mia Seeger and Stephan Hirzel (Stuttgart, 1955), unpaginated.

[118] 同上。

[119] Hans Eckstein, "Werkbund-Diskussion bei Rosenthal," *Bauen und Wohnen* 9, no. 2 (1954), unpaginated. 罗森塔尔也成为 1956 年《明镜周刊》一篇具有批评性质的封面报道的焦点："Die Bedarfsweckungstour," *Der Spiegel*, 9 May 1956, 18 - 28。尽管如此，纽约现代艺术博物馆还是在 1954 年授予了塞尔布公司"优秀设计"奖，以示表彰。Bernd Fritz, "Neue Formen bei Rosenthal," in *Loewy*, ed. Schönberger, 135 - 41.

[120] "Streitgespräch in Selb," *Werk und Zeit* 18(August 1953): unpaginated.

[121] 参见 1951 年 10 月 24 日制造同盟指导委员会会议的会议记录。DWB Protokolle 1947 - 1956, WBA.

[122] Julianne Roh, "Musterkästen der Neuen Sammlung München," *Werk und Zeit* 8, no. 4 (April 1959): 4.

[123] Clara Menck, *Ein Bilderbuch des Deutschen Werkbund für junge Leute* (Stuttgart, 1958), unpaginated.

[124] Hannes Schmidt, "Einfach, ursprünglich, unvergleichbar," *Werk und Zeit* 1, no. 10 (December 1952); and Hans Schmitt-Rost, "Schüttelfrost mit Buttercrem," *Werk und Zeit* 1, no. 1 (March 1952).

[125] Alfons Leitl, "Irrtümer und Lehren des Wiederaufbaus der Städte," in *Deutscher Geist*, ed. Moras and Paeschka, 138 - 50.

[126] Eckstein, *50 Jahre*, 17.

[127] Schwippert, "Warum Werkbund?" 24.

[128] Campbell, *Werkbund*, 3.

[129] 参见制造同盟关于塑料的论坛:Geschenk oder Gefahr, *Baukunst und Werkform* 5 (1953): 235 - 40。

[130] Peter Reichel, *Der schöne Schein des Dritten Reiches : Faszination und Gewalt* (Munich, 1991), 317.

[131] Petsch, 220.

第三章 肾形桌的复仇:有机设计的希望与危险

[1] Joachim Petsch, *Eigenheim und gute Stube : Zur Geschichte des bürgerlichen Wohnens* (Cologne, 1989), 225.

[2] Christian de Nuys-Henkelmann, "Alltagskultur—Im milden Licht der Tütenlampe," in *Die Kultur unseres Jahrhunderts*, *1945 - 1960*, ed. Hilmar Hoffmann and Heinrich Klotz (Düsseldorf, 1991), 181.

[3] Paul Betts, "Remembrance of Things Past: Nostalgia in West and East Germany, 1980 - 2000," in *Pain and Prosperity : Reconsidering Twentieth -Century German History*, ed. Paul Betts and Greg Eghigian (Stanford, Calif., 2003), 178 - 207.

[4] Thomas Zaumschirm, *Die Fünfziger Jahre* (Munich, 1980), esp. 7 - 30.

[5] Gert Selle, *Design-Geschichte in Deutschland* (Cologne, 1987); and Bernd Meurer and Harmut Vincon, *Industrielle Ästhetik : Zur Geschichte und Theorie der Gestaltung* (Giessen, 1983).

[6] Lesley Jackson, *The New Look : Design in the Fifties* (London, 1991), 35 - 60.

[7] Christian Rathke, "Der Maler als kommunizierendes Gefäss der Gesellschaft: Eine Studie über die Funktion des Künstlerbildes in den 50ern," in *Die 50er Jahre : Aspekte und Tendenzen*, ed Christian Rathke (Wuppertal, 1977), 42 - 60.

[8] Wolfgang Schepers, "Stromlinien oder Gelsenkirchener Barock?: Fragen (und Antworten) an das westdeutsche Nachkriegsdesign," in *Aus den Trümmern : Kunst und Kultur im Rheinland und in Westfalen*, *1945 - 1952*, ed. Klaus Honnef and Hans M. Schmidt (Cologne, 1985), 117 - 60; and Christian Borngräber, *Stil Novo : Design in den Fünfziger Jahre* (Berlin, 1978), 7 - 20.

[9] Arthur Pulos, *American Design Ethic : A History of Industrial Design to 1940* (Cambridge, Mass., 1983); and Donald Bush, *The Streamlined Decade* (New York, 1975).

[10] Volker Albus and Christian Borngräber, *Design Bilanz : Neues deutsches Design der 80er Jahre in Objekten*, *Bildern*, *Daten*, *und Texten* (Cologne, 1992).

[11] Borngräber, *Stil Novo*, esp. the introduction.

[12] Zaumschirm, 7.

[13] John Anthony Thwaites, "Das Weben als Kunst," *Das Kunstwerk* 2 (1955/1956): unpaginated. Albrecht Bangert, *Der Stil der 50er Jahre* (Munich, 1983), 27.

[14] 这是 1950 年在慕尼黑举办的"包豪斯的画家们"展览。

[15] Rainer Wick, *Bauhaus-Pädagogik* (Cologne, 1982), 299 - 309.

[16] Christine Hopfengart, *Klee : Von Sonderfall zum Publikumsliebling* (Mainz, 1989); Doris Schmidt, "Bildende Kunst," in *Die Geschichte der Bundesrepublik*

Deutschland, vol. 4, *Kultur*, ed. Wolfgang Benz (Frankfurt, 1989), 200 – 243;
Martin Warnke, "Von der Gegenständlichkeit und der Ausbreitung der Abstrakten,"
in *Die 50er Jahre*, ed. Dieter Bänsch (Tübingen, 1985), 209 – 21.

[17] Thomas Hoscislawski, *Bauen zwischen Macht und Ohnmacht : Architektur und Städtebau in der DDR* (Berlin, 1991), 38 – 43, 101 – 11, 297 – 310. See also Andreas Schätzke, ed. , *Zwischen Bauhaus und Stalinallee : Architekturdebatte im östlichen Deutschland*, *1945 – 1955* (Braunschweig, 1991).

[18] Paul Reilly, "German Enterprise in Wallpaper Design," *Design* 55 (July 1953) : 16 – 19.

[19] Paul Betts, "The Bauhaus as Cold War Legend : West German Modernism Revisited," *German Politics and Society* 14, no. 2 (summer 1996) : 75 – 100.

[20] *Deutsche Kunststoffe*, *1957 – 1958* (Wiesbaden, 1958), 15. 另参见文稿："Der Absatzgroßhandel in der Kriegswirtschaft" (Berlin, 1941), 81 – 99, Freie Universität, Berlin。

[21] West German production of plastic skyrocketed from 23,000 tons in 1947 to 505,000 tons in 1956. *Deutsche Kunststoffe*, *1957 – 1958*, 15. For more statistical information, Manfred Braunsperger and Klaus Schworm, *Kunststoffverarbeitende Industrie : Strukturelle Probleme und Wachstumchancen* (Berlin, 1964), 54ff.

[22] 关于玻璃和瓷器家庭用品生产的统计数据可以在以下资料中找到 : Hans Phillipi, "Struktur und Leistungen des westdeutschen Eisenwaren-und Hausratshandels," in *Schriften zur Handelsforschung*, ed. Rudolf Seyffert (Cologne, 1957), esp. 51 – 70, 139 – 49。

[23] Wend Fischer, "Göppinger Plastics," *Werk und Zeit* 3, no. 4 (April 1954) : 1 – 4.

[24] On functionalist use of plastics, Heinz Georg Pfaender, "Gegenstände aus Kunststoff für den Haushalt," *Die Gute Industrieform* 6 (1959) : 228 – 32. Roland Barthes, "Plastic," in his *Mythologies*, trans. Annette Lavers (New York, 1972), 97 – 100.

[25] 这些建议的好例子有 : Erika Brödner, *Modernes Wohnen* (Munich, 1954), and Ruth Geyer-Raack and Sybille Geyer, *Möbel und Raum* (Berlin, 1955). 另参见 : E. Meier-Oberist, "Plastics und Möbel," *Möbelkultur* 7, no. 2 (February 1955) : unpaginated. 所谓的女性杂志只有女性购买和阅读,这种说法显然不符合事实。事实上,到 1957 年,西德最大的"女性"杂志《康斯坦茨》吸引了超过 850 万的读者群,其中有 41. 6% 是男性。Michael Kriegeskorte, *Werbung in Deutschland*, *1945 – 1965* (Cologne, 1992), 67.

[26] 一位艺术史学家甚至指出,正是这种对传统的强烈抗拒和对国际主义的盲目崇拜,转变成了西德一种新的地方主义。Martin Damus, *Kunst in der BRD 1945 – 1990* (Reinbek bei Hamburg, 1995), 19.

[27] Christian Kellerer, *Weltmacht Kitsch* (Stuttgart, 1957).

[28] Petsch, 225.

[29] Karl Markus Michel, "Ruckkehr zur Fassade," *Kursbuch* 89 (1987) : 125 – 43, quoted in Axel Schildt, *Moderne Zeiten : Freizeit, Massenmedien, und 'Zeitgeist' in der Bundesrepublik der 50er Jahre* (Hamburg, 1995), 20.

[30] Kriegeskorte, 38.

[31] 参见收录于下方文集的文章：Sabine Thomas-Ziegler, ed., *Petticoat und Nieren-tisch：Die Jugendzeit der Republik* (Cologne, 1995)。

[32] Werner Durth and Niels Gutschow, *Architektur und Städtebau der 50er Jahre* (Bonn, 1987); and Erica Carter, *How German Is She？Postwar West German Re-construction and the Consuming Woman* (Ann Arbor, 1997), 109 – 70.

[33] Bangert, 39.

[34] Quoted in Bangert, 41.

[35] Michael Wildt, *Am Beginn der 'Konsumgesellschaft'：Mangelerfahrung, Leben-shaltung, und Wohlstandshoffnung in Westdeutschland in den 50er Jahren* (Ham-burg, 1994), esp. 195 – 212.

[36] Bangert, 41.

[37] *Anfang 1948：Rückblick auf die erste Frankfurter Messe nach dem Kriege und das Jahr 1948* (Frankfurt, 1985), 117.

[38] Stephan Oster, "Sozialgeschichtliche Aspekte zum Gelsenkirchener Barock," in *Gelsenkirchener Barock*, ed. Stephan Brakensiek (Gelsenkirchen, 1991), 93 – 105.

[39] Ulrich Herbert, "Good Times, Bad Times：Memories of the Third Reich," in *Life in the Third Reich*, ed. Richard Bessel (Oxford, 1987), 97 – 110.

[40] Michael Wildt, "Changes in Consumption as Social Practice in West Germany during the 1950s," in *Getting and Spending：European and American Consumer Societies in the Twentieth Century*, ed. Susan Strasser, Charles McGovern, and Matthias Judt (Cambridge, Eng., 1998), 301 – 16.

[41] Jacques Rueff and Andre Piettre, *Wirtschaft ohne Wunder* (Zurich, 1953), quoted in Ludwig Erhard, *Wohlstand für Alle* (Düsseldorf, 1957), 14.

[42] Ingrid Schenk, "Scarcity and Success：West Germany in the 1950s," in *Pain and Prosperity*, ed. Betts and Eghigian, 160 – 77.

[43] Werner Abelshauser, *Wirtschaftsgeschichte der Bundesrepublik Deutschland, 1945 – 1980* (Frankfurt, 1983), 6, 8.

[44] Arne Andersen, *Der Traum vom guten Leben：Alltags-und Konsumgeschichte vom Wirtschaftswunder bis heute* (Frankfurt, 1997).

[45] Sabine Thomas-Ziegler, "Aufbruch in eine Neue Zukunft," in *Petticoat und Nieren-tisch*, ed. Thomas-Ziegler, 31.

[46] 根据 1958 年的数据显示，仅有 11％的蓝领工人家庭和 28％的白领工人家庭拥有冰箱，而电动洗衣机则只有在 20％的蓝领家庭和 26％的白领家庭中能见到。Ax-el Schildt and Arnold Sywottek, "'Reconstruction and Modernization'：West German Social History during the 1950s," in *West Germany under Construction：Politics, Society, and Culture in the Adenauer Era*, ed. Robert Moeller (Ann Arbor, 1997), 428. And see Werner Abelshauser, *Die langen 50er Jahre：Wirtschaft und Gesellschaft der Bundesrepublik Deutschland, 1949 – 1966* (Düsseldorf, 1987).

[47] Borngräber, *Stil Novo*, 243.

[48] Francis Franscina, ed., *Pollock and After：The Critical Debate* (New York, 1985), esp. 91 – 185; and Serge Guilbaut, *How New York Stole the Idea of Mod-ern Art* (Chicago, 1983).

[49] Winfried Schmied, "Points of Departure and Transformations in German Art, 1905 – 1985," in *German Art in the 20th Century : Painting and Sculpture*, *1905 - 1985*, ed. Christos Joachimides, Norman Rosenthal, and Wieland Schmied (Munich, 1985), 55 - 58.

[50] Hans-Joachim Manske, "Anschluß an die Moderne: Bildende Kunst in Westdeutschland, 1945 - 1960," in *Modernisierung im Wiederaufbau : Die westdeutsche Gesellschaft der 50er Jahre*, ed. Axel Schildt and Arnold Sywottek (Bonn, 1993), 563 - 82. For background, Jutta Held, *Kunst und Kunstpolitik in Deutschland*, *1945 - 1949* (Berlin, 1981).

[51] Bernhard Siepen, "Der kleine, wertige Gegenstand," *Die Kunst und das schöne Heim* 47, no. 2 (May 1949): 67 - 70.

[52] "'Constructa'-Bauausstellung Hannover 1951 und die dort gezeigte kleinen Wohnungen: Ein Rückblick," *Die Kunst und das schöne Heim* 49, no. 4 (September 1951): 469 - 73.

[53] Brune von Safft, "Von der Gefährdung der Form," *Die Kunst und das schöne Heim* 49, no. 1 (January 1951): 152 - 55.

[54] Albrecht Bangert, "Resopal a la Klee," *Du : Zeitschrift für Kunst und Kultur* 5 (1984): 26ff.

[55] Christian Borngräber, "Bruchstücke: Westdeutsches Nachkriegsdesign, 1945 – 1955," in *Die 50er Jahre*, ed. Bänsch, 142; Schepers, 118.

[56] 例如，哥平根 (Göppinger) 塑料公司在法兰克福开设了一个画廊，用来展示其艺术家型设计师的作品。该公司还参与了 1955 年卡塞尔文献展览会展厅的设计工作。参见小册子："Göppinger Plastics als raumgestaltendes Material in der 'Dokumenta,' Kassel 1955," Institut für neue technische Form, Darmstadt。艺术与商业之间紧密联系的又一个例证是，卡塞尔文献展的创始人阿诺德·博德 (Arnold Bode)，也曾为罗森塔尔设计过瓷器。Hermann Schreiber, Dieter Honisch, and Ferdinand Simoneit, *Die Rosenthal-Story* (Düsseldorf, 1980), 55.

[57] *Rosenthal : 100 Jahre Porzellan* (Hannover, 1982).

[58] Dolf Sternberger, "Über den Jugendstil," in his *Über den Jugendstil und andere Essays* (Hamburg, 1956), 11 - 28. 另参见：Helmut Heissenbüttel, "Anfang und Ende des Jugendstils," *Magnum* 49 (August 1963): 52 - 53; and Hans Paul Bahrdt, "Organische Möbel: Späte Früchte des Jugendstils?" *Baukunst und Werkform* 9 (1952): 50 - 51。

[59] Gert Selle, *Jugendstil und Kunstindustrie* (Ravensburg, 1973), 30ff.

[60] Inge Scholl, "Eine neue Gründerzeit und ihre Gebrauchskunst," in *Der Bestandsaufnahme : Eine deutsche Bilanz 1962*, ed. Hans Werner Richter (Munich, 1962), 421 - 27, quoted material at 412 - 22.

[61] Wilhelm Braun-Feldweg, *Normen und Formen* (Ravensburg, 1954), 5, 41 - 42.

[62] 典型标题包括：Arnold Gehlen, *Man in the Age of Technology*, trans. Patricia Lipscomb (New York, 1980; orig. pub. 1957); Hans Freyer, *Theorie des gegenwärtigen Zeitalters* (Stuttgart, 1955); and Friedrich Sieburg, *Die Lust am Untergang* (Hamburg, 1954)。

[63] Max Horkheimer and Theodor Adorno, *Dialectic of Enlightenment*, trans. John

Cummings (New York, 1972; orig. pub. 1947).

[64] Jürgen Habermas, *The Structural Transformation of the Public Sphere*, trans. Thomas Burger (Cambridge, Mass., 1989; orig. pub. 1962); Hans Magnus Enzensberger, *Einzelheiten I/II* (Frankfurt, 1962 – 64); as well as the essays collected in Richter, ed., *Der Bestandsaufnahme*.

[65] Alexander Mitscherlich and Margarete Mitscherlich, *Die Unfähigkeit zu trauern: Grundlagen kollektiven Verhaltens* (Munich, 1977; orig. pub. 1967), 19.

[66] 另参见阿多诺 1963 年的著名文集："Was bedeutet: Aufarbeitung der Vergangenheit?" in his *Eingriffe: Neun kritische Modelle* (Frankfurt, 1963), esp. 141。这个观点也影响了关于战后时期一些最近的论述。Hermann Glaser, *Die Kulturgeschichte der Bundesrepublik Deutschland*, vol. 1, *1945 – 1948* (Frankfurt, 1985), 20。

[67] Glaser, *Die Kulturgeschichte der Bundesrepublik Deutschland*, vol. 2, *1949 – 1967* (Frankfurt, 1990), 162 – 77.

[68] "Die Welt wird heiter," *Magnum* 2, no. 6 (1955): unpaginated.

[69] "Heitere Freiheit," *Magnum* 2, no. 6 (1955): unpaginated.

[70] 例如，可以注意到《马格南》关于这些主题的特别报道："Young Generation" (1954), "The 1955 Human Model" (1955), "Where Is Beauty Today?" (1956), "The Society in Which We Live" (1957), and "How We Could Live" (1957)，它们都探讨了现代设计、优良品味与现代性之间的联系。

[71] 这种所谓的"可口可乐殖民化"的文献绝非已经绝迹。Reinhold Wagnleitner, *Coca-Colonization and the Cold War: The Cultural Mission of the United States in Austria after the Second World War* (Chapel Hill, 1994); Jost Hermand, *Kultur im Wiederaufbau: Die Bundesrepublik Deutschland*, *1945 – 1965* (Berlin, 1989); and Ralph Willett, *The Americanization of West Germany*, *1945 – 1949* (London, 1989). 一个更客观的评估：Arnold Sywottek, "The Americanization of Everyday Life? Early Trends in Consumer and Leisure Time Behavior," in *America and the Shaping of German Society*, *1945 – 1955*, ed. Michael Ermarth (Providence, R. I., 1993), 132 – 52。

[72] Christian Zentner, *Illustrierte Geschichte der Ära Adenauer* (Munich, 1984); Frank Grube and Gerhard Richter, *Das Wirtschaftswunder: Unser Weg in der Wohlstand* (Hamburg, 1983); Bernhard Schulz, ed., *Grauzonen Farbwelten: Kunst und Zeitbilder*, *1945 – 1955* (Berlin, 1983); and Eckhard Siepmann, ed., *Bikini: Die Fünfziger Jahre* (Reinbek bei Hamburg, 1983).

[73] Ursula Becher, *Geschichte des modernen Lebensstil* (Munich, 1990); and Kaspar Maase, "Freizeit," in *Die Geschichte der Bundesrepublik Deutschland*, vol. 3, *Gesellschaft*, ed. Wolfgang Benz (Frankfurt, 1989), 345 – 83. More generally, Anson Rabinbach, *The Human Motor: Energy, Fatigue, and the Origins of Modernity* (New York, 1990), esp. the conclusion.

[74] Hermand, *Kultur*, 489 – 521; Glaser, 2: 153 – 77.

[75] Hans Platschek, "Das Bild als Ware," and Hans Magnus Enzensberger, "Meine Herren Mäzene," in *Bestandaufnahme*, ed. Richter, 547 – 55 and 557 – 61, respectively; and Theodor Heuss, *Zur Kunst der Gegenwart* (Tübingen, 1956), 80 –

81.

[76] Glaser, 2: 173 – 77.

[77] Klaus J. Fischer, "Was ist Tachismus?" *Das Kunstwerk* 5 (1955/1956): 17.

[78] Hans Richter, *Dada : Kunst und Antikunst* (Cologne, 1964).

[79] Willy Verkauf, "Dada in Funktion" and "Dada und die Gute Form," *Magnum* 22 (February 1959): unpaginated.

[80] "Ein Ärgernis wird konstruktiv: Der Dadaismus in unserer Zeit," *Magnum* 22 (February 1959): unpaginated.

[81] Jürgen Habermas, "Notizen zum Mißverständnis von Kultur und Konsum," *Merkur* 10, no. 3 (March 1956): 212 – 28.

[82] Klaus Sembach, *Stil 1930* (Stuttgart, 1971).

[83] "人造爱欲"被归因于: Karl Korn, *Die Kulturfabrik* (Wiesbaden, 1953), as cited in Schildt, 358。

[84] Karl Bednarik, *An der Konsumfront* (Stuttgart, 1957), 11 – 41.

[85] Theodor Adorno, *The Jargon of Authenticity*, trans. Knut Tarnowski and Frederic Will (Evanston, Ill. , 1973; orig. pub. 1964).

[86] Schildt, 351 – 98.

[87] Frederic Schwarz, *The Werkbund : Design Theory and Mass Culture before the First World War* (New Haven, Conn. , 1996), 13 – 43.

[88] Helmut Croon, "Der Hunger nach Sozialprestige," *Merkur* 9 (1953): 1109 – 22.

[89] Habermas, "Notizen," 212.

[90] Damus, 171.

第四章　设计及其不满：乌尔姆设计学院

[1] 参见，比如: Herbert Lindinger, "The Nation of Functionalism," in *History of Industrial Design*, vol. 3, ed. Enrico Castelnuovo (Milan, 1991), 86 – 101; Wolfgang Ruppert, "Ulm ist tot, es lebe Ulm! Rückblick auf die Hochschule für Gestaltung," *Kursbuch* 106 (December 1991): 119 – 40; Herbert Lindinger, ed. , *Ulm Design: The Morality of Objects*, trans. David Britt (Cambridge, Mass. , 1990); Gert Selle, *Design-Geschichte in Deutschland* (Cologne, 1987), 241 – 74; Hartmut Seeling, "Geschichte der HfG Ulm, 1953 – 1968" (Ph. D. diss. , Universität Köln, 1985); Bernd Meurer and Hartmut Vincon, *Industrielle Ästhetik : Zur Geschichte und Theorie der Gestaltung* (Giessen, 1983), esp. 165 – 83; the special "hfg ulm" issue of *Archithese* 15 (1975); and Joachim Heimbucher and Peter Michels, "Bauhaus-HfG-IUP" (master's thesis, Universität Stuttgart, 1971). This idea was also registered in the former German Democratic Republic; Norbert Korrek, "Versuch einer Biographie: Die Hochschule für Gestaltung" (Ph. D. diss. , Universität Weimar, 1984)。

[2] 最近的一些例外还包括: Christiane Wachsmann, ed. , *Objekt ＋ Objektiv ＝ Objektivität ? Fotographie an der HfG Ulm, 1953 – 1968* (Ulm, 1991); and Eva von Seckendorff, *Die Hochschule für Gestaltung in Ulm* (Marburg, 1989)。

[3] 有关对白玫瑰抵抗运动的描述,参见: Inge Scholl, *The White Rose*, trans. Arthur Schultz (Middletown, Conn. , 1983; orig. pub. 1952); and the anonymous *Die*

Weiße Rose und das Erbe des deutschen Widerstandes（Munich，1993）。

［4］Seckendorff，17.

［5］Hermann Glaser，*Die Kulturgeschichte der Bundesrepublik Deutschland*，vol. 1，*1945 - 1948*（Frankfurt，1985），162 - 65.

［6］Otl Aicher，"Fangen wir an，" typescript，16 June 1948，IO，SAU.

［7］"Inge Scholl und das Kuratorium der Volkshochschule Ulm：Werbeschrift für die Volkshochschule Ulm，1946，" 9，IV 2. 1 67，SAU.

［8］Ibid.，19.同上，第 19 页。关于这一普遍知识分子倾向的有关背景信息，参见：Jost Hermand，*Kultur im Wiederaufbau：Die Bundesrepublik Deutschland*，*1945 - 1965*（Frankfurt，1989），esp. 42 - 89。

［9］"Scholl und das Kuratorium，" 19.

［10］Seckendorff，19 - 24.

［11］Herbert Wiegandt，"10 Jahre Ulmer Volkshochschule，"*Ulmer Monatsspiegel*，8 A-pril 1956，9ff.

［12］Werner Durth and Niels Gutschow，*Träume in Trümmern：Stadtplanung 1940 - 1950*（Munich，1993），214 - 392.关于重建法兰克福歌德之家所伴随的意识形态争议，以下是详细的叙述：Andreas Hansert，*Bürgerkultur und Kulturpolitik in Frankfurt am Main*（Frankfurt，1992），206 - 34.

［13］参见文稿："Expose zur Gründung einer Geschwister-Scholl-Hoschschule，" n. d.，un-paginated，E300，SAU.

［14］参见：1949 "Geschwister-Scholl-Hochschule Programm，" 8，11，E300，SAU。作家卡尔·扎克迈尔（Carl Zuckmayer）在该计划所附的无页码声明中，也提出了一个类似的倡议，即有必要建立一个受德国影响的学校。

［15］同上，第 3 页。此外，参见：Herbert Wiegandt，"Das kulturelle Geschehen，"*Forschungen zur Geschichte der Stadt Ulm* 12（1974）：92ff。

［16］"Vorbereitung zum Prospekt：Geschwister-Scholl Hochschule，" 1949，unpaginated；and "GSH-Programm，" 1949，19，E300，SAU.

［17］最初提出的教师名单包括里希特、尤金·科贡（Eugen Kogon）［《法兰克福手册》（*Frankfurter Hefte*）杂志的创始人］和阿尔弗雷德·安德施（Alfred Andersch）［作家、《呼声》（*Der Ruf*）杂志的共同创办人］，这反映了学校原本在新闻方向的定位和视角。

［18］"Expose über das Forschungsinstitut für Produktform und die Hochschule für Gestaltung，" n. d.，unpaginated，quoted in Seeling，20 - 21.

［19］Seeling，35.

［20］Seckendorff，34.

［21］Max Bill，"Schönheit aus Funktion und als Funktion，"*Das Werk* 36，no. 8（August 1949）：272 - 74.

［22］Max Bill，*Form：A Balance-Sheet of Mid-20th Century Trends in Design*（Basel，1952），unpaginated.

［23］关于背景：Peter Erni，*Die Gute Form*（Baden，1983）。

［24］Bill，*Form*，unpaginated.

［25］Bill to Scholl，16 March 1950，quoted in Seeling，43.

［26］Quoted in Seckendorff，41.

［27］虽然没有使用绍尔兄妹的名字，但英格尔·绍尔于 1950 年成立了绍尔基金会，负责学校的财务管理。Seckendorff, 53 - 59.

［28］Otl Aicher, "Die Hochschule für Gestaltung：Neun Stufen ihrer Ent-wicklung," *Archithese* 15 (1975)：13.

［29］"Hochschule für Gestaltung-Programm," 1951, unpaginated, SUE 300, HfG, Ulm.

［30］Thomas Alan Schwartz, *America's Germany：John J. McCloy and the Federal Republic of Germany* (Cambridge, Mass., 1991), esp. 156 - 84.

［31］"Vorentwurf des Antrags an HICOG," 1 August 1950, SAU.

［32］Martin Jay, *The Dialectical Imagination* (Boston, 1973), 282.

［33］Inge Scholl, 17 April 1952, reprinted in Seckendorff, 60. "精神马歇尔计划"—词由奥舍在其 1948 年的文稿中首次使用："Wer trug der Widerstand?" SAU。

［34］比尔和格罗皮乌斯之间的信函往来的一些片段被重印于：Seckendorff, 38 - 39。

［35］John McCloy, untitled speech, Boston, 1950, IO/433, SAU.

［36］"McCloy ehrt Geschwister-Scholl," *Stuttgarter Zeitung*, 24 June 1953.

［37］参见 1951 年 10 月 8 日在乌尔姆的联邦铁路酒店举行的，马克斯·比尔与美国驻德国高级指挥部公共事务、教育与文化关系处代表 J. J. 奥本海默(J. J. Oppenheimer)之间的会议记录。IO/433, SAU.

［38］参见德译版的美国驻德国高级指挥部的拨款条件，1952 年 4 月 9 日。IO/433, SAU. 针对绍尔的指控是由一名前盖世太保官员作出的，后来这名官员在纽伦堡审判中，承认他自己曾迫害绍尔兄妹。尽管如此，清除绍尔名字相关的所有指控还是花了一年多的时间，在此期间，美国的资助被冻结。Scholl to Shepard Stone, 31 December 1951, IO/433, SAU.

［39］在第一阶段的规划中，艾舍和比尔就学校的实际选址产生了分歧。艾舍想要在一座曾被纳粹作为临时集中营使用的旧堡垒废墟上建校，以此象征学校如同凤凰涅槃，从独裁和死亡的阴影中重生。比尔立即表示了反对，批评"从废墟中重生"的想法是廉价和夸张的政治表演。Bill to Scholl, 17 February 1950, Max Bill-Archiv, Zürich.

［40］On Bill's inspirations, Seckendorff, 70.

［41］唯一的例外是学生中心内以有机形态设计的餐饮柜台，它成为学校最受欢迎的聚会地点。

［42］Seckendorff, 81.

［43］"The Pursuit of Reasons and Systems：Editorial Discussion," in *Ulm Design*, 76 - 79.

［44］这些不同引语的出处：Seckendorff, 82 - 83, and from Bernhard Rübenbach, *Der Rechte Winkel von Ulm* (Darmstadt, 1987), 33。

［45］Rübenbach, 18.

［46］Seeling, 169.

［47］Seckendorff, 126 - 28.

［48］同上，第 128 页。

［49］"HfG-Programm," 1951, unpaginated.

［50］将反法西斯主义和包豪斯的救赎性遗产结合起来，并以此激励乌尔姆设计学院成立的想法，沃尔特·迪尔克斯(Walter Dirks)在《包豪斯与白玫瑰》(*Das Bauhaus und die Weiße Rose*)中对此表述得最为生动。*Frankfurter Hefte* 10, no. 11 (November 1955): 769 - 73.

[51] Hermann Dannecker, "Die Idee des Bauhauses heimgeholt," *Badische Zeitung* 6 (October 1955).

[52] Manfred George, "Eine Helferin des 'anderen Deutschlands,'" *Aufbau* 25 (May 1956).

[53] Rübenbach, 9.

[54] Jack Raymond, "Nazi Foe to Attain Aim in New School," *The New York Times*, 23 June 1952.

[55] "Hochschule für Gestaltung, Ulm," pamphlet, n. p., n. d., Loeb Library, VF 2199, Harvard University.

[56] Editor's Introduction, *Atlantic Monthly*, March 1957, 102.

[57] Clemens Fiedler, "The New Bauhaus in Ulm," *Atlantic Monthly*, March 1957, 144. 另一个例子，参见特刊《战后西德的工业设计》: *Design Quarterly* 40 (March 1957)。

[58] Borngräber, *Stil Novo*, 23.

[59] Quoted in Wend Fischer, "Tägliche Kultur, nicht Extrakultur," *Werk und Zeit* 4, no. 10 (October, 1955): 4.

[60] Paula Andersen, "Vermittler zwischen Zivilisation und Kultur," *Frankfurter Allgemeine Zeitung*, 4 October 1955.

[61] Inge Scholl, "Eine neue Gründerzeit und ihre Gebrauchskunst," in *Die Bestandsaufnahme : Einer deutsche Bilanz 1962*, ed. Hans Werner Richter (Munich, 1962), 421 - 27.

[62] Bill, *Form*, unpaginated.

[63] Max Bill, "The Bauhaus Idea from Weimar to Ulm," in *Architects Yearbook 5*, ed. Morton Shand (London, 1953), 29 - 32. 德国版的名为: "Vom staatlichen Bauhaus in Weimar zur Hochschule für Gestaltung in Ulm," *Magnum* 1 (1954): 59 - 60。有关世纪之交改革运动的历史背景，参见: Hans Wingler, ed., *Kunstschulreform*, *1900 - 1930* (Berlin, 1977)。

[64] Bill, *Form*, unpaginated.

[65] Max Bill, "Die mathematische Denkweise in der Kunst unserer Zeit," *Das Werk* 36, no. 3 (March 1949): 86 - 90. 事实上，比尔编辑并撰写了四篇康定斯基作品的介绍，这些文稿于 1945 年后被重印: *Wassily Kandinsky* (Paris, 1951); *Über das Geistige in der Kunst* (Bern, 1952); *Punkte und Linie zur Fläche* (Bern, 1955); and *Essays über Kunst und Künstler* (Stuttgart, 1955)。

[66] Max Bill, "Grundlage und Ziel der Aesthetik im Maschinenzeitalter," *Baukunst und Werkform* 9 (1955): 558 - 61. 这篇文章是比尔在 1953 年巴黎设计大会上演讲的重印。

[67] Ibid., 560.

[68] Bill, "The Bauhaus Idea," 31.

[69] Bill, "Grundlage," 560.

[70] Max Bill, "Aktuelle Probleme der Gestaltung," special issue of *VIR : Informationsorgan für Führungskräfte der Wirtschaft* 3 (1957): 98 - 101. 在 1957 年的另一部

出版物当中，比尔明确将"文化产品"等同于"优良形式"："Kulturgut ＝ Die gute Form. Die aesthetische Funktion als sichtbarer Ausdruck der Einheit aller Funktionen ist das entscheidende Argument dafür, ob ein Gegenstand über seine reine Zweckerfüllung hinaus zu den Kulturgütern unserer Zeit gerechnet und demzufolge als 'Die gute Form' ausgezeichnet werden kann." Bill, *Die Gute Form* (Winterthur, 1957), 38。

[71] Bill, "The Bauhaus Idea," 31, 译文有所改动。

[72] "HfG-Prospekt," 1956, quoted in Seckendorff, 48.

[73] "HfG-Programm," 1956, unpaginated.

[74] Kenneth Frampton, "Apropos Ulm: Curriculum and Critical Theory," *Oppositions* 3 (May 1974): 35.

[75] Tomás Maldonado, "New Developments in Industry and the Training of Designers," *Architects' Yearbook* 9 (1960), 174 - 80. 这篇文章最初以一个略有不同的标题《工业新发展与设计师培训》(*New Developments in Industry and the Training of the Designers*)发表在学院院刊上：*Ulm* 2 (October 1958): 25 - 40. 除非另有说明，所有引用均指的是 1960 年的版本。

[76] Maldonado, *Ulm* 2 (October 1958), 30.

[77] 还需要补充的是，马尔多纳多之前曾经写过一本详细的关于比尔的专著，其中赞扬他是一位"全才艺术家"，展现了难得一见的"对一致性的追求"。Maldonado, *Max Bill* (Buenos Aires, 1955). 但是，马尔多纳多认为比尔那令人称赞的艺术理念并不适合工业设计。

[78] Maldonado, "Two Views on Architectural Education," *Architectural Education* 29, no. 4 (April 1959): 153 - 54.

[79] Maldonado, "New Developments," 176.

[80] Maldonado, *Ulm* 2 (October 1958), 33 - 34.

[81] Maldonado, "Two Views," 154.

[82] Maldonado, "New Developments," 180.

[83] Tomás Maldonado, "Die Krise der Pädagogik und die Philosophie der Erziehung," *Merkur* 13, no. 9 (September 1959): 818 - 35.

[84] 同上，第 828 页。

[85] Friedrich Georg Jünger, *Die Perfektion der Technik* (Frankfurt, 1947); Sigfried Giedion, *Mechanization Takes Command* (New York, 1948); Martin Heidegger, *Die Technik und die Kehre* (Pfullingen, 1962); Max Horkheimer and Theodor Adorno, *Dialectic of Enlightenment*, trans. John Cummings (New York, 1972; orig. pub. 1947). 另参见：William Kuhns, *The Post-Industrial Prophets: Interpretations of Technology* (New York, 1973).

[86] Andreas Schüler, *Erfindergeist und Technikkritik: Der Beitrag Amerikas zur Modernisierung und die Technikdebatte seit 1900* (Stuttgart, 1990), esp. 138 - 77.

[87] Joachim Radkau, "'Wirtschaftswunder' ohne technologische Innovation? Technische Modernität in den 50er Jahren," in *Modernisierung im Wiederaufbau: Die westdeutsche Gesellschaft der 50er Jahre*, ed. Axel Schildt and Arnold Sywottek (Bonn, 1993), 129 - 53, at 131. 关于背景：Jeffrey Herf, *Reactionary Modernism: Technol-*

ogy, *Culture*, *and Politics in Weimar and the Third Reich*（New York，1984），
152 - 88。

[88] 该公司的早期历史参见：C. C. Cobarg，"MaxBraun，Unternehmersgründer und Inno-
vator，" *Braun ＋ Design* 17（October 1990）：6 - 12。另参见这本小册子：*Braun
im Rückblick*，*1921 - 1989*，Braun-Archiv，Kronberg。

[89] Oliver Zimmermann，"Der Gelsenkirchener Barock aus designgeschichtlicher Sicht，"
in *Gelsenkirchener Barock*，ed. Stephan Brakensiek（Gelsenkirchen，1991），83 -
92.

[90] 在一项著名的对国际顶尖企业设计公司的调查中，博朗是唯一一被纳入讨论的西德
公司。Wolfgang Schmittel，*Design Concept Realisation*（Zürich，1975），esp. 19 -
54.

[91] 在 1991 年 12 月 10 日于克龙贝格进行的一次采访中，博朗公司的长聘首席设计
师迪特·拉姆斯强调了其他这些设计公司对博朗早期设计工作的重要性。

[92] 关于该报告的结果："Der Wohnstil：Einrichtung，Möbelstücke，Lampen，" Institut
für Demoskopie（Allensbach am Bodensee，1954）。关于博朗对于设计新方向——
即"现代、简洁、朴素的形式，优质的材料，鲜亮的颜色，合理的布局，顶尖的技术"
的热衷，可以参阅博朗公司杂志的特刊：*Braun Betriebsspiegel*，August 1955，1 -
12，Braun-Archiv，Kronberg。

[93] 博朗还收到了各种表现主义风格的肾形桌收音机设计作为推荐模型，但都因为太
过于非常规而被拒绝了。比如，参见沃尔特·施瓦根谢特（Walter Schwagenschei-
dt）的设计方案，以及他对更现代化收音机设计的强烈呼吁；"Die Angst vor dem
Käufer，" *Baukunst und Werkform* 12（1953）：601 - 7。

[94] 然而，这并不是说博朗总是避免采用这种泡泡状的流线型风格。比如，值得一提
的是威廉·华根菲尔德 1956 年的"SGH"设计。

[95] "Im Werkstätten-Stil，" *Der Spiegel*，7 September 1955，47；"Das Radio für die
Bauhauswohnung，" *Frankfurter Allgemeine Zeitung*，1 September 1955；"Guter
Geschmack geht in Serie，" *Wiesbadener Kurier*，30 August 1955；and "Ulmisches
auf dem Funkund Fernsehschau，" *Schwäbische Donau-Zeitung*，31 August 1955. 但
是，值得注意的是，直到 1961 年，博朗在其立体声音箱设计中还是使用了木材，主
要原因是市场部认为，如果完全使用金属和塑料的话，可能会给消费者一种疏离
感。Rüdiger Joppien，"Weniger ist Mehr：oder die Leere ist Fülle，" in *Mehr oder
Weniger：Braun im Vergleich*（Hamburg：Museum für Kunst und Gewerbe，
1990），9 - 17，at 11.

[96] 例如，参见专门讨论博朗设计的制造同盟出版物的特别附录：*Werk und Zeit* 6，
no. 11（1957）。1957 年 3 月的《博朗企业简报》收集了关于博朗正面新闻报道的
摘录：Braun-Archiv Kronberg。

[97] 古格洛特和拉姆斯接受过建筑师训练的事实，凸显了新客观主义建筑与博朗设计
之间的关联。乔皮恩（Joppien）对勒·柯布西耶的建筑作品与博朗设计之间的对
比，进行了富有启发性的探讨。

[98] Nils Jockel，"Mehr oder Weniger … alte Bekannte?" in *Mehr oder Weniger*，6 -
9. 显然，这样的高科技设计并不是每个人都买得起的。实际上，博朗产品的价格
一直都相当高。比如，1954 年博朗搅拌机售价为 129 德国马克；1956 年的 SK2 便
携式收音机售价为 145 德国马克；1956 年的 PK-G 3 立体声音箱售价为 630 德国

马克；而那个著名的 SK4 在 1957 年的售价为 540 德国马克。尽管价格不菲，但据一份报告显示，博朗在 1960 年的总销售额达到了 1 亿德国马克，市场份额为 56%。"Magisches Rechteck," *Der Spiegel* 45 (1964)：77 – 78.

[99] 汉斯·维希曼（Hans Wichmann）对这些历史先驱进行了探讨："System-Design：Hans Gugelot," in *System-Design Bahnbrecher：Hans Gugelot，1920 – 1965*，ed. Wichmann (Basel，1984)，12 – 18。1945 年后，美国人查尔斯·伊姆斯（Charles Eames）、瑞典人尼斯·斯特林宁（Nisse Strinning）、西德人赫伯特·希尔切（Herbert Hirche）和古斯塔夫·哈森普夫（Gustav Hassenpflug），以及瑞士人汉斯·贝尔曼（Hans Bellmann）都设计了新的家具系统模型。Seckendorff, 149. 另一个对古格洛特影响力的考察，参见：Christiane Wachsmann, ed.，*Design ist gar nicht lehrbar：Hans Gugelot und seine Schüler* (Ulm，1990)。

[100] Werner Blaser, *Element System Möbel：Wege von der Architektur zur Design* (Stuttgart，1984)，57. 古格洛特在 1955 年之后，也将这种"系统"外观应用到了博朗的电子产品上。关于"视觉干净"这一表述，参见汉斯·古格洛特的《产品设计中市场考量的假设》（*Hypothesen zur Berücksichtigung des Marktes bei der Produktgestaltung*），载于：*System-Design Bahnbrecher*，ed. Wichmann，50 – 53，at 53。

[101] Michael Koetzle, "'In leichter Aufsicht und sehr oft frontal'：Sachfo-tographie an der HfG," in *Object*, ed. Wachsmann，76 – 84. For 1950s subjective photography, Ute Eskildsen, ed.，*Otto Steinert und Schüler：Fotographie und Ausbildung 1948 bis 1978* (Essen，1991).

[102] Rolf Sachsse, "Architektur-und Produktphotographie," in *Fotographie am Bauhaus*, ed. Jeannine Fiedler (Berlin，1990)，185 – 203. Also, *Werbestil 1930 – 1940：Die alltägliche Bildersprache eines Jahrzehnts* (Zürich，1981).

[103] Quoted in Koetzle，79.

[104] 关于消费者兴奋的气氛：Michael Kriegeskorte, *Werbung in Deutschland 1945 – 1965* (Cologne，1992)，esp. 31 – 48. 博朗长期产品摄影师马琳·施内莱·施奈德（Marlene Schnelle-Schneyder）在她《三十年前的博朗广告摄影》（*Braun Werbefotographie vor 30 Jahren*）一文中指出了这一另类美学策略。*Braun ＋ Design* 16 (May 1990)：18 – 24.

[105] 正如塞肯多夫（Seckendorff）指出的，博朗在 20 世纪 50 年代和 60 年代的广告中只出现过一次女性形象。然而，这种呈现与传统的表现方式大不相同，因为这位年轻女性并没有被描绘为一个被动的、微笑的消费者，而是正忙于使用产品。

[106] Rübenbach, "Der rechte Winkel von Ulm," 1959 radio documentary, quoted in the English version of *Ulm Design* 44 (translation modified).

[107] Lindinger，92 – 95.

[108] Kaspar Maase, *Bravo Amerika：Erkundungen zur Jugendkultur der Bundesrepublik in den fünfziger Jahren* (Hamburg，1992). Also, Eckhard Siepmann, ed.，*Bikini：Die Fünfziger Jahre* (Reinbek bei Hamburg，1983)，esp. 233 – 76.

[109] Ulf Preuss-Lausitz, "Vom gepanzerten zum sinnstiftenden Körper," in *Kriegskinder，Konsumkinder，Krisenkinder*, ed. Preuss-Lausitz (Weinheim，1983)，89 – 106.

[110] 参见格尔达·米勒·克劳斯佩（Gerda Müller-Krauspe）的两篇短文："HfG 1953 –

1968" and "Wir waren 26: Frauen an der HfG," in *Frauen in Design : Berufs-bilder und Lebenswege seit 1900*, ed. Angela Oedekoven-Gerischer (Stuttgart, 1989), 244 – 77。

[111] Reyner Banham, "Cool on the Kuhberg," *The Listener*, 21 May 1959, 884 – 89.

[112] Max Bill, "Der Modellfall Ulm," *Form* 6 (1959): 32 – 33. 在比尔即将离开之际，教职员工之间长期且有时恶劣的内斗情况被详细记述于：Seckendorff, 162 – 66。

[113] Seeling, 345.

[114] "HfG-Prospekt," 1956, unpaginated.

[115] 这些演讲被重印为："Schweizerisch-deutsche Werkbundtagung in der Hochschule für Gestaltung Ulm," *Werk und Zeit* 5, no. 11 (November 1956): 3 – 4。

[116] 值得一提的是，瑞士制造同盟主席阿尔弗雷德·罗斯（Alfred Roth）给编辑的信件："Zur Ulmer Werkbundtagung," *Stuttgarter Zeitung*, 30 October 1956。

[117] 参见：German Werkbund Protokolle, Bubenbad, 22 November 1956, E300 II/06, SAU。

[118] "Der ideale Löffel oder die verpönte Phantasie," *Stuttgarter Zeitung*, 23 October 1956.

[119] Maldonado, "New Developments," 179.

[120] Tomás Maldonado, "Is the Bauhaus Relevant Today?" *Ulm* 8/9 (September 1963): 5 – 13.

[121] Walter Gropius, "Eröffnung der neuen Gebäude der HfG," Ulm, September 1955, Bauhaus-Archiv, Berlin. 据报道，学生们私下嘲笑格罗皮乌斯多艺术创造的推崇。Rübenbach, 9.

[122] Seckendorff, 105 – 6.

[123] 同上，第56页。

[124] Maldonado, "New Developments," 175.

[125] Ludwig Grote, ed., *Die Maler am Bauhaus* (Munich, 1950), 10.

[126] "施瓦茨争议"的纪录性历史重印于下列文献：Ulrich Conrads et al., eds., *Die Bauhaus-Debatte : Dokumente einer verdrängten Kontroverse* (Braunschweig, 1994). 还有其他例子：克劳德·施奈特（Claude Schnaidt）在1965年写的一篇关于迈耶的文章，只有在附上格罗皮乌斯对迈耶"背叛"的贬低评论作为结尾的明确条件下，才被允许出版。Claude Schnaidt, *Hannes Meyer : Bauten, Projekte, und Schriften* (Teufen, 1965), 121 – 22. 这场争议甚至影响了当时对包豪斯历史的书写。据英国设计史学家雷纳·班纳姆的研究，包豪斯档案馆馆长汉斯·温格勒（Hans Wingler）在其1962年的书《包豪斯》（*Das Bauhaus*）中包含了迈耶时期的主要原因是，他意识到克劳德·施奈特即将发布的关于汉内斯·迈耶的文章，会质疑为何在讲述包豪斯的宏观故事时，从意识形态上将迈耶排除在外。温格勒显然是通过他那本现被视为权威的1969年包豪斯历史著作中彻底排除乌尔姆设计学院，作为对施奈特的报复。参见班纳姆一篇未署标题的、对温格勒《包豪斯》的评论：*Art Quarterly* 34 (1971): 110 – 13. 直到20世纪60年代中期，东德对迈耶及这个"另类"左翼包豪斯的重新评价才开始。Winfried Nerdinger, "Anstößiges Rot: Hannes Meyer und der linke Baufunktionalismus-ein verdrängtes Kapitel der Architekturgeschichte," in *Hannes Meyer, 1886 – 1954*, ed. Peter Hahn (Berlin, 1989), 12 – 29.

[127] Anatol Rapaport, *Operational Philosophy* (New York, 1953), esp. the introduction. Frampton, 25.

[128] 参见，例如：Bense's *Raum und Ich* (Berlin, 1934), *Aufstand des Geistes* (Berlin, 1935), and *Geist der Mathematik* (Berlin, 1939)。

[129] 很奇怪的是，本泽从未提及沃特·本雅明关于这个主题的先驱性论文："Art in the Age of Mechanical Reproduction," in *Illuminations*, ed. Hannah Arendt, trans. Harry Zohn (New York, 1968), 217 - 52。

[130] Max Bense, "Kunst in der künstlichen Welt," *Werk und Zeit* 5, no. 11 (November 1956)：3 - 4. 另参见他在 1958 年达姆施塔特会议上的发言："Intelligenz und Originalität in der technischen Zivilisation," in *Ist der Mensch Meßbar?* (Darmstadt, 1958), 33 - 45。

[131] Bense, "Kunst," 4. 另参见他的：*Aesthetica* (Baden-Baden, 1965), esp. 16 - 38。这本书是本泽四卷本著作《美学 I - IV》(*Aesthetica I - IV*, 1954 - 1960)的单卷重印版。除非另有说明，否则本文所有引用都指的是这本 1965 年的著作。

[132] 关于概念焦点的转移：Bense, *Aesthetica II* (Baden-Baden, 1956), 14. 本泽认为黑格尔是美学中符号学方法的预言者，因为黑格尔首次把审美判断与对象的本质分开，并开始把审美理解作为世界中一系列特性进行分析。关于本泽对黑格尔的感激，参见：*Aesthetica*, 196 - 203。

[133] 1958 年，比尔离职几个月后，本泽出于团结的考虑，也从学院辞职了。要了解本泽对比尔的高度评价，参见本泽编辑的文本：*Max Bill* (Teufen, 1958), 9 - 19。

[134] Frampton, 36.

[135] 参见，例如：Erich Streissler and Monika Streissler, eds., *Konsum und Nachfrage* (Cologne, 1966); Ursula Hansen, *Stilbildung als absatzwirtschaftliches Problem der Konsumgüterindustrie* (Berlin, 1969); and Carola Möller, *Gesellschaftliche Funktionen der Konsumwerbung* (Stuttgart, 1970)。

[136] Alexander Moles, "Products: Their Functional and Structural Com-plexity," *Ulm* 6 (1962)：4 - 12.

[137] Maldonado, "Two Views," 154.

[138] Tomás Maldonado, "Notes on Communication," *Uppercase* 5, ed. Theo Crosby (London, 1963), 5 - 10. 这期杂志收录了马尔多纳多和博西彭的论文，沃尔特·穆勒(Walter Müller)的设计案例分析，还有一份符号学词汇表。另参见古格洛特。

[139] "Auf dem Kuhberg," *Der Spiegel*, 20 March 1963, 71 - 75.

[140] Gui Bonsiepe, "Zur Wandelausstellung der Hochschule für Gestaltung Ulm," *Form* 22 (June 1964)：45.

[141] 例如，值得注意的是，1955 年 4 月 20 日乌尔姆执行委员会的会议记录，SAU。关于会议辩论，参见 1956 年 2 月 8 日政府会议的打印报告，E300/486，SAU。

[142] "Plus-und Minuspunkte für Ulm im Landtag," *Schwäbische Donau-zeitung*, 31 March 1963; and "Krise auf dem Ulmer Kuhberg," *Deutsche Zeitung*, 23 September 1963. 关于早期的批评："Weniger Kalter Kriegmehr Ausbildung," *Neu-Ulmer Zeitung*, 9 February 1963。

[143] Heide Berndt et al., *Architektur als Ideologie* (Frankfurt, 1968); and Uwe Schultz, ed., *Umwelt aus Beton oder Unsere unmenschliche Städte* (Hamburg,

1971）. See also the catalog for the 1971 exhibition organized by Munich's Museum für angewandte Kunst, *Profitopolis oder Der Mensch braucht eine andere Stadt*, RfF.

[144] Gerda Müller-Krauspe, "Opas Funktionalismus ist tot," *Form* 46 (May 1968)：29 – 33；and Werner Nehls, "Die Heiligen Kühe des Funktionalismus müssen geopfert werden," *Form* 43 (September 1968)：4 – 9.

[145] Abraham Moles, "Functionalism in Crisis," *Ulm* 19/20 (August 1967), 24. 当时，特穆特·西格尔（Hartmut Seeger）对功能主义的相关辩论进行了总结："Funktionalismus im Rückspiegel des Design," *Form* 43 (September 1968)：10 – 11；and later by Julius Posener, "Kritik der Kritik des Funktionalismus," *Werk-Archithese* 64, no. 3 (March 1977)：16 – 22。

[146] Tomás Maldonado, "Die Ausbildung des Architekten und Produktgestalters in einer Welt im Werden," *Ulm* 14/15/16 (1965)：4.

[147] Gui Bonsiepe, "Arabesques of Rationality," *Ulm* 19/20 (August 1967)：9 – 23.

[148] Gui Bonsiepe, "Communication and Power," *Ulm* 21 (1968)：16.

[149] 值得注意的是，1965 年－1966 年课程指导中所用的语言："Lehrprogramm 1965 – 1966," E300/II40, SAU：设计工作不仅仅是关乎孤立的、单独存在的产品，而且应更多地关注塑造同一外观的产品系统。该系统特别注重设计设备、机械、仪器等产品——也就是那些几乎没有或完全没有受到手工艺传统影响的产品。设计风格和奢侈品并不属于产品设计系统的工作范畴。

[150] Maldonado, "New Developments," 180.

[151] Tomás Maldonado and Gui Bonsiepe, "Wissenschaft und Gestaltung," *Ulm* 10/11 (1964)：10 – 29. 另参见：Claude Schnaidt, "Architecture and Political Commitment," *Ulm* 19/20 (August 1967)：26 – 34。

第五章　设计、自由主义与政府：德国设计委员会

[1] "Mündlicher Bericht des Ausschusses für Kulturpolitik über den Antrag der Fraktion der SPD," 16 March 1951, reprinted in *Design Report* 1 (August 1987)：2.

[2] Gert Selle, *Design-Geschichte in Deutschland* (Cologne, 1987), 248；and Bernd Meurer and Hartmut Vincon, *Industrielle Ästhetik：Zur Geschichte und Theorie der Gestaltung* (Giessen, 1983), 170ff. 即便是委员会自身的历史描述，也仅仅是进一步巩固了其作为西德工业推广代理者的形象。*Designkultur，1953 – 1993：Philosophie，Strategie，und Prozess* (Frankfurt, 1993)；and Michael Erlhoff, ed., *Deutsches Design，1950 – 1990* (Munich, 1990). 关于委员会丰富的历史实用概述，参看海因茨·普凡德（Heinz Pfaender）30 页的文本："Rat für Formgebung," 1987, RfF.

[3] 例如，参见 1949 年 12 月 28 日，制造同盟的倡导者及社会民主党代表阿诺·亨尼格（Arno Hennig）发往西德总理办公室的信件中附带的制造同盟声明。"Die Bedeutung der guten Form deutscher Industriegüter für den deutschen Käufer und für den deutschen Export," B102/34493, BAK. Note as well "Stellungsaufnahme zu dem Vorschlag von Professor Dr. Schwippert auf Schaffung eines Rat für Formgebung," 18 April 1950, B102/34493, BAK.

[4] 参见 1951 年 10 月 24 日在柏林举办的制造同盟大会的会议记录：DWB e. V. Protokolle，1947－1956，WBA。

[5] 赫尔温·舍费尔 1949 年在《纽约先驱报》上经典批评的德文版可以在下列资料中找到：Jupp Ernst, "So fing es wieder an," in *Der deutsche Werkbund*，*1907*，*1947*，*1987*，ed. Ot Hoffmann (Berlin，1987)，45－46。

[6] Hennig, "Die Bedeutung," unpaginated.

[7] Else Meissner, "Die Qualitätsbewegung und die Frau," *Die Frau*，March 1927，363－69.

[8] Else Meissner, *Qualität und Form in Wirtschaft und Leben* (Munich，1950)，关于制造同盟：3－25，关于其他国家：25－37。另参见：Richard Stewart, *Design and British Industry* (London，1985)；*Industry and Design in the Netherlands*，*1850－1950* (Amsterdam，1986)；*Design Franc,ais*，*1960－1990*(Paris，1988)；and Heinz Hirdina, *Gestalten für die Serie : Design in der DDR*，*1949－1985* (Dresden，1988)。

[9] Meissner, *Qualität und Form*，66，139－40.

[10] Max Wieoranders, "Rat für Formgebung," Kurzprotokoll der 15. Sitzung des Ausschusses für Kulturpolitik，25 October 1950，B102/33493，BAK.

[11] "Antrag der Fraktion der SPD betr. Rat für Formentwicklung deutscher Erzeugnisse in Industrie und Handwerk," Drucksache Nr. 1347，14 September 1950 (Bonn，1950).

[12] *Deutscher Bundestag*，90. Sitzung，6 October 1950，3361－63；以及 1951 年 2 月 6 日联邦议院经济政策委员会的会议记录：B102/ 34493，BAK。

[13] 请查看 1951 年 2 月 6 日德国联邦议会经济政策委员会会议记录中亨尼格的辩护：B102/34493，BAK。

[14] 这个中心机构首次在 1851 年伦敦水晶宫展览会上组织了一次精选地区纺织品和工业产品的展览，第一次展示了其特色。此后，它继续在推动德国工业设计上发挥了核心作用，其中包括制造同盟 1927 年举办的具有里程碑意义的魏森霍夫住宅展。关于中心机构的简史，参见：Erwin Schirmer, *Form : Schriften zur Formgebung 3* (Stuttgart，1959)，15－19。

[15] "Stichworte für eine Ansprache des Herrn Bundesminister Professor Dr. Erhard anläßlich der Bildung des Rates für Formgebung," 13 October 1952，B102/21240，BAK.

[16] Jupp Ernst was selected as Werkbund liaison mainly because he was already involved in the BDI as the representative of the Federal Association of Graphic Artists and was a cofounder of the BDI's Committee on Consumer Design Goods. 尤普·恩斯特被选为制造同盟的联络人，主要是因为他已经代表联邦平面艺术家协会参与了德国工业联合会的活动，并且是该组织消费设计商品委员会的联合创始人。参见其："Zur Vorgeschichte des Arbeitskreises für Formgebung im BDI, des Rates für Formgebung，'Werk und Zeit' und 'Form,'" unpublished typescript，February 1976，Nachlass von Hartmann，WBA.

[17] Helga Nussbaum, *Unternehmer gegen Monopole : Über Struktur und Aktionen antimonopolistischer bürgerlicher Gruppen zu Beginn des 20. Jahrhundert* (East Berlin，1966)；and Gerard Braunthal, *The Federation of German Industry in Politics*

(Ithaca, N. Y. , 1965), 236ff.

[18] Gary Herrigel, "Industrial Organization and the Politics of Industry: Centralized and Decentralized Production in Germany" (Ph. D. diss. , MIT, 1990), esp. chapter 5.

[19] "Gründung und Aufgaben des Arbeitskreises für industrielle Formge-staltung im BDI," Nachlass von Hartmann, WBA.

[20] Herrigel, 475.

[21] *Statistischer Bericht: Außenhandel der Elektroindustrie, 1950 - 1955* (Wiesbaden, 1955), unpaginated; and Dieter Mertins, "Veränderungen der industriellen Branchenstruktur in der Bundesrepublik 1950 - 1960," in *Wandlungen der Wirtschaftsstruktur in der Bundesrepublik Deutschland*, ed. Heinz König (Berlin, 1962), 439 - 68.

[22] Karl Neuenhofer, "Das Ringen um eine werkgerechte Industrieform," *Handelsblatt*, 16 January 1953; and Gustav Stein, "Unternehmer nach 1945," in *Fünf Jahre BDI*, ed. Fritz Berg (Bergisch Gladbach, 1954), 24 - 48. Exhibitions included the 1952 Hamburg Kunsthalle show Die Industrie als Kunstmäzen, the 1953 Industrie-bau-Entwicklung und Gestalt show in Wiesbaden, and the 1954 Gewebt-Geformt exposition at Essen's Villa Hügel.

[23] Theodor Heuss, *Was ist Qualität? Zur Geschichte und zur Aufgabe des Deutschen Werkbundes* (Tübingen, 1951), 53 - 54, 75 - 76. 想要了解海斯为设计委员会进行幕后政治活动例子,可以查看他在 1952 年 7 月 11 日写给联邦经济部副部长弗里茨·沙弗(Fritz Schaffer)的信件。B102/34496, BAK.

[24] 参见艾哈德的文章:"Werbung und Konsumforschung," *Die Deutsche Fertigware 2A (1936): 41 - 48*, and "*Einfluß der Preisbildung und Preisbindung auf die Qualität und Quantität des Angebots und der Nachfrage*," in *Marktwirtschaft und Wirtschaftswissenschaft*, ed. Georg Bergler and Ludwig Erhard (Berlin, 1939), 47 - 100。

[25] Horst Friedrich Wünsche, *Ludwig Erhards Gesellschafts-und Konsumkonzeption* (Bonn, 1986).

[26] 值得注意的是,艾哈德在 1949 年向德国工业联合会发表演讲时的评论,这些评论被引用于沃尔特·赫尔曼(Walter Hermann)的著作中:"Der organisatorische Aufbau und die Zielsetzung des BDI," in *Fünf Jahre BDI*, ed. Berg, 47 - 48。

[27] Heinz Spielmann, *Moderne Deutsche Industrieform* (Hamburg, 1962).

[28] Ludwig Erhard, "Abschrift: Bildung des Rates für Formentwicklung," 24 May 1952, B102/34496, BAK.

[29] Alfons Leitl, untitled editorial, *Baukunst und Werkform*, April 1951, 5 - 6. Also, "Vorentwurf an den Herrn Bundeswirtschaftsminister Kattensroth," October, 1951, Nachlass Seeger, A87, SAS.

[30] Rat für Formgebung Sitzung, committee minutes, Hannover, 2 March 1953, B102/ 21241, BAK.

[31] 参见巴登-符腾堡制造同盟 1953 年 2 月 25 日会议的会议记录:Nachlass Seeger, A87, SAS。

[32] 战后,西格尔重新加入了制造同盟,1960 年帮助成立了包豪斯档案馆,并在 1959 年至 1961 年间担任了国际工业设计师协会理事会(ICSID)的总秘书。

[33] 参见会议记录卷：Hans Schwippert, ed., *Mensch und Technik：Erzeugnis Form Gebrauch*, 1952 *Darmstädter Gespräch* (Darmstadt, 1952), 35 - 38 for the opponents, 14 - 16, 223 - 26 for the advocates。

[34] 关于报道会议的记者们的评估：Hans Eckstein, "Mensch und Technik：Zum Darmstädter Gespräch 1952," *Bauen und Wohnen* 7, no. 11 (1952)：536；and Ulrich Conrads, "Anmerkungen zur Zeit," *Baukunst und Werkform* 1, no. 10 (October 1952)：3 - 5。

[35] 值得注意的是，达姆施塔特市长路德维希·恩格尔在会议开幕词中的发言，以及随后来自施威珀特的评论：*Mensch und Technik*, ed. Schwippert, 8 - 9, 13, 67 - 72, 231 - 36。

[36] Eduard Schalfejew, "Ausführungen von Staatssekretär Dr. Schalfejew anläßlich der Messe Hannover, Frühjahr 1954," typescript, RfF.

[37] Eduard Schalfejew, "Das Signum der Qualität," *Europa：Zeitschrift für Politik, Wirtschaft & Kultur* 9 (1954)：34.

[38] *Germania：VII Mailänder Triennale*, ed. H. Gretsch and A. Haberer (Milan, 1940), unpaginated, Stadtsbibliothek, Stuttgart.

[39] 例如，参见：Paul Ortwin Rave, *Kunstdiktatur im Dritten Reich* (Berlin, 1987; orig. pub. 1947); George Mosse's edited documentary history, *Nazi Culture* (New York, 1966); and Franz Roh, '*Entartete' Kunst：Kunstbarbarei im Dritten Reich* (Hannover, 1962)。

[40] 可以在德国工匠中心委员会主席——理查德·乌尔迈尔（Richard Uhlmeyer）于1951 年 8 月 6 日写给路德维希·艾哈德的信件中，找到对纳粹展览政策一直持有的反对意见：B102/34493, BAK。

[41] Irene Zander, "Die Triennale in Mailand：Ein Warnsignal für Deutschland," *Baukunst und Werkform*, September 1951, 43 - 44.

[42] Beate zur Nedden, "Rundgang durch die Triennale 1951," *Die Neue Stadt*, October 1951, 399 - 401.

[43] 参看"三年展的荣光与困难"（Glanz und Elend der Triennale）中收集的读者来信：*Baukunst und Werkform* 12 (1954)：723 - 38。

[44] "Die Preisträger von Mailand," *Werk und Zeit* 7, no. 3 (March1957)：1 - 3.

[45] James D. Herbert, *Paris 1937：Worlds on Exhibition* (Ithaca, N. Y., 1998).

[46] G. B. von Hartmann and Wend Fischer, eds., *Deutschland：Beitrag zur Weltausstellung Brüssel 1958：Ein Bericht* (Düsseldorf, 1958), 9.

[47] 参见：Generalkommissar's "Merkblatt über die deutsche Beteiligung 1957," WBA。

[48] *Deutschland：Weltausstellung*, ed. von Hartmann and Fischer, 16.

[49] Note the 1957 memorandum from the Generalkommissar, "Hinweise für Inhalt und Gestaltung der verschiedenen Gruppen der deutschen Beteiligung in Brüssel," 8 February 1957, WBA.

[50] 诺尔国际的家具，尤其是最著名的查尔斯·伊姆斯设计的椅子，也被展示在 1955 年的德国商品知识展上，在一定程度上这是为了减弱其 1915 年和 1939 年版的政府色彩。

[51] *Deutschland：Weltausstellung*, ed. von Hartmann and Fischer, 11, 175.

[52] 外国媒体的评审意见被收录在了展览报告中；同上，122 - 130 页。需要指出的是，

确认 1937 年德国国界的问题并不仅是展览中的一个无足轻重的事情。在 20 世纪 50 年代和 60 年代，这个议题深深地影响了西德的政治领袖们。即便到了 1972 年，西德宪法法院还是坚持 1937 年的国界在法律上依然有效。Timothy Garton Ash, *In Europe's Name : Germany and the Divided Continent* (New York, 1993), 71.

[53] 参见国内媒体报道的合集：*Deutschland : Weltausstellung*, ed. von Hartmann and Fischer, 95 – 147。

[54] Hans Wichmann, *Industrial Design Unikate Serienerzeugnisse : Die Neue Sammlung, ein neuer Museumtyp des 20. Jahrhunderts* (Munich, 1985), 18 – 36.

[55] Lorenz Eitner, "Industrial Design in Post-War Germany," *Design Quarterly* 40 (1957): 3 – 24.

[56] 参见德国联邦共和国和史密森尼学会联合赞助、于 1960—1961 年在华盛顿特区出版的《今日德国设计》目录。另参见 1966 年"德国制造"展目录，由汉斯·维希曼编辑，路德维希·艾哈德撰写引言（慕尼黑，1966 年）。

[57] Wilhelm Nieswandt, untitled inauguration speech at the 24 November 1961 opening of the Industrial Design Collection, in "Sammlung Industrieform" (Essen, 1961), 5, pamphlet, RfF.

[58] Werner Schütz, in "Sammlung Industrieform," 9 – 10.

[59] Nieswandt, 7.

[60] Frederic J. Schwartz, *The Werkbund : Design Theory and Mass Culture before the First World War* (New Haven, Conn. , 1996), 154.

[61] Paul Daude, *Kunstschutzgesetz* (1907), 17 – 18, quoted in Schwartz, 154.

[62] Ekkehard Gerstenberg, "Industrielle Formgebung und Urheberrecht," *Der Betriebs-Berater* 11 (1964): 439 – 45. More generally, Eugen Ulmer, *Urheber-und Verlagsrecht* (Berlin, 1951), 35 – 78.

[63] 1929—1932 年庭审过程的全部细节参见：Otakar Macel, "Avantgarde-Design und Justiz," in *Avantgarde und Industrie*, ed. Stanislaus Moos (Delft, 1983), 150 – 62。

[64] Eberhard Henssler, *Urheberschutz der Angewandten Kunst und Architektur* (Stuttgart, 1950), 40.

[65] Ibid. , 37.

[66] Ulmer, 17, 21.

[67] Horst Hartmann, "Design und Lobby," *Form* 34 (June 1966): 25 – 26.

[68] Meissner, *Qualität und Form*, 132 – 37.

[69] Else Meissner, "Formulierung der Verhandlungspunkte," 9 June 1956, RfF.

[70] Else Meissner, "Die Führeraufgabe der Kunst im Gewerbe: Gedanken zum Geschmacksmusterrecht," *Gewerblicher Rechtsschutz und Urheberrecht*, August 1935, 1 – 5.

[71] Else Meissner, "Das Neue Urheberrecht der Gestaltung," 1953 (?), typescript, RfF.

[72] Günther von Pechmann, "Urheberrechtsreform," Rat für Formgebung, 22 January 1955, 6, WBA.

［73］Heinrich Hubmann, *Das Recht des schöpferischen Geistes* (Berlin, 1950), 3.

［74］Von Pechmann, "Urheberrechtsreform," 31－36, 47. 事实上,德国工业联合会一直是最积极推动法律改革的团体之一,他们认为,美术和应用艺术不应该再被纳入同一专利法规之下。参见:"Mitteilungen für die Mitglieder des Arbeitskreises für Industrielle Formgebung," 27 May 1960, B102/21240, BAK。

［75］Eugen Ulmer, *Urheber-und Verlagsrecht*, rev. ed. (Berlin, 1960), 128.

［76］Gerstenberg, 440;另参见他的文章:"Der Begriff des Kunstwerks in der bildenden Kunst: Ein Beitrag zur Abgrenzung zwischen Kunstschutz und Geschmacksmusterschutz," *GRUR* 65 (1963): 245－51。

［77］Käte Nicolini, "Die Neuheit im Geschmacksmusterrecht," *GRUR* 65 (1963): 407.

［78］"Allgemeine Richtlinien für die Beurteilung formschöner Industrieer-zeugnisse," in the brochure by Günther Fuchs, *Über die Beurteilung formschöner Industrieerzeugnisse* (Essen, 1955), 5－6, RfF. Also, the two-part article "Gute Industrieform?" *Form* 14 (1961): 36－40 and *Form* 15 (1961): 28－36. 此外,根据这些评估标准,联邦奖(Bundespreis)于 1964 年设立。

［79］Fuchs, 11.

［80］Heinz König, "Industrielle Formgebung," in *Sonderausdruck aus Handwörterbuch der Betriebswirtschaft* (Stuttgart, 1957): 1988－92; and Wilhelm Braun-Feldweg, *Normen und Formen* (Ravensburg, 1954), 16.

［81］Gert Selle, "Zwischen Kunsthandwerk, Manufaktur, und Industrie: Rolle und Funktion des Kunstentwerfer, 1898－1908," in *Vom Morris bis Bauhaus*, ed. Gerhard Bott (Hanau, 1977), 9－25.

［82］Tilmann Buddensieg, *Industriekultur: Peter Behrens and the AEG*, trans. Iain Boyd White (Cambridge, Mass., 1984).

［83］Magdalena Droste, "Bauhaus-Designer zwischen Handwerk und Moderne," in *Bauhaus-Moderne im Nationalsozialismus: Zwischen Anbiederung und Verfolgung*, ed. Winfried Nerdinger (Munich, 1993), 85－101.

［84］Selle, *Design-Geschichte*, 198－240.

［85］Heinrich König, "Ist der Industrial Designer nur ein 'Entwurfskünstler?'" *Die neue Stadt* 7 (1952): 307－8.

［86］Christian Gröhn, *Die Bauhaus-Idee* (Berlin,1991), 46－124; and Rudolf Kossolapow, *Design und Designer zwischen Tradition und Utopie* (Frankfurt, 1985), 186－98.

［87］Friedrich Winter, *Gestalten : Didaktik oder Urprinzip? Ergebnis und Kritik des Experiments Werkkunstschulen, 1949－1971* (Ravensburg, 1977), 6.

［88］参见印刷版报告:"Stand der Nachwuchsausbildung auf dem Gebiet der Formgebung in der Bundesrepublik und in West-Berlin," compiled by Otto Bartning and Karl Otto for the German Design Council, B102/21241, BAK。

［89］参见温德尔·罗利(Wendel Rolli)在以下场合发表的演讲:Nürnberger Akademie für Absatzwirtschaft, *Die gute technische Form als Gemeinschaftsaufgabe* (Essen, 1965);另参见:W. Pruss, "Technische Formgebung in der Elektro-Industrie," in the special issue of *Verband Deutscher Ingenieure Berichte* 1 (1955): 5－7。

［90］Wendel Rolli, "Der Formgeber in der Industrie," Internationaler Kongress für

Formgebung，RfF。

［91］Walter Kersting，"Formgeber als Massenware?" Wilhelm Braun-Feldweg，"Die ideale Einrichtung einer Formgeberklasse"；Wilhelm Wagenfeld，"Zweck und Sinn der künstlerischen Mitarbeit in Fabriken"；Johannes Itten，"Der Vorkurs"；Ernst May，"Freizeit und Formgestaltung"；Gustav Hassenpflug，"Die mobile Formgeberschule."所有演讲都收录于 RfF。

［92］参见维尔纳·格拉夫（Werner Graeff）编纂的关于会议讨论的 50 页最终报告，RfF。令人费解的是，最有资格讨论现代设计教育中遇到问题的专家——也就是乌尔姆设计学院的教师们——（伊顿除外）并未参加此次会议。

［93］"Erziehung und Ausbildung zur guten Form in Handwerk und Industrie：Vier Empfehlungen des Rates für Formgebung," compiled by Eduard Schalfejew and Stephen Hirzel，1962，RfF。

［94］VDID Satzung［charter］，sections 5a‐5e，B102/21240，BAK。

［95］Christian Marquart，*Industriekultur-Industriedesign*（Berlin：Ernst & Sohn，1994），40ff. 关于其中一位联合创始人记述的 VDID 早期历史，参见：Hans Theo Baumann，"Wie das damals vor 25 Jahren war...,"*Form* 107（Ⅲ：1984）：32‐35。

［96］VDID Satzung，paragraph 2，section 4。

［97］关于 VDID 宪章中节选的重印，参见：*Form：Schriften zur Formgebung 3*，35。

［98］同上。

［99］Magali Sarfatti Larson，*The Rise of Professionalism：A Sociological Analysis*（Berkeley，1977）。

［100］这一点在 1992 年 3 月 10 日，VDID 联合创始人埃里希·斯兰尼（Erich Slany）在斯图加特接受笔者采访时得到了确认。

［101］Gerd Krause，"VDID‐ein Arbeitgeberverband?"*Form* 39（September 1967）：46‐47. 学设计的学生甚至联合起来成立了工业设计学生联盟，以保护他们的利益。Peter Steinacker，"Die Studenten schließen sich zusammen,"*Form* 45（March 1969）：39。

［102］Heinz Pfaender，"Eine Untersuchung unter Formschaffenden in Westdeutschland," RfF。

［103］Bernd Löbach，ed. ，*Die Industrie zum Thema：Industrie-Design und Studium*（Bielefeld，1973）；and "Ausbildung：Was verlangt die Industrie vom Designer?" *Form* 29（March 1965）：20‐23。

［104］"Designer, sortiert nach Klasse A und B," *Form* 44（December 1968）：38。

［105］Stephan Hirzel，"Lotsenablösung：Mia Seeger verläßt den Rat für Formgebung," *Süddeutsche Zeitung*，22 January 1967。

第六章　寒冷中归来：设计与家庭生活

［1］Mark Mazower，*Dark Continent：Europe's Twentieth Century*（New York，1999），182‐91。

［2］Werner Abelhäuser，*Wirtschaftsgeschichte der Bundesrepublik Deutschland*，1945‐1980（Frankfurt，1983），71。

［3］A. Gröschler, "Deutsche Gütezeichen: Entwicklung und Stand des deutschen Gütezeichenrechts," *Gewerblichen Rechtsschutz und Urheberrecht* 52, no. 2 (February 1950): 61 – 64; and Hans Lutz, "Verantwortung und Verpflichtung," *Der Markenartikel* 12, no. 1 (May 1950): 30 – 32.

［4］H. H. Bormann, "Wiederbelebung der Gütezeichen," *Der Markenartikel* 14, no. 6 (June 1952): 212 – 18.

［5］Arthur Lisowsky, "Über den Monopolcharakter des Markenartikels," *Der Markenartikel* 13, no. 5 (May 1951): 209 – 14.

［6］Gert-Joachim Glaesner, *Arbeiterbewegung und Genossenschaften* (Göttingen, 1989).

［7］Erwin Hasselmann, *Geschichte der deutschen Konsumgenossenschaften* (Frankfurt, 1971), 401 – 507.

［8］Glaesner, 111 – 15.

［9］Hasselmann, 578.

［10］Michael Wildt, *Am Beginn der "Konsumgesellschaft": Mangelerfahrung, Lebenshaltung, und Wohlstandshoffnung in Westdeutschland in den 50er Jahren* (Hamburg, 1994), 182.

［11］Ingeborg Jensen, "Was ist neutral Wohnberarung?" *Möbelkultur* 7, no. 8 (August 1955): 437 – 38.

［12］Jennifer A. Loehlin, *From Rugs to Riches: Housework, Consumption, and Modernity in Germany* (Oxford, 1999), 40.

［13］根据 1961 年的一项调查显示,几乎有 80％的年轻人在购买耐用消费品时会征求伴侣的意见;相比之下,只有 20％的人会向父母寻求建议。Alfons Silbermann, *Vom Wohnen der Deutschen: Eine soziologische Studie über das Wohnerlebnis* (Cologne, 1963), 184.

［14］Thomas Jaspersen, *Produktwahrnehmung und stilistischer Wandel* (Frankfurt am Main, 1983), 126.

［15］Sibylle Meyer and Eva Schulze, *Auswirkungen des II. Weltkriegs auf Familien* (Berlin, 1989); 以及迈耶和舒尔茨对战后女性早期的口述史:*Von Liebe sprach damals keiner* (Munich, 1985)。

［16］Elizabeth Heineman, *What Difference Does a Husband Make? Women and Marital Status in Nazi and Postwar Germany* (Berkeley, 1999), 137 – 75.

［17］Franz-Josef Wuermeling, "Das muß geschehen! Die Familie fordert vom Bundestag," *Kirchen-Zeitung*, 6 December 1953, quoted in Erica Carter, *How German Is She? Postwar West German Reconstruction and the Consuming Woman* (Ann Arbor, 1997), 34.

［18］Robert Moeller, *Protecting Motherhood: Women and the Family in the Politics of Postwar West Germany* (Berkeley, 1993), 5.

［19］Elaine Tyler May, *Homeward Bound: American Families in the Cold War Era* (New York, 1988), 16 – 18.

［20］"Die Frau zwischen Zeitgeist und christliche Weltordnung: Entschließung der Arbeitsgemeinschaft der katholischen deutschen Frauen," *Informationsdienst der Arbeitsgemeinschaft der katholischen deutschen Frauen*, no. 2 (1956): 12; 另包括: Klaus-Jörg Ruhl, ed., *Frauen in der Nachkriegszeit, 1945 – 1963* (Munich, 1988), 130。

[21] 关于日渐增涨的消费者欲求：Dieter Selz，"Die Konsumfunktion der privaten Haushalte in ihrer Abhängigkeit von der Arbeitsverkürzung"（Ph. D. diss., Universität Erlangen, 1965）；and Peter Horvath，"Die Teilzahlungskredite als Begleiterscheinung des westdeutschen 'Wirtschaftswunder,'" *Zeitschrift für Unternehmungsgeschichte* 37, no. 1 (1992)：19 – 55。

[22] "Die Kinder von morgen," *Sozialer Fortschritt* 6 (1957)：234 – 35, quoted in Moeller, 140.

[23] Erich Reisch, "Die Situation der Familie von heute(Ⅱ),"*Gesellschaftliche Kommentare*, no. 15 (15 June 1955)：5ff., quoted in *Frauen*, ed. Ruhl, 125 – 27.

[24] Franz-Josef Wuermeling, "Letzter Appell an Bonn," *Rheinischer Merkur*, 6 April 1949, cited in Moeller, 101 – 2.

[25] Ludwig Erhard, *Prosperity through Competition*, trans. John B. Wood and Edith Temple (London, 1958), 169 (translation modified), 240. 关于讨论：Katherine Pence, "From Rations to Fashions：The Gendered Politics of East and West German Consumption, 1945 – 1961" (Ph. D. diss., University of Michigan, 1999), 352 – 415。

[26] Claudia Ingenhoven and Magdalena Kemper, "Nur Kinder, Küche, Kirche? Der Frauenfunk in den fünfziger Jahren," in *Perlonzeit：Wie die Frauen ihr Wirtschaftswunder erlebten*, ed. Angela Delille and Andrea Grohn (Berlin, 1985), 134 – 37.

[27] F. -J. Wuermeling,"Leitwort," *Das Illustrierte Handbuch für die junge Frau：Lehrbuch für das Haushaltswesen* 1 (Emmerlich am Rhein, 1958), unpaginated.

[28] 关于税收扣除：Abelshauser,74；以及：Ludwig Erhard, "Familie und soziale Marktwirtschaft," *Das Fundament*, July/August 1957, 3。关于内建厨房：Max Hauschild, *Einbauküchen im sozialen Wohnungsbau* (Baden Baden, 1953), 3；以及：*Die Küche：Ihre Planung und Einrichtung* (Stuttgart, 1954), 13。

[29] Barbara Orland, *Wäsche Waschen* (Reinbek bei Hamburg, 1991), esp. 237 – 50.

[30] Joachim Petsch, *Eigenheim und Gute Stube：Zur Geschichte des bürgerlichen Wohnens* (Cologne, 1989), esp. 105 – 29; and Wolfgang Brönner, "Schlichtenspezifische Wohnkultur die bürgerliche Wohnung des Historicismus," in *Kunstpolitik und Kunstförderung im Kaiserreich*, ed. Ekkehard Mai (Berlin, 1982), 361 – 78.

[31] Carola Sachse, "Anfänge der Rationalisierung der Hausarbeit in der Weimarer Republik," in *Haushaltsträume：Ein Jahrhundert Technisierung und Rationalisierung im Haushalt*, ed. Barbara Orland (Konigstein, 1990), 50.

[32] Gert Selle, *Kultur der Sinne und ästhetische Erziehung* (Cologne,1981), 45.

[33] Sibylle Meyer, *Das Theater mit der Hausarbeit：Bürgerliche Repräsentation in der Familie der wilhelmischen Zeit* (Frankfurt, 1982), 72 – 96.

[34] Nancy Reagin, "The Imagined Hausfrau：National Identity, Domesticity, and Colonialism in Imperial Germany," *Journal of Modern History* 73, no. 1 (March 2001)：59 – 60.

[35] 其中最重要的标题有：Volker Fischer, ed., *Ernst May und das neue Frankfurt* (Frankfurt, 1986); Norbert Huse, *Neues Bauen, 1918 bis 1933* (Berlin, 1985); Michael Müller, *Architektur und Avantgarde：Ein vergessenes Projekt der Moderne*

(Frankfurt, 1984); and Barbara Miller Lane, *Architecture and Politics in Germany, 1918 - 1945* (Cambridge, 1968)。

[36] Sonja Günther, *Das deutsche Heim* (Giessen, 1984), 58 - 95.

[37] Heinz Hirdina, "Rationalisierte Hausarbeit: Die Küche im Neuen Bauen," *Jahrbuch für Volkskunde und Kulturgeschichte* 26 (1983): 45 - 80.

[38] Karen Hagemann, *Frauenalltag und Männerpolitik : Alltagsleben und gesellschaftliches Handeln von Arbeiterfrauen in Weimarer Republik* (Bonn, 1990), esp. 99 - 153; and Nancy Ruth Reagin, "Die Werkstatt der Hausfrau: Bürgerliche Frauenbewegung und Wohnungspolitik im Hannover der Zwanziger Jahre," in *Altes und neues Wohnen : Linden und Hannover im frühen 20. Jahrhundert*, ed. Sid Auffarth and Adelheid von Saldern (Seelze-Velber), 156 - 64.

[39] 关于工业泰勒主义:Charles Maier, "Between Taylorism and Technocracy: European Ideologies and the Vision of Productivity in the 1920s," *Journal of Contemporary History* 5 (1970): 27 - 51. 关于家庭泰勒主义: Gisela Stahl, "Von der Hauswirtschaft zum Haushalt, oder wie man vom Haus zur Wohnung kommt," in *Wem gehört die Welt : Kunst und Gesellschaft in der Weimarer Republik* (Berlin, 1977): 87 - 107.

[40] Mary Nolan, *Visions of Modernity : American Business and the Modernization of Germany* (New York, 1994), 206 - 26.

[41] Lore Kramer, "Die Frankfurter Küche," in *Frauen in Design : Berufsbilder und Lebenswege seit 1900*, ed. Angela Oedekoven-Gerischer (Stuttgart, 1989), 160 - 74.

[42] 值得一提的是,高资产阶级家庭通常拥有宽敞的居住厨房,仆人们在这里准备食物,偶尔还会在这里过夜。Meyer, 92 - 96; Petsch, 154ff.

[43] Günther Uhlig, *Kollektivmodell Einküchenhaus: Wohnreform und Architekturdebatten zwischen Frauenbewegung und Funktionalismus, 1900 - 1933* (Giessen, 1981), 72 - 138.

[44] Erna Meyer, *Das neue Haushalt* (1927), 6, quoted in Nolan, 217.

[45] Nolan, 207.

[46] Walter Winzer and Karl Artur Stützer, *Vom deutscher Heimkultur* (Berlin, 1939), esp. the introduction.

[47] Christine Wittrock, "Das Frauenbild in faschistischen Texten und seine Vorläufer in der bürgerlichen Frauenbewegung der 20er Jahre" (Ph. D. diss. , Johann-Wolfgang-Goethe-Universität, Frankfurt am Main, 1981).

[48] Nolan, 232 - 33.

[49] Gabriele Huster, "Die Verdrängung der Femme Fatale und ihrer Schwestern"; and Szilvia Horvath, "Reorganisation der Geschlechterverhältnisse: Familienpolitik im faschistischen Deutschland"; both in *Inszenierung der Macht : Ästhetische Faszination im Faschismus*, ed. Klaus Behnken and Frank Wagner (Berlin, 1987), 129 - 42, and 143 - 50, respectively.

[50] "Hohe Geburtenziffern in den Siedlungen," *Der Mitteldeutsche*, 4 April 1940, as well as the pamphlet *Das Siedlungswerk sichert deine Familie*, published by the German Labor Front's Federal Homestead Office, 1937, NSD 50/255, BAK.

注 释

［51］Ottilie Schratz, *Wohnungspflege der praktischen Hausfrau : Ein Handbuch für Haus und Schule* (Berlin, 1937).

［52］*Heimgestaltung mit Deutschen Hausrat* (Berlin, 1939).

［53］Christiane Maurer, "Küchen: Design für die Hausfrau," in *Design in Deutschland, 1933 - 1945: Ästhetik und Organisation des Deutschen Werkbundes im "Dritten Reich,"* ed. Sabine Weissler (Giessen, 1990), 88 - 97.

［54］Reagin, "Die Werkstatt der Hausfrau," 161.

［55］Hans Vogt, *Die Gerätesättigung im Haushalt* (Berlin, 1940), 9.

［56］Wildt, 145. 我们也不该忘记，国家推广家用冰箱是政府实施经济自给自足策略的一部分，长期保存食物被认为能帮助减少对进口商品的依赖。Loehlin, 66.

［57］Hans Dieter Schäfer, *Das gespaltene Bewußtsein : Deutsche Kultur und Lebenswirklichkeiten, 1933 - 1945* (Berlin, 1984); Robert Ley, "Der Volkskühlschrank," *Deutsche Bergwerkszeitung*, 25 April 1941.

［58］W. Gebhardt, ed., *Deutscher Hausrat : Ein Ratgeber für die Einrichtung von Kleinwohnungen und Siedlungen* (Berlin, n. d.), 1 - 4; and "Richtlinien des Reichsstättenamtes der Deutschen Arbeitsfront für Siedlerhausrat, insbesondere für Möbel," in *Deutscher Hausrat : Grundlegende Bestimmungen über Siedler Hausrat* (Berlin, 1936).

［59］Elke Pahl-Weber, "Im fließenden Raum: Wohnungsgrundrisse nach 1945," in *Grauzonen Farbwelten : Kunst und Zeitbilder 1945 - 1955*, ed. Bernhard Schulz (Berlin, 1983), 105 - 24.

［60］Ruth Geyer-Raack and Sibylle Geyer, *Möbel und Raum* (Berlin, 1955), 5.

［61］Law quoted in Pahl-Weber, 105.

［62］Margarete Richter, *Raumschaffen unserer Zeit* (Tübingen, 1955), 6.

［63］Sigfried Giedion, *Befreites Wohnen* (1929), quoted in Werner Durth, "Vom Überleben: Zwischen totalen Krieg und Währungsreform," in *Von 1945 bis heute Aufbau Neubau Umbau*, vol. 5 of *Geschichte des Wohnens*, ed. Ingeborg Flagge (Stuttgart, 1999), 47.

［64］Lotte Tiedemann, *Menschlich Wohnen* (Bonn, 1956), 16.

［65］Alexander Koch, *Praktisch Bauen + Schön Wohnen = Glücklich Leben* (Stuttgart, 1955).

［66］Otto Niedermoser, *Schöner Wohnen, Schöner Leben* (Frankfurt, 1954), 126.

［67］同上，第 56 页及后续。

［68］Max Hauschild, *Einbauküchenim Sozialen Wohnungsbau* (Baden-Baden, 1953), 3.

［69］关于这一描绘方式的转变，参见，比如：Uta Poiger, "A New 'Western' Hero? Reconstructing German Masculinity in the 1950s," in *The Miracle Years : A Cultural History of West Germany, 1949 - 1968*, ed. Hanna Schissler (Princeton, 2001), 412 - 27. 关于身体语言：Ulf Preuss-Lausitz, "Von gepanzerten zum sinnstiftenden Körper," in *Kriegskinder, Konsumkinder, Krisenkinder*, ed. Preuss-Lausitz (Weinheim, 1983), 89 - 106。

［70］Loehlin, 106 - 26.

［71］关于战争时期的丈夫：Adelheid von Saldern, *Häuserleben : Zur Geschichte städtlichen Arbeiterwohnens vom Kaiserreich bis heute* (Bonn, 1995), 247。

[72] Margret Tränkle, "Neue Wohnhorizonte: Wohnalltag, und Haushalt seit 1945 in der Bundesrepublik," in *Von 1945*, ed. Flagge, 754.

[73] Wildt, 138.

[74] Gert Selle and Jutta Boehe, *Leben mit den schönen Dingen* (Hamburg, 1986), 26.

[75] Sachse, 49 - 61. 到 1953 年,三分之一的西德家庭已经拥有了冰箱。

[76] Angela Delille and Andrea Grohn, *Blick zürück aufs Glück : Frauenleben und Familienpolitik in den 50er Jahre* (Berlin, 1985), 26. 另参见 1956 年《建筑世界》杂志特刊,题为"技术——家中的助手"。

[77] Angela Delille and Andrea Grohn, "Komfort im Reich der Frau," in *Perlonzeit*, ed. Delille and Grohn, 129.

[78] 一位评论家甚至制作了一部关于西德女性家务劳动的摄影纪录短片,他认为这些稀缺的图像展现了"工人摄影"中一个被忽视的维度。Edith Sperling, "Hausfrauen: Eine Fotodokumentation über arbeitende Hausfrauen in der Bundesrepublik Deutschland," in *Ästhetische Erziehung und Alltag*, ed. Hermann K. Ehmer (Giessen, 1979), 31 - 43.

[79] "Ein Haus in der Ostzone: Vom Zusammenbruch des bürgerlichen Lebensstils," *Wirtschafts-Zeitung*, 29 August 1947; and F. -J. Wuermeling, "Leitwort."

[80] Tränkle, 749.

[81] Wildt, 140.

[82] Carter, 58 and n. 33.

[83] 关于东德的共鸣: Ina Merkel, ... *Und Du, Frau an der Werkbank : Die DDR in den 50er Jahren* (Berlin, 1990)。

[84] Edmund Meier-Oberist, *Kulturgeschichte des Wohnens im abendländischen Raum* (Hamburg, 1956), 331; and Erika Brödner, *Modernes Wohnen* (Munich, 1954), 5 - 8.

[85] Loehlin, 60.

[86] E. T. Hall, *Die Sprache des Raumes* (Düsseldorf, 1976), 138, cited in Tränkle, 701.

[87] Anton Maria Keim and Alexander Link, eds. , *Leben in Trümmern* (Munich, 1985).

[88] Michael Z. Zimmermann, *Schachtanlage und Zechenkolonie : Leben, Arbeit, und Politik in einer Arbeitersiedlung, 1850 - 1980* (Essen, 1987), 218; quoted in von Saldern, 308.

[89] Tilman Harlander, "Wohnen und Stadtentwicklung in der Bundesrepublik," in *Von 1945*, ed. Flagge, 238.

[90] Hannelore Brünhöber, "Wohnen," in *Die Geschichte der Bundesrepublik Deutschland*, vol. 2, *Gesellschaft*, ed. Wolfgang Benz, 189, as quoted in Saldern, *Häuserleben*, 301.

[91] Albrecht Lehmann, *Erzählstruktur und Lebenslauf : Autobiographische Untersuchungen* (Frankfurt, 1983), 165.

[92] Charlotte Beradt, *Das Dritte Reich des Traumes* (Frankfurt, 1981), 19. 关于一个指示性的分析: Reinhart Koselleck, *Futures Past: On the Semantics of Historical Time*, trans. Keith Tribe (Cambridge, Mass. , 1985), 213 - 30.

[93] Ilse Wild, "Leben in den 50ern," in *Fifty-Fifty : Formen und Farben der 50er Jahre*, eds. Robert Hiller and Dieter Zühlsdorf (Stuttgart, 1987), 15.

[94] Uta Poiger, *Jazz, Rock, and Rebels : Cold War Politics and American Culture in a Divided Germany* (Berkeley, 2000).

[95] Thomas Ziehe, "Die alltägliche Verteidigung der Korrektheit," in *Schock und Schöpfung : Jugendästhetik im 20. Jahrhundert*, ed. Willi Bucher and Klaus Pohl (Darmstadt, 1986), 254 – 58.

[96] Ernest Zahn, *Soziologie der Prosperität* (Cologne, 1960), 178.

[97] Hans Ottomeyer and Axel Schlapka, *Biedermeier : Interieurs und Möbel* (Munich, 1991); and Sabine Thomas-Ziegler, "Aufbruch in eine neue Zukunft," in *Petticoat & Nierentisch : Die Jugendzeit der Republik*, ed. Thomas-Ziegler (Cologne, 1995), 26.

[98] Norbert Muhlen, "Das Land der grossen Mitte : Notizen aus dem NeonBiedermeier," *Der Monat* 6 (1953) : 237 – 44.

[99] Ralf Dahrendorf, *Society and Democracy in Germany* (New York, 1967; orig. pub. 1965), 412, 295, 296.

[100] Axel Schildt, *Moderne Zeiten : Freizeit, Massenmedien, und "Zeitgeist" in der Bundesrepublik der 50er Jahre* (Hamburg, 1995), 66.

[101] Jürgen Habermas, *The Structural Transformation of the Public Sphere*, trans. Thomas Burger (Cambridge, Mass. , 1989; orig. pub. 1962), 162.

[102] Jürgen Habermas, "Der Abstraktion gewachsen sein... ," *Magnum* 12 (April 1957) : unpaginated.

[103] Wildt, 195 – 13.

[104] Zahn, 103.

[105] Wildt, 200 – 210; Carter, 93.

[106] *Wir bauen ein besseres Leben : Eine Ausstellung über die Produktivität der Atlantischen Gemeinschaft auf dem Gebiet des Wohnbedarfs*, organized by the American High Command for Germany (Stuttgart, 1952), 3 – 6.

[107] Alfons Leitl, "Die Wohnkultur der westlichen Völker," *Baukunst und Werkform* 4, no. 12 (1952) : 39 – 41.

[108] 参见 : Schildt; Heide Fehrenbach, *Cinema in Democratizing Germany : Reconstructing National Identity after Hitler* (Chapel Hill, 1995); and Paul Ginsborg, *A History of Contemporary Italy* (London, 1990), 239 – 50。

[109] Fehrenbach, chapter 3; and Christopher Wagstaff, "The Place of Neo-Realism in Italian Cinema from 1945 – 1954," in *The Culture of Reconstruction : European Literature, Thought, and Film*, ed. Nicholas Hewitt (New York, 1989), 67 – 87.

[110] Michael Geyer, "Cold War Angst : The Case of West German Opposition to Rearmament and Nuclear Weapons," in *The Miracle Years*, ed. Schissler, 376 – 408.

[111] Peter Alter, "Nationalism and German Politics after 1945," in *The State of Germany*, ed. John Breuilly (London, 1992), 154 – 76; and Eric Santner, *Stranded Objects : Mourning, Memory, and Film in Postwar Germany* (Ithaca, N. Y. , 1990), esp. 1 – 31.

[112] Leonard Krieger, *The German Idea of Freedom* (Boston, 1957), 458 – 71; and

Winfried Schulze, *Deutsche Geschichtswissenschaft nach* 1945 (Munich, 1989). 对于意大利而言,情况则有所不同,尤其意大利共产党的强势存在,以及其对抵抗运动的大肆宣传,意味着意大利与其积极历史的联系,仍然在一定程度上保持着完整。

[113] Michael Geyer, "Looking Back at the International Style: Some Reflections on the Current State of German History," *German Studies Review* 13, no. 1 (February 1990): 112 – 27.

[114] Sabine Behrenbeck, *Der Kult um die toten Helden: Nationalsozialistische Mythen, Riten, und Symbole, 1923 bis 1945* (Vierow, 1996), esp. the conclusion.

[115] Hans Oswald, *Die überschätzte Stadt: Ein Beitrag der Gemeindesoziologie zum Städtebau* (Otten/Freiburg, 1966), 131, cited in von Saldern, 294.

[116] Klaus Novy, ed. , *Anders leben: Geschichte und Zukunft der Genossenschaftkulturen* (Berlin, Bonn, 1985).

[117] Von Saldern, 294 – 96.

[118] Carter, 21, 23.

[119] Karl Pawek, "Das Malheur mit der Schönheit," *Magnum* 10 (1956), quoted in Paul Maenz, *Die 50er Jahre: Formen eines Jahrzehnts* (Cologne, 1984), 33.

[120] Klaus Harpprecht, "Die Lust an der Normalität," *Magnum* 29 (April 1960), unpaginated.

[121] Detlev Peukert, *Inside Nazi Germany*, trans. Richard Deveson (New Haven, Conn. , 1987; orig. pub. 1982), 247.

[122] 同上,第 242 页。

[123] Jörg Petruschat, "Take Me Plastics," in *Von Bauhaus bis Bitterfeld: 41 Jahre DDR-Design*, ed. Regine Halter (Giessen, 1991), 111 – 12. More generally, Merkel, esp. 76 – 105.

[124] Karl Bednarik, *An der Konsumfront* (Stuttgart, 1957), 11.

[125] 关于更全面的探讨,参见笔者:"The Politics of Post-Fascist Aesthetics: 1950s West and East German Industrial Design," in *Life after Death: Violence, Normality, and the Reconstruction of Postwar Europe*, eds. Richard Bessel and Dirk Schumann (Cambridge, 2003), 291 – 321。

结论 记忆与物质主义——历史作为设计的回归

[1] Tomás Maldonado, "Ulm Revisited," *Rassegna* 19 (1984): 5.

[2] "Spiritueller Stoßtrupp einer humanistischen Idee," *Staatsanzeiger für Baden-Württemberg*, 11 May 1968, 1 – 2.

[3] 值得注意的是,总领事尤金·贝兹(Eugen Betz)为展览目录英文版所撰写的引言: *50 Years Bauhaus*, 7 – 8。由于 1968 年的展览过于强调格罗皮乌斯,导致约瑟夫·阿尔伯斯和密斯·凡·德·罗对这一误导性形象表示了不满。Reginald Isaacs, *Walter Gropius: Mensch und Werk*, vol. 2 (Berlin: Gebrüder Mann, 1980), 1148ff.

[4] Wolf Schön, "Was blieb vom Bauhaus?" *Rheinischer Merkur*, 10 May 1968; and Ulrich Seelmann-Eggebert, "Das Bauhaus: Idee und Wirklichkeit," *Darmstädter Echo*,

29 May 1968.

[5] As reported in Karl Diemer, "Das Bauhaus wirkt," *Stuttgarter Nachrichten*, 6 May 1968, 18.

[6] Mia Seeger, "Ist guter Rat teuer?" *Form* 30 (June 1965): 18 – 23.

[7] "Sieben Fragen an Gustav Stein: Zur Unabhängigkeit des Rates für Formgebung," *Form* 46 (May 1969): 37 – 39.

[8] BDI 与委员会之间紧密的联系如下:恩斯特·施耐德同时担任了设计委员会的主任和 BDI 的主席;菲利普·罗森塔尔是设计委员会和 BDI 的秘书;古斯塔夫·斯坦是设计委员会的秘书长兼 BDI 的法律顾问。Heinz Pfaender, "Rat für Formgebung," 1987, 23, typescript, RfF.

[9] Johann Klöcker, "Die Industrie übernimmt die Verantwortung selbst: Zur Gründung des Gestaltkreises im Bundesverband der Deutschen Industrie," *Süddeutsche Zeitung*, 14 April 1965.

[10] Ernst Schneider and Philip Rosenthal, "Die Formgestaltung als Wirtschafts- und kulturpolitischer Faktor: Eine Denkschrift des Rats für Formgebung," June 1967, Rat für Formgebung, Frankfurt.

[11] 参见华根菲尔德 1966 年 4 月 15 号的信件:"Lieber Herr G.," reprinted in *Der deutsche Werkbund 1907 1947 1987*, ed. Ot Hoffmann (Berlin, 1987), 49。

[12] Ernst Bloch, "Formative Education, Engineering Form, Ornament," trans. Jane Newman and John H. Smith, *Oppositions* 3 (1988): 45 – 46.

[13] Theodor Adorno, "Functionalism Today," *Oppositions* 3 (1988): 39, 31, 40.

[14] Hans Eckstein, "Marginalien zur Gebrauchsform," *Werk und Zeit* 9, no. 1 (January 1960): 4.

[15] Hermann Peter Piwitt, "Authoritär, betulich, neckisch und devot," *Konkret* (1979), 33 – 34. 感谢达格玛·赫尔佐格(Dagmar Herzog)提供这个参考。

[16] Wolfgang Haug, *Critique of Commodity Aesthetics*, trans. Robert Bock (Minneapolis, 1986; orig. pub. 1971), Appendix, 137.

[17] Elisabeth Noelle-Neumann, "Majority Views Debate on Class of '68 as Closed Chapter," *Frankfurter Allgemeine Zeitung*, English edition supplement to the *International Herald Tribune*, 20 March 2001, 3.

[18] Manfred Sack, "Zwei Stunden: 'Die große Zahl,'" *Form* 42 (June 1968): 5; and "Make love – not design," *Werk und Zeit* 17, no. 9 (September 1968): 1.

[19] Hans Wehrhahn, "Opas Werkbund ist tot," reprinted in Anna Teut, "Werkbund Intern: Werkbund Kontrovers, Kommentar, and Dokumenten, 1907 – 1977," special issue of *Werk und Zeit* 3 (1982): 49.

[20] 请参阅《工作与时间》(*Werk und Zeit*)杂志 1959 年秋季第 8 卷第 10 – 12 期(10 月至 12 月)对"大地破坏"会议的广泛报道。

[21] Hans Schwippert, "Die große Landzerstörung," *Werk und Zeit* 8, no. 12 (December 1959): 1 – 2.

[22] 1973 年的石油危机进一步加速了这一转变,由于塑料生产受到限制,这促使设计领域开始更多地转向使用木材和天然纤维合成物这类更"自然"的材料。

[23] Eckhard Siepmann, ed., *Alchimie des Alltags: Das Werkbund-Archiv, Museum der Alltagskultur des 20. Jahrhunderts* (Giessen, 1987).

[24] Volker Albus and Christian Borngräber, *Design Bilanz : Neues deutsches Design der 80er Jahre in Objekten, Bildern, Daten, und Texten* (Cologne, 1992).

[25] Heinz Fuchs and Francois Burckhardt, *Product Design History* (Stuttgart, 1986); and Klaus-Jürgen Sembach, ed. , *1950: Orientierung nach dem Kriege* (Munich, 1980).

[26] Angela Schönberger, ed. , *The East German Take Off : Economy and Design in Transition* (Berlin, 1994).

[27] Hugh Aldersey-Williams, *Nationalism and Globalism in Design* (New York, 1992), esp. 30 – 39. On the Design Council, *Designkultur, 1953 – 1993: Philosophie, Strategie, Prozess* (Frankfurt, 1993); and Michael Erlhoff, ed. , *Deutsches Design, 1950 – 1990* (Munich, 1990).

[28] Herbert Lindinger, "Germany: The Nation of Functionalism," in *History of Industrial Design*, vol. 3, ed. Enrico Castelnuovo (Milan, 1991), 86 – 101.

[29] Paul Betts, "The Twilight of the Idols: East German Memory and Material Culture," *Journal of Modern History* 72, no. 3 (September, 2000): 731 – 65.

[30] "Heimweh nach den falschen Fünfzigern," *Der Spiegel* 32, no. 14 (April 3, 1978): 90 – 114; and "Mit Pepita voll im Trend: Der neue Kult um die 50er Jahre," *Der Spiegel* 38, no. 14 (April 3, 1984): 230 – 38.

[31] Rainer Gries, Volker Ilgen, and Dirk Schindelbeck, *Gestylte Geschichte : Vom alltäglichen Umgang mit Geschichtsbildern* (Muenster, 1989), 132 – 35.

[32] Volker Fischer, *Nostalgie : Geschichte und Kultur als Trödelmarkt* (Lucerne, 1980).

[33] Marianne Bernhard, Angela Hopf, and Andreas Hopf, eds. , *Unsere Fünfziger Jahre: Eine Bunte Chronik* (Munich, 1984), 6; and Dieter Franck, ed. , *Die fünfziger Jahre: Als das Leben wieder anfing* (Munich, 1981), 28.

[34] "Die Sehnsucht nach den 50er Jahre," *Quick* 44 (1983), quoted in Axel Schildt, *Moderne Zeiten: Freizeit, Massenmedien, und "Zeitgeist" in der Bundesrepublik 50er Jahre* (Hamburg, 1995), 18.

[35] 有用的修正后的历史参见: Arne Andersen, *Der Traum vom guten Leben : Alltags und Konsumgeschichte vom Wirtschaftswunder bis heute* (Frankfurt, 1997); Michael Wildt, *Vom kleinen Wohlstand : Eine Konsumgeschichte der 50er Jahre* (Frankfurt, 1996); Ilona Stölken-Fitschen, *Atombombe und Geistesgeschichte: Eine Studie der fünfziger Jahre aus deutscher Sicht* (Baden-Baden, 1995); and Klaus Voy, Werner Polster, and Claus Thomasberger, *Gesellschaftliche Transformationenprozesse und materielle Lebensweise* (Marburg, 1993).

[36] Angela Delille and Andrea Grohn, eds. , *Perlonzeit: Wie die Frauen ihr Wirtschaftswunder erlebten* (Berlin, 1985); Angela Delille and Andrea Grohn, *Blick zurück aufs Glück: Frauenleben und Familienpolitik in den 50er Jahren* (Berlin, 1985), esp. the introduction.

[37] Dagmar Herzog, "'Pleasure, Sex, and Politics Belong Together': Post Holocaust Memory and the Sexual Revolution in West Germany," *Critical Inquiry* 24 (winter 1998): 398 – 99.

[38] Helga Reimann and Horst Reimann, eds. , *Gastarbeiter: Analyse und Perspektiven*

eines sozialen Problems (Opladen, 1987); and, more generally, Elisabeth Lichten-
berger, *Gastarbeiter: Leben in zwei Gesellschaften* (Vienna, 1984).

[39] Robert Hiller and Dieter Zühlsdorf, eds. , *Fifty-Fifty : Formen und Farben der
50er Jahre* (Darmstadt, 1988), 12, 14 – 15.

[40] Heinz Friedrich, ed. , *Mein Kopfgeld : Die Währungsreform – Rückblick nach vier
Jahrzehnten* (Munich, 1988); and Martin Broszat and Klaus-Dietmar Henke, eds. ,
*Von Stalingrad zur Währungsreform: Zur Sozialgeschichte des Umbruchs in
Deutschland* (Munich, 1987).

[41] Götz Eisenberg and Hans-Jürgen Linke, eds. , *Die Fuffziger Jahre* (Giessen,
1979), 7.

[42] Michael Schneider, "Fathers and Sons, Retrospectively: The Damaged Relationship
between Two Generations," *New German Critique* 31 (1984): 3 – 51.

[43] Horst Heidtmann, ed. , *Das ist mein Land : 40 Jahre Bundesrepublik Deutschland*
(Baden-Baden, 1988); Sigrid Wachenfeld, *Unsere wunderlichen fünfziger Jahre*
(Düsseldorf, 1987); and Rainer Petto, *Ein Kind der 50er Jahre* (Saarbrücken,
1985).

[44] Christian Zentner, *Illustrierte Geschichte der Ära Adenauer* (Munich, 1984); Frank
Grube and Gerhard Richter, *Das Wirtschaftswunder: Unser Weg in der Wohlstand*
(Hamburg, 1983); Bernhard Schulz, ed. , *Grauzonen Farbwelten: Kunst und Zeit-
bilder, 1945 – 1955* (Berlin, 1983); and Eckhard Siepmann, ed. , *Bikini : Die
Fünfziger Jahre* (Reinbek bei Hamburg, 1983).

[45] Harold James, *A German Identity, 1770 – 1990* (New York, 1989), esp. 177 –
209.

[46] Friedrich Nietzsche, *On the Genealogy of Morals*, trans. Walter Kaufmann and
R. J. Hollingdale (New York, 1967), 61.

[47] Ernest Zahn, *Soziologie der Prosperität* (Cologne, 1960).

[48] Andreas Huyssen, "After the Wall: The Failure of German Intellectuals," *New
German Critique* 52 (winter 1991): 109 – 43.

[49] Otthein Rammstedt and Gert Schmidt, ed. , *BRD Ade ! Vierzig Jahre in Rück-An-
sichten* (Frankfurt, 1992).

[50] Alexander Mitscherlich, "Die Metapsychologie des Komfort," *Baukunst und Werk-
form* 4 (1954): 190 – 93.

参考文献

档案与收藏

Archiv der deutschen Sozialbürgerinnenverbandes, Berlin

Bauhaus-Archiv, Berlin

Robert Bosch-Archiv, Stuttgart

Braun-Archiv, Kronberg

Bundesarchiv, Koblenz [BAK]

Bundesarchiv, Potsdam (now Berlin)

Design-Center, Stuttgart

Deutsche Bibliothek, Frankfurt am Main

Deutscher Industrie-und Handelstag, Berlin

Freie Universität, Berlin

Hochschule für Gestaltung, Ulm

Institut für neue technische Form, Darmstadt

Internationales Design Zentrum, Berlin

Landesarchiv, Berlin

Landesgewerbeamt, Stuttgart

Loeb Library, Harvard University, Cambridge, Mass.

Josef Neckermann-Archiv, Offenbach

Rasch-Archiv, Bramsche

Rat für Formgebung, Frankfurt am Main

Ryerson Library, Art Institute of Chicago, Chicago

Staatliche Kunstbibliothek, Berlin

Staatsbibliothek, Berlin

Stadtarchiv, Berlin

Stadtarchiv, Stuttgart

Stadtarchiv, Ulm

Stadtsbibliothek, Stuttgart

Stiftung Warentest, Berlin

Technische Universität, Berlin

Universitätsbibliothek, Frankfurt am Main

Werkbund-Archiv, Berlin

Werkbund-Bibliothek, Frankfurt am Main

日常之物的权威:西德工业设计文化史

个人收藏

Archiv-Charlotte Eiermann, Berlin
Archiv-Wend Fischer, Starnberg
Archiv-Hans Schwippert, Düsseldorf
Nachlass G. B. von Hartmann, Werkbund-Archiv, Berlin
Nachlass Theodor Heuss, Bundesarchiv, Koblenz
Nachlass Gotthold Schneider, Institut für neue technische Form, Darmstadt
Nachlass Mia Seeger, Stadtarchiv, Stuttgart

主要期刊

Aufbau
Bauen Siedeln Wohnen
Bauen und Wohnen
Baukunst und Werkform
Braun + Design
Constanze
Form
Die Form
Frankfurter Hefte
Gewerblicher Rechtsschutz und Urheberrecht
Die Gute Industrieform
Innenarchitektur
Jahresring
Die Kunst und das schöne Heim
Kunst und Kirche
Magnum
Der Markenartikel
Möbelkultur
Das Neue Frankfurt
Die Schaulade
Das schöne Heim
Schönheit der Arbeit
Der soziale Wohnungsbau
Ulm
Werk und Zeit

未出版间接文献

Buchholz, Wolfhard. "Die Nationalsozialistische Gemeinschaft 'Kraft durch Freude' :

Freizeitsgestaltung und Arbeiterschaft im Dritten Reich." Ph. D. diss., Ludwig-Maximilian Universität, Munich, 1976.

Hanauske, Dieter. "Bauen! Bauen! Bauen! Die Wohnungspolitik in Berlin (West), 1945 – 1961." Ph. D. diss., Freie Universität Berlin, 1990.

Heimbucher, Joachim, and Peter Michels. "Bauhaus-HfG-IUP." Master's thesis, Universität Stuttgart, 1971.

Herrigel, Gary. "Industrial Organization and the Politics of Industry: Centralized and Decentralized Production in Germany." Ph. D. diss., MIT, 1990.

Internationaler Kongress für Formgebung, 1957, Darmstadt and Berlin; Rat für Formgebung, Frankfurt.

Korrek, Norbert. "Versuch einer Biographie: Die Hochschule für Gestaltung." Ph. D. diss., Universität Weimar, 1984.

Lepper-Binnewerg, Antoinette. "Die Bestecke der Firma C. Hugo Pott, Solingen, 1930 – 1987." Ph. D. diss., Universität Bonn, 1991.

Pence, Katherine. "From Rations to Fashions: The Gendered Politics of Consumption in East and West Germany, 1945 – 1961." Ph. D. diss., University of Michigan, 1999.

Sauerborn, Klaus, and Alfred Gettmann. "Haushalt und Technik in den 20er Jahren in Deutschland." Master's thesis, Universität Trier, 1986.

Seeling, Hartmut. "Geschichte der HfG Ulm, 1953 – 1968." Ph. D. diss., Universität Köln, 1985.

Selz, Dieter. "Die Konsumfunktion der privaten Haushalte in ihrer Abhängigkeit von der Arbeitsverkürzung." Ph. D. diss., Universität Erlangen, 1965.

Werhahn, Charlotte. "Hans Schwippert: Architekt, Pädagoge, und Vertreter der Werkbundidee in der Zeit des deutschen Wiederaufbaus." Ph. D. diss., Technische Universität Munich, 1987.

Wittrock, Christine. "Das Frauenbild in faschistischen Texten und seine Vorläufer in der bürgerlichen Frauenbewegung der 20er Jahre." Ph. D. diss., Johann-Wolfgang-Goethe-Universität, Frankfurt am Main, 1981.

精选已出版文献

Abelshauser, Werner. *Die langen 50er Jahre: Wirtschaft und Gesellschaft der Bundesrepublik Deutschland, 1949 – 1966.* Düsseldorf: Cornelsen, 1987.

——. *Wirtschaftsgeschichte der Bundesrepublik Deutschland, 1945 – 1980.* Frankfurt: Suhrkamp, 1983.

Adam, Peter. *Art of the Third Reich.* New York: Harry Abrams, 1992.

Adorno, Theodor. "Auferstehung der Kultur in Deutschland?" *Frankfurter Hefte* 5, no. 5 (May 1950): 469 – 77.

——. "Functionalism Today." *Oppositions* 3 (1988): 35 – 40.

——. *The Jargon of Authenticity.* Trans. Knut Tarnowski and Frederic Will. Evanston, Ill.: Northwestern University Press, 1973; orig. pub. 1964.

Aicher, Otl. "Planung in Misskredit." In *Der Bestandsaufnahme: Eine deutsche Bilanz 1962*, ed. Hans Werner Richter, 398 – 420. Munich: Kurt Desch, 1962.

日常之物的权威:西德工业设计文化史

Albus, Volker, und Christian Borngräber. *Design Bilanz: Neues deutsches Design der 80er Jahre in Objekten, Bildern, Daten, und Texten*. Cologne: Dumont, 1992.

Aldersey-Williams, Hugh. *Nationalism and Globalism in Design*. New York: Rizzoli, 1992.

Allen, James Sloan. *The Romance of Commerce and Culture*. Chicago: University of Chicago Press, 1983.

Andersen, Arne. *Der Traum vom guten Leben: Alltags-und Konsumgeschichte vom Wirtschaftswunder bis heute*. Frankfurt: Campus, 1997.

Appadurai, Arjun, ed. *The Social Life of Things: Commodities in Cultural Perspective*. Cambridge: Cambridge University Press, 1986.

Avenarius, Ferdinand, ed. *Deutsches Warenbuch*. Dresden-Hellerau: Dürerbund Werkbund Genossenschaft, 1915.

Bangert, Albrecht. *Der Stil der 50er Jahre*. Munich: Wilhelm Heyne, 1983.

Bänsch, Dieter, ed. *Die Fünfziger Jahre: Beiträge zu Politik und Kultur*. Tübingen: Günther Narr, 1985.

Baranowski, Shelley. "Strength through Joy: Tourism and National Integration in the Third Reich." In *Being Elsewhere: Tourism, Consumer Culture, and Identity in Modern Europe and North America*, ed. Shelley Baranowski and Ellen Furlough, 213 – 36. Ann Arbor: University of Michigan Press, 2001.

Barkai, Avraham. *Nazi Economics: Ideology, Theory and Practice*. Oxford: Berg, 1990.

Barron, Stephanie, ed. *Degenerate Art: The Fate of the Avant-Garde in Nazi Germany*. Los Angeles: Los Angeles County Museum of Art, 1991.

Barthes, Roland. *Mythologies*. Trans. Annette Lavers. New York: Noonday, 1972.

Bartning, Otto. *Spannweite*. Bramsche: Gebr. Rasch, 1958.

Baumann, Zygmunt. *Modernity and the Holocaust*. Ithaca, N. Y. : Cornell University Press, 1989.

Becher, Ursula. *Geschichte des modernen Lebensstil*. Munich: C. H. Beck, 1990.

Bednarik, Karl. *An der Konsumfront*. Stuttgart: Gustav Kilpper, 1957.

Behnken, Klaus, and Frank Wagner, eds. *Inszenierung der Macht: Ästhetische Faszination im Faschismus*. Berlin: NGBK, 1987.

Behrenbeck, Sabine. *Der Kult um die toten Helden: Nationalsozialistische Mythen, Riten, und Symbole 1923 – 1945*. Vierow: SH-Verlag, 1996.

Benjamin, Walter. *Illuminations*. Ed. and with an introduction by Hannah Arendt. Trans. Harry Zohn. New York: Schocken, 1968.

Bense, Max. *Aesthetica*. Baden-Baden: Agis, 1965.

——, ed. *Max Bill*. Teufen: Arthur Niggli, 1958.

Benz, Wolfgang, ed. *Die Geschichte der Bundesrepublik Deutschland*. 4 vols. Frankfurt: Fischer, 1989.

Beradt, Charlotte. *Das Dritte Reich des Traumes*, 2nd ed. Munich: Nymphenburger Verlagshandlung, 1971.

Berg, Fritz, ed. *Fünf Jahre BDI*. Bergisch Gladbach: Heider-Verlag, 1954.

Berghahn, Volker. *The Americanization of West German Industry, 1945 – 1973*. Providence, R. I. : Berg, 1986.

——. "Deutschlandbilder 1945 - 1965: Angloamerikanische Historiker und moderne deutsche Geschichte. " In *Deutsche Geschichtswissenschaft nach dem Zweiten Weltkrieg*, ed. Ernst Schulin, 240 - 72. Munich: R. Oldenbourg, 1989.

Berghoff, Hartmut. "Enticement and Deprivation: The Regulation of Con-sumption in Pre-War Nazi Germany. " In *The Politics of Consumption: Material Culture and Citizenship in Europe and America*, ed. Martin Daunton and Matthew Hilton, 165 - 84. Oxford: Berg, 2001.

Berndt, Heide, Klaus Horn, and Alfred Loernzer. *Architektur als Ideologie*. Frankfurt: Suhrkamp, 1968.

Bertsch, Georg, and Ernst Hedler. *SED: Schönes Einheit Design*. Cologne: Taschen, 1994.

Bessel, Richard, and Dirk Schumann, eds. *Life after Death: Violence, Normality, and the Reconstruction of Postwar Europe*. Cambridge: Cambridge University Press, 2003.

Betts, Paul. "The Bauhaus as Cold War Legend: West German Modernism Revisited. " *German Politics and Society* 14, no. 2 (summer 1996): 75 - 100.

——. "The Politics of Post-Fascist Aesthetics: 1950s West and East German Industrial Design. " In *Life after Death: Violence, Normality, and the Reconstruction of Postwar Europe*, ed. Richard Bessel and Dirk Schumann, 291 - 321. Cambridge: Cambridge University Press, 2003.

——. "Remembrance of Things Past: Nostalgia in West and East Germany, 1980 - 2000. " In *Pain and Prosperity: Reconsidering Twentieth -Century German History*, ed. Paul Betts and Greg Eghigian, 178 - 207. Stanford, Calif. : Stanford University Press, 2003.

——. "Twilight of the Idols: East German Memory and Material Culture. " *Journal of Modern History* 72, no. 3 (September 2000): 731 - 65.

Betts, Paul, and Greg Eghigian, eds. *Pain and Prosperity: Reconsidering Twentieth - Century German History*. Stanford, Calif. : Stanford University Press, 2003.

Beyer, Oskar. "Was ist der Kunst-Dienst?" *Kunst und Kirche* 8, no. 1 (1931): 7 - 12.

——. "Zur Frage einer neuen Paramentik. " *Kunst und Kirche* 6, no. 1 (1929/ 1930): 12 - 23.

Beyme, Klaus von. *Der Wiederaufbau: Architektur und Städtebau in beiden deutschen Staaten*. Munich: R. Piper, 1987.

Bill, Max. "The Bauhaus Idea from Weimar to Ulm. " In *Architects Yearbook 5*, ed. Morton Shand, 29 - 32. London: Elek Books, 1953.

——. *Form: A Balance-Sheet of Mid-Twentieth -Century Trends in Design*. Basel: Karl Werner, 1952.

——. *Die Gute Form*. Winterthur: Buchdruckerei, 1957.

Blaser, Werner. *Element System Möbel: Wege von der Architektur zur Design*. Stuttgart: Deutsche Verlags-Anstalt, 1984.

Bloch, Ernst. "Formative Education, Engineering Form, Ornament. " Trans. Jane Newman and John H. Smith. *Oppositions* 3 (1988): 45 - 51.

Bonsiepe, Gui. "Arabesques of Rationality. " *Ulm* 19/20 (August 1967): 9 – 23.

———. "Communication and Power. " *Ulm* 21 (1968): 16 – 20.

Borchard, Carl. *Gutes und Böses in der Wohnung in Bild und Gegenbild*. Leipzig-Berlin: Otto Bayer, 1933.

Borngräber, Christian. "Nierentisch und Schrippendale: Hinweise auf Architektur und Design. " In *Die Fünfziger Jahre: Beiträge zu Politik und Kultur*, ed. Dieter Bänsch, 210 – 41. Tübingen: Günther Narr, 1985.

———. *Stil Novo: Design in den Fünfziger Jahre*. Berlin: Fricke, 1978.

Bourdieu, Pierre. *Distinction: A Social Critique of the Judgment of Taste*. Trans. Richard Nice. Cambridge, Mass. : Harvard University Press, 1984.

Brakensiek, Stephan, ed. *Gelsenkirchener Barock*. Gelsenkirchen: Stadtisches Museum, 1991.

Braun-Feldweg, Wilhelm. *Normen und Formen*. Ravensburg: Otto Maier, 1954.

Braunschweig, Christa von. *Der Konsument und seine Vertretung*. Heidelberg: Quelle & Meyer, 1965.

Braunsperger, Manfred, and Klaus Schworm. *Kunststoffverarbeitende Industrie: Strukturelle Probleme und Wachstumchancen*. Berlin: Duncker & Humblot, 1964.

Braunthal, Gerard. *The Federation of German Industry in Politics*. Ithaca, N. Y. : Cornell University Press, 1965.

Briggs, Asa. *Victorian Things*. London: Penguin, 1990.

Brödner, Erika. *Modernes Wohnen*. Munich: Hermann Rinn, 1954.

Broszat, Martin, and Klaus-Dietmar Henke, eds. *Von Stalingrad zur Währungsreform: Zur Sozialgeschichte des Umbruchs in Deutschland*. Munich: R. Oldenbourg, 1990.

Buchanan, Richard, and Victor Margolin, eds. *Discovering Design: Explorations in Design Studies*. Chicago: University of Chicago Press, 1995.

Bucher, Willi, and Klaus Pohl, eds. *Schock und Schöpfung: Jugendästhetik im 20. Jahrhundert*. Darmstadt: Hermann Luchterhand, 1986.

Buddensieg, Tilmann. *Industriekultur: Peter Behrens and the AEG*. Trans. Iain Boyd White. Cambridge, Mass. : MIT Press, 1984.

Burckhardt, François, and Inez Franksen, eds. *Design: Dieter Rams*. Berlin: Gerhardt, 1980.

Burckhardt, Lucius, ed. *The Werkbund*. Trans. Pearl Sanders. London: The Design Council, 1980.

Bush, Donald. *The Streamlined Decade*. New York: George Braziller, 1975.

Campbell, Joan. *The German Werkbund: The Politics of Reform in the Applied Arts*. Princeton: Princeton University Press, 1978.

———. *Joy in Work, German Work: The National Debate, 1800 – 1945*. Princeton: Princeton University Press, 1989.

Carter, Erica. *How German Is She ? Postwar West German Reconstruction and the Consuming Woman*. Ann Arbor: University of Michigan Press, 1997.

Castelnuovo, Enrico, ed. *History of Industrial Design*. 3 vols. Milan: Electra, 1991.

Castillo, Greg. "The Bauhaus in Cold War Germany. " In *The Cambridge Companion to the Bauhaus*, ed. Kathleen James-Chakraborty. Cambridge: Cambridge University

Press, forthcoming.

Confino, Alon. "Traveling as a Culture of Remembrance: Traces of National Socialism in West Germany, 1945 – 1960. " *History and Memory* 12, no. 2 (fall/winter 2000): 92 – 121.

Confino, Alon, and Rudy Koshar. "Regimes of Consumer Culture: New Narratives in Twentieth-Century German History. " *German History* 19, no. 2 (spring 2001): 135 – 61.

Conrads, Ulrich, Magdalene Droste, Winfried Nerdinger, and Hilde Strohl, eds. *Die Bauhaus-Debatte 1953 : Dokumente einer verdrängten Kontroverse*. Braunschweig: Fr. Vieweg, 1994.

Crew, David, ed. *Nazism and German Society, 1933 – 1945*. London: Routledge, 1994.

Cuomo, Glenn, ed. *National Socialist Cultural Policy*. New York: St. Martins, 1995.

Dahrendorf, Ralf. *Society and Democracy in Germany*. New York: W. W. Norton, 1967.

Damus, Martin. *Kunst in der BRD 1945 – 1990*. Reinbek bei Hamburg: Rowohlt, 1995.

Daunton, Martin, and Matthew Hilton, eds. *The Politics of Consumption : Material Culture and Citizenship in Europe and America*. Oxford: Berg, 2001.

DeGrazia, Victoria, ed. *The Sex of Things : Gender and Consumption in Historical Perspective*. Berkeley: University of California Press, 1996.

Delille, Angela, and Andrea Grohn. *Blick zurück aufs Glück : Frauenleben und Familienpolitik in den 50er Jahren*. Berlin: Elefanten Press, 1985.

———, eds. *Perlonzeit : Wie die Frauen ihr Wirtschaftswunder erlebten*. Berlin: Elefanten Press, 1985.

Design Français, 1960 – 1990. Paris: Editions du Centre Pompidou, 1988.

Design in Germany Today. Washington, D. C. : Smithsonian Institution Press, 1961.

Designkultur, 1953 – 1993 : Philosophie, Strategie, Prozess. Frankfurt: Rat für Formgebung, 1993.

Der deutsche Führer durch die Weltausstellung 1934. Chicago: Gutenberg, 1934.

Deutscher Hausrat : Grundlegende Bestimmungen über Siedler-Hausrat. Berlin: Deutsche Arbeitsfront, 1936.

Diefendorf, Jeffry. *In the Wake of War : The Reconstruction of German Cities after World War II*. New York: Oxford University Press, 1993.

Dimendberg, Edward. "The Will to Motorization: Cinema, Highways, and Modernity. " *October* 73 (summer 1995): 91 – 137.

Douglas, Mary, and Baron Isherwood. *The World of Goods*. New York: Basic Books, 1979.

Droste, Magdalena. *Bauhaus 1919 – 1933*. Berlin: Bauhaus-Archiv, 1990.

Durth, Werner. *Deutsche Architekten*. Munich: Deutscher Taschenbuch-Verlag, 1992.

Durth, Werner, and Niels Gutschow. *Träume in Trümmern : Stadtplanung 1940 – 1950*. Munich: Deutscher Taschenbuch , 1993.

Eckstein, Hans, ed. *50 Jahre Deutscher Werkbund : Das Jubiläumsbuch des Deutschen*

　　　　　　　　　　　日常之物的权威：西德工业设计文化史

Werkbundes. Frankfurt: Alfred Metzner, 1958.

Eisenberg, Götz, and Hans-Jürgen Linke. *Die Fuffziger Jahre*. Giessen: Focus-Verlag, 1979.

Eitner, Lorenz. "Industrial Design in Post-War Germany." *Design Quarterly* 40 (1957): 3 – 24.

Enzensberger, Hans Magnus. *Einzelheiten I/II*. Frankfurt: Suhrkamp, 1962 – 64.

Erhard, Ludwig. *Prosperity through Competition*. Trans. John B. Wood and Edith Temple Roberts. London: Thames & Hudson, 1958.

Erlhoff, Michael, ed. *Deutsches Design 1950 – 1990*. Munich: Prestel, 1990.

Ermarth, Michael, ed. *America and the Shaping of German Society, 1945 – 1955*. Providence, R. I. : Berg, 1993.

Erni, Peter. *Die Gute Form*. Baden: Lars Müller, 1983.

Evers, Hans Gerhard, ed. *Das Menschenbild in unserer Zeit*. Darmstadt: Neue Darmstädter Verlagsanstalt, 1950.

Fehrenbach, Heide. *Cinema in Democratizing Germany: Reconstructing National Identity after Hitler*. Chapel Hill: University of North Carolina Press, 1995.

Fiedler, Jeannine, ed. *Fotographie am Bauhaus*. Berlin: Bauhaus-Archiv, 1990.

Fiell, Charlotte, and Peter Fiell. *Industrial Design A-Z*. Cologne: Taschen , 2000.

Fischer, Volker. *Nostalgie: Geschichte und Kultur als Trödelmarkt*. Lucerne: C. J. Bucher, 1980.

———, ed. *Ernst May und das neue Frankfurt*. Frankfurt: Ernst & Sohn, 1986.

Fischer, Wend. *Bau Raum Gerät*. Munich: R. Piper, 1957.

———, ed. *Hans Schwippert: Denken-Lehren-Bauen*. Düsseldorf: Econ Verlag, 1982.

Fisker, Kay. "Die Moral des Funktionalismus." *Das Werk* 35, no. 5 (May 1948): 131 – 34.

Flagge, Ingeborg, ed. *Von 1945 bis heute Aufbau Neubau Umbau*. Vol. 5 of *Geschichte des Wohnens*. Stuttgart: Deutsche Verlags-Anstalt, 1999.

Flint, R. W. , ed. *Let's Murder the Moonshine: Selected Writings, F. T. Marinetti*. Los Angeles: Sun & Moon Classics, 1991.

Forty, Adrian. *Objects of Desire: Design and Society, 1750 – 1980*. London: Thames & Hudson, 1986.

Foster, Hal. "Armor Fou." *October* 56 (October 1991): 65 – 97.

Frampton, Kenneth. "Apropos Ulm: Curriculum and Critical Theory." *Oppositions* 3 (May 1974): 17 – 37.

Franck, Dieter, ed. *Die fünfziger Jahre: Als das Leben wieder anfing*. Munich: R. Piper, 1981.

Freyer, Hans. *Theorie des gegenwärtigen Zeitalters*. Stuttgart: Deutsche Verlags Anstalt, 1955.

Friedländer, Saul. *Reflection of Nazism: An Essay on Kitsch and Death*. New York: Harper and Row, 1984.

Friedrich, Heinz, ed. *Mein Kopfgeld: Die Währungsreform—Rückblick nach vier Jahrzehnten*. Munich: Deutscher Taschenbuch , 1988.

Friemert, Chup. *Produktionsästhetik im Faschismus: Das Amt 'Schönheit der Arbeit' von 1933 – 1939*. Munich: Damnitz, 1980.

Fritzsche, Peter. "Machine Dreams: Airmindedness and the Reinvention of Germany." *American Historical Review* 98 (June 1993): 685 – 709.

——. "Nazi Modern." *Modernity/Modernism* 3, no. 1 (January 1996): 1 – 21.

Fuchs, Günther. *Über die Beurteilung formschöner Industrieerzeugnisse*. Essen: Industrieform, 1955.

Fuchs, Heinz, and François Burckhardt. *Product Design History*. Stuttgart: Heinrich Fink, 1986.

Garton Ash, Timothy. *In Europe's Name: Germany and the Divided Continent*. New York: Vintage, 1993.

Gebhardt, W. , ed. *Deutscher Hausrat: Ein Ratgeber für die Einrichtung von Kleinwohnungen und Siedlungen*. Berlin: Deutsche Arbeitsfront, n. d.

Geyer, Michael. "Germany, or the Twentieth Century as History." *South Atlantic Quarterly* 96, no. 4 (fall 1997): 663 – 702.

——. "Looking Back at the International Style: Some Reflections on the Current State of German History." *German Studies Review* 13, no. 1 (February 1990): 112 – 27.

Geyer-Raack, Ruth, and Sibylle Geyer. *Möbel und Raum*. Berlin: Ullstein, 1955.

Giedion, Sigfried. *Mechanization Takes Command*. New York: Oxford University Press, 1948.

Glaesner, Gert-Joachim. *Arbeiterbewegung und Genossenschaften*. Göttingen: Vandenhoeck & Ruprecht, 1989.

Glaser, Hermann. *Die Kulturgeschichte der Bundesrepublik Deutschland*. 3 vols. Frankfurt: Fischer, 1985 – 90.

Glendewinkel, Heide. *Der Heim-Berater: Gutes und Böses in der Wohnung*. Leipzig: n. p. , 1937.

Greif, Martin. *Depression Modern: Thirties Style in America*. New York: Universe Books, 1975.

Gretsch, Hermann. *Hausrat, der zu uns passt*. 5 vols. Stuttgart: Willi Siegle, 1940.

Gretsch, H[ermann], and A. Haberer, eds. *Germania: VII Mailänder Triennale*. Milan: Reichskommissar für die VII Triennale in Mailand, 1940.

Gries, Rainer, Volker Ilgen, and Dirk Schindelbeck. *Gestylte Geschichte: Vom alltäglichen Umgang mit Geschichtsbildern*. Münster: Westfälisches Dampfboot, 1989.

Gröhn, Christian. *Die Bauhaus-Idee*. Berlin: Gebr. Mann, 1991.

Guilbaut, Serge. *How New York Stole the Idea of Modern Art*. Chicago: University of Chicago Press, 1983.

Günther, Sonja. *Design der Macht: Möbel und Repräsentanten des 'Dritten Reiches.'* Stuttgart: Deutsches Verlags-Anstalt, 1992.

——. *Das deutsche Heim*. Giessen: Anabas, 1984.

Gysling-Billeter, Erika. "Die angewandte Kunst: Sachlichkeit statt Diktatur." In *Die 30er Jahre: Schauplatz Deutschland*, 171 – 194. Munich: Haus der Kunst, 1977.

Habermas, Jürgen. "Der Abstraktion gewachsen sein. . ." *Magnum* 12 (April 1957): unpaginated.

日常之物的权威:西德工业设计文化史

——. "Der Moloch und die Künste: Zur Legende von der technischen Zweckmässigkeit." *Jahresring*, 1954, 259 – 63.

——. "Notizen zum Missverständnis von Kultur und Konsum." *Merkur* 10, no. 3 (March 1956): 212 – 28.

——. *The Structural Transformation of the Public Sphere*. Trans. Thomas Burger. Cambridge, Mass.: MIT Press, 1989; orig. pub. 1962.

Hahn, Peter, ed. *Hannes Meyer, 1886 – 1954*. Berlin: Ernst & Sohn, 1989.

Halter, Regine, ed. *Vom Bauhaus bis Bitterfeld: 41 Jahre DDR-Design*. Giessen: Anabas, 1991.

Hansen, Ursula. *Stilbildung als absatzwirtschaftliches Problem der Konsumgüterindustrie*. Berlin: Dunckler & Humblot, 1969.

Harpprecht, Klaus. "Die Lust an der Normalität." *Magnum* 29 (April 1960): unpaginated.

Hartmann, G. B. von, and Wend Fischer, eds. *Deutschland: Beitrag zur Weltausstellung Brüssel 1958, Ein Bericht*. 2 vols. Düsseldorf: Nordwestdeutsche Ausstellungs-Gesellschaft, 1958.

——. *Zwischen Kunst und Industrie: Der Deutsche Werkbund*. Munich: Die Neue Sammlung, 1975.

Hasselmann, Erwin. *Geschichte der deutschen Konsumgenossenschaften*. Frank-furt: Fritz Knapp, 1971.

Hassenpflug, Gustav. *Das Werkkunstschulbuch*. Stuttgart: Konradin Verlag, 1956.

Haug, Wolfgang. *Critique of Commodity Aesthetics*. Trans. Robert Bock. Minneapolis: University of Minnesota Press, 1986; orig. pub. 1971.

Hebdige, Dick. *Hiding in the Light: On Image and Things*. London: Routledge, 1988.

Heidegger, Martin. *Basic Writings*. London, Routledge, 1993.

——. *Die Technik und die Kehre*. Pfullingen: Neske, 1962.

Heidtmann, Horst, ed. *Das ist mein Land: 40 Jahre Bundesrepublik Deutschland*. Baden-Baden: Signal-Verlag, 1988.

Heimgestaltung mit Deutschen Hausrat. Berlin: Reichsfrauenführung, 1939.

"Heimweh nach den falschen Fünfzigern." *Der Spiegel* 32, no. 14 (3 April 1978): 90 – 114.

Heineman, Elizabeth. *What Difference Does a Husband Make? Women and Marital Status in Nazi and Postwar Germany*. Berkeley: University of California Press, 1999.

Henssler, Eberhard. *Urheberschutz der Angewandten Kunst und Architektur*. Stuttgart: W. Kohlhammer, 1950.

Herbert, James D. *Paris 1937: Worlds on Exhibition*. Ithaca, N. Y.: Cornell University Press, 1998.

Herbert, Ulrich. "Good Times, Bad Times: Memories of the Third Reich." In *Life in the Third Reich*, ed. Richard Bessel, 97 – 110. Oxford: Oxford University Press, 1987.

Herding, Klaus, and Hans-Ernst Mittig. *Kunst und Alltag im NS-System: Albert Speers Berliner Strassenlaternen*. Giessen: Anabas, 1975.

Herf, Jeffrey. *Reactionary Modernism: Technology, Culture, and Politics in Weimar and the Third Reich*. New York: Cambridge University Press, 1984.

Hermand, Jost. *Kultur im Wiederaufbau: Die Bundesrepublik Deutschland, 1945 – 1965*. Berlin: Ullstein, 1989.

———. "Modernism Restored: West German Painting in the 1950s." *New German Critique* 32 (spring/summer 1984): 23 – 41.

Herzog, Dagmar. "'Pleasure, Sex, and Politics Belong Together': Post-Holocaust Memory and the Sexual Revolution in West Germany." *Critical Inquiry* 24 (winter 1998): 393 – 444.

Heskett, John. "Modernism and Archaism in Design in the Third Reich." In *The Nazification of Art: Art, Design, Music, Architecture, and Film in the Third Reich*, eds. Brandon Taylor and Winfried van der Will, 128 – 43. Winchester, Eng.: Winchester School of Art Press, 1990.

Heuss, Theodore. *Hans Poelzig*. Tübingen: Ernst Wasmuth, 1948.

———. *Was ist Qualität? Zur Geschichte und zur Aufgabe des Deutschen Werkbundes*. Tübingen: Rainer Wunderlich Verlag, 1951.

———. *Zur Kunst der Gegenwart*. Tübingen: Rainer Wunderlich Verlag, 1956.

Hewitt, Nicholas, ed. *The Culture of Reconstruction: European Literature, Thought, and Film*. New York: St. Martins Press, 1989.

Hiller, Robert, and Dieter Zühlsdorf, eds. *Fifty-Fifty: Formen und Farben der 50er Jahre*. Darmstadt: Arnold'sche Verlag, 1987.

Hinz, Berthold. *Art in the Third Reich*. New York: Pantheon, 1979.

———, ed. *Die Dekoration der Gewalt: Kunst und Medien im Faschismus*. Giessen: Anabas, 1979.

Hirdina, Heinz. *Gestalten für die Serie: Design in der DDR, 1949 – 1985*. Dresden: Verlag der Kunst, 1988.

———, ed. *Neues Bauen Neues Gestalten*. Dresden: Verlag der Kunst, 1991.

Hirdina, Karin. *Pathos der Sachlichkeit*. Munich: Damnitz Verlag, 1981.

Hixson, Walter. *Parting the Curtain: Propaganda, Culture, and the Cold War, 1945 – 1961*. New York: St. Martin's, 1997.

Hoffmann, Hilmar, and Heinrich Klotz, ed. *Die Kultur unseres Jahrhunderts, 1945 – 1960*. Düsseldorf: Econ Verlag, 1991.

Hoffmann, Ot, ed. *Der deutsche Werkbund 1907, 1947, 1987*. Berlin: Wilhelm Ernst & Sohn, 1987.

Höhn, Maria. "Frau im Haus and Girl im Spiegel: Discourse on Women in the Interregnum Period of 1945 – 1949 and the Question of German Identity." *Central European History* 26, no. 1 (1993): 57 – 91.

Hölscher, Eberhard. *Werbende Lichtbildkunst: Ein Schrift über Werbefotographie*. Berlin: Otto Elsner Verlagsgesellschaft, 1940.

Hopfengart, Christine. *Klee: Von Sonderfall zum Publikumsliebling*. Mainz: Phillipp von Labern, 1989.

Horkheimer, Max, and Theodor Adorno. *Dialectic of Enlightenment*. Trans. John Cummings. New York: Seabury, 1972; orig. pub. 1947.

Horvath, Peter. "Die Teilzahlungskredite als Begleiterscheinung des westdeutsche 'Wirtschaftswunder.'" *Zeitschrift für Unternehmungsgeschichte* 37, no. 1 (1992): 19 – 55.

Hoscislawski, Thomas. *Bauen zwischen Macht und Ohnmacht: Architektur und Städtebau in der DDR*. Berlin: Verlag für Bauwesen, 1991.

Hübbenet, Anatol von. *Das Taschenbuch 'Schönheit der Arbeit.'* Berlin: Deutsche Arbeitsfront, 1938.

Huse, Norbert. *Neues Bauen, 1918 bis 1933*. Berlin: Ernst & Sohn, 1985.

Huyssen, Andreas. "After the Wall: The Failure of German Intellectuals." *New German Critique* 52 (winter 1991): 109 – 43.

Jackson, Lesley. *The New Look: Design in the Fifties*. London: Thames & Hudson, 1991.

James, Harold. *A German Identity, 1770 – 1990*. New York: Routledge, 1989.

Jaspersen, Thomas. *Produktwahrnehmung und stilistischer Wandel*. Frankfurt am Main: Campus, 1983.

Jay, Martin. *The Dialectic Imagination*. Boston: Little Brown, 1973.

Jefferies, Matthew. *Politics and Culture in Wilhelmine Germany: The Case of Industrial Architecture*. Oxford: Berg, 1995.

Joachimides, Christos, Norman Rosenthal, and Wieland Schmied, eds. *German Art in the Twentieth Century: Painting and Sculpture, 1905 – 1985*. Munich: Prestel, 1985.

Joppien, Rüdiger. "Weniger ist Mehr, oder die Leere ist Fülle." In *Mehr oder Weniger: Braun im Vergleich*, 9 – 17. Hamburg: Museum für Kunst und Gewerbe, 1990.

Jungwirth, Nikolaus, and Gerhard Kromschröder. *Die Pubertät der Republik: Die 50er Jahre der Deutschen*. Frankfurt: Dieter Fricke, 1978.

Kaes, Anton. *From Hitler to Heimat: The Return of History as Film*. Cambridge, Mass. : Harvard University Press, 1989.

Kaplan, Wendy, ed. *Designing Modernity: The Arts of Reform and Persuasion, 1885 – 1945*. New York: Thames & Hudson, 1995.

Kasher, Steven. "Das deutsche Lichtbild and the Militarization of German Photography." *Afterimage* 18, no. 7 (February 1991): 10 – 14.

Kellerer, Christian. *Weltmacht Kitsch*. Stuttgart: Europa Verlag, 1957.

Kelm, Martin. *Produktgestaltung im Sozialismus*. Berlin: Dietz, 1971.

Kirchliche Kunst. Berlin: Kunst-Dienst, 1936.

Kirsch, Karin. *Die Weissenhofsiedlung*. Stuttgart: Deutsche Verlagsanstalt, 1987.

Koch, Alexander. *Praktisch Bauen + Schön Wohnen = Glücklich Leben*. Stuttgart: Verlagsanstalt Alexander Koch, 1955.

Koetzle, Michael, Klaus-Jürgen Sembach, and Klaus Schölzel, eds. *Die Fünfziger Jahre: Heimat Glaube Glanz, Der Stil eines Jahrzehnts*. Munich: Georg D. W. Callwey, 1998.

König, Heinz, ed. *Wandlungen der Wirtschaftsstruktur in der Bundesrepublik Deutschland*. Berlin: Duncker & Humblot, 1962.

Koshar, Rudy. *German Travel Cultures*. Oxford: Berg, 2000.

Kossolapow, Rudolf. *Design und Designer zwischen Tradition und Utopie*. Frankfurt:

Peter Lang, 1985.

Kramer, Lore. "Die Frankfurter Küche." In *Frauen in Design: Berufsbilder und Lebenswege seit 1900*, ed. Angela Oedekoven-Gerischer, 160 – 74. Stuttgart: Landesgewerbeamt Baden-Württemberg, 1989.

Kriegeskorte, Michael. *Werbung in Deutschland 1945 – 1965*. Cologne: Dumont, 1992.

Kuhn, Annette, and Anna-Elisabeth Freier, eds. *Frauen in der Geschichte*. Vol. 5, *"Das Schicksal Deutschlands liegt in der Hand seiner Frauen" Frauen in der deutschen Nachkriegsgeschichte*. Düsseldorf: Schwann, 1984.

Kükelhaus, Hugo, and Stephan Hirzel, eds. *Deutsche Warenkunde*. Berlin: Alfred Metzner, 1939.

Der Kunst-Dienst: Ein Arbeitsbericht. Berlin: Ulrich Riemerschmidt, 1941.

Larson, Magali Sarfatti. *The Rise of Professionalism: A Sociological Analysis*. Berkeley: University of California Press, 1977.

Lee, Sherman. *The Genius of Japanese Design*. New York: Kodenska International, 1981.

Leiterer, Eugen. *Der westdeutsche Konsumgüterexport nach den zweiten Weltkrieg*. Cologne: Westdeutscher Verlag, 1958.

Leitl, Alfons. "Erziehung zur Form." In *Deutscher Geist zwischen Gestern und Morgen*, ed. Joachim Moras and Hans Paeschka, 116 – 24. Stuttgart: Deutsche Verlagsanstalt, 1954.

Lethen, Helmut. *Neue Sachlichkeit, 1924 – 1932: Studien zur Literatur der 'weissen Sozialismus.'* Stuttgart: Metzler, 1970.

Lindinger, Herbert. "The Nation of Functionalism." In *History of Industrial Design*, vol. 3, ed. Enrico Castelnuovo, 86 – 101. Milan: Electra, 1991.

———, ed. *Ulm Design: The Morality of Objects*. Trans. David Britt. Cambridge: MIT Press, 1990.

Loehlin, Jennifer A. *From Rugs to Riches: Housework, Consumption, and Modernity in Germany*. Oxford: Berg, 1999.

Lotz, Wilhelm. *Frauen im Werk: Schönheit der Arbeit erleichtert der Frau das Einleben im Betrieb*. Berlin: Deutscher Verlag, 1940.

Lüdtke, Alf. *Eigen-Sinn: Fabrik-Alltag, Arbeitererfahrungen, und Politik vom Kaiserreich bis in den Faschismus*. Hamburg: Ergebnisse, 1993.

Lützeler, Heinrich, and Marga Lützeler. *Unser Heim*. Bonn: Verlag der Buchgemeinde, 1939.

Maase, Kaspar. *Bravo Amerika: Erkundungen zur Jugendkultur der Bundesrepublik in den fünfziger Jahren*. Hamburg: Junius, 1992.

Maenz, Paul. *Die 50er Jahre: Formen eines Jahrzehnts*. Cologne: Dumont, 1984.

Maier, Charles. "Between Taylorism and Technocracy: European Ideologies and the Vision of Productivity in the 1920s." *Journal of Contemporary History* 5 (1970): 27 – 51.

Maldonado, Tomás. *Beiträge zur Terminologie der Semiotik*. Ulm: J. Ebner, 1961.

———. "Is the Bauhaus Relevant Today?" *Ulm* 8/9 (September 1963): 5 – 13.

———. "Die Krise der Pädagogik und die Philosophie der Erziehung." *Merkur* 13, no. 9 (September 1959): 818 – 35.

———. "New Developments in Industry and the Training of Designers." *Architects' Year-book* 9 (1960): 174 – 80.

———. "New Developments in Industry and the Training of the Designer." *Ulm* 2 (October 1958): 25 – 40.

Manske, Beate, and Grudrun Scholz, eds. *Täglich in den Hand: Industrieformen von Wilhelm Wagenfeld aus 6 Jahrzehnten.* Lilienthal: Worpsweder, 1987.

Margolin, Victor, ed. *Design Discourse.* Chicago: University of Chicago Press, 1989.

Marling, Karal Ann. *As Seen on TV: The Visual Culture of Everyday Life in the 1950s.* Cambridge, Mass: Harvard University Press, 1994.

Marquart, Christian. *Industriekultur-Industriedesign.* Berlin: Ernst &. Sohn, 1994.

May, Elaine Tyler. *Homeward Bound: American Families in the Cold War Era.* New York: Basic Books, 1988.

Mazower, Mark. *Dark Continent: Europe's Twentieth Century.* New York: Knopf, 1999.

Meier-Oberist, Edmund. *Kulturgeschichte des Wohnens im abendländischen Raum.* Hamburg: Ferdinand Holzmann, 1956.

Meissner, Else. *Qualität und Form in Wirtschaft und Leben.* Munich: Richard Pflaum, 1950.

Merkel, Ina. *Und Du, Frau an der Werkbank: Die DDR in den 50er Jahren.* Berlin: Elefanten Press, 1990.

Meurer, Bernd, and Harmut Vincon. *Industrielle Ästhetik: Zur Geschichte und Theorie der Gestaltung.* Giessen: Anabas, 1983.

Meyer, Sibylle. *Das Theater mit der Hausarbeit: Bürgerliche Repräsentation in der Familie der wilhelmischen Zeit.* Frankfurt: Campus, 1982.

Meyer, Sibylle, and Eva Schulze. *Auswirkungen des II. Weltkriegs auf Familien.* Berlin: Gerhard Weinert, 1989.

———. *Von Liebe sprach damals keiner.* Munich: C. H. Beck, 1985.

Michaud, Eric. *Un Arte de l'Eternité: L'image et le temps du national-socialisme.* Paris: Gallimard, 1996.

Miller Lane, Barbara. *Architecture and Politics in Germany 1918 – 1945.* Cambridge, Mass. : Harvard University Press, 1968.

"Mit Pepita voll im Trend: Der neue Kult um die 50er Jahre." *Der Spiegel* 38, no. 14 (3 April 1984): 230 – 38.

Mitscherlich, Alexander. *Die Unwirtlichkeit unserer Städte.* Frankfurt: Suhrkamp, 1965.

Mitscherlich, Alexander, and Margarete Mitscherlich. *Die Unfähigkeit zu trauern: Grundlagen kollektiven Verhaltens.* Munich: R. Piper, 1977; orig. pub. 1967.

Moeller, Robert. *Protecting Motherhood: Women and the Family in the Politics of Postwar West Germany.* Berkeley: University of California Press, 1993.

———, ed. *West Germany under Construction: Politics, Society, and Culture in the Adenauer Era.* Ann Arbor: University of Michigan Press, 1997.

Moles, Abraham. "Functionalism in Crisis." *Ulm* 19/20 (August 1967): 20 – 24.

Moos, Stanislaus, ed. *Avantgarde und Industrie.* Delft: Delft University Press, 1983.

Moras, Joachim, and Hans Paeschka, eds. *Deutscher Geist zwischen Gestern und Morgen*. Stuttgart: Deutsche Verlagsanstalt, 1954.

Mosse, George. "Fascist Aesthetics and Society: Some Considerations." *Journal of Contemporary History* 31, no. 2 (April 1996): 245 – 52.

——. *The Nationalization of the Masses: Political Symbolism and Mass Movements in Germany from the Napoleonic Wars through the Third Reich*. Ithaca, N. Y. : Cornell University Press, 1975.

——, ed. *Nazi Culture*. New York: Schocken, 1969.

Muhlen, Norbert. "Das Land der grossen Mitte: Notizen aus dem Neon-Biedermeier." *Der Monat* 6 (1953): 237 – 44.

Müller, Michael. *Architektur und Avantgarde: Ein vergessenes Projekt der Moderne*. Frankfurt: Athenäum, 1984.

Müller, Sebastian. *Kunst und Industrie*. Munich: Carl Hanser, 1974.

Mundt, Barbara, ed. *Interieur + Design in Deutschland 1945 – 1960*. Berlin: Staatliche Museen zu Berlin, 1993.

Naumann, Friedrich. *Der deutsche Stil*. Hellerau: Deutsche Werkstätten, 1915.

Nerdinger, Winfried, ed. *Bauhaus-Moderne im Nationalsozialismus: Zwischen Anbiederung und Verfolgung*. Munich: Prestel, 1993.

Neue Gesellschaft für Bildende Kunst, ed. *Wunderwirtschaft: DDR-Konsumgeschichte in den 60er Jahren*. Cologne: Böhlau, 1996.

Niedermoser, Otto. *Schöner Wohnen, Schöner Leben*. Frankfurt: Humboldt, 1954.

Niethammer, Lutz, ed. *'Hinterher merkt man, dass es richtig war, dass es schiefgegangen ist': Nachkriegs-erinnerungen im Ruhrgebiet*. Berlin: J. H. W. Dietz, 1983.

Nolan, Mary. *Visions of Modernity: American Business and the Modernization of Germany*. New York: Oxford University Press, 1994.

Oedekoven-Gerischer, Angela, ed. *Frauen in Design: Berufsbilder und Lebenswege seit 1900*. Stuttgart: Landesgewerbeamt Baden-Württemberg, 1989.

Orland, Barbara. *Wäsche Waschen*. Reinbek bei Hamburg: Rowohlt, 1991.

——, ed. *Haushaltsträume: Ein Jahrhundert Technisierung und Rationalisierung im Haushalt*. Königstein: Hans Koster, 1990.

Ottomeyer, Hans, and Axel Schlapka, *Biedermeier: Interieurs und Möbel*. Munich: Wilhelm Heyne, 1991.

Pahl-Weber, Elke. "Im fließenden Raum: Wohnungsgrundrisse nach 1945." In *Grauzonen Farbwelten: Kunst und Zeitbilder 1945 – 1955*, ed. Bernhard Schulz, 105 – 24. Berlin: NGBK, 1983.

Pechmann, Günther von. *Die Qualitätsarbeit: Ein Handbuch für Industrielleund Kaufleute und Gewerbepolitiker*. Frankfurt: Frankfurter Societäts Drückerei, 1924.

Peters, Olaf. *Neue Sachlichkeit und Nationalsozialismus: Affirmation und Kritik, 1931 – 1947*. Berlin: Reimer, 1998.

Petropoulos, Jonathan. *Art as Politics in the Third Reich*. Chapel Hill: University of North Carolina Press, 1996.

Petsch, Joachim. *Eigenheim und Gute Stube: Zur Geschichte des bürgerlichen*

Wohnens. Cologne: Dumont, 1989.

———. *Kunst im Dritten Reich*. Cologne: Vista Point, 1983.

Peukert, Detlev. *Inside Nazi Germany*. Trans. Richard Deveson. New Haven, Conn. : Yale University Press, 1987; orig. pub. 1982.

Poiger, Uta. *Jazz, Rock, and Rebels: Cold War Politics and American Culture in a Divided Germany*. Berkeley: University of California Press, 2000.

Pommer, Richard, and Christian Otto. *Weissenhof 1927 and the Modern Movement in Architecture*. Chicago: University of Chicago Press, 1991.

Postone, Moishe. "National Socialism and Anti-Semitism. " In *Germans and Jews since the Holocaust*, ed. Anson Rabinbach and Jack Zipes, 302 – 14. New York: Holmes & Meier, 1986.

Preuss-Lausitz, Ulf, ed. *Kriegskinder, Konsumkinder, Krisenkinder*. Weinheim: Beltz, 1983.

Prinz, Michael, and Rainer Zitelmann, eds. *Nationalsozialismus und Modernisierung*. Darmstadt: Wissenschaftliche Buchgesellschaft, 1991.

Pulos, Arthur. *American Design Ethic: A History of Industrial Design to 1940*. Cambridge, Mass. : MIT Press, 1983.

Rabinbach, Anson. "The Aesthetics of Production in the Third Reich. " *Journal of Contemporary History* 11, no. 4 (October 1976): 43 – 74.

———. *The Human Motor: Energy, Fatigue, and the Origins of Modernity*. New York: Basic Books, 1990.

Rammstedt, Otthein, and Gert Schmidt, eds. *BRD Ade! Vierzig Jahre in Rück Ansichten*. Frankfurt: Suhrkamp, 1992.

Rave, Paul Ortwin. *Kunstdiktatur im Dritten Reich*. Berlin: Argon, 1987; orig. pub. 1947.

Reagin, Nancy. "The Imagined Hausfrau: National Identity, Domesticity, and Colonialism in Imperial Germany. " *Journal of Modern History* 73, no. 1 (March 2001): 54 – 86.

Redeker, Horst. *Über das Wesen der Form*. Berlin: Institut für angewandte Kunst, 1954.

Reichel, Peter. *Der schöne Schein des Dritten Reiches: Faszination und Gewalt*. Munich: Carl Hanser, 1991.

Reid, Susan E. , and David Crowley, eds. *Style and Socialism: Modernity and Material Culture in Post-War Eastern Europe*. Oxford: Berg, 2000.

Rentschler, Eroc. *The Ministry of Illusion: Nazi Cinema and Its Afterlife*. Cambridge, Mass. : Harvard University Press, 1996.

Richter, Hans. *Kunst und Antikunst*. Cologne: M. DuMont, 1964.

Richter, Hans Werner, ed. *Der Bestandsaufnahme: Eine deutsche Bilanz 1962*. Munich: Kurt Desch, 1962.

Richter, Margarete. *Raumschaffen unserer Zeit*. Tübingen: Ernst Wasmuth, 1955.

Rogoff, Irit, ed. *The Divided Heritage: Themes and Problems in German Modernism*. Cambridge: Cambridge University Press, 1991.

Roh, Franz. *'Entartete Kunst': Kunstbarbarei im Dritten Reich*. Hannover:

Fackelträger-Verlag, 1962.

Rübenbach, Bernhard. *Der Rechte Winkel von Ulm*. Darmstadt: Georg Büchner, 1987.

Ruhl, Klaus-Jörg, ed. *Frauen in der Nachkriegszeit*, *1945 – 1963*. Munich: Deutscher Taschenbuch Verlag, 1988.

Ruppert, Wolfgang, ed. *Chiffren des Alltags*. Marburg: Jonas, 1993.

Sachs, Wolfgang. *For the Love of the Automobile*: *Looking Back into the History of Our Desires*. Trans. Don Reneau. Berkeley: University of California Press, 1992.

Sachse, Carola. *Siemens*, *der Nationalsozialismus*, *und die moderne Familie*. Hamburg: Rasch und Röhring, 1990.

Saldern, Adelheid von. *Häuserleben*: *Zur Geschichte städtlichen Arbeiterwohnens vom Kaiserreich bis heute*. Bonn: J. H. W. Dietz, 1995.

——. "'Statt Kathedralen die Wohnmaschine': Paradoxien der Rationalisierung im Kontext der Moderne." In *Zivilisation und Barbarei*, ed. Frank Bajohr, Werner Johe, and Uwe Lohalm, 168 – 92. Hamburg: Christians, 1991.

Santner, Eric. *Stranded Objects*: *Mourning*, *Memory*, *and Film in Postwar Germany*. Ithaca, N. Y. : Cornell University Press, 1990.

Schäfer, Hans Dieter. "Amerikanismus im Dritten Reich." In *Nationalsozialismus und Modernisierung*, eds. Michael Prinz and Rainer Zitelmann, 199 – 215. Darmstadt: Wissenschaftliche Buchgesellschaft, 1991.

——. *Das gespaltene Bewusstsein*: *Deutsche Kultur und Lebenswirklichkeit 1933 – 1945*. Berlin: Ullstein, 1984.

Schäfer, Immanuel. *Wesenswandel der Ausstellung*. Berlin: Verlag für Kultur-und Wirtschaftswerbung, 1938.

Schätzke, Andreas, ed. *Zwischen Bauhaus und Stalinallee*: *Architekturdebatte im östlichen Deutschland*, *1945 – 1955*. Braunschweig: Fr. Vieweg, 1991.

Scheerer, Hans. "Gestaltung im Dritten Reich." *Form* 69, nos. 1, 2, 3 (1975).

Schepers, Wolfgang. "Stromlinien oder Gelsenkirchener Barock?: Fragen (und Antworten) an das westdeutsche Nachkriegsdesign." In *Aus den Trümmern* : *Kunst und Kultur im Rheinland in Westfalen*, *1945 – 1952*, ed. Klaus Honnef and Hans M. Schmidt, 117 – 60. Cologne: Rheinland Verlag, 1985.

Schildt, Axel. *Moderne Zeiten*: *Freizeit*, *Massenmedien*, *und 'Zeitgeist' in der Bundesrepublik der 50er Jahre*. Hamburg: Christians, 1995.

Schildt, Axel, and Arnold Sywottek, eds. *Modernisierung im Wiederaufbau*: *Die westdeutsche Gesellschaft der 50er Jahre*. Bonn: J. H. W. Dietz, 1993.

Schissler, Hanna, ed. *The Miracle Years*: *A Cultural History of West Germany*, *1949 – 1968*. Princeton: Princeton University Press, 2001.

Schmidt, Walther. "Restauration des Funktionalismus." *Bauen und Wohnen* 3, no. 1 (January 1948): 2 – 4.

Schnaidt, Claude. *Hannes Meyer*: *Bauten*, *Projekte*, *und Schriften*. Teufen: Arthur Niggli, 1965.

Scholl, Inge. "Eine neue Gründerzeit und ihre Gebrauchskunst." In *Der Be-standsaufnahme*: *Eine deutsche Bilanz 1962*, ed. Hans Werner Richter, 421 – 27. Munich: Kurt Desch, 1962.

——. *The White Rose*. Trans. Arthur Schultz. Middletown, Conn. : Wesleyan University Press, 1983; orig. pub. 1952.

Schönberger, Angela. *The East German Take-Off : Economy and Design in Transition*. Berlin: Ernst &- Sohn, 1994.

——, ed. *Raymond Loewy : Pionier des Industrie-Design*. Munich: Prestel, 1984.

Schreiber, Hermann, Dieter Honisch, and Ferdinand Simoneit. *Die Rosenthal Story*. Düsseldorf: Econ-Verlag, 1980.

Schüler, Andreas. *Erfindergeist und Technikkritik : Der Beitrag Amerikas zur Modernisierung und die Technikdebatte seit 1900*. Stuttgart: Franz Steiner, 1990.

Schulz, Bernhard, ed. *Grauzonen Farbwelten : Kunst und Zeitbilder 1945 – 1955*. Berlin: Medusa, 1983.

Schwartz, Frederic. *The Werkbund : Design Theory and Mass Culture before the First World War*. New Haven, Conn. : Yale University Press, 1996.

Schwartz, Thomas Alan. *America's Germany : John J. McCloy and the Federal Republic of Germany*. Cambridge, Mass. : Harvard University Press, 1991.

Schwarz, Felix, and Frank Gloor, eds. *Die Form : Stimme des Deutschen Werkbundes, 1925 – 1934*. Gütersloh: Bertelsmann Fachverlag, 1969.

Schwarz, Hans-Peter. *Die Ära Adenauer*. 2 vols. Stuttgart: Deutsche-Verlagsanstalt, 1981 – 83.

Schwippert, Hans, ed. *Mensch und Technik : Erzeugnis Form Gebrauch, 1952 Darmstädter Gespräch*. Darmstadt: Neue Darmstädter Verlagsanstalt, 1952.

Seckendorff, Eva von. *Die Hochschule für Gestaltung in Ulm*. Marburg: Jonas, 1989.

Seeger, Mia, and Stephan Hirzel, eds. *Deutsche Warenkunde*. Stuttgart: Gerd Hatje, 1955.

Selle, Gert. *Design-Geschichte in Deutschland*. Cologne: Dumont, 1987.

——. *Kultur der Sinne und ästhetische Erziehung*. Cologne: Dumont, 1981.

——. "Zwischen Kunsthandwerk, Manufaktur, und Industrie: Rolle und Funktion des Kunstentwerfer, 1898 – 1908. " In *Vom Morris bis Bauhaus*, ed. Gerhard Bott, 9 – 25. Hanau: Hans Peters, 1977.

Selle, Gert, and Jutta Boehe. *Leben mit den schönen Dingen*. Hamburg: Rowohlt, 1986.

Sembach, Klaus-Jürgen. *Stil 1930*. Stuttgart: Ernst Wasmuth, 1971. In English: *Into the Thirties : Style and Design, 1927 – 1934*. Trans. Judith Filson. London: Thames and Hudson, 1987.

——, ed. *1950 : Orientierung nach dem Kriege*. Munich: Die Neue Sammlung, 1980.

Sieburg, Friedrich. *Die Lust am Untergang*. Hamburg: Rowohlt, 1954.

Siegrist, Hannes, Hartmut Kaelble, and Jürgen Kocka, eds. *Europäische Konsumgeschichte : Zur Gesellschafts-und Kulturgeschichte des Konsums (18. bis 20. Jahrhundert)*. Frankfurt: Campus, 1997.

Siepmann, Eckhard, ed. *Alchimie des Alltags : Das Werkbund-Archiv, Museum der Alltagskultur des 20. Jahrhunderts*. Giessen: Anabas, 1987.

——. *Bikini : Die Fünfziger Jahre*. Berlin: Elefanten Press, 1982.

Silbermann, Alfons. *Vom Wohnen der Deutschen : Eine soziologische Studie über das*

Wohnerlebnis. Cologne: Westdeutscher Verlag, 1963.

Smith, Terry. *Making the Modern: Industry, Art, and Design in America*. Chicago: University of Chicago Press, 1993.

Speer, Albert. *Inside the Third Reich*. Trans. Richard and Clara Winston. New York: Macmillan, 1969.

Sperling, Edith. "Hausfrauen: Eine Fotodokumentation über arbeitende Haus frauen in der Bundesrepublik Deutschland." In *Ästhetische Erziehung und Alltag*, ed. Hermann K. Ehmer, 31 – 43. Giessen: Anabas, 1979.

Spielmann, Heinz. *Moderne Deutsche Industrieform*. Hamburg: Kunstgewerbe Verein, 1962.

Steinberg, Rolf, ed. *Nazi-Kitsch*. Darmstadt: Melzer, 1975.

Steinwarz, Herbert. *Wesen, Aufgaben, Ziele des Amtes Schönheit der Arbeit*. Berlin: Deutsche Arbeitsfront, 1937.

Steinweis, Alan. *Art, Ideology, and Economics in Nazi Germany: The Reich Chambers of Music, Theater, and the Visual Arts*. Chapel Hill: University of North Carolina Press, 1983.

Sternberger, Dolf. *Über den Jugendstil und andere Essays*. Hamburg: Claessen, 1956.

Stewart, Richard. *Design and British Industry*. London: John Murray, 1985.

Stölken-Fitschen, Ilona. *Atombombe und Geistesgeschichte: Eine Studie der fünfziger Jahre aus deutschen Sicht*. Baden-Baden: Nomos-Verlagsgesellschaft, 1995.

Stommer, Rainer, ed. *Reichsautobahn, Pyramiden des dritten Reichs: Analyse zur Ästhetik eines unbewältigten Mythos*. Marburg: Jonas Verlag, 1982.

Strasser, Susan, Charles McGovern, and Matthias Judt, eds. *Getting and Spending: European and American Consumer Societies in the Twentieth Century*. Cambridge: Cambridge University Press, 1998.

Taussig, Michael. *The Devil and Commodity Fetishism in South America*. Chapel Hill: University of North Carolina Press, 1980.

Taylor, Brandon, and Winfried van der Will, eds. *The Nazification of Art: Art, Design, Music, Architecture, and Film in the Third Reich*. Winchester, Eng. : Winchester School of Art Press, 1990.

Theweleit, Klaus. *Male Fantasies*. Vols. 1 – 2. Trans. Erica Carter. Minneapolis: University of Minnesota Press, 1987.

Thiekötter, Angelika, ed. *Blasse Dinge: Werkbund und Waren. 1945 – 1949*. Berlin: Werkbund-Archiv, 1989.

Thomas-Ziegler, Sabine, ed. *Petticoat und Nierentisch: Die Jugendzeit der Republik*. Cologne: Rheinland-Verlag, 1995.

Tiedemann, Lotte. *Menschlich Wohnen*. Bonn: Domus Verlag, 1956.

Tillich, Paul. *The Protestant Era*. Trans. James Luther Adams. Chicago: University of Chicago Press, 1948.

Uhlig, Günther. *Kollektivmodell Einküchenhaus: Wohnreform und Architekturdebatten zwischen Frauenbewegung und Funktionalismus, 1900 – 1933*. Giessen: Anabas, 1981.

Ulmer, Eugen. *Urheber-und Verlagsrecht*. Berlin: Springer-Verlag, 1951. Rev. ed.

1960.

Vogt, Hans. *Die Gerätesättigung im Haushalt*, pamphlet, Berlin, 1940.

Vorsteher, Dieter, ed. *Parteiauftrag : Ein neues Deutschland*. Berlin: DHM, 1997.

Wachenfeld, Sigrid. *Unsere wunderlichen fünfziger Jahre*. Düsseldorf: Droste, 1987.

Wachsmann, Christiane, ed. *Design ist gar nicht lehrbar : Hans Gugelot und seine Schüler*. Ulm: Süddeutsche Verlagsgesellschaft, 1990.

——. *Objekt + Objektiv = Objektivität ? Fotographie an der HfG Ulm, 1953 – 1968*. Ulm: Stadtarchiv Ulm, 1991.

Wagenfeld, Wilhelm. *Wesen und Gestalt : Der Dinge um uns*. Potsdam: Eduard Stichnote, 1948.

Wagenführ, Rolf. *Die deutsche Industrie im Kriege 1939 – 1945*. Berlin: Dunckler &. Humblot, 1963.

Ward, Janet. *Weimar Surfaces : Urban Visual Culture in 1920s Germany*. Berkeley: University of California Press, 2001.

Die Weiße Rose und das Erbe des deutschen Widerstandes. Munich: C. H. Beck, 1993.

Weissler, Sabine, ed. *Design in Deutschland, 1933 – 1945 : Ästhetik und Organisation des Deutschen Werkbundes im ' Dritten Reich. '* Giessen: Anabas, 1990.

——. *Die Zwanziger Jahre des Deutschen Werkbundes*. Giessen: Anabas, 1982.

Wem gehört die Welt—Kunst und Gesellschaft in der Weimarer Republik. Berlin: NGBK, 1977.

Wendland, Winfried. *Die Kunst der Kirche*. Berlin: Wichern, 1940.

——. *Kunst in Zeichen des Kreuzes : Die künstlerische Welt des Protes-tantismus unserer Zeit*. Berlin, 1934.

Werbestil 1930 – 1940 : Die alltägliche Bildersprache eines Jahrzehnts. Zürich: Kunstgewerbemuseum, 1981.

Westphal, Uwe. *Werbung in Dritten Reich*. Berlin: Transit, 1989.

Wichmann, Hans. *Industrial Design Unikate Serienerzeugnisse : Die Neue Sammlung, ein neuer Museumstyp des 20. Jahrhunderts*. Munich: Prestel, 1985.

——. *Italien : Design 1945 bis Heute*. Basel: Birkhäuser, 1988.

——, ed. *Made in Germany*, with an introduction by Ludwig Erhard. Munich: Peter Winkler, 1966.

——. *System-Design Bahnbrecher : Hans Gugelot, 1920 – 1965*. Basel: Birkhäuser, 1984.

Wildt, Michael. *Am Beginn der ' Konsumgesellschaft ' : Mangelerfahrung, Lebenshaltung, und Wohlstandshoffnung in Westdeutschland in den 50er Jahren*. Hamburg: Ergebnisse, 1994.

——. *Vom kleinen Wohlstand : Eine Konsumgeschichte der fünfziger Jahre*. Frankfurt: Fischer, 1996.

Willett, John. *The New Sobriety, 1917 – 1933 : Art and Politics in the Weimar Period*. London: Thames &. Hudson, 1978.

Willett, Ralph. *The Americanization of West Germany, 1945 – 1949*. London: Routledge, 1989.

Winter, Friedrich. *Gestalten : Didaktik oder Urprinzip ? Ergebnis und Kritik des Ex-

periments Werkkunstschulen, *1949 – 1971*. Ravensburg: Maier, 1977.

Winzer, Walter. *Neue Deutsche Wohnkultur*. Leipzig: W. Vobach, 1937.

Wir bauen ein besseres Leben: *Eine Ausstellung über die Produktivität der Atlantischen Gemeinschaft auf dem Gebiet des Wohnbedarfs*, organized by the American High Command for Germany. Stuttgart: Gerd Hatje, 1952.

Zahn, Ernst. *Soziologie der Prosperität*. Cologne: Kiepenhauer & Witsch, 1960.

Zatlin, Jonathan. "The Vehicle of Desire: The Trabant , the Wartburg, and the End of the GDR. " *German History* 15, no. 3 (1997): 360 – 80.

Zaumschirm, Thomas. *Die Fünfziger Jahre*. Munich: Wilhelm Heyne, 1980.

Zeller, Thomas. "'The Landscape's Crown': Landscape, Perception, and the Modernizing Effects of the German Autobahn, 1933 – 1941. " In *Technologies of Landscape* : *Reaping to Recycling*, ed. Thomas Nye. Amherst: University of Massachusetts Press, 1999.

Zentner, Christian. *Illustrierte Geschichte der Ära Adenauer*. Munich: Südwest Verlag, 1984.

索 引

※此为英文原版著作索引

Abelshauser, Werner, 121

Abstract Expressionism, 114, 122; context of, 136, 137 – 38; influence of, on photography, 123 – 24

Adenauer, Konrad, 138, 150; and transformation of Germany, 4 – 5

Adorno, Theodor, 71, 157; on the "culture industry," 133; *Dialectic of Enlightenment* (with Horkheimer), 55, 130; on jargon of authenticity, 85; on loss of aesthetic autonomy, 135; Werkbund and, 252, 253 – 54

advertising: abstract images in, 124 – 28, *125*, *127*; of kitchen appliances, *227*; Ulm's product photography, 161 – 63, *162*, *163*, 165

aesthetics: of consumerism, 16, 171 – 72; copyright and, 202 – 3; culture industry and, 254 – 55; functionalism and, 41; of Nazi militarism, 11; in politics, 14 – 16, 25, 245 – 46; postfascist, 243 – 44; power and, 175 – 76; scientific operationalism and, 156; in standards of living, 245 – 47

Aicher, Otl, 139, 149; cofounding of Ulm Institute by, 140 – 45

Albers, Anni, 13

Albers, Josef, 13, 169

Allensbach Institut für Demoskopie, 158

Almanac of the Forgotten (Witsch and Bense), 77

Amt für industrielle Formgestaltung. *See* Industrial Design Agency

Amt Schönheit der Arbeit. *See* Beauty of Labor Bureau

architecture, 3; architects become designers, 204, 206; Heidegger's meditation on, 85 – 87; internationalism, 26 – 27; monumentalist, 243; in postwar West Germany, 13

Arndt, Adolf, 252

Arp, Hans, 113, 124

art, noncommodifiable, 136 – 37

art education. *See* education

Art Service. *See* Kunst-Dienst

Art under the Sign of the Cross (Wendland), 61

Arzberg Porcelain (design firm), 46, 62

Atlantic Monthly (magazine): "The New Germany," 150

Autobahn project, 7, 45 – 46, 270n50, 275n84

Bangert, Albrecht, 114

Banham, Reyner, 300n126

Barthes, Roland, 116

Bartning, Otto, 56, 74, 190; "The Hour of the Werkbund," 75 – 76

Bauhaus, 8; cultural foreign policy and, 1; design education of, 205; Nazi exhibitions and, 29; Nazi scourge of, 63; Nierentisch design and, 114 – 15; political service by, 12 – 14; rejected by East Germany, 89 – 92; and Schwartz controversy, 85; theater, 52; Ulm Institute and, 14, 20, 139, 143 – 44, 149 – 51, 168 – 70, 251

Baumann, Hans Theo, 207 – 8

Baumeister, Willi, 127

Bäumer, Gertrud, 221

class, women workers and, 112

Cold War: "cheerful freedom" idea during, 130 – 31; closed communication during, 18; deradicalization of Werkbund during, 167 – 68; divergence in design during, 18 – 19; East-West domestic cultures and, 234; functionalism and, 254; influence on culture and society of, 259; perceptions of modernism during, 23 – 25; pessimism of, 190; use of art and design in, 135

Cologne Werkbund exhibition (1949), 94 – 96, *95*, 99

Combat League for German Culture, 26

Committee of Catholic German Women, 217

community: and Nazi use of radio, 44 – 45; neighbors in, 245. *See also* public sphere

Confino, Alon, 6

consumer goods: Braun's phonograph, 158 – 60, *159*; household appliances, 231 – 35, *233*; internationalism of, 242; production of, 182; televisions and radios, 231; trade in, 63 – 64

consumerism: aesthetics of living, 245 – 47; appeal of Nierentisch design, 116 – 22; cheerfulness and, 130 – 31, 137 – 38; commodity judgment, 240 – 41; creating democracy with, 121; hedonism/ terrorism and, 135 – 36; historical research of objects, 19; intellectual debate about, 129 – 30; myth and memory of postwar era and, 260 – 62; Nazi illusions about, 69 – 70; postwar families and, 218 – 19; reaction of 1968 against, 255; World War II's effect on, 4 – 6

consumer objects, 290*n*46; cultural status of, 171 – 72; re-enchanting, 50 – 54

Council for Industrial Design (Britain), 115, 180

Critique of Commodity Aesthetics (Haug), 254 – 55

Cult and Form exposition (Berlin, 1930), 58, *59*

Cultural Association for the Democratic Renewal of Germany, 77

culture: critiques of, 261; *Kultur* and *Zivilisation*, 89, 132 – 37, 151, 156 – 60, 171 – 72, 208, 264; mass, 239; Nazis' fusion with industry, 50 – 54; postfascist, 242 – 44; postwar retreat into privacy, 236 – 39; short-term effects of war, 235 – 36; and U. S. imperialism, 132

culture industry, Haug on, 254 – 55

Currency Reform (1948), 120

Czechoslovakia, 90

Dadaism, and Nierentisch, 133 – 34

Dahrendorf, Ralf: *Society and Democracy in Germany*, 238 – 39

Darmstadt, Institut für Neue Technische Form in, 96

Darmstadt Conference (1952), 185

death: Kunst-Dienst representation of, 67; lack of war commemorations, 244 – 45

Decorate Your House show (New York, 1949), 179

Degenerate Art exposition (Munich, 1937), 12, 90, 114, 187

design: American streamline, 10 – 11, 16, 31, 87 – 89, 135; consumerism and, 6 – 8; cultural diplomacy of, 12 – 14; cultural idealism of, 9 – 12; ecology of industry, 255 – 56; economics and, 8 – 9; fascism's effect on, 14 – 16; gender and, 17; "good form" campaign, 102 – 8, *106*, *107*, 112, 116; green aesthetics, 256; intellectuals' opposition to Nier-

96 – 97, 192

interior design: journals, 30; magazines, 215; and 1950s ideas and culture, 228 – 35; plastics and, 116; postwar family project and, 17; Ulm's modules, 160 – 61, *161*

Italy, 15; antifascist culture in, 15; modernism and fascism in, 11; postfascism in, 242 – 44

Itten, Johannes, 169, 207

Jäckh, Ernst, 27

Jacobsen, Arne, 112

James, William, 156

Jewish Trust Corporation, 197 – 98

Jews: Essen's design museum and, 197 – 98; expelled from Werkbund, 28; German workers and, 35; Nazi cultural accusations against, 43; and Nuremberg Laws, 54; Rosenthals and boycott, 63

Jugendstil, 128

Jünger, Ernst, 52, 150

Jünger, F. G. , 157

Kampfbund, 39

Kandinsky, Wassily, 13, 113, 122; influence of, 138; Nierentisch design and, 114; Ulm Institute and, 151, 153

Kantorowicz, Alfred: *Forbidden and Burned* (with Drew), 77

Kersting, Walter, 207

Kesting, Hanno, 173

Khrushchev, Nikita, kitchen debate with Nixon, 3

kitchens: advertising, *227*; Berlin model (1934), *226*; Frankfurt, 222, *223*, 225, 231; labor of women and, 221 – 27; Nazi home design and, 225 – 28; postwar family cult and, 217, 219 – 20, 231 – 32

kitchenware: Beauty of Labor and, 41 –

43, *42*; Nazi crockery, 46 – 49, *48*, *49*, *50*, *51*

kitsch: Decorate Your House show, 179; Nazi, *32*, 80, 243; "sweet" and "sour," 104

Klee, Paul, 13; influence of, 122, 126, 129; Nierentisch design and, 114 – 15; Ulm Institute and, 153

Knoll, Florence, 10, 88

Knoll International (company), 99, 192; furniture by, *195*; goods by, at Milan Triennale, 189

Koch, Rudolf, 58, 278n127

Koshar, Rudy, 6

Kükelhaus, Hugo, 64, 94

Kulture/Zivilisation, in modern lifestyle, 235

Kunst-Dienst, 20, 25, *59*, *65*; Beyer's "paramentic" and, 57 – 58; economic success of, 62 – 64; goals of, 55 – 60; relations with Nazis, 61 – 67; *A Task Report*, 66

Die Kunst und das schöne Heim (journal), 123

Kunst und Kirche (journal), 56

Kupetz, Günter, 208

labor: in the home, 231 – 35; Lüdtke on culture of, 53 – 54; servants, 223; Taylorist time-motion studies of, 225; by women, 39 – 40, 221; worker culture, 214; workers' health, 54 – 55. *See also* Beauty of Labor Bureau; workplaces

Lang, Fritz: *Metropolis*, 52

Lange, Helene, 221

law and legal issues: copyright, 202 – 3; defining art, 199; and Gropius's door handles, 200; protection for designs, 198 – 99; steel-tube chair case, 199 – 200

Lazi, Adolf, 47, 49, *51*, *187*

Le Corbusier, housing for INTERBAU

日常之物的权威：西德工业设计文化史

日常之物的权威：西德工业设计文化史

凤凰文库 | 本社已出版书目

一、凤凰文库·艺术理论研究系列

1. 《弗莱艺术批评文选》 [英]罗杰·弗莱 著　沈语冰 译
2. 《另类准则:直面20世纪艺术》 [美]列奥·施坦伯格 著　沈语冰 刘凡 谷光曙 译
3. 《当代艺术的主题:1980年以后的视觉艺术》 [美]简·罗伯森 克雷格·迈克丹尼尔 著　匡骁 译
4. 《艺术与物性:论文与评论集》 [美]迈克尔·弗雷德 著　张晓剑 沈语冰 译
5. 《现代生活的画像:马奈及其追随者艺术中的巴黎》 [英]T. J. 克拉克 著　沈语冰 诸葛沂 译
6. 《自我与图像》 [英]艾美利亚·琼斯 著　刘凡 谷光曙 译
7. 《博物馆怀疑论:公共美术馆中的艺术展览史》 [美]大卫·卡里尔著　丁宁 译
8. 《艺术社会学》 [英]维多利亚·D. 亚历山大 著　章浩 沈杨 译
9. 《云的理论:为了建立一种新的绘画史》 [法]于贝尔·达米施 著　董强 译
10. 《杜尚之后的康德》 [比]蒂埃利·德·迪弗 著　沈语冰 张晓剑 陶铮 译
11. 《蒂耶波洛的图画智力》 [美]斯维特拉娜·阿尔珀斯 [英]迈克尔·巴克森德尔 著　王玉冬 译
12. 《伦勃朗的企业:工作室与艺术市场》 [美]斯维特拉娜·阿尔珀斯 著　冯白帆 译
13. 《新前卫与文化工业》 [美]本雅明·布赫洛 著　何卫华 史岩林 桂宏军 钱纪芳 译
14. 《现代艺术:19与20世纪》 [美]迈耶·夏皮罗 著　沈语冰 何海 译
15. 《前卫的原创性及其他现代主义神话》 [美]罗莎琳·克劳斯 著　周文姬 路珏 译
16. 《德国文艺复兴时期的椴木雕刻家》 [英]麦克尔·巴克桑德尔 著　殷树喜 译
17. 《神经元艺术史》 [英]约翰·奥尼恩斯 著　梅娜芳 译
18. 《实在的回归:世纪末的前卫艺术》 [美]哈尔·福斯特 著　杨娟娟 译
19. 《大众文化中的现代艺术》 [美]托马斯·克洛 著　吴毅强 陶铮 译
20. 《重构抽象表现主义:20世纪40年代的主体性与绘画》 [美]迈克尔·莱杰 著　毛秋月 译
21. 《艺术的理论与哲学:风格、艺术家和社会》 [美]迈耶·夏皮罗 著　沈语冰 王玉冬 译
22. 《分床正典:女性主义欲望与艺术史写作》 [英]格丽塞尔达·波洛克 著　胡桥 金影村 译
23. 《女性制作艺术:历史、主体、审美》 [英]玛莎·麦斯基蒙 著　李苏杭 译
24. 《知觉的悬置:注意力、景观与现代文化》 [美]乔纳森·克拉里 著　沈语冰 贺玉高 译
25. 《神龙:美学论文集》 [美]戴夫·希基 著　诸葛沂 译
26. 《告别观念:现代主义历史中的若干片段》 [英]T. J. 克拉克 著　徐建 等译
27. 《专注性与剧场性:狄德罗时代的绘画与观众》 [美]迈克尔·弗雷德 著　张晓剑 译
28. 《在博物馆的废墟上》 [美]道格拉斯·克林普 著　汤益明 译
29. 《六十年代的兴起》 [美]托马斯·克洛 著　蒋苇 邓天媛 译
30. 《短暂的博物馆:经典大师绘画与艺术展览的兴起》 [英]弗朗西斯·哈斯克尔 著　翟晶 译
31. 《作为模型的绘画》 [美]伊夫-阿兰·博瓦 著　诸葛沂 译
32. 《西方绘画中的视觉、反射与欲望》 [美]大卫·萨默斯 著　殷树喜 译
33. 《18世纪巴黎的画家与公共生活》 [美]托马斯·克洛 著　刘超 毛秋月译
34. 《共鸣:图像的认知功能》 [美]芭芭拉·玛丽亚·斯塔福德 著　梅娜芳 陈潇玉译
35. 《毕加索艺术的统一性》 [美]迈耶·夏皮罗 著　王艺臻 译

二、设计理论研究系列

1. 《设计教育·教育设计》 [德]克劳斯·雷曼 著　赵璐 杜海滨 译　柳冠中 审校
2. 《对抗性设计》 [美]卡尔·迪赛欧 著　张黎 译

3.《设计史:理解理论与方法》 [挪威]谢尔提·法兰 著　张黎 译

4.《设计史与设计的历史》 [英]约翰·A.沃克 朱迪·阿特菲尔德 著　周丹丹 易菲 译

5.《思辨一切:设计、虚构与社会梦想》 [英]安东尼·邓恩 菲奥娜·雷比 著　张黎 译

6.《公民设计师:论设计的责任》 [美]史蒂芬·海勒 薇若妮卡·魏纳 编　滕晓铂 张明 译

7.《宜家的设计:一部文化史》 [瑞典]莎拉·克里斯托弗森 著　张黎 龚元 译

8.《设计的观念》 [美]维克多·马格林 [美]理查德·布坎南 编　张黎 译

9.《设计与价值创造》 [英]约翰·赫斯科特 著　尹航 张黎 译

10.《约翰·赫斯科特读本》 [英]克莱夫·迪诺特 编　吴中浩 译

11.《唯有粉红》 [英]彭妮·斯帕克 著　滕晓铂 刘翕然 译

12.《设计研究》 [美]布伦达·劳雷尔 编著　陈红玉 译

13.《批判性设计及其语境:历史、理论和实践》 [英]马特·马尔帕斯 著　张黎 译

14.《设计与历史的质疑》 [澳]托尼·弗赖 等著　赵泉泉 张黎 译

15.《恋物:情感、设计与物质文化》 [英]安娜·莫兰 等著　赵成清 鲁凯 译

16.《世界设计史1》 [美]维克多·马格林 著　王树良 等译

17.《世界设计史2》 [美]维克多·马格林 著　王树良 等译

18.《设计的政治》 [荷兰]鲁本·佩特 编　朱怡芳 译

19.《数字设计理论》 [美]海伦·阿姆斯特朗 编　吴中浩 译

20.《平面设计理论》 [美]海伦·阿姆斯特朗 编　刘翕然 译

21.《泡沫之中:复杂世界的设计》 [英]约翰·萨卡拉 著　曾乙文 译

22.《设计、历史与时间》 [英]佐伊·亨顿 [英]安妮·梅西 著　梁海育 译

23.《为多元世界的设计》 [哥伦比亚]阿图罗·埃斯科瓦尔 著　张磊 武塑杰 译

24.《数字物质性:设计和人类学》 [澳]萨拉·平克 [西]埃丽森达·阿尔德沃尔 [西]黛博拉·兰泽尼 编著　张朵朵 译

25.《杜威与设计:实用主义的设计视角研究》 [英]布莱恩·S.迪克森 著　汪星宇 王成思 译

26.《人造物如何示能:日常事物的权力和政治》 [美]珍妮·L.戴维斯 著　萧嘉欣 译

27.《语境中的设计人类学:设计的物质性和协作性思维导论》 [英]亚当·德拉津 著　时典 郭建永 译

28.《话语性设计:批判、思辨与另类之物》 [美]布鲁斯·M.撒普 [美]斯蒂芬妮·M.撒普 著　张黎 译

29.《日常之物的权威:西德工业设计文化史》 [英]保罗·贝茨 著　赵成清 杨扬 译

三、凤凰文库:视觉文化理论研究系列

1.《图像的领域》 [美]詹姆斯·埃尔金斯 著　[美]蒋奇谷 译

2.《视觉文化:从艺术史到当代艺术的符号学研究》 [加]段炼 著